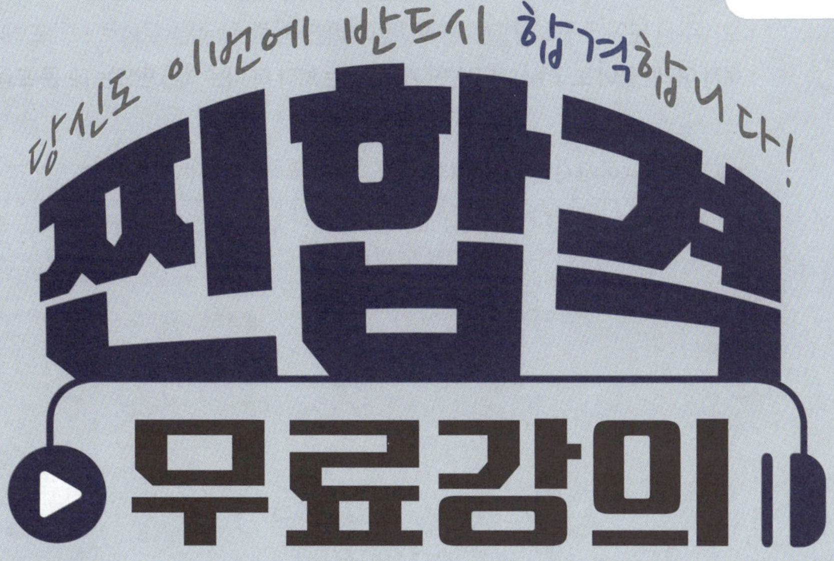

소방안전관리자 3급

기출문제 총집합 + 5개년 기출문제

소방공학박사
우석대학교 소방방재학과 교수 공하성 지음

BM (주)도서출판 성안당

■ 도서 A/S 안내

성안당에서 발행하는 모든 도서는 저자와 출판사, 그리고 독자가 함께 만들어 나갑니다.

좋은 책을 펴내기 위해 많은 노력을 기울이고 있습니다. 혹시라도 내용상의 오류나 오탈자 등이 발견되면 **"좋은 책은 나라의 보배"**로서 우리 모두가 함께 만들어 간다는 마음으로 연락주시기 바랍니다. 수정 보완하여 더 나은 책이 되도록 최선을 다하겠습니다.

성안당은 늘 독자 여러분들의 소중한 의견을 기다리고 있습니다. 좋은 의견을 보내주시는 분께는 성안당 쇼핑몰의 포인트(3,000포인트)를 적립해 드립니다.

잘못 만들어진 책이나 부록 등이 파손된 경우에는 교환해 드립니다.

저자 문의 : pf.kakao.com/_Cuxjxkb/chat (공하성)
　　　　　　　cafe.naver.com/119manager

본서 기획자 e-mail : coh@cyber.co.kr(최옥현)

홈페이지 : http://www.cyber.co.kr　　**전화** : 031) 950-6300

소방안전관리자 3급!!

한번에 합격할 수 있습니다.

저는 소방분야에서 20여 년간 몸담았고 학생들에게 소방안전관리자 교육을 꾸준히 해왔습니다. 그래서 다년간 한국소방안전원에서 초빙교수로 소방안전관리자 교육을 하면서 어떤 문제가 주로 출제되고, 어떻게 공부하면 한번에 합격할 수 있는지 잘 알고 있습니다.

이 책은 한국소방안전원 교재를 함께보면서 공부할 수 있도록 구성했습니다. 하루 8시간씩 받는 강습 교육은 매우 따분하고 힘든 교육입니다. 이때 강습 교육을 받으면서 이 책으로 함께 시험 준비를 하면 효과 '짱'입니다.

이에 이 책은 강습 교육과 함께 공부할 수 있도록 본문 및 문제에 한국소방안전원 교재페이지를 넣었습니다. 강습 교육 중 출제가 될 수 있는 중요한 문제를 이 책에 표시하면서 공부하면 학습에 효과적일 것입니다.

문제번호 위의 별표 개수로 출제확률을 확인하세요.

★ 출제확률 30%	★★ 출제확률 70%	★★★ 출제확률 90%

한번에 합격하신 여러분들의 밝은 미소를 기억하며…….
이 책에 대한 모든 영광을 그분께 돌려드립니다.

저자 공하성 올림

▶▶ **기출문제 작성에 도움 주신 분**
박제민(朴帝玟)

시험 가이드

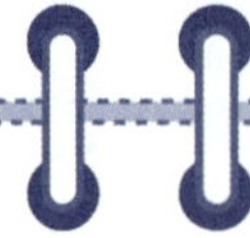

① ▸▸ 시행처

한국소방안전원(www.kfsi.or.kr)

② ▸▸ 진로 및 전망

- 빌딩, 각 사업체, 공장 등에 소방안전관리자로 선임되어 소방안전관리자의 업무를 수행할 수 있다.
- 건물주가 자체 소방시설을 점검하고 자율적으로 화재예방을 책임지는 자율소방 제도를 시행함에 따라 소방안전관리자에 대한 수요가 증가하고 있는 추세이다.

③ ▸▸ 시험접수

- 시험접수방법

구 분	시·도지부 방문접수(근무시간 : 09:00~18:00)	한국소방안전원 사이트 접수(www.kfsi.or.kr)
접수 시 관련 서류	• 응시수수료 결제(현금, 신용카드 등) • 사진 1매 • 응시자격별 증빙서류(해당자에 한함)	• 응시수수료 결제(신용카드, 무통장입금 등)

- 시험접수 시 기본 제출서류
  - 시험응시원서 1부
  - 사진 1매(가로 3.5cm×세로 4.5cm)
  - 응시자격 서류심사 신청서(해당자에 한함)
  - 응시자격 증명서류(해당자에 한함)

④ ▸▸ 시험과목

1과목	2과목
소방관계법령	소방시설(소화설비, 경보설비, 피난구조설비)의 점검 · 실습 · 평가
화재 일반	소방계획 수립 이론 · 실습 · 평가 (업무수행기록의 작성 · 유지 실습 · 평가, 화재안전취약자의 피난계획 등 포함)

1과목	2과목
화기취급감독 및 화재위험작업 허가 · 관리	작동기능점검표 작성 실습 · 평가
위험물 · 전기 · 가스 안전관리	응급처치 이론 · 실습 · 평가
소방시설(소화설비, 경보설비, 피난구조설비)의 구조	소방안전 교육 및 훈련 이론 · 실습 · 평가
−	화재 시 초기대응 및 피난 실습 · 평가

5 ▸▸ 출제방법

- 시험유형 : 객관식(4지 선택형)
- 배점 : 1문제 4점
- 출제문항수 : 50문항(과목별 25문항)
- 시험시간 : 1시간(60분)

6 ▸▸ 합격기준 및 시험일시

- 합격기준 : 매 과목 100점을 만점으로 하여 매 과목 40점 이상, 전 과목 평균 70점 이상
- 시험일정 및 장소 : 한국소방안전원 사이트(www.kfsi.or.kr)에서 시험일정 참고

7 ▸▸ 합격자 발표

홈페이지에서 확인 가능

8 ▸▸ 한국소방안전원 고객센터

1899−4819

CONTENTS 차 례

3급 2025~2021년 기출문제

소방관계법령

당신도 해낼 수 있습니다.

소방안전관리제도

01 특정소방대상물 　교재 11

(1) 소방시설 설치 및 관리에 관한 법률

(2) 근린생활시설, 업무시설, 위락시설, 숙박시설, 공장 등, 그 밖의 **다수인**이 **출입** 또는 **근무**하는 장소 중 **소방시설**을 **설치**하여야 하는 장소

02 소방안전관리자의 실무교육 　교재 12

(1) 목적
　현장실무능력을 배양하고 새로운 소방기술정보 등을 습득

(2) 실무교육 미참석자
　① 소방안전관리자의 자격정지 및 취소
　② 실무교육을 받지 아니한 소방안전관리자 및 보조자에게는 **50만원**의 **과태료**

03 한국소방안전원

1 한국소방안전원의 설립목적 　교재 13

(1) 소방기술과 안전관리기술의 향상 및 홍보
(2) 교육·훈련 등 행정기관이 위탁하는 업무의 수행
(3) 소방관계종사자의 **기술 향상** 　문02 보기④
　　소방관계인 ✕

┃ 한국소방안전원 ┃

2 한국소방안전원의 업무 　교재 13

(1) 소방기술과 안전관리에 관한 **교육** 및 **조사·연구** 문01 보기①, 문02 보기①
(2) 소방기술과 안전관리에 관한 각종 **간행물 발간** 문02 보기②
(3) 화재예방과 안전관리 의식 고취를 위한 **대국민 홍보**
(4) 소방업무에 관하여 **행정기관**이 **위탁**하는 업무 문01 보기③, 문02 보기③
(5) 소방안전에 관한 **국제협력** 문01 보기②
(6) **회원**에 대한 **기술지원** 등 정관으로 정하는 사항

기출문제

01 다음 중 한국소방안전원의 설립목적 및 업무가 <u>아닌</u> 것은?
　교재 13
① 소방기술과 안전관리에 관한 교육
② 소방안전에 관한 국제협력
③ 교육 등 행정기관이 위탁하는 업무의 수행
④ 소방용품에 대한 형식승인의 연구, 조사 – 한국소방산업기술원의 업무

정답 ④

02 한국소방안전원의 업무내용이 아닌 것은?
　교재 13
① 소방기술과 안전관리에 관한 교육 및 조사·연구
② 소방기술과 안전관리에 관한 각종 간행물 발간
③ 행정기관이 위탁하는 업무
④ <u>소방관계인</u>의 기술 향상
　　소방관계종사자

정답 ④

04 소방대상물 교재 14

소방차가 출동해서 불을 끌 수 있는 것

(1) **건**축물 문03 보기①

(2) **차**량 문03 보기②

(3) **선**박(항구에 **매어 둔 선박**) 문03 보기③
　　　　　항해 중인 선박 ×

(4) 선박건조구조물 문03 보기④

(5) **산**림

(6) **인**공구조물 또는 **물**건

공하성 기억법　건차선 산인물

┃운항 중인 선박┃

유사 기출문제

03★★★　교재 14
소방기본법의 소방대상물이
아닌 것은?

① 산림
② 차량
③ 건축물
④ 지하 매설물
　-땅속에 묻혀 있는 것은
　　해당 없음
　　　　정답 ④

기출문제 ●

03 ★★★　소방기본법 용어 정의 중 소방대상물이 아닌 것은?

교재
14

① 건축물

② 차량

③ 선박(<u>항해 중인 선박</u>)
　　항구에 매어 둔

④ 선박건조구조물

정답 ③

01 화재의 예방 및 안전관리에 관한 법률의 목적 [교재 15]

(1) 화재로부터 국민의 생명·신체 및 **재산보호** 문어 보기②
(2) **공공**의 **안전**과 **복리증진** 이바지 문어 보기②

* **소방시설** [교재 33]
① 소화설비
② 경보설비
③ 피난구조설비
④ 소화용수설비
⑤ 소화활동설비

기출문제

01 화재의 예방 및 안전관리에 관한 법률의 목적에 대한 설명으로 옳은 것을 모두 고르시오.

[교재 15]

> ㉠ 화재를 예방·경계·진압하는 목적이 있다.
> 　　소방기본법의 목적
> ㉡ 국민의 재산을 보호하는 목적이 있다.
> ㉢ 공공의 안녕 및 질서유지를 목적으로 한다.
> 　　소방기본법의 목적
> ㉣ 복리증진에 이바지함을 목적으로 한다.

① ㉠, ㉡
② ㉡, ㉣
③ ㉠, ㉡, ㉢
④ ㉠, ㉡, ㉢, ㉣

정답 ②

02 화재안전조사

1 화재안전조사의 정의 교재 15

소방관서장(소방청장, 소방본부장, 소방서장)이 소방대상물, 관계지역 또는 관계인에 대하여 소방시설 등이 소방관계법령에 적합하게 설치·관리되고 있는지, 소방대상물에 화재발생위험이 있는지 등을 확인하기 위하여 실시하는 **현장조사·문서열람·보고요구** 등을 하는 활동

중요 소방관계법령

소방기본법	화재의 예방 및 안전관리에 관한 법률	소방시설 설치 및 관리에 관한 법률
● 한국소방안전원 문02 보기① ● 소방대장 문02 보기③ ● 소방대상물 문02 보기④ ● 소방대 ● 관계인	● 화재안전조사 문02 보기② ● 화재예방강화지구(시·도지사) ● 화재예방조치(소방관서장)	● 건축허가 등의 동의 ● 피난시설, 방화구획 및 방화시설 ● 방염 ● 자체점검

기출문제

★★
02 화재의 예방 및 안전관리에 관한 법률에 대한 설명으로 옳은 것은?

교재 15

① 한국소방안전원
② 화재안전조사
　화재의 예방 및 안전관리에 관한 법률
③ 소방대장
④ 소방대상물

정답 ②

2 화재안전조사의 실시대상 교재 16

(1) 소방시설 등의 자체점검이 **불성실**하거나 불완전하다고 인정되는 경우
(2) **화재예방강화지구** 등 법령에서 화재안전조사를 하도록 규정되어 있는 경우

＊ 소방관서장
① 소방청장
② 소방본부장
③ 소방서장

유사 기출문제

02★★★
교재 13, 15, 36, 39
소방시설 설치 및 관리에 관한 법률과 화재의 예방 및 안전관리에 관한 법률에 대한 설명이 아닌 것은?

① 방염 ── 소방시설 설치 및 관리에 관한 법률
② 자체점검 ┘
③ 화재안전조사
　화재의 예방 및 안전관리에 관한 법률
④ 한국소방안전원
정답 ④

＊ 화재안전조사 실시자
교재 15
① 소방청장
② 소방본부장
③ 소방서장

(3) **화재예방안전진단**이 **불성실**하거나 불완전하다고 인정되는 경우

(4) **국가적 행사** 등 주요 행사가 개최되는 장소 및 그 주변의 관계 지역에 대하여 소방안전관리 실태를 조사할 필요가 있는 경우

(5) **화재**가 **자주 발생**하였거나 발생할 우려가 뚜렷한 곳에 대한 조사가 필요한 경우

(6) **재난예측정보**, 기상예보 등을 분석한 결과 소방대상물에 화재의 발생 위험이 크다고 판단되는 경우

(7) 화재, 그 밖의 긴급한 상황이 발생할 경우 인명 또는 재산 피해의 우려가 **현저하다고** 판단되는 경우

3 화재안전조사의 항목   교재 16-17

(1) **화재**의 **예방조치** 등에 관한 사항

(2) 소방안전관리 업무 수행에 관한 사항

(3) **피난계획**의 수립 및 시행에 관한 사항

(4) **소화 · 통보 · 피난** 등의 훈련 및 소방안전관리에 필요한 교육에 관한 사항

(5) **소방자동차 전용구역** 등에 관한 사항

(6) 「**소방시설공사업법**」에 따른 시공 · 감리 및 감리원 배치 등에 관한 사항

(7) 소방시설의 설치 및 관리 등에 관한 사항

(8) **건설현장 임시소방시설**의 설치 및 관리에 관한 사항

(9) **피난시설**, **방화구획** 및 **방화시설**의 관리에 관한 사항

(10) **방염**에 관한 사항

(11) 소방시설 등의 **자체점검**에 관한 사항

(12) 「**다중이용업소의 안전관리에 관한 특별법**」, 「**위험물안전관리법**」, 「**초고층 및 지하연계 복합건축물 재난관리에 관한 특별법**」의 안전관리에 관한 사항

(13) 그 밖에 화재의 발생 위험 등 **소방관서장**이 화재안전조사의 목적을 달성하기 위하여 필요하다고 인정하는 사항

03 **화재안전조사 항목에 대한 사항으로 옳지 않은 것은?**

교재 16-17

① 특정소방대상물 및 관계지역에 대한 강제처분·피난명령에 관한
　　　　　　　　　　　　　　　　　　　　　해당 없음
　　사항
② 소방안전관리 업무수행에 관한 사항
③ 소방시설 등의 자체점검에 관한 사항
④ 방염에 관한 사항

정답 ①

4 화재안전조사 방법　교재 17

종합조사	부분조사
화재안전조사 **항목 전부**를 확인하는 조사	화재안전조사 **항목** 중 **일부**를 확인하는 조사

5 화재안전조사 절차　교재 17

(1) 소방관서장은 사전에 관계인에게 조사대상, 조사시간 및 조사사유 등 조사계획을 우편, 전화, 전자메일 또는 문자전송 등을 통해 통지하고 소방관서의 인터넷 홈페이지나 전산시스템을 통해 **7일** 이상 공개해야 한다.

(2) **소방관서장**은 사전통지 없이 화재안전조사를 실시하는 경우에는 화재안전조사를 실시하기 전에 관계인에게 **조사사유** 및 **조사범위** 등을 현장에서 설명해야 한다.

(3) **소방관서장**은 화재안전조사를 위하여 소속 공무원으로 하여금 관계인에게 보고 또는 자료의 제출을 요구하거나 소방대상물의 위치·구조·설비 또는 관리 상황에 대한 조사·질문을 하게 할 수 있다.

* 화재안전조사계획 공개
　기간　교재 17
　7일

★★★ 04

교재 15

다음 중 화재안전조사에 대한 설명으로 옳은 것은?

① 소방관서장으로 하여금 관할구역에 있는 소방대상물, 관계지역 또는 관계물에 대하여 소방시설 등이 소방관계법령에 적합하게 설치·관리되고 있는지 조사하는 것이다.

② 관계공무원으로 하여금 관리상황을 조사하게 할 수 있다.
　해당 없음

③ 한국가스공사와 합동조사반을 편성하여 실시할 수 있다.
　해당 없음

④ 화재안전조사 항목에 위험물 제조·저장·취급 등 안전관리에 관한
　해당 없음
사항이 포함된다.

정답 ①

---

6 화재안전조사 결과에 따른 조치명령 교재 17

(1) 명령권자

소방관서장(소방**청**장·소방**본**부장·소방**서**장)

공단성 기억법　청본서안

(2) 명령사항

① **개수**명령 문05 보기②
　재축명령 ×

② **이전**명령 문05 보기④

③ **제거**명령 문05 보기③

④ **사용**의 **금지** 또는 제한명령, 사용폐쇄

⑤ **공사**의 **정지** 또는 중지명령

★ 05

교재 17

화재안전조사 결과에 따른 조치명령사항이 아닌 것은?

① 재축명령　　　　　② 개수명령
　해당 없음

③ 제거명령　　　　　④ 이전명령

정답 ①

Key Point 사이드바

＊ 화재안전조사 교재 15
소방청장, 소방본부장 또는 소방서장(소방관서장)이 소방대상물, 관계지역 또는 관계인에 대하여 소방시설 등이 소방관계법령에 적합하게 설치·관리되고 있는지, 소방대상물에 화재의 발생 위험이 있는지 등을 확인하기 위하여 실시하는 현장조사·문서열람·보고요구 등을 하는 활동 문04 보기①

＊ 화재안전조사 조치명령 권자 교재 17
① 소방청장
② 소방본부장
③ 소방서장

7 화재예방강화지구의 지정 교재 18

(1) 지정권자 : 시·도지사

(2) 지정지역

① **시장**지역
② **공장·창고** 등이 밀집한 지역
③ **목조건물**이 밀집한 지역
④ **노후·불량건축물**이 **밀집**한 지역
⑤ **위험물**의 **저장** 및 **처리시설**이 **밀집**한 지역
⑥ **석유화학제품**을 **생산**하는 공장이 있는 지역
⑦ **소방시설·소방용수시설** 또는 **소방출동로**가 **없는** 지역
⑧ 산업입지 및 개발에 관한 법률에 따른 **산업단지**
⑨ **소방청장, 소방본부장** 또는 **소방서장**이 화재예방강화지구로 지정
할 필요가 있다고 인정하는 지역

8 화재예방조치 등 교재 18

(1) 모닥불, 흡연 등 화기의 취급 행위의 금지 또는 제한

(2) 풍등 등 소형열기구 날리기 행위의 금지 또는 제한

(3) 용접·용단 등 불꽃을 발생시키는 행위의 금지 또는 제한

(4) 대통령령으로 정하는 화재발생위험이 있는 행위의 금지 또는 제한

(5) 목재, 플라스틱 등 가연성이 큰 물건의 제거, 이격, 적재 금지 등

(6) 소방차량의 통행이나 소화활동에 지장을 줄 수 있는 물건의 이동

03 ▶ 특정소방대상물 소방안전관리

1 소방안전관리자 및 소방안전관리보조자를 선임하는 특정 소방대상물   교재 19-21

소방안전관리대상물	특정소방대상물
특급 소방안전관리대상물 (동식물원, 철강 등 불연성 물품 저장·취급창고, 지하 구, 위험물제조소 등 제외)	• **50층** 이상(지하층 제외) 또는 지상 **200m** 이상 **아파트** • **30층** 이상(지하층 포함) 또는 지상 **120m** 이상(아 파트 제외) 유사06 보기① • 연면적 **10만m²** 이상(아파트 제외)
1급 소방안전관리대상물 (동식물원, 철강 등 불연성 물품 저장·취급창고, 지하 구, 위험물제조소 등 제외)	• **30층** 이상(지하층 제외) 또는 지상 **120m** 이상 **아파트** 문06 보기①② 지하층 포함 × • 연면적 **15000m²** 이상인 것(아파트 및 연립주택 제외) 문06 보기③ • **11층** 이상(아파트 제외) 11층 미만 × • 가연성 가스를 **1000톤** 이상 저장·취급하는 시설 문06 보기④
2급 소방안전관리대상물	• 지하구 • 가스제조설비를 갖추고 도시가스사업 허가를 받아야 하는 시설 또는 가연성 가스를 **100~1000톤** 미만 저 장·취급하는 시설 • **옥내소화전설비, 스프링클러설비** 설치대상물 유사06 보기③ • **물분무등소화설비**(호스릴방식 제외) 설치대상물 • 공동주택(옥내소화전설비 또는 스프링클러설비가 설치된 공동주택으로 한정) • 목조건축물(국보·보물) 유사06 보기④
3급 소방안전관리대상물	• **자동화재탐지설비** 설치대상물 • **간이스프링클러설비**(주택전용 제외) 설치대상물

유사 기출문제

06 ★★★ 교재 19-21
특정소방대상물에 대한 설명으로 **틀린** 것은?

① 지하층을 포함한 30층 이상의 특정소방대상물은 특급 소방안전관리대상물이다.
② 지하층을 제외한 30층 이상의 아파트는 1급 소방안전관리대상물이다.
③ 옥내소화전설비가 설치되어 있으면 2급 소방안전관리대상물이다.
④ 보물로 지정된 목조건축물은 3급 소방안전관리대상물이다.

정답 ④

기출문제

06 교재 20
다음 중 층수가 17층인 오피스텔의 소방안전관리대상물과 기준이 다른 것은?

① 30층 이상(지하층 포함)인 아파트
   (제외)
② 지상으로부터 높이가 120m 이상인 아파트
③ 연면적 15000m^2 이상인 특정소방대상물(아파트 및 연립주택 제외)
④ 가연성 가스를 1000톤 이상 저장·취급하는 시설

해설
- 17층으로서 11층 이상(아파트 제외)이므로 1급 소방안전관리대상물

정답 ①

중요 최소 선임기준 교재 19-22

소방안전관리자	소방안전관리보조자
• 특정소방대상물마다 **1명**	• **300세대** 이상 아파트 : 1명(단, 300세대 초과마다 1명 이상 추가) • 연면적 **15000m^2** 이상 : 1명(단, 15000m^2 초과마다 1명 이상 추가) • 공동주택(기숙사), 의료시설, 노유자시설, 수련시설 및 숙박시설(바닥면적 합계 1500m^2 미만이고, 관계인이 24시간 상시 근무하고 있는 숙박시설 제외) : 1명

유사 기출문제

07 ★★★ 교재 22
연면적이 45000m^{2}인 어느 특정소방대상물이 있다. 소방안전관리보조자의 최소선임기준은 몇 명인가?

① 소방안전관리보조자 : 1명
② 소방안전관리보조자 : 2명
③ 소방안전관리보조자 : 3명
④ 소방안전관리보조자 : 4명

해설 소방안전관리보조자수
$$= \frac{45000\text{m}^2}{15000\text{m}^2} = 3\text{명}$$

정답 ③

---

07 ★★★ 교재 19-22
연면적이 43000m^{2}인 어느 특정소방대상물이 있다. 소방안전관리자와 소방안전관리보조자의 최소선임기준은 몇 명인가?

① 소방안전관리자 : 1명, 소방안전관리보조자 : 1명
② 소방안전관리자 : 1명, 소방안전관리보조자 : 2명
③ 소방안전관리자 : 2명, 소방안전관리보조자 : 1명
④ 소방안전관리자 : 2명, 소방안전관리보조자 : 2명

해설 (1) 소방안전관리자 : **1명**

(2) 소방안전관리보조자수 $= \dfrac{\text{연면적}}{15000\text{m}^2} = \dfrac{43000\text{m}^2}{15000\text{m}^2} = 2.8 ≒ 2$명(소수점 버림)

- 소수점 발생시 소수점을 버린다는 것을 잊지 말 것

정답 ②

08 1600세대의 아파트에 선임하여야 하는 소방안전관리보조자는 최소 몇 명인가?

교재 22

① 3명　　　　　　　　　② 4명
③ 5명　　　　　　　　　④ 6명

해설

$$소방안전관리보조자수 = \frac{세대수}{300세대}$$
$$= \frac{1600세대}{300세대} = 5.33 ≒ 5명(소수점 \ 버림)$$

정답 ③

2 소방안전관리자의 선임자격

(1) 특급 소방안전관리대상물의 소방안전관리자 선임자격　　교재 19-20

자 격	경 력	비 고
● 소방기술사 ● 소방시설관리사	경력 필요 없음	특급 소방안전관리자 자격증을 받은 사람
● 1급 소방안전관리자(소방설비기사)	5년	
● 1급 소방안전관리자(소방설비산업기사)	7년	
● 소방공무원	20년	
● 소방청장이 실시하는 특급 소방안전관리 대상물의 소방안전관리에 관한 시험에 합격한 사람	경력 필요 없음	

(2) 1급 소방안전관리대상물의 소방안전관리자 선임자격　　교재 20

자 격	경 력	비 고
● 소방설비기사 ● 소방설비산업기사	경력 필요 없음	1급 소방안전관리자 자격증을 받은 사람
● 소방공무원	7년	
● 소방청장이 실시하는 1급 소방안전관리 대상물의 소방안전관리에 관한 시험에 합격한 사람	경력 필요 없음	
● 특급 소방안전관리대상물의 소방안전관 리자 자격이 인정되는 사람		

Key Point

* 특급 소방안전관리자
교재 20
소방공무원 20년

* 1급 소방안전관리자
교재 20
소방공무원 7년

Key Point

09★★ 교재 20

연면적 20000m²인 특정소방대상물의 소방안전관리 선임자격이 <u>없는</u> 사람은? (단, 해당 소방안전관리자 자격증을 받은 경우이다.)

① 소방설비기사 자격이 있는 사람
② 소방설비산업기사의 자격이 있는 사람
③ 소방공무원으로서 7년 이상 근무한 경력이 있는 사람
④ <u>대학</u>에서 소방안전관련 ←해당 없음
　학과를 전공하고 졸업한 사람(법령에 따라 이와 같은 수준의 학력이 있다고 인정되는 사람 포함)으로 2년 이상 2급 또는 3급 소방안전관리대상물의 소방안전관리자로 근무한 실무경력이 있는 사람

해설
• 연면적 15000m² 이상이므로 **1급 소방안전관리대상물**(1급 소방안전관리자)

정답 ④

기출문제 ●

09★★ 다음 보기에서 설명하는 소방안전관리자로 <u>옳은</u> 것은?

교재 20

• <u>소방설비기사</u> 또는 <u>소방설비산업기사</u> 자격이 있는 사람으로 해당 소방안전관리자 자격증을 받은 사람
• <u>소방공무원</u>으로 <u>7년</u> 이상 근무한 경력이 있는 사람으로 해당 소방안전관리자 자격증을 받은 사람

① 특급 소방안전관리자
② 1급 소방안전관리자
③ 2급 소방안전관리자
④ 3급 소방안전관리자

해설
② 1급 소방안전관리자에 대한 설명

정답 ②

10★ 다음의 소방안전관리대상물에 선임대상으로 <u>옳지 않은</u> 것은? (단, 해당 소방안전관리자 자격증을 받은 경우이다.)

교재 20

지상 11층 이상, 지하 5층, 바닥면적 2000m²의 건축물에 스프링클러설비, 포소화설비가 설치되어 있다.

① 소방설비산업기사의 자격이 있는 사람
② 소방공무원으로 7년 이상 근무한 경력이 있는 사람
③ <u>위험물기능사</u> 자격을 가진 사람으로서 '위험물안전관리법' 제15조
　2급 소방안전관리자 선임대상
　제1항에 따라 안전관리자로 선임된 사람
④ 소방설비기사의 자격이 있는 사람

해설
• **지상 11층** 이상이므로 **1급 소방안전관리대상물**(1급 소방안전관리자)

정답 ③

(3) 2급 소방안전관리대상물의 소방안전관리자 선임조건 [교재 21]

자 격	경 력	비 고
• 위험물기능장 • 위험물산업기사 • 위험물기능사	경력 필요 없음	
• 소방공무원	3년	2급 소방안전관리자 자격증을 받은 사람
•「기업활동 규제완화에 관한 특별조치법」에 따라 소방안전관리자로 선임된 사람 (소방안전관리자로 선임된 기간으로 한정)		
• 소방청장이 실시하는 2급 소방안전관리대상물의 소방안전관리에 관한 시험에 합격한 사람	경력 필요 없음	
• 특급 또는 1급 소방안전관리대상물의 소방안전관리자 자격이 인정되는 사람		

*** 2급 소방안전관리자** [교재 21]

소방공무원 3년

기출문제

11 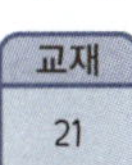

[교재 21]

2급 소방안전관리대상물의 소방안전관리자로 선임될 수 있는 자격 기준으로 알맞은 것은? (단, 해당 소방안전관리자 자격증을 받은 경우이다.)

① 전기기능사 자격을 가진 사람
　　└ 해당 없음
② 위험물기능사의 자격을 가진 사람
③ 경찰공무원으로 2년 이상 근무한 경력이 있는 사람
　　└ 해당 없음
④ 의용소방대원으로 2년 이상 근무한 경력이 있는 사람
　　└ 해당 없음

정답 ②

*** 3급 소방안전관리자**
교재 21

소방공무원 1년

(4) 3급 소방안전관리대상물의 소방안전관리자 선임조건 교재 21

자 격	경 력	비 고
● **소방공무원**	1년	
●「기업활동 규제완화에 관한 특별조치법」에 따라 소방안전관리자로 선임된 사람(소방안전관리자로 선임된 기간으로 한정)	경력 필요 없음	3급 소방안전관리자 자격증을 받은 사람
● 소방청장이 실시하는 3급 소방안전관리대상물의 소방안전관리에 관한 시험에 합격한 사람		
● 특급, 1급 또는 2급 소방안전관리대상물의 소방안전관리자 자격이 인정되는 사람		

기출문제

★★★
12
교재
19-21

소방안전관리자의 선임자격에 대한 설명으로 옳은 것은? (단, 해당 소방안전관리자 자격증을 받은 경우이다.)

① 소방공무원으로 10년(20년) 이상 근무한 경력이 있는 사람은 특급 소방안전관리자로 선임이 가능하다.

② 소방공무원으로 5년(7년) 이상 근무한 경력이 있는 사람은 1급 소방안전관리자시험 응시가 가능하다.

③ 소방공무원으로 2년(3년) 이상 근무한 경력이 있는 사람은 2급 소방안전관리자로 선임이 가능하다.

④ 소방공무원으로 1년 이상 근무한 경력이 있는 사람은 3급 소방안전관리자로 선임이 가능하다.

정답 ④

3 관계인 및 소방안전관리자의 업무 교재 27

특정소방대상물(관계인)	소방안전관리대상물(소방안전관리자)
① 피난시설·방화구획 및 방화시설의 관리	① 피난시설·방화구획 및 방화시설의 관리
② 소방시설, 그 밖의 소방관련시설의 관리	② 소방시설, 그 밖의 소방관련시설의 관리
③ **화기취급**의 감독	③ **화기취급**의 감독
④ 소방안전관리에 필요한 업무	④ 소방안전관리에 필요한 업무
⑤ 화재발생시 초기대응	⑤ **소방계획서**의 작성 및 시행(대통령령으로 정하는 사항 포함)
	⑥ **자위소방대** 및 **초기대응체계**의 구성·운영·교육
	⑦ 소방훈련 및 교육
	⑧ 소방안전관리에 관한 업무수행에 관한 기록·유지
	⑨ 화재발생시 초기대응

기출문제

13 ★★★ 교재 27

소방안전관리대상물을 제외한 특정소방대상물의 <u>관계인</u>의 업무가 <u>아닌</u> 것은?

① <u>소방계획서</u>의 작성 및 시행(대통령령으로 정하는 사항 포함)
　　소방안전관리자의 업무
② 피난시설, 방화구획 및 방화시설의 관리
③ 화기취급의 감독
④ 소방시설, 그 밖의 소방관련시설의 관리

정답 ①

＊ 관계인의 업무 교재 27
① 피난시설·방화구획 및 방화시설의 관리
② 소방시설, 그 밖의 소방관련시설의 관리
③ **화기취급**의 감독
④ 소방안전관리에 필요한 업무
⑤ 화재발생시 초기대응

유사 기출문제

13 ★★★ 교재 27
특정소방대상물의 <u>관계인</u>의 업무로 틀린 것은?
① <u>자위소방대</u> 및 <u>초기대응</u>
　　소방안전관리자의 업무
　체계의 구성·운영·교육
② 피난시설, 방화구획 및 방화시설의 관리
③ 화기취급의 감독
④ 소방시설, 그 밖의 소방관련시설의 관리

정답 ①

14 다음 중 소방안전관리대상물의 소방안전관리자의 업무가 아닌 것은?

교재 27

① 피난시설, 방화구획 및 방화시설의 관리
② 소방훈련 및 교육
③ 화기취급의 감독
④ 피난계획에 관한 사항과 대통령령으로 정하는 사항을 ~~제외한~~ 포함된 소방계획서의 작성 및 시행

정답 ④

---

4 소방안전관리자의 선임신고 교재 25-26

선 임	선임신고	신고대상
30일 이내	**14일** 이내	**소방본부장** 또는 **소방서장**

기출문제

15 어떤 특정소방대상물에 소방안전관리자를 선임 중 2021년 7월 1일 소방안전관리자를 해임하였다. 해임한 날부터 며칠 이내에 선임하여야 하고 소방안전관리자를 선임한 날부터 며칠 이내에 관할 소방서장에게 신고하여야 하는지 옳은 것은?

교재 25-26

① 선임일 : 2021년 7월 14일, 선임신고일 : 2021년 7월 25일
② 선임일 : 2021년 7월 20일, 선임신고일 : 2021년 8월 10일
③ 선임일 : 2021년 8월 1일, 선임신고일 : 2021년 8월 15일
④ 선임일 : 2021년 8월 1일, 선임신고일 : 2021년 8월 30일

해설 **소방안전관리자의 선임신고**
(1) 해임한 날이 2021년 7월 1일이고 해임한 날(다음 날)부터 **30일** 이내에 소방안전관리자를 선임하여야 하므로 선임일은 7월 14일, 7월 20일은 맞고, 8월 1일은 31일이 되므로 틀리다(7월달은 31일까지 있기 때문이다).
(2) **선임신고일**은 선임한 날(다음 날)부터 **14일** 이내이므로 2021년 7월 25일만 해당이 되고, 나머지 ②, ④는 선임한 날부터 14일이 넘고 ③은 14일이 넘지는 않지만 선임일이 30일이 넘으므로 답은 ①번이 된다.

정답 ①

중요 ▶ 소방안전관리자의 선임연기 신청자   교재 26

2, 3급 소방안전관리대상물의 관계인

★★★
16 특정소방대상물의 소방안전관리에 관한 사항으로 소방안전관리자의 선임연기 신청자격이 있는 사람을 모두 고른 것은?

교재 26

ㄱ 특급 소방안전관리대상물의 관계인
ㄴ 1급 소방안전관리대상물의 관계인
ㄷ 2급 소방안전관리대상물의 관계인
ㄹ 3급 소방안전관리대상물의 관계인

① ㄱ, ㄴ
② ㄱ, ㄷ
③ ㄷ, ㄹ
④ ㄴ, ㄷ

해설
③ 선임연기 신청자 : 2, 3급 소방안전관리대상물의 관계인

정답 ③

5 소방안전관리 업무의 대행   교재 28

　대통령령으로 정하는 소방안전관리대상물의 **관계인**은 소방시설관리업의 등록을 한 자로 하여금 소방안전관리 업무 중 **대통령령**으로 정하는 업무를 대행하게 할 수 있으며, 이 경우 소방안전관리자는 관리업자의 대행업무수행을 감독하고 대행업무 외의 소방안전관리업무는 직접 수행하여야 한다.

* 소방안전관리 업무대행
교재 28
'소방시설관리업체'가 한다.

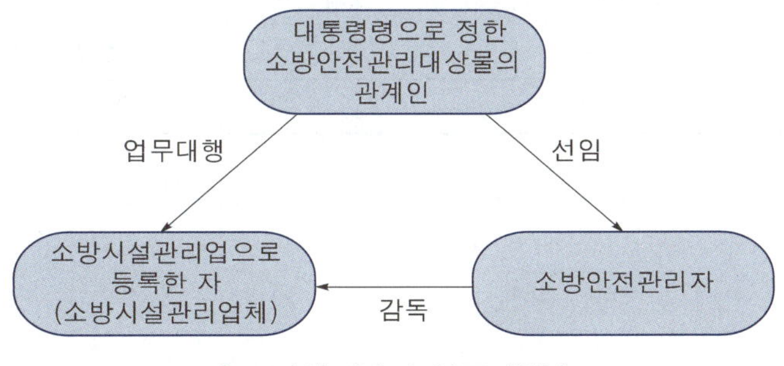

┃ 소방안전관리 업무대행 ┃

▌ 소방안전관리 업무대행 ▌

대통령령으로 정하는 소방안전관리대상물	대통령령으로 정하는 업무
① 11층 이상 1급 소방안전관리대상물 (단, 연면적 15000m² 이상 및 아파트 제외) 문17 보기③	① **피난시설, 방화구획** 및 **방화시설**의 관리 문17 보기④
② **2급 · 3급** 소방안전관리대상물 문17 보기②	② 소방시설이나 그 밖의 소방관련시설의 관리

17★★ 교재 28

소방안전관리업무를 대행할 수 있는 사항으로 옳지 않은 것은?

① 대통령령으로 정하는 1급 소방안전관리대상물 중 연면적 15000m² 미만인 특정소방대상물로서 층수가 11층 미만인 특정 소방대상물(아파트는 제외)
② 대통령령으로 정하는 2급·3급 소방안전관리대상물
③ 대통령령으로 정하는 피난시설, 방화구획 및 방화시설의 관리
④ 대통령령으로 정하는 소방시설이나 그 밖의 소방관련시설의 관리

정답 ①

기출문제 ●

17★★ 교재 28

다음 중 소방안전관리 업무의 대행에 관한 설명으로 옳은 것은?

① 소방안전관리 업무를 대행하는 자를 감독할 수 있는 자를 소방안전관리자로 선임할 수 있다.
② 대통령령으로 정하는 소방안전관리대상물은 특급 소방안전관리대상물을 말한다.
　　　　　　　　　　　　　　　　　　2급 · 3급
③ 대통령령으로 정하는 소방안전관리대상물은 1급 소방안전관리대상물 중 바닥면적 15000m² 미만을 말한다.
　연면적 15000m² 미만으로서 11층 이상인 것(아파트 제외)
④ 피난시설, 방화구획 및 방화시설의 관리 업무는 행정안전부령으로 정하는 업무에 해당한다.
　　　　　　　　　　　　　　　　　　대통령령

정답 ①

6 소방안전관리자의 강습   교재 30

구 분	설 명
실시기관	한국소방안전원
교육공고	**20일** 전

7 소방안전관리자 및 소방안전관리보조자의 실무교육 교재 30-31

(1) 실시기관 : **한국소방안전원**
(2) 실무교육주기 : **선임**된 **날**(다음 날)부터 **6개월** 이내, 그 이후 **2년**마다 **1회**
     합격연월일부터 ×
(3) 소방안전관리자가 실무교육을 받지 아니한 때 : **1년 이하**의 기간을 정하여 소방안전관리자의 자격 정지 문21 보기②
(4) 강습·실무교육을 받은 후 **1년 이내**에 선임된 경우 강습·실무교육을 받은 날에 실무교육을 받은 것으로 본다.

> • '선임된 날부터'라는 말은 '선임한 다음 날부터'를 의미한다.

실무교육

소방안전 관련업무 경력보조자	소방안전관리자 및 소방안전관리보조자
선임된 날로부터 **3개월** 이내, 그 이후 **2년**마다 최초 실무교육을 받은 날을 기준일로 하여 매 2년이 되는 해의 기준일과 같은 날 전까지 **1회** 실무교육을 받아야 한다.	선임된 날로부터 **6개월** 이내, 그 이후 **2년**마다 최초 실무교육을 받은 날을 기준일로 하여 매 **2년**이 되는 해의 기준일과 같은 날 전까지 **1회** 실무교육을 받아야 한다.

기출문제

18 다음 중 실무교육에 관한 내용으로 잘못된 것은?

교재 30-31

① <u>합격연월일부터</u> 6개월 이내, 그 이후 2년마다(최초 실무교육을 받
   선임된 날부터
   은 날을 기준일로 하여 매 2년이 되는 해의 기준일과 같은 날 전까지를 말함) 1회 실무교육을 받아야 한다.
② 소방안전관리 강습 또는 실무교육을 받은 후 1년 이내에 소방안전관리자로 선임된 경우 해당 강습·실무교육을 받은 날에 실무교육을 받은 것으로 본다.
③ 소방안전관리보조자의 경우, 소방안전관리자 강습교육 또는 실무교육이나 소방안전관리보조자 실무교육을 받은 후 1년 이내에 선임된 경우 해당 강습·실무교육을 받은 날에 실무교육을 받은 것으로 본다.
④ 소방안전 관련업무 경력으로 보조자로 선임된 자는 선임된 날부터 3개월 이내, 그 이후 2년마다(최초 실무교육을 받은 날을 기준일로 하여 매 2년이 되는 해의 기준일과 같은 날 전까지를 말함) 1회 실무교육을 받아야 한다.

정답 ①

유사 기출문제

18★★★ 교재 30-31
어떤 특정소방대상물에 2021년 5월 1일 소방안전관리자로 선임되었다. 실무교육은 언제까지 받아야 하는가?

① 2021년 11월 1일
② 2021년 12월 1일
③ 2022년 5월 1일
④ 2023년 5월 1일

해설 2021년 5월 1일 선임되었으므로, 선임한 날(다음 날)부터 6개월 이내인 2021년 11월 1일이 된다.

정답 ①

유사 기출문제

19 ★★★ 교재 30-31
다음 조건을 보고 **실무교육**에 대한 설명으로 가장 타당한 것을 고르시오.

- 자격번호 : 2022-03-15-0-000001
- 자격등급 : 소방안전관리자 2급
- 강습 수료일 : 2022년 2월 10일
- 자격 취득일 : 2022년 3월 15일
- 기타 : 아직 소방안전관리자로 **선임되지는 않음**

① 실무교육을 받지 않아도 된다.
② 2022년 8월 10일 전까지 실무교육을 받아야 한다.
③ 2022년 10월 15일 전까지 실무교육을 받아야 한다.
④ 2023년 3월 15일 전까지 실무교육을 받아야 한다.

해설 아직 소방안전관리자로 선임되지 않았기 때문에 실무교육을 받지 않아도 된다.

정답 ①

---

19 ★★★ 교재 22, 25-26, 28, 30

다음 보기에서 소방안전관리자에 대한 설명으로 옳은 것을 모두 고른 것은?

㉠ 대통령령으로 정하는 피난시설, 방화구획 및 방화시설의 관리 업무는 대행이 가능하다.
㉡ 소방공무원으로 10년 이상 근무한 경력이 있으면 ~~특급 소방안전관리자로 선임이 가능하다.~~
  시험의 응시자격이 주어진다.
㉢ 소방안전관리자 선임은 ~~14일~~ 이내에 선임 후 신고는 ~~30일~~ 이내에 신고
  30일   14일
  하여야 한다.
㉣ 소방안전관리자로 선임되면 2년마다 실무교육을 받아야 한다.
㉤ 3급 소방안전관리자 시험에 응시할 수 있는 자격요건은 의용소방대원, 경찰공무원, 소방안전관리보조자로 2년 이상 근무한 경력이 있을 때 주어진다.

① ㉠, ㉡, ㉤   ② ㉠, ㉣, ㉤
③ ㉠, ㉢, ㉣, ㉤   ④ ㉡, ㉢, ㉣, ㉤

해설

∥3급 소방안전관리자 응시자격∥

경 력	대 상
2년	① 의용소방대원 ② 경찰공무원 ③ 소방안전관리보조자

비교

3급 소방안전관리자 선임자격

경 력	대 상
1년	소방공무원

정답 ②

---

20 ★★★ 교재 30-31

2022년 1월 15일에 소방안전관리자 강습교육을 수료한 후, 2022년 2월 10일 자격시험에 최종 합격하였고, 2022년 10월 9일에 소방안전관리자로 선임되었다. 언제까지 실무교육을 받아야 하는가?

① 2022년 5월 10일
② 2022년 8월 9일
③ 2024년 1월 14일
④ 2024년 8월 9일

해설 (1) 강습교육을 받은 후 1년 이내에 소방안전관리자로 선임되면 강습교육을 받은 날에 실무교육을 받은 것으로 본다.
(2) 강습교육을 2022년 1월 15일에 받고 2022년 10월 9일에 선임되었으므로 1년 이내가 되어 2022년 1월 15일이 최초 실무교육을 받은 날이 된다.
(3) 그 이후 2년마다 실무교육을 받아야 하므로 **2024년 1월 14일**까지 실무교육을 받으면 된다.

정답 ③

21
교재 30-31

소방안전관리자에 대한 다음 설명으로 옳은 것을 고르시오. (단, 강습수료일은 2021년 4월 5일이다.)

[소방안전관리자의 선임신고]
- 소방안전관리자 이름 : ○○○
- 선임일자 : 2022년 5월 10일
- 기타 : 아직 실무교육은 받지 않음

① 2022년 11월 10일 이전에 실무교육을 받아야 한다.
② 실무교육을 받지 않으면 1차 자격정지된다.
　　　　　　　　　　　경고
③ 50만원의 과태료를 부담하면 업무가 정지되지 않는다.
　　　　　　　해도 업무는 교육을 받을 때까지 정지된다.
④ 강습을 수료한 날을 기준으로 2023년 4월 5일 이전에 실무교육을 받으면 된다.

정답 ①

04 벌 칙

1 5년 이하의 징역 또는 5000만원 이하의 벌금 〔교재 44〕

소방시설에 폐쇄·차단 등의 행위를 한 자

[비교] 가중처벌 규정

사람 상해	사 망
7년 이하의 징역 또는 7천만원 이하의 벌금	10년 이하의 징역 또는 1억원 이하의 벌금

2 3년 이하의 징역 또는 3000만원 이하의 벌금 〔교재 31, 44〕

(1) **화재안전조사** 결과에 따른 **조치명령**을 정당한 사유 없이 위반한 자
(2) **화재예방안전진단** 결과에 따른 보수·보강 등의 **조치명령**을 정당한 사유 없이 위반한 자
(3) 소방시설이 **화재안전기준**에 따라 설치·관리되고 있지 아니할 때 관계인에게 필요한 조치명령을 정당한 사유 없이 위반한 자
(4) **피난시설, 방화구획** 및 **방화시설**의 유지·관리를 위하여 필요한 조치명령을 정당한 사유 없이 위반한 자
(5) 소방시설 **자체점검** 결과에 따른 이행계획을 완료하지 않아 필요한 조치의 이행 명령을 하였으나, 명령을 정당한 사유 없이 위반한 자

3 1년 이하의 징역 또는 1000만원 이하의 벌금 〔교재 31, 44〕

(1) **소방안전관리자** 자격증을 다른 사람에게 **빌려주거나** 빌리거나 이를 알선한 자
(2) **화재예방안전진단**을 받지 아니한 자
(3) 소방시설의 **자체점검** 미실시자

＊ 자체점검 미실시자
1년 이하의 징역 또는 1000만원 이하의 벌금

4 300만원 이하의 벌금 〔교재 31, 44〕

(1) **화재안전조사**를 정당한 사유 없이 **거부·방해·기피**한 자 〔문22 보기①〕
(2) **화재예방조치 조치명령**을 정당한 사유 없이 따르지 아니하거나 방해한 자
(3) **소방안전관리자, 총괄소방안전관리자, 소방안전관리보조자**를 **선임**하지 아니한 자 〔문22 보기②〕

(4) **소방시설 · 피난시설 · 방화시설** 및 **방화구획** 등이 법령에 위반된 것을 발견하였음에도 필요한 조치를 할 것을 요구하지 아니한 소방안전관리자

(5) **소방안전관리자**에게 **불이익**한 처우를 한 관계인 〔문22 보기④〕

(6) 자체점검결과 **소화펌프 고장** 등 중대위반사항이 발견된 경우 필요한 조치를 하지 않은 관계인 또는 관계인에게 중대위반사항을 알리지 아니한 관리업자 등

★★★ 22 300만원 이하의 벌금이 <u>아닌</u> 것은?

〔교재 31-32, 44〕

① 화재안전조사를 정당한 사유 없이 거부·방해 또는 기피한 자
② 소방안전관리자, 총괄소방안전관리자, 소방안전관리보조자를 선임하지 아니한 자
③ 특정소방대상물의 <u>소방안전관리업무</u>를 수행하지 아니한 관계인
　　　　　　　　　　　 300만원 이하의 과태료
④ 소방안전관리자에게 불이익한 처우를 한 관계인

 **정답 ③**

5 300만원 이하의 과태료 〔교재 32, 45〕

(1) 화재의 **예방조치**를 위반하여 화기취급 등을 한 자
(2) 특정소방대상물 소방안전관리를 위반하여 **소방안전관리자**를 **겸한 자**
(3) **소방안전관리업무**를 하지 **아니한** 특정소방대상물의 **관계인** 또는 소방안전관리대상물의 **소방안전관리자**
(4) **피난유도 안내정보**를 제공하지 아니한 자
(5) **소방훈련** 및 **교육**을 하지 아니한 자
(6) **소방시설**을 **화재안전기준**에 따라 설치·관리하지 아니한 자
(7) 공사현장에 **임시소방시설**을 설치·관리하지 아니한 자
(8) **피난시설, 방화구획** 또는 **방화시설**을 **폐쇄·훼손·변경** 등의 행위를 한 자

〔비교〕 피난시설 · 방화시설 폐쇄 · 변경

1차 위반	2차 위반	3차 이상 위반
100만원 과태료	200만원 과태료	300만원 과태료

(9) **관계인**에게 **점검결과**를 제출하지 아니한 관리업자 등
(10) 점검결과를 보고하지 아니하거나 거짓으로 보고한 관계인

유사 기출문제

22★★ 〔교재 31, 44〕
다음 소방시설 중 **소화펌프**를 고장시 조치를 하지 않은 **관계인**의 벌금기준은?

① 50만원　② 100만원
③ 200만원　④ 300만원

〔해설〕 ④ 300만원 벌금 : 소화펌프 고장시 조치를 하지 않은 관계인

정답 ④

＊ 300만원 이하의 과태료
〔교재 32〕
특정소방대상물의 소방안전관리업무를 수행하지 아니한 관계인

[비교] 점검결과 지연보고기간

10일 미만	10일~1개월 미만	1개월 이상 또는 미보고	점검결과 축소·삭제 등 거짓보고
50만원 과태료	100만원 과태료	200만원 과태료	300만원 과태료

(11) **자체점검 이행계획**을 **기간 내**에 **완료**하지 아니한 자 또는 이행계획 완료 결과를 보고하지 아니하거나 거짓으로 보고한 자

[비교] 자체점검 이행계획 지연보고기간

10일 미만	10일~1개월 미만	1개월 이상 또는 미보고	완료결과 거짓보고
50만원 과태료	100만원 과태료	200만원 과태료	300만원 과태료

(12) **점검기록표**를 **기록**하지 아니하거나 특정소방대상물의 출입자가 쉽게 볼 수 있는 장소에 게시하지 아니한 관계인

[비교] 점검기록표 미기록

1차 위반	2차 위반	3차 이상 위반
100만원 과태료	200만원 과태료	300만원 과태료

6 200만원 이하의 과태료 [교재 32]

(1) 기간 내에 **소방안전관리자 선임신고**를 하지 아니한 자 또는 소방안전 관리자의 성명 등을 게시하지 아니한 자
(2) 기간 내에 소방훈련 및 교육 결과를 제출하지 아니한 자

★★★
23 다음 중 <u>200만원 이하의 과태료</u> 처분에 <u>해당</u>되는 것은?

[교재 32]

① 피난유도 안내정보를 제공하지 아니한 자 – 300만원 이하의 과태료
② 소방훈련 및 교육을 하지 아니한 자 – 300만원 이하의 과태료
③ 기간 내에 소방안전관리자 선임신고를 하지 아니한 자
④ 실무교육을 받지 아니한 소방안전관리자 및 소방안전관리보조자 – 100만원 이하의 과태료

정답 ③

*** 100만원 이하의 과태료**
[교재 32]
실무교육을 받지 아니한 소방안전관리자 및 소방안전관리보조자

24

다음 보기를 보고, 각 벌칙에 해당하는 <u>벌금(또는 과태료)</u>의 값이 적은 순서대로 나열한 것은?

교재 31-32, 44

> ㉠ <u>화재안전조사</u>를 정당한 사유 없이 <u>거부·방해·기피</u>한 자 – 300만원 이하의 벌금
> ㉡ <u>실무교육을 받지 아니한</u> 소방안전관리자 – 100만원 이하의 과태료
> ㉢ 소방시설 등에 대한 <u>스스로 점검</u>을 실시하지 <u>아니하거나</u> 관리업자 등으로 하여금 정기적으로 점검하지 <u>아니한</u> 자 – 1년 이하의 징역 또는 1000만원 이하의 벌금
> ㉣ <u>소방시설에 폐쇄, 차단 행위를 한</u> 자 – 5년 이하의 징역 또는 5000만원 이하의 벌금

① ㉠－㉡－㉢－㉣
② ㉢－㉡－㉠－㉣
③ ㉡－㉠－㉣－㉢
④ ㉡－㉠－㉢－㉣

해설 벌금(또는 과태료)의 값이 적은 순서대로 나열한 것은 ㉡ 100만원 이하의 과태료－㉠ 300만원 이하의 벌금－㉢ 1000만원 이하의 벌금－㉣ 5000만원 이하의 벌금

정답 ④

25

다음 중 <u>위반사항과 벌칙이 옳게</u> 짝지어진 것은?

교재 31-32, 44

① 소방시설에 폐쇄·차단 등의 행위를 한 자 → <u>3년</u> 이하의 징역 또는
                                          5년

   3000만원 이하의 벌금
   5000만원

② 소방안전관리자, 총괄소방안전관리자, 소방안전관리보조자를 선임하지 아니한 자 → 300만원 이하의 <u>과태료</u>
                         벌금

③ 소방훈련 및 교육을 하지 아니한 자 → 300만원 이하의 과태료

④ 피난유도 안내정보를 제공하지 아니한 자 → <u>20만원</u> 이하의 과태료
                                 300만원

정답 ③

---

25 ★★★   교재 31, 45

다음 사항 중 가장 높은 벌칙에 해당되는 것은?

① 화재예방 안전진단을 받지 아니한 자
  －1년 이하의 징역 또는 1000만원 이하의 벌금
② 정당한 사유 없이 화재안전조사 결과에 따른 조치명령을 위반한 자
  －3년 이하의 징역 또는 3000만원 이하의 벌금
③ 소방안전관리자, 총괄소방안전관리자, 소방안전관리보조자를 <u>선임하지 아니한</u> 자
  －300만원 이하의 벌금
④ 공사현장에 <u>임시소방시</u>설을 설치·관리하지 <u>아니한</u> 자
  －300만원 이하의 과태료

해설 가장 큰 벌칙에 해당하는 것은 ②번이다.

정답 ②

27

7 100만원 이하의 과태료 교재 32

실무교육을 받지 아니한 **소방안전관리자** 및 **소방안전관리보조자**

기출문제 ●

26 다음 중 100만원 이하의 과태료에 해당되는 것은?
교재 32

① 피난명령을 위반한 자 – 100만원 이하의 벌금
② 정당한 사유 없이 물의 사용이나 수도의 개폐장치의 사용 또는 조작을 하지 못하게 방해한 자 – 100만원 이하의 벌금
③ 정당한 사유 없이 소방대가 현장에 도착할 때까지 사람을 구출하는 조치 또는 불을 끄거나 불이 번지지 않도록 조치를 아니한 사람 – 100만원 이하의 벌금
④ 실무교육을 받지 아니한 소방안전관리자 및 소방안전관리보조자

정답 ④

27 다음 사항 중 가장 높은 벌칙에 해당되는 것은?
교재 31, 44

① 소방시설에 폐쇄·차단 등의 행위를 한 자 – 5년 이하의 징역 또는 5000만원 이하의 벌금
② 화재안전조사를 정당한 사유 없이 거부·방해·기피한 자 – 300만원 이하의 벌금
③ 소방안전관리자에게 불이익한 처우를 한 관계인 – 300만원 이하의 벌금
④ 화재예방조치 조치명령을 정당한 사유없이 따르지 아니하거나 방해한 자 – 300만원 이하의 벌금

정답 ①

유사 기출문제

27★★★ 교재 31, 44
다음 중 벌금이 가장 많은 사람은?

① 갑 : 나는 소방시설에 폐쇄·차단 등의 행위를 했어. – 5년 이하의 징역 또는 5000만원 이하의 벌금
② 을 : 나는 화재안전조사 결과에 따른 조치명령을 정당한 사유 없이 위반했어. – 3년 이하의 징역 또는 3000만원 이하의 벌금
③ 병 : 나는 화재예방안전진단 결과에 따른 보수·보강 등의 조치명령을 정당한 사유 없이 위반했어. – 3년 이하의 징역 또는 3000만원 이하의 벌금
④ 정 : 나는 소방안전관리자에게 불이익한 처우를 한 관계인이야. – 3000만원 이하의 벌금

정답 ①

제3장

소방시설 설치 및 관리에 관한 법률

01 소방시설 설치 및 관리에 관한 법률의 목적 _{교재} 33

(1) 소방시설 등의 설치·관리와 소방용품 성능관리에 필요한 사항을 규정함
으로써 국민의 생명·신체 및 **재산보호** 문어 보기②
(2) **공공**의 **안전**과 **복리증진** 이바지 문어 보기②

기출문제

01 소방시설 설치 및 관리에 관한 법률의 목적에 대한 설명으로 옳은
것을 모두 고르시오.

_{교재} 33

ㄱ 화재를 예방·경계·진압하는 목적이 있다. – 소방기본법의 목적
ㄴ 국민의 재산을 보호하는 목적이 있다.
ㄷ 공공의 안녕 및 질서유지를 목적으로 한다. – 소방기본법의 목적
ㄹ 복리증진에 이바지함을 목적으로 한다.

① ㄱ, ㄴ
② ㄴ, ㄹ
③ ㄱ, ㄴ, ㄷ
④ ㄱ, ㄴ, ㄷ, ㄹ

정답 ②

＊ 특정소방대상물 vs 소방대상물 문02 보기④

① **특정소방대상물**
  ㉠ 다수인이 출입·근무하는 장소 중 소방시설 설치장소
  ㉡ 건축물 등의 규모·용도 및 수용인원 등을 고려하여 소방시설을 설치하여야 하는 소방대상물로서 **대통령령**으로 정하는 것

② **소방대상물**
  소방차가 출동해서 불을 끌 수 있는 것
  ㉠ **건**축물
  ㉡ **차**량
  ㉢ **선**박(항구에 매어 둔 선박)
  ㉣ 선박건조구조물
  ㉤ **산**림
  ㉥ **인**공구조물
  ㉦ **물**건

공통성 기억법
건차선 산인물

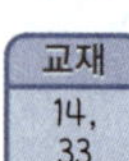

02 다음 중 용어의 정의에 대한 설명으로 <u>틀린</u> 것은?

교재 14, 33

① 항구에 매어 둔 선박은 소방대상물이다.
② 소방대는 소방공무원, 의용소방대원, 의무소방원을 말한다.
③ 소방시설에는 소화설비, 경보설비 등이 해당된다.
④ 특정소방대상물은 건축물, 차량 등을 말한다.
   　　　　　　소방대상물

정답 ④

✔ 중요 ── 용어 교재 33

용 어	정 의
소방시설	**소화설비 · 경보설비 · 피난구조설비 · 소화용수설비 · 소화활동설비**로서 **대통령령**으로 정하는 것 문03 보기③
특정소방대상물	건축물 등의 규모 · 용도 및 수용인원 등을 고려하여 소방시설을 설치하여야 하는 소방대상물로서 **대통령령**으로 정하는 것

기출문제 ●

03 다음 중 용어의 정의에 대한 설명이 <u>틀린</u> 것은?

교재 14, 33

① 항구에 매어 둔 선박은 소방대상물에 해당된다.
② 소유자, 관리자, 점유자는 관계인에 해당된다.
③ 소방시설에는 소화설비, 경보설비, 피난구조설비, 소화용수설비, 소화활동설비 등이 해당된다.
④ 소방대에는 소방공무원, <u>자위</u>소방대원, 의무소방원이 해당된다.
   　　　　　　　　　　　　의용

정답 ④

02 용어의 정의

1 무창층 교재 34

지상층 중 다음에 해당하는 개구부면적의 합계가 그 층의 바닥면적의 $\frac{1}{30}$ 이하가 되는 층 문04 보기④

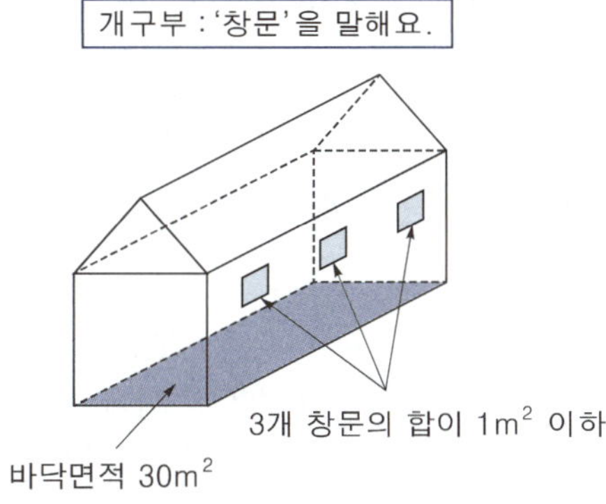

(1) 크기는 지름 **50cm 이상**의 원이 통과할 수 있을 것 문05 보기①
이하 ✕

(2) 해당층의 바닥면으로부터 개구부 밑부분까지의 높이가 **1.2m** 이내일 것
1.5m ✕
유사04 보기③

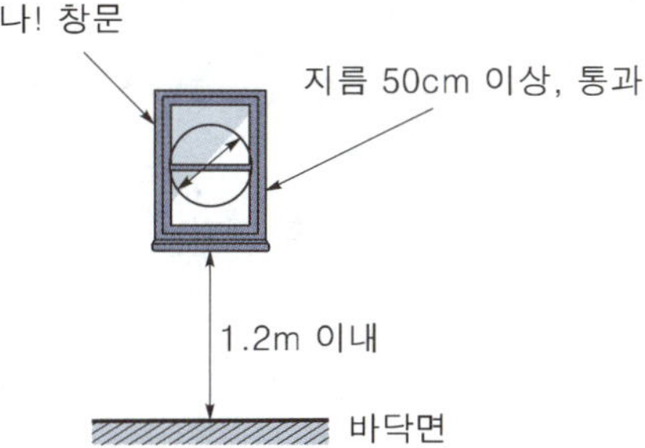

(3) **도로** 또는 **차량**이 진입할 수 있는 **빈터**를 향할 것

* 무창층 교재 34
$\frac{1}{30}$ 이하

(4) 화재시 건축물로부터 쉽게 **피난**할 수 있도록 개구부에 **창살**이나 그 밖의 장애물이 설치되지 않을 것
(5) 내부 또는 외부에서 **쉽게 부수거나 열** 수 있을 것

유사 기출문제

04★   　　　교재 34

소방관계법에 의한 <u>무창층</u>의 정의는 지상층 중 개구부 면적의 합계가 해당층 바닥 면적의 $\dfrac{1}{30}$ 이하가 되는 층을 말하는데, 여기서 말하는 <u>개구부의 요건으로 틀린 것</u>은?

① 크기는 지름 50cm 이상의 원이 통과할 수 있을 것
② 도로 또는 차량이 진입할 수 있는 빈터를 향할 것
③ 해당층의 바닥면으로부터 개구부 밑부분까지의 높이가 <u>1.5m</u> 이내일 것
　　　　　　　1.2m
④ 내부 또는 외부에서 쉽게 부수거나 열 수 있을 것

　　　　　　　정답 ③

기출문제

★★★
04

교재
34

다음 중 <u>무창층</u>에 대한 설명으로 옳은 것은?
① 창문이 없는 층이나 그 층의 일부를 이루는 실
② 지하층의 명칭
③ 직접 지상으로 통하는 출입구나 개구부가 없는 층
④ 지상층 중 개구부면적의 합계가 그 층의 바닥면적의 $\dfrac{1}{30}$ 이하가 되는 층

해설

④ 무창층 : 지상층 중 개구부면적의 합계가 그 층의 바닥면적의 $\dfrac{1}{30}$ 이하가 되는 층

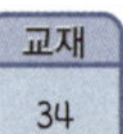
정답 ④

★★
05

교재
34

다음 중 소방시설 설치 및 관리에 관한 법률에서 정하는 <u>무창층이 아닌</u> 것은?
① 크기가 지름 50cm <u>이하</u>의 원이 통과할 수 있을 것
　　　　　　　　　이상
② 해당층의 바닥면으로부터 개구부 밑부분까지의 높이가 1.2m 이내일 것
③ 화재시 건축물로부터 쉽게 피난할 수 있도록 창살이나 그 밖의 장애물이 설치되지 않을 것
④ 내부 또는 외부에서 쉽게 부수거나 열 수 있을 것

정답 ①

2 피난층 교재 34

곧바로 지상으로 갈 수 있는 출입구가 있는 층

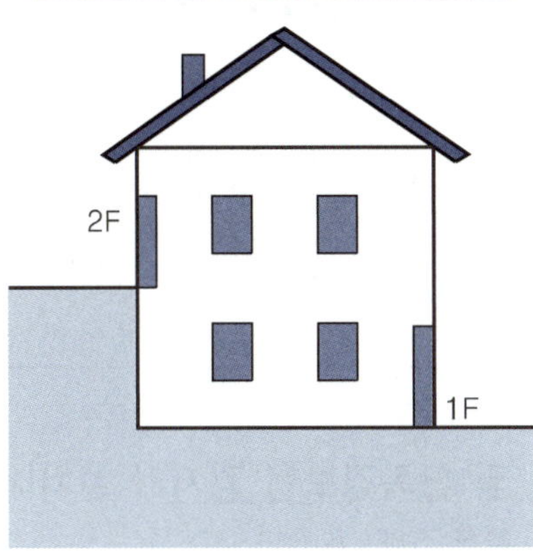

‖ 피난층 ‖

공하성 기억법 피곧(피곤)

기출문제

★★★
06 피난층에 대한 뜻이 옳은 것은?

교재 34

① 곧바로 지상으로 갈 수 있는 출입구가 있는 층
② 건축물 중 지상 1층만을 피난층으로 지정할 수 있다.
③ 직접 지상으로 통하는 계단과 연결된 지상 2층 이상의 층
④ 옥상의 지하층으로서 옥상으로 직접 피난할 수 있는 층

해설 **피**난층 : **곧**바로 지상으로 갈 수 있는 출입구가 있는 층

공하성 기억법 피곧(피곤)

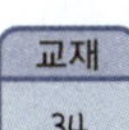 **정답** ①

* 피난층 교재 34

❖ 꼭 기억하세요 ❖

03 소방시설 등의 설치·관리

1 단독주택 및 공동주택(아파트 및 기숙사 제외)에 설치하는 소방시설 [교재 35]

(1) 소화기
(2) 단독경보형 감지기

유사 기출문제

07★★ [교재 35]
단독주택 및 **공동주택**(아파트 및 기숙사 제외)의 소유자가 설치하여야 하는 소방시설을 모두 고른 것은?

㉠ 소화기
㉡ 옥내소화전
㉢ 단독경보형 감지기
㉣ 간이소화용구

① ㉠
② ㉠, ㉡
③ ㉠, ㉢
④ ㉠, ㉢, ㉣

해설
③ 소화기, 단독경보형 감지기 설치대상

정답 ③

기출문제 ●

07★★ 다음 중 <u>소화기</u> 및 <u>단독경보형 감지기</u> 설치대상물로서 <u>옳은</u> 것은?
[교재 35]

① 단독주택 및 공동주택(아파트 포함)
  해당 없음
② 단독주택 및 공동주택(기숙사 포함)
  해당 없음
③ 단독주택 및 공동주택(아파트 및 기숙사 제외)
④ 단독주택 및 <u>다중이용업소</u>
  해당 없음

해설
③ 단독주택 및 공동주택(아파트 및 기숙사 제외)

정답 ③

---

2 피난시설, 방화구획 및 방화시설 관련 금지행위 [교재 35-36]

(1) 피난시설, 방화구획 및 방화시설을 **폐쇄**(잠금 포함)하거나 훼손하는 등의 행위
(2) 피난시설, 방화구획 및 방화시설의 주위에 물건을 쌓아두거나 **장애물**을 설치하는 행위
(3) 피난시설, 방화구획 및 방화시설의 **용도**에 장애를 주거나 **소방활동**에 지장을 주는 행위
(4) 그 밖에 피난시설, 방화구획 및 방화시설을 변경하는 행위

기출문제

08 ★★★ [교재 35-36]

다음 중 피난시설, 방화구획 및 방화시설 관련 <u>금지행위</u>를 <u>모두</u> 고른 것은?

> ㉠ 방화문에 고임장치(도어스톱)를 <u>설치하였다.</u>
>   설치금지
> ㉡ 비상구에 잠금장치를 설치하지 않았다.
> ㉢ 방화문을 철거하고 목재, 유리문 <u>등으로 변경하였다.</u>
>   변경금지
> ㉣ 방화구획에 물건을 쌓아두지 않았다.

① ㉠, ㉢   ② ㉠, ㉣
③ ㉡, ㉣   ④ ㉠, ㉡, ㉣

정답 ①

04 방 염

1 방염성능기준 이상의 실내장식물 등을 설치하여야 할 장소 [교재 36]

(1) 조산원, 산후조리원, 공연장, 종교집회장

(2) **11층** 이상의 층(**아파트** 제외) [문09 보기①]
     아파트 포함 ✕

(3) **체**력단련장 [문09 보기②]

(4) 문화 및 집회시설(옥내에 있는 시설)

(5) 운동시설(**수영장** 제외)
     수영장 포함 ✕

(6) **숙**박시설 · **노**유자시설 [문09 보기③④]

(7) 의료시설(요양병원 등), 의원, 치과의원, 한의원

(8) 수련시설(**숙**박시설이 있는 것)

(9) **방**송국 · 촬영소
     전화통신용 시설 ✕

(10) 종교시설

(11) 합숙소

(12) 다중이용업소(단란주점영업, 유흥주점영업, 노래연습장의 영업장 등)

공하성 기억법   방숙체노

Key Point

유사 기출문제

09★★ 교재 36
방염성능기준 이상의 실내
장식물 등을 설치하여야 할
장소로 옳지 않은 것은?
① 운동시설(수영장 포함) 제외
② 노유자시설
③ 숙박이 가능한 수련시설
④ 다중이용업소
정답 ①

10★★★ 교재 36
다음 중 방염성능기준 이상
의 실내장식물을 설치하여
야 할 장소로서 틀린 것은
어느 것인가?
① 노유자시설
② 미용원 – 해당 없음
③ 교육연구시설 중 합숙소
④ 숙박시설
정답 ②

기출문제

09 방염성능기준을 적용하지 않아도 되는 곳은?
교재 36

① 60층 아파트
 아파트는 제외
② 체력단련장
③ 숙박시설
④ 노유자시설

정답 ①

10 다음 중 방염성능기준 이상의 실내장식물을 설치하여야 할 장소로 알맞은 것을 모두 고른 것은?
교재 36

㉠ 숙박시설	㉡ 노유자시설
㉢ 요양병원	㉣ 교육연구시설 중 합숙소
㉤ 근린생활시설 중 의원	

① ㉠, ㉡
② ㉠, ㉡, ㉢
③ ㉠, ㉡, ㉢, ㉣
④ ㉠, ㉡, ㉢, ㉣, ㉤

해설
④ ㉠ 숙박시설 ㉡ 노유자시설 ㉢ 요양병원
㉣ 교육연구시설 중 합숙소 ㉤ 근린생활시설 중 의원

정답 ④

11 다음 중 방염성능기준 이상의 실내장식물을 설치하여야 할 장소로서 틀린 것은 어느 것인가?
교재 36

① 다중이용업소
② 숙박이 가능한 수련시설
③ 방송통신시설 중 전화통신용 시설
 방송국 · 촬영소
④ 근린생활시설 중 체력단련장

정답 ③

2 방염대상물품 교재 37

제조 또는 가공공정에서 방염처리를 한 물품	건축물 내부의 천장이나 벽에 설치하는 물품
① 창문에 설치하는 **커튼류**(블라인드 포함) ② 카펫 ③ **벽지류**(두께 2mm 미만인 **종이벽지** 제외) ④ **전시용 합판·목재·섬유판** ⑤ **무대용 합판·목재·섬유판** ⑥ **암막·무대막**(영화상영관·가상체험 체육시설업의 **스크린** 포함) ⑦ 섬유류 또는 합성수지류로 제작된 **소파·의자**(단란주점·유흥주점·노래연습장에 한함)	① 종이류(두께 **2mm 이상**), **합성수지류** 또는 **섬유류**를 주원료로 한 물품 문12 보기② ② **합판**이나 **목재** ③ 공간을 구획하기 위하여 설치하는 **간이칸막이** ④ 흡읍·방음을 위하여 설치하는 **흡음재**(흡음용 커튼 포함) 또는 **방음재**(방음용 커튼 포함) ※ **가구류**(옷장, 찬장, 식탁, 식탁용 의자, 사무용 책상, 사무용 의자 및 계산대)와 너비 **10cm 이하**인 **반자돌림대, 내부마감재료** 제외

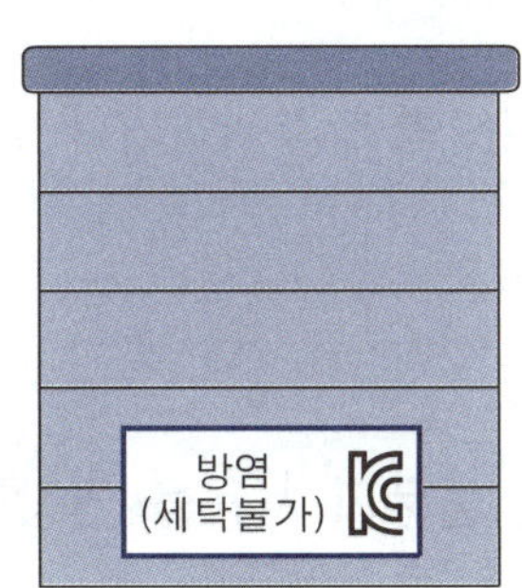

▮ 방염커튼 ▮

✱ 방염대상물품 교재 37

제조 또는 가공공정에서 방염처리를 한 물품	건축물 내부의 천장이나 벽에 설치하는 물품
벽지류(두께 2mm 미만인 종이벽지 제외)	두께 2mm 이상의 종이류

✱ 가상체험 체육시설업
실내에 1개 이상의 별도의 구획된 실을 만들어 골프종목의 운동이 가능한 시설을 경영하는 영업(**스크린 골프 연습장**)

유사 기출문제

12 ★★ 교재 36-37

다음 중 **방염**에 대한 설명으로 옳은 것은?

① 11층 이상의 <u>아파트</u>는(제외) 방염성능기준 이상의 실내장식물을 설치하여야 한다.

② 방염성능기준 이상의 실내장식물을 설치하여야 하는 옥내시설은 문화 및 집회시설, 종교시설, 운동시설(<u>수영장 포함</u>)(제외) 등이 있다.

③ 방염처리물품 중에서 선처리물품의 성능검사 실시기관은 한국소방산업기술원이다.

④ 창문에 설치하는 커튼류(블라인드 <u>제외</u>)(포함)는 방염대상물품이다.

정답 ③

★ **방염처리된 물품의 사용을 권장할 수 있는 경우** 교재 37

① 다중이용업소
② 의료시설
③ 노유자시설
④ 숙박시설
⑤ 장례시설

침구류 **소**파, **의**자

공하성 기억법 침소의

기출문제 ●

12 ★★★ 교재 37

다음 방염대상물품 중 제조 또는 가공공정에서 방염처리를 한 물품이 아닌 것은?

① 창문에 설치하는 커튼류(블라인드 포함)

② 종이류(두께 2mm 이상) – 건축물 내부의 천장이나 벽에 설치하는 물품

③ 암막·무대막(영화상영관에서 설치하는 스크린과 가상체험 체육시설업에 설치되는 스크린을 포함)

④ 섬유류 또는 합성수지류 등을 원료로 하여 제작된 소파·의자(단란주점, 유흥주점 및 노래연습장에 한함)

정답 ②

---

3 방염처리된 물품의 사용을 권장할 수 있는 경우 교재 37

(1) **다**중이용업소·**의**료시설·**노**유자시설·**숙**박시설·**장**례시설에 사용하는 **침**구류, **소**파, **의**자

공하성 기억법 다의 노숙장 침소의

(2) 건축물 내부의 **천장** 또는 **벽**에 부착하거나 설치하는 **가구류**

기출문제 ●

13 ★★★ 교재 37

다음 중 방염처리된 물품의 사용을 권장할 수 있는 경우는?

① 의료시설에 설치된 소파

② 노유자시설에 설치된 <u>암막</u> 해당 없음

③ 종합병원에 설치된 <u>무대막</u> 해당 없음

④ 종교시설에 설치된 침구류 해당 없음

해설

① 의료시설에 설치된 침구류, 소파, 의자

정답 ①

14 ★★ 방염에 관한 다음 ( ) 안에 적당한 말을 고른 것은?

교재 36-37

방염성능기준 이상의 실내장식물 등을 설치하여야 할 장소는 (㉠)이며, 방염대상물품은 (㉡)에 설치하는 스크린이다.

① ㉠ : 운동시설, ㉡ : 골프연습장
② ㉠ : 노유자시설, ㉡ : 야구연습장
③ ㉠ : 아파트, ㉡ : 농구연습장
④ ㉠ : 방송국, ㉡ : 탁구연습장

해설

① 방염성능기준 이상의 실내장식물 등을 설치하여야 할 장소는 **운동시설**이며, 방염대상물품은 **스크린 골프연습장**(가상체험 체육시설업)이다.

정답 ①

4 현장처리물품 교재 37-38

방염 현장처리물품의 실시기관	방염 선처리물품의 실시기관
시·도지사(관할소방서장)	한국소방산업기술원

기출문제

15 ★★★ 방염에 있어서 현장처리물품의 실시기관은?

교재 38

① 행정안전부장관
② 소방청장
③ 소방본부장
④ 관할소방서장

해설

④ 현장처리물품 : 시·도지사(관할소방서장)

정답 ④

Key Point

05 소방시설의 자체점검

1 작동점검과 종합점검 교재 39-40

▌소방시설 등 자체점검의 점검대상, 점검자의 자격, 점검횟수 및 시기▐

점검 구분	정 의	점검대상	점검자의 자격 (주된 인력)	점검횟수 및 점검시기
작동 점검	소방시설 등을 인위적으로 조작하여 정상적으로 작동하는지를 점검하는 것	① **간이스프링클러설비·자동화재탐지설비**가 설치된 특정소방대상물	• 관계인 • 소방안전관리자로 선임된 소방시설관리사 또는 소방기술사 • 소방시설관리업에 등록된 기술인력 중 소방시설관리사 또는 「소방시설공사업법 시행규칙」에 따른 특급 점검자	• 작동점검은 **연 1회** 이상 실시하며, 종합점검대상은 종합점검(최초점검 제외)을 받은 달부터 **6개월**이 되는 달에 실시 • 종합점검대상 외의 특정소방대상물은 **사용승인일**이 속하는 달의 **말일**까지 실시
		② ①에 해당하지 아니하는 특정소방대상물	• 소방시설관리업에 등록된 기술인력 중 소방시설관리사 • 소방안전관리자로 선임된 소방시설관리사 또는 소방기술사	
		③ 작동점검 제외대상 • 소방안전관리자를 선임하지 않는 대상 • 위험물제조소 등 • 특급 소방안전관리대상물		

점검 구분	정 의	점검대상	점검자의 자격 (주된 인력)	점검횟수 및 점검시기
종합 점검	소방시설 등의 작동점검을 포함하여 소방시설 등의 설비별 주요 구성부품의 구조기준이 화재안전기준과 「건축법」 등 관련 법령에서 정하는 기준에 적합한지 여부를 점검하는 것 (1) 최초점검 : 해당 특정소방대상물의 소방시설 등이 신설된 경우 (2) 그 밖의 종합점검 : 최초점검을 제외한 종합점검	④ 소방시설 등이 신설된 경우에 해당하는 특정소방대상물 ⑤ **스프링클러설비**가 설치된 특정소방대상물 ⑥ **물분무등소화설비**(호스릴 방식의 물분무등소화설비만을 설치한 경우는 제외)가 설치된 연면적 **5000m²** 이상인 특정소방대상물(위험물제조소 등 제외) ⑦ 다중이용업의 영업장이 설치된 특정소방대상물로서 연면적이 **2000m²** 이상인 것 ⑧ **제연설비**가 설치된 터널 ⑨ **공공기관** 중 연면적(터널·지하구의 경우 그 길이와 평균폭을 곱하여 계산된 값)이 **1000m²** 이상인 것으로서 옥내소화전설비 또는 자동화재탐지설비가 설치된 것(단, 소방대가 근무하는 공공기관 제외) ☑ 중요 **종합점검** ① 공공기관 : 1000m² ② 다중이용업 : 2000m² ③ 물분무등(호스릴 ×) : 5000m²	• 소방시설관리업에 등록된 기술인력 중 **소방시설관리사** • 소방안전관리자로 선임된 **소방시설관리사** 또는 **소방기술사**	〈점검횟수〉 ㉠ 연 1회 이상(특급 소방안전관리대상물은 반기에 1회 이상) 실시 ㉡ ㉠에도 불구하고 소방본부장 또는 소방서장은 소방청장이 소방안전관리가 우수하다고 인정한 특정소방대상물에 대해서는 3년의 범위에서 소방청장이 고시하거나 정한 기간 동안 종합점검을 면제할 수 있다(단, 면제기간 중 화재가 발생한 경우는 제외). 〈점검시기〉 ㉠ ④에 해당하는 특정소방대상물은 건축물을 사용할 수 있게 된 날부터 60일 이내 실시 ㉡ ㉠을 제외한 특정소방대상물은 건축물의 사용승인일이 속하는 달에 실시(단, 학교의 경우 해당 건축물의 사용승인일이 1월에서 6월 사이에 있는 경우에는 6월 30일까지 실시할 수 있다.) ㉢ 건축물 사용승인일 이후 ㉠에 따라 종합점검대상에 해당하게 된 경우에는 그 다음 해부터 실시 ㉣ 하나의 대지경계선 안에 2개 이상의 자체점검대상 건축물 등이 있는 경우 그 건축물 중 사용승인일이 가장 빠른 연도의 건축물의 사용승인일을 기준으로 점검할 수 있다.

┃ 자체점검 ┃

종합점검	작동점검
사용승인 달에 실시	종합점검 + 6개월 ↓

기출문제 ●

* 점검시기　[교재] 40
① 종합점검 : 건축물 사용
　승인일이 속하는 달
② 작동점검 : 종합점검(최
　초점검 제외)을 받은 달
　부터 6개월이 되는 달

* 자체점검　실시결과
　보고서　제출
① 소방시설관리업자 →
　관계인 : 10일 이내
② 관계인 → 소방본부장,
　소방서장 : 15일 이내

★★★
16 다음 중 소방시설의 <u>자체점검</u>에 대한 설명으로 <u>옳은</u> 것은?

[교재] 39~41

① 소방시설관리업자 등은 자체점검을 실시하고 점검이 끝난 날부터 10일 이내에 소방시설 등 자체점검 실시결과 보고서에 소방시설 등 점검표를 첨부하여 관계인에게 제출하여야 한다.

② 작동점검은 <u>사용승인일과 같은 날</u>에 실시하여야 한다.
　　　　　　　사용승인일이 속하는 달의 말일까지

③ 연면적 2000m^2 이상인 다중이용업소는 <u>작동점검을 받은 달부터 6개</u>
　　　　　　　　　　　　　　　　　　　종합점검(최초점검 제외)

　월이 되는 달에 <u>종합점검</u>을 실시한다.
　　　　　　　작동점검

④ 제연설비가 설치된 터널은 <u>종합점검만 실시하면 된다.</u>
　　　　　　　　　　　　작동점검과 종합점검을 실시하여야 한다.

정답 ①

┃ 종합점검 ┃

특 급	1 · 2급
반기별	연 1회

★★★
17 다음 중 자체점검에 대한 설명으로 <u>옳은</u> 것은?

[교재] 39~41

① 소방대상물의 규모·용도 및 설치된 소방시설의 종류에 의하여 자체점검자의 자격·절차 및 방법 등을 달리한다.

② 작동점검시 <u>항시 소방시설관리사</u>가 참여해야 한다.
　　　　　　　관계인, 소방안전관리자, 소방시설관리업자

③ 종합점검시 소방시설별 점검장비를 이용하여 <u>점검하지 않아도 된다.</u>
　　　　　　　　　　　　　　　　　　　점검해야 한다.

④ 종합점검시 <u>특급, 1급은 연 1회만</u> 실시하면 된다.
　　　　　　특급은 반기별 1회 이상, 1급은 연 1회 이상

정답 ①

18 _{교재 40}

건축물 사용승인일이 <u>2021년 5월 1일</u>이라면 종합점검 시기와 작동점검 시기를 순서대로 <u>맞게</u> 말한 것은?

① 종합점검 시기 : 5월 15일, 작동점검 시기 : 11월 1일
② 종합점검 시기 : 5월 15일, 작동점검 시기 : 12월 1일
③ 종합점검 시기 : 6월 15일, 작동점검 시기 : 11월 1일
④ 종합점검 시기 : 6월 15일, 작동점검 시기 : 12월 1일

해설 자체점검의 실시

종합점검	작동점검
사용승인 달에 실시	종합점검＋6개월↓

(1) **종합점검** : 건축물 사용승인일이 5월 1일이기 때문에 **5월**에 **실시**해야 하므로 <u>5월 15일</u>에 받으면 된다.
(2) **작동점검** : 종합점검(최초점검 제외)을 받은 달부터 6개월이 되는 달(지난 달)에 실시하므로 5월에 종합점검을 받았으므로 **6개월**이 지난 <u>11월달(11월 1일~11월 30일)</u>에만 작동점검을 받으면 된다.

정답 ①

19 _{교재 40}

종합점검 대상인 특정소방대상물의 작동점검을 실시하고자 한다. 이때 종합점검을 받은 달부터 <u>몇 개월</u>이 되는 달에 실시하여야 하는가?

① 1개월 　　　② 6개월
③ 8개월 　　　④ 10개월

해설
② 작동점검 : 종합점검(최초점검 제외)을 받은 달부터 6개월이 되는 달에 실시

정답 ②

20 _{교재 40}

다음 보기를 보고, <u>작동점검일을 옳게</u> 말한 것은?

- 스프링클러설비가 설치되어 있다.
- 완공일 : 2021년 5월 10일
- 사용승인일 : <u>2021년 7월 10일</u>

① 2021년 11월 15일
② 2021년 12월 15일
③ 2022년 1월 15일
④ 2022년 2월 15일

18-1★★★ _{교재 40}

건축물 사용승인일이 2021년 3월 3일이라면 종합점검 시기와 작동점검 시기를 순서대로 <u>맞게</u> 말한 것은?

① 2월 15일, 8월 5일
② 3월 15일, 9월 5일
③ 4월 15일, 10월 5일
④ 5월 15일, 11월 5일

해설 자체점검의 실시
(1) 종합점검 : 건축물 사용승인일이 3월 3일이며 3월에 실시해야 하므로 3월 15일이 된다.
(2) 작동점검 : 종합점검(최초점검 제외)을 받은 달부터 6개월이 되는 달(지난 달)에 실시하므로 3월에 종합점검을 받았으므로 6개월이 지난 9월달에 작동점검을 받으면 된다.

정답 ②

18-2★★ _{교재 40}

건축물 사용승인일이 2021년 1월 30일이라면 종합점검 시기와 작동점검 시기를 순서대로 맞게 말한 것은?

① 종합점검 시기 : 1월, 작동점검 시기 : 7월
② 종합점검 시기 : 6월, 작동점검 시기 : 12월
③ 종합점검 시기 : 4월, 작동점검 시기 : 10월
④ 종합점검 시기 : 3월, 작동점검 시기 : 9월

해설
(1) 종합점검 : 건축물 사용승인일이 1월 30일이면 1월에 실시해야 하므로 1월에 받으면 된다.
(2) 작동점검 : 종합점검(최초점검 제외)을 받은 달부터 6개월이 되는 달(지난 달)에 실시하므로 1월에 종합점검을 받았으므로 6개월이 지난 7월달에 작동점검을 받으면 된다.

정답 ①

 **Key Point**

해설 자체점검의 실시
(1) **종합점검** : 건축물 사용승인일이 7월 10일이며 **7월**에 **실시**해야 한다.
(2) **작동점검** : 종합점검(최초점검 제외)을 받은 달부터 6개월이 되는 달(지난 달)에 실시하므로 7월에 종합점검을 받았으므로 6개월이 지난 **2022년 1월달**에 작동점검을 받으면 된다. 그러므로 **2022년 1월 15일**이 답이 된다.

정답 ③

---

* 작동점검 · 종합점검 결과 보관　교재 42
2년

* 10일 이내　교재 41
자체점검 결과보고서 제출

2 자체점검 후 결과조치 　교재 41-42

2년	10일 이내
작동점검 · 종합점검 결과 **보**관	자체점검 결과보고서 제출

공하성 기억법　보2(보이차)

3 소방시설 등의 자체점검 　교재 41

구 분	제출기간	제출처
관리업자 등	**10일** 이내	관계인
관계인	**15일** 이내	소방본부장 · 소방서장

* 관리업자 등
① 관리업자
② 소방안전관리자로 선임된 소방시설관리사
③ 소방안전관리자로 선임된 소방기술사

 기출문제

★★★
21　교재 39-42

다음 중 소방시설의 <u>자체점검</u>에 대한 설명으로 옳은 것은?
① 자체점검 실시결과 보고를 마친 관계인은 소방시설 등 자체점검 실시결과 보고서를 점검이 끝난 날부터 2년간 자체 보관해야 한다.
② 작동점검은 사용승인일과 같은 날에 실시하여야 한다.
　　　　　　　　　속하는 달의 말일까지
③ 연면적 2000㎡ 이상인 다중이용업소는 <u>작동점검을 받은 달부터</u>
　　　　　　　　　종합점검(최초점검 제외)을
6개월이 되는 달에 실시한다.
④ 제연설비가 설치된 터널은 <u>종합점검만 실시하면 된다.</u>
　　　　　　　　　작동점검과 종합점검을 실시하여야 한다.

* 다중이용업소의 자체점검
연면적 2000㎡ 이상

정답 ①

제2편

화재일반

상대성 원리

아인슈타인이 '상대성 원리'를 발견하고 강연회를 다니기 시작했다. 많은 단체 또는 사람들이 그를 불렀다.

30번 이상의 강연을 한 어느 날이었다. 전속 운전기사가 아인슈타인에게 장난스럽게 이런 말을 했다.

"박사님! 전 상대성 원리에 대한 강연을 30번이나 들었기 때문에 이제 모두 암송할 수 있게 되었습니다. 박사님은 연일 강연하시느라 피곤하실 텐데 다음번에는 제가 한번 강연하면 어떨까요?"

그 말을 들은 아인슈타인은 아주 재미있어하면서 순순히 그 말에 응하였다.

그래서 다음 대학을 향해 가면서 아인슈타인과 운전기사는 옷을 바꿔 입었다.

운전기사는 아인슈타인과 나이도 비슷했고 외모도 많이 닮았다.

이때부터 아인슈타인은 운전을 했고 뒷자석에는 운전기사가 앉아 있게 되었다. 학교에 도착하여 강연이 시작되었다.

가짜 아인슈타인 박사의 강의는 정말 훌륭했다. 말 한마디. 얼굴표정, 몸의 움직임까지도 진짜 박사와 흡사했다.

성공적으로 강연을 마친 가짜 박사는 많은 박수를 받으며 강단에서 내려오려고 했다. 그때 문제가 발생했다. 그 대학의 교수가 질문을 한 것이다.

가슴이 '쿵'하고 내려앉은 것은 가짜 박사보다 진짜 박사 쪽이었다.

운전기사 복장을 하고 있으니 나서서 질문에 답할 수도 없는 상황이었다.

그런데 단상에 있던 가짜 박사는 조금도 당황하지 않고 오히려 빙그레 웃으며 이렇게 말했다.

"아주 간단한 질문이오. 그 정도는 제 운전기사도 답할 수 있습니다."

그러더니 진짜 아인슈타인 박사를 향해 소리쳤다.

"여보게나? 이 분의 질문에 대해 어서 설명해 드리게나!"

그 말에 진짜 박사는 안도의 숨을 내쉬며 그 질문에 대해 차근차근 설명해 나갔다.

인생을 살면서 아무리 어려운 일이 닥치더라도 결코 당황하지 말고 침착하고 지혜롭게 대처하는 여러분들이 되시기 바랍니다.

연소이론

1 연소의 3요소와 4요소 교재 53

연소의 3요소	연소의 4요소
• **가**연물질 • **산**소공급원(공기·오존·산화제·지연성 가스) • **점**화원(활성화에너지) 공하성 **기억법** 가산점	• **가**연물질 • **산**소공급원(공기·오존·산화제·지연성 가스) • **점**화원(활성화에너지) • 화학적인 **연**쇄반응 공하성 **기억법** 가산점연

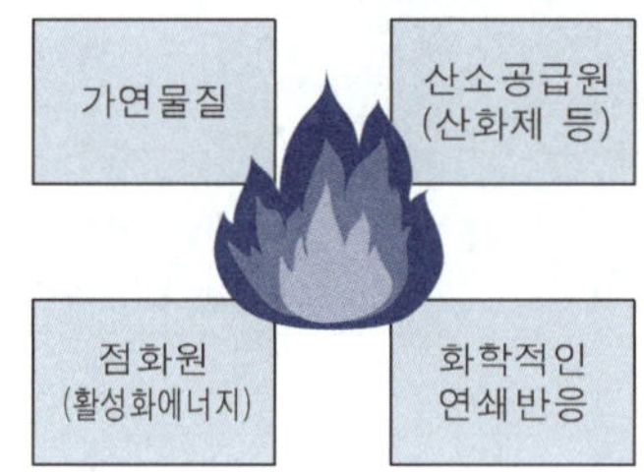

┃ 연소의 4요소 ┃

중요 ▶ 소화방법의 예 교재 63-64

제거소화	질식소화	냉각소화	억제소화
• 가스밸브의 **폐쇄**(차단) 문어 보기① • 가연물 직접 **제거** 및 **파괴** • **촛불**을 입으로 불어 가연성 증기를 순간적으로 날려 보내는 방법 문어 보기④ • 산불화재시 진행 방향의 나무 **제거**	• 불연성 기체로 연소물을 덮는 방법 • 불연성 포로 연소물을 덮는 방법 • 불연성 고체로 연소물을 덮는 방법	• 주수에 의한 냉각작용 • 이산화탄소소화약제에 의한 냉각작용 문어 보기③	• 화학적 작용에 의한 소화방법 • **할론, 할로겐화합물**에 의한 억제(부촉매)작용 문어 보기② • **분말 소화약제**에 의한 억제작용

01 다음 중 연소의 3요소를 이용한 소화방법이 잘못 설명된 것은?

교재 63-64

① 밸브차단 – 가연물과 관련
② 할로겐소화약제를 이용한 억제소화 – 연소의 4요소를 이용한 소화방법
③ 이산화탄소를 이용한 질식소화 – 산소공급원과 관련
④ 촛불을 입으로 불어 가연성 증기를 순간적으로 날려 보내는 방법
　– 가연물과 관련

정답 ②

02 다음 중 연소의 4요소에 대한 설명으로 옳은 것은?

교재 63-64

① 가연물질은 산소와 결합하면 흡열반응을 한다.
　　　　　　　　　　　　　발열
② 산소는 가연물질의 연소를 차단하는 역할을 한다.
　　　　　　　　　　　　돕는
③ 지연성 가스는 산소공급원이 될 수 있다.
④ 할론, 할로겐화합물 및 불활성기체는 연쇄반응을 순조롭게 한다.
　　　　　　　　　　　　　　　　　　　　　　억제

정답 ③

2 가연성 물질의 구비조건 교재 54

(1) 화학반응을 일으킬 때 필요한 **활성화에너지값**이 **작아야** 한다. 문03 보기①
(2) 일반적으로 산화되기 쉬운 물질로서 산소와 결합할 때 **발열량**이 커야 한다. 문03 보기②
(3) 열의 축적이 용이하도록 **열전도**의 값이 **작아야** 한다. 문03 보기③

〈가연물질별 열전도〉
• 철 : 열전도가 빠르다(크다). → 불에 잘 타지 않는
• 종이 : 열전도가 느리다(작다). → 불에 잘 탄다.

| 열전도 |

02★★★　교재 53-55, 64
다음 중 연소의 4요소에 대한 설명으로 옳은 것은?
① 가연물질이 되기 위해서는 활성화에너지가 커야 한다.
　　작아야
② 공기 중에는 산소가 12% 포함되어 있다.
　　　　　　　21%
③ 오존은 산소공급원이 될 수 없다.
　　　　　　　　　있다.
④ 할론, 할로겐화합물 및 불활성기체는 연쇄반응을 차단하는 역할을 한다.

정답 ④

＊ 활성화에너지
'최소 점화에너지'와 동일한 뜻

＊ 지연성 가스
가연성 물질이 잘 타도록
도와주는 가스 '**조연성 가스**'
라고도 함

(4) 지연성 가스인 산소·염소와의 친화력이 강해야 한다.

(5) 산소와 접촉할 수 있는 표면적이 큰 물질이어야 한다. 문03 보기④

(6) **연쇄반응**을 일으킬 수 있는 물질이어야 한다.

> **용어** 활성화에너지(최소 점화에너지)
>
> 가연물이 처음 연소하는 데 필요한 열

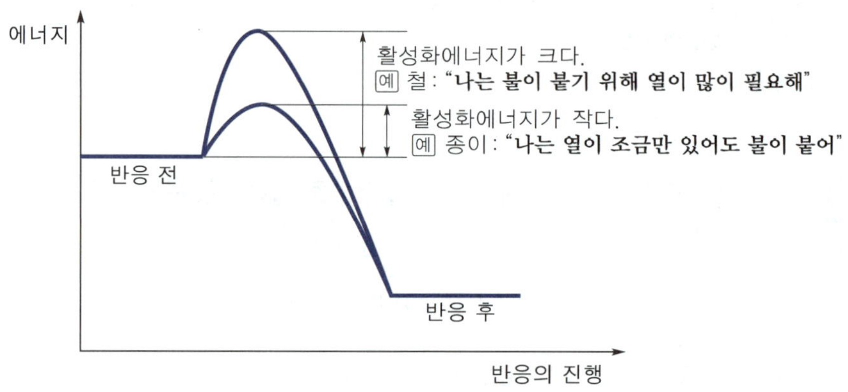

▌ 활성화에너지 ▌

기출문제

★★★
03 가연성 물질의 구비조건으로 옳은 것은?

교재 54

① 화학반응을 일으킬 때 필요한 활성화에너지값이 <u>커야</u> 한다.
　　　　　　　　　　　　　　　　　　　　　　　작아야

② 일반적으로 산화되기 쉬운 물질로서 산소와 결합할 때 발열량이 커야 한다.

③ 열의 축적이 용이하도록 열전도의 값이 <u>커야</u> 한다.
　　　　　　　　　　　　　　　　　작아야

④ 산소와 접촉할 수 있는 표면적이 <u>작은</u> 물질이어야 한다.
　　　　　　　　　　　　　　　　　큰

정답 ②

 04 가연성 물질의 구비조건이다. 빈칸에 알맞은 것은?

교재 54

- 활성화에너지의 값이 (　　㉠　　)
- 열전도도가 (　　㉡　　)

① ㉠ 커야 한다. ㉡ 커야 한다.
② ㉠ 커야 한다. ㉡ 작아야 한다.
③ ㉠ 작아야 한다. ㉡ 커야 한다.
④ ㉠ 작아야 한다. ㉡ 작아야 한다.

> **해설**
> ④ ㉠ 활성화에너지의 값이 작아야 한다.
> ㉡ 열전도도가 작아야 한다.

정답 ④

---

③ 가연물이 될 수 없는 조건 교재 54-55

특 징	불연성 물질
불활성기체	• **헬**륨 • **네**온 • **아**르곤 **공통성 기억법** 헬네아
완전산화물	• 물(H_2O) • **이산화탄소(CO_2)**
흡열반응물질 문06 보기③	• 질소 • 질소산화물
자체연소하지 않는 물질	• 돌 • 흙

| 흡열반응물질 |

유사 기출문제

05 ★★★ 교재 53-54

다음 중 가연성 물질에 대한 설명으로 옳은 것을 모두 고르시오.

㉠ 활성화에너지값이 작을수록 연소되기 쉽다.
㉡ 열전도가 클수록 연소되기 어렵다.
㉢ 산화되기 쉬운 물질로서 산소와 결합할 때 발열량이 클수록, 가연물질이 되기 쉽다.
㉣ 산소, 염소는 지연성 가스로 가연물질의 연소를 돕는다.

① ㉠, ㉢, ㉣
② ㉡, ㉢, ㉣
③ ㉠, ㉡, ㉢
④ ㉠, ㉡, ㉢, ㉣

해설
④ ㉠, ㉡, ㉢, ㉣이 옳은 설명

정답 ④

＊ 흡열반응

열을 흡수하는 반응

＊ 공기 중 산소농도

교재 55

체적비	중량비
약 21%	약 23%

기출문제

05 ★★★ 교재 54

다음 중 가연성 물질의 특징으로 옳은 것은?

① 최소 점화에너지값이 클수록 연소가 잘 된다.
　　　　　　　　작을

② 아르곤은 산소와 결합하지 못하는 불활성기체로 가연물질이 될 수 없다.

③ 기체는 고체보다 열전도값이 커서 연소반응이 잘 일어난다.
　　　　　　　　　작아

④ 질소산화물은 산소와 화합하여 발열반응을 하므로 연소가 잘 된다.
　　　　　　　　흡열　　　　　　　　　　　　　안 된다.

정답 ②

06 ★ 교재 54-55

질소 또는 질소산화물이 가연물이 될 수 없는 이유로 옳은 것은?

① 산소와 화합하여 연쇄반응을 하기 때문이다.
② 산소와 화합하여 산화반응을 하기 때문이다.
③ 산소와 화합하여 흡열반응을 하기 때문이다.
④ 산소와 화합하여 발열반응을 하기 때문이다.

해설
③ 질소·질소산화물 : 흡열반응

정답 ③

4 공기 중 산소(약 21%) 교재 55

‖ 공기 중 산소농도 ‖

구 분	산소농도
체적비	약 21%
중량비	약 23%

5 점화원 교재 55-57

종 류	설 명
전기불꽃 문07 보기③	**단시간**에 집중적으로 에너지가 방사되므로 에너지밀도가 높은 점화원 장시간 × 이다.
충격 및 마찰	두 개 이상의 물체가 서로 충격·마찰을 일으키면서 작은 불꽃을 일으키는데, 이러한 마찰불꽃에 의하여 가연성 가스에 착화가 일어날 수 있다.
단열압축 문07 보기①	기체를 높은 압력으로 압축하면 온도가 상승하는데, 이때 상승한 열에 의한 가연물을 착화시킨다.
불 꽃	항상 화염을 가지고 있는 열 또는 화기로서 위험한 화학물질 및 가연물이 존재하고 있는 장소에서 불꽃의 사용은 대단히 위험하다.
고온표면	작업장의 화기, 가열로, 건조장치, 굴뚝, 전기·기계 설비 등으로서 항상 화재의 위험성이 내재되어 있다.
정전기 불꽃 문07 보기②	물체가 접촉하거나 결합한 후 떨어질 때 양(+)전하와 음(−)전하로 **전하의 분리**가 일어나 발생한 **과잉전하**가 물체(물질)에 **축적**되는 현상이다.
자연발화 문07 보기④	물질이 외부로부터 에너지를 **공급받지 않아도** 자체적으로 온도가 상승하여 발화하는 현상이다.
복사열	물질에 따라서 비교적 약한 복사열도 장시간 방사로 발화될 수 있다. 예를 들어 **햇빛**이 유리나 **거울**에 **반사**되어 가연성 물질에 장시간 노출 시 열이 축적되어 발화될 수 있다.
기타	이외에 마찰, 충격, 열선, 광선 등도 발화의 에너지원이 될 수 있다.

기출문제

07 다음 중 점화원에 관한 설명으로 옳지 않은 것은?

교재
55-57

① 단열압축 : 기체를 높은 압력으로 압축하면 온도가 상승하는데, 이때 상승한 열에 의한 가연물을 착화시킨다.

② 정전기불꽃 : 물체가 접촉하거나 결합한 후 떨어질 때 양(+)전하와 음(−)전하로 전하의 분리가 일어나 발생한 과잉전하가 물체(물질)에 축적되는 현상이다.

③ 전기불꽃 : 장시간에 집중적으로 에너지가 방사되므로 에너지밀도
　　　　　　단시간
가 높은 발화원이다.

④ 자연발화 : 물질이 외부로부터 에너지를 공급받지 않아도 온도가 상승하여 발화하는 현상이다.

정답 ③

6 정전기에 의한 재해예방대책　[교재 56]

(1) 정전기의 발생이 우려되는 장소에 **접지시설**을 한다.　[문08 보기③]
(2) **실내**의 **공기**를 **이온화**하여 정전기의 발생을 예방한다.　[문08 보기②]
(3) 정전기는 습도가 낮거나 압력이 높을 때 많이 발생하므로 습도를 **70% 이상**으로 한다.　[문08 보기①]
(4) 전기저항이 큰 물질은 대전이 용이하므로 **전도체물질**을 사용한다.　[문08 보기④]

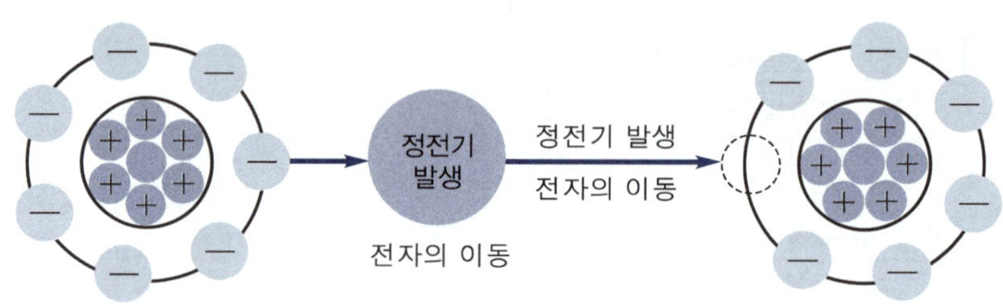

┃ 정전기 발생원리 ┃

08★★★　[교재 56]
다음 중 정전기에 의한 재해를 방지하기 위한 예방대책에 해당하지 않는 것은?
① 접지시설을 설치한다.
② 실내의 공기를 이온화한다.
③ 습도가 낮거나 압력이 높을 때 많이 발생하므로 습도를 70% 이상으로 한다.
④ 전기저항이 <u>작은</u> 물질은
　　　　큰
　대전이 용이하므로 전도체물질을 사용한다.

해설 ④ 작은 → 큰

정답 ④

08 다음 중 정전기에 의한 재해 예방대책으로 틀린 것은?
[교재 56]
① 습도를 70% <u>이하</u>로 한다.
　　　　　　이상
② 실내의 공기를 이온화한다.
③ 우려되는 장소에 접지시설을 한다.
④ 전기저항이 큰 물질은 대전이 용이하므로 전도체물질을 사용한다.

정답 ①

09 다음 중 정전기 예방대책으로 옳지 않은 것은?
[교재 56]
① 접지시설을 설치한다.
② 전기저항이 큰 물질은 대전이 용이하므로 전도체물질을 사용한다.
③ 실내의 공기를 이온화한다.
④ 습도가 낮거나 압력이 <u>낮을</u> 때 많이 발생하므로 습도를 70% 이
　　　　　　　　　　　　　높을
　상으로 한다.

정답 ④

제 2 장

화재이론

01 화재의 종류 _{교재} 58-59

종 류	적응물질	소화약제
일반화재(A급)	• 보통가연물(폴리에틸렌 등) • 종이 • 목재, 면화류, 석탄 • **재를 남김**	① 물 ② 수용액
유류화재(B급)	• 유류 • 알코올 • **재를 남기지 않음**	① 포(폼)
전기화재(C급)	• 변압기 • 배전반	① 이산화탄소 ② 분말소화약제 ③ 주수소화 금지
금속화재(D급)	• 가연성 금속류(나트륨 등)	① 금속화재용 분말소화약제 ② 마른 모래(건조사) 문어 보기①
주방화재(K급)	• 식용유 • 동·식물성 유지	① 강화액

기출문제

★★★
01 금속화재의 소화방법으로 적당한 것은?

_{교재} 59

① 마른 모래(건조사) ② 물
③ 이산화탄소 ④ 분말소화제

해설
> ① 금속화재 : 마른 모래(건조사)

정답 ①

02 화재의 분류 및 종류에 대한 설명으로 옳은 것은?

교재 58-59

① A - 일반화재 - 폴리에티필렌
　　　　　　　　　에틸렌
② B - 전기화재 - 석탄
　　　유류　　　알코올
③ C - 유류화재 - 목재
　　　전기　　　변압기
④ D - 금속화재 - 나트륨

정답 ④

03 다음에 제시한 화재시의 적절한 소화방법으로 옳은 것은?

교재 58-59

① 나트륨 : 대량의 물로 냉각소화
　　　　　　　마른 모래
② 목재 : 이산화탄소소화약제
　　　　　　물
③ 유류 : 폼소화약제
④ 전기 : 포소화약제
　　　　　이산화탄소소소화약제, 분말소화약제

정답 ③

04 다음은 화재의 종류와 특징, 해당 화재에 적응성이 있는 소화방법에 대한 설명이다. 옳은 것은?

교재 58-59

① A급 화재는 일반화재이며 일반가연물이 타고 나서 재가 남는 화재이다. 다량의 물 또는 수용액으로 냉각소화가 적응성이 있다.
② B급 화재는 유류화재이며 물이 닿으면 폭발위험이 있다. 마른모래를 덮어 질식소화해야 한다.
　　포 등을 이용해
③ C급 화재는 전기화재이며 감전의 위험이 있다. 포 등을 이용한 억제소화가 적응성이 있다.
　　이산화탄소소화약제를 사용한 냉각소화가
④ D급 화재는 금속화재이며 연소 후 재가 남지 않는다. 이산화탄소소화약제에 적응성이 있다.
　　　　　　　　　　　　　　　남는다.
　　마른 모래 등으로 덮어 질식소화를 한다.

정답 ①

05 다음 중 화재의 종류와 소화방법이 올바른 것은?

① A급 화재 : 마른 모래
　　　　　　　수계소화약제
② B급 화재 : 수계소화약제
　　　　　　　불연성 포
③ C급 화재 : 이산화탄소소화약제
④ D급 화재 : 수계소화약제
　　　　　　　금속화재용 특수분말이나 마른 모래

정답 ③

02 건물화재성상

1 성장기 vs 최성기　교재 60

성장기	최성기
• 실내 전체가 화염에 휩싸이는 플래시오버 상태 문06 보기② **종화성 기억법** 성전화플(화플!와플!)	• 내화구조 : 최성기까지 **20~30분** 소요, 실내온도 **800~1050℃**에 달함 문06 보기④ • 목조건물 : 최성기까지 **10분** 소요, 실내온도 **1100~1350℃**에 달함 문06 보기③ • 연소가 최고조에 달하는 단계

기출문제

06 다음 중 화재성상단계의 설명으로 틀린 것은?

① 초기는 실내온도가 아직 크게 상승하지 않는다.
② 성장기는 실내 전체가 화염에 휩싸이는 플래시오버 상태로 된다.
③ 목조건물에서 최성기의 실내온도는 1100~1350℃에 달한다.
④ 내화구조의 경우는 10분이 되면 최성기에 이른다.
　　　　　　　　　　　20~30분

정답 ④

＊화재성상단계　교재 60-61
초기 → 성장기 → 최성기 → 감쇠기

＊초기　교재 60
실내온도가 아직 크게 상승하지 않는다. 문06 보기①

* **내화조 온도특성** 교재 61

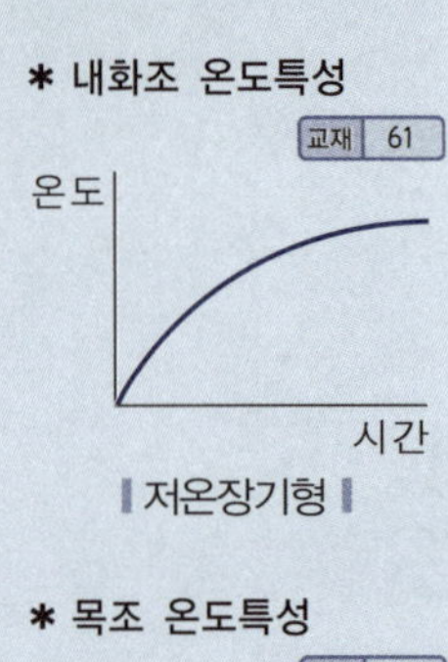

* **목조 온도특성** 교재 61

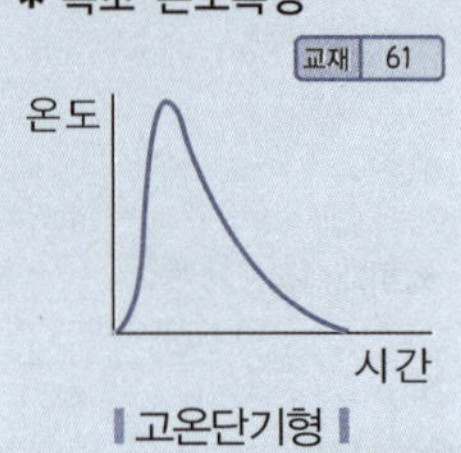

* **감쇠기** 교재 60
온도가 점차 내려가기 시작한다.

2 실내화재의 진행과 온도변화 교재 61

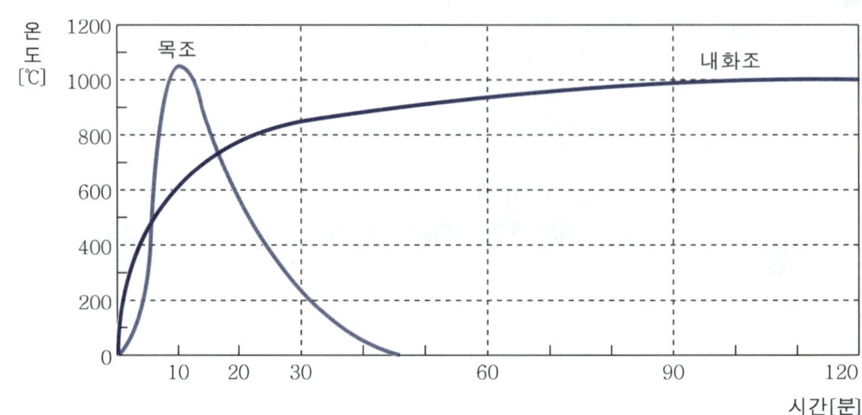

기출문제

★★★

07 다음 중 화재성상단계에 대한 설명으로 틀린 것은?

교재 60-61

① 목조건축물은 고온장기형, 내화구조는 저온단기형이다.
　　　　　　　　단기　　　　　　　　　　　　장기
② 성장기에는 플래시오버(Flash over) 상태로 된다.
③ 연소가 최고조에 달하는 단계는 최성기이다.
④ 초기 → 성장기 → 최성기 순으로 온도가 상승하고 감쇠기에 이르면 온도는 점차 내려가기 시작한다.

정답 ①

제3장

소화이론

Key Point

01 소화방법 [교재 63-64]

제거소화	질식소화	냉각소화	억제소화
가연물 제거	산소공급원 차단 (산소농도 **15%** 이하)	**열**을 **뺏**음 (**착화온도** 낮춤)	연쇄반응 약화

▎질식소화▕

* **제거소화** [교재 63]
연소반응에 관계된 가연물
이나 그 주위의 **가연물**을
제거함으로써 연소반응을 중
지시켜 소화하는 방법

02 소화방법의 예 [교재 63-64]

제거소화	질식소화	냉각소화	억제소화
• 가스밸브의 **폐쇄** • 가연물 직접 **제거** 및 **파괴** • **촛불**을 입으로 불어 가연성 증기를 순간적으로 날려 보내는 방법 • 산불화재시 진행방향의 나무 **제거**	• 불연성 기체로 연소물을 덮는 방법 • 불연성 포로 연소물을 덮는 방법 • 불연성 고체로 연소물을 덮는 방법	• 주수에 의한 냉각작용 • 이산화탄소소화약제에 의한 냉각작용	• 화학적 작용에 의한 소화방법 • 할론, 할로겐화합물에 의한 억제(부촉매)작용 • 분말소화약제에 의한 억제작용

* **질식소화** [교재 63]
산소공급원을 차단하여 소
화하는 방법

03 소화약제의 종류별 소화효과 교재 64

소화약제의 종류	소화효과
● 물소화약제	① 냉각효과 ② 질식효과
● 포소화약제 ● 이산화탄소소화약제	① 질식효과 ② 냉각효과
● 분말소화약제	① 질식효과 ② 부촉매효과
● **할**론소화약제	① **부**촉매효과 ② **질**식효과 ③ **냉**각효과 공하성 기억법 할부냉질

58

제 3편

화기취급감독 및 화재위험작업 허가 · 관리

칭찬 10계명

1. 칭찬할 일이 생겼을 때는 즉시 칭찬하라.

2. 잘한 점을 구체적으로 칭찬하라.

3. 가능한 한 공개적으로 칭찬하라.

4. 결과보다는 과정을 칭찬하라.

5. 사랑하는 사람을 대하듯 칭찬하라.

6. 거짓 없이 진실한 마음으로 칭찬하라.

7. 긍정적인 눈으로 보면 칭찬할 일이 보인다.

8. 일이 잘 풀리지 않을 때 더욱 격려하라.

9. 잘못된 일이 생기면 관심을 다른 방향으로 유도하라.

10. 가끔씩 자기 자신을 스스로 칭찬하라.

제 1 장

화기취급작업 안전관리규정

01 가연성 물질이 있는 장소에서 화재위험작업을 하는 경우 준수사항

교재 71

(1) **작업준비** 및 **작업절차** 수립
(2) 작업장 내 위험물의 **사용·보관** 현황 파악
(3) 화기작업에 따른 인근 가연성 물질에 대한 방호조치 및 소화기구 비치
(4) 용접불티 **비산방지덮개**, **용접방화포** 등 불꽃, 불티 등 비산방지 조치
(5) 인화성 액체의 증기 및 인화성 가스가 남아있지 않도록 환기 등의 조치
(6) 작업근로자에 대한 **화재예방** 및 **피난교육** 등 비상조치

＊ 불꽃, 불티 등 비산방지 조치 교재 71
① 용접불티 비산방지덮개
② 용접방화포

기출문제

01 가연성 물질이 있는 장소에서 <u>화재위험작업</u>을 하는 경우 <u>준수사항</u>으로 <u>옳지 않은</u> 것은?

교재 71

① 작업장 <u>외</u> 위험물의 사용·보관 현황 파악
　　　　 내
② 화기작업에 따른 인근 가연성 물질에 대한 방호조치 및 소화기구 비치
③ 용접불티 비산방지덮개, 용접방화포 등 불꽃, 불티 등 비산방지 조치
④ 인화성 액체의 증기 및 인화성 가스가 남아있지 않도록 환기 등의 조치

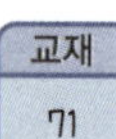
정답 ①

02 용접·용단작업시 화재감시자를 지정하여 용접·용단 작업장소에 배치해야 하는 장소

교재 72

(1) 작업반경 **11m 이내**에 건물구조 자체나 내부(개구부 등으로 개방된 부분을 포함)에서 가연성 물질이 있는 장소

(2) 작업반경 **11m 이내**의 바닥 하부에 가연성 물질이 **11m 이상** 떨어져 있지만 불꽃에 의해 쉽게 발화될 우려가 있는 장소

(3) 가연성 물질이 금속으로 된 **칸막이·벽·천장** 또는 **지붕**의 반대쪽 면에 인접해 있어 **열전도**나 **열복사**에 의해 발화될 우려가 있는 장소

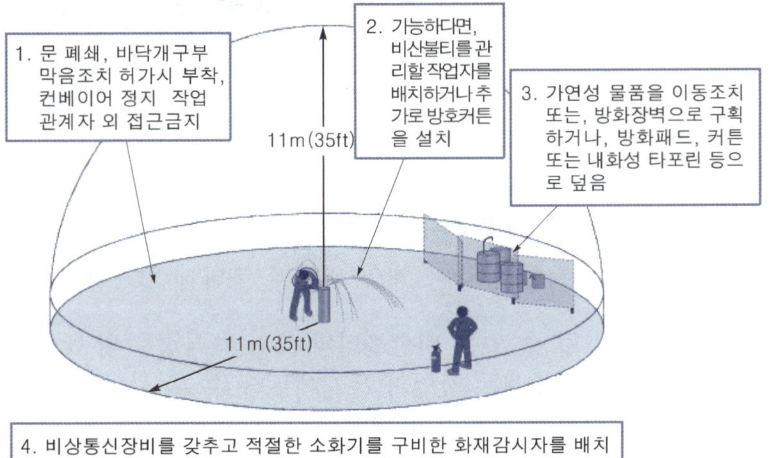

▌ 화재감시자 배치 ▌

기출문제

02 용접·용단작업시 화재감시자를 지정하여 용접·용단 작업장소에 배치하여야 하는데 그 장소로서 옳지 않은 것은?

교재 72

① 작업반경 11m 이내에 건물구조 자체에 가연성 물질이 있는 장소

② 작업반경 11m 이내에 내부(개구부 등으로 <u>폐쇄</u>된 부분 포함)에 가연성 물질이 있는 장소

③ 작업반경 11m 이내의 바닥 하부에 가연성 물질이 11m 이상 떨어져 있지만 불꽃에 의해 쉽게 발화될 우려가 있는 장소

④ 가연성 물질이 금속으로 된 칸막이·벽·천장 또는 지붕의 반대쪽 면에 인접해 있어 열전도나 열복사에 의해 발화될 우려가 있는 장소

정답 ②

Key Point

03 용접(용단)작업시 비산불티의 특성 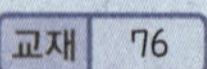 교재 76

(1) 용접(용단)작업시 **수천 개**의 비산된 불티 발생
(2) 비산된 불티는 풍향, 풍속 등에 의해 비산거리 상이
(3) 비산불티는 약 **1600℃** 이상의 고온체
(4) 발화원이 될 수 있는 비산불티의 크기의 직경은 약 **0.3~3mm**
(5) 비산불티는 짧게는 작업과 동시에부터 **수 분** 사이, 길게는 수 **시간** 이후에도 화재가능성이 있다.
(6) 용접(용단)작업시 **작업높이**, **철판두께**, **풍속** 등에 따른 불티의 비산거리는 조건 및 환경에 따라 상이

 **기출문제**

 **03** 용접(용단)작업시 비산불티의 특성으로 옳지 않은 것은?

교재 76

① 용접(용단)작업시 <u>수만</u> 개의 비산된 불티가 발생한다.
　　　　　　　　수천
② 발화원이 될 수 있는 비산불티의 크기의 직경은 약 0.3~3mm이다.
③ 비산불티는 짧게는 작업과 동시에부터 수 분 사이, 길게는 수 시간 이후에도 화재 가능성이 있다.
④ 용접(용단)작업시 작업높이, 철판두께, 풍속 등에 따른 불티의 비산거리는 조건 및 환경에 따라 상이하다.

정답 ①

01 위험물안전관리법

1 지정수량 교재 85

위험물의 종류별로 위험성을 고려하여 **대통령령**이 설치허가 등에 있어서 **최저기준**이 되는 수량 문01 보기③

* 위험물 교재 84
인화성 또는 **발화성** 등의 성질을 가지는 것으로서 **대통령령**이 정하는 물품

기출문제

01 위험물의 종류별로 위험성을 고려하여 대통령령이 정하는 수량으로서 제조소 등의 설치허가 등에 있어서 최저의 기준이 되는 수량을 무엇이라 하는가?

교재 85

① 허가수량 ② 유효수량
③ 지정수량 ④ 저장수량

해설 ③ 지정수량 : 위험성을 고려하여 대통령령이 정하는 수량

정답 ③

2 위험물의 지정수량 교재 85

위험물	지정수량
유 황	100kg
휘발유	200L 문02 보기② 공통성 기억법 휘2
질 산	300kg
알코올류	400L 문02 보기①
등유 · 경유	1000L 문02 보기③

위험물	지정수량
중 유	2000L 문02 보기④ 공하성 기억법 중2(간부 중위)

기출문제

02 위험물과 지정수량의 연결이 잘못 연결된 것은?

교재 85

① 알코올류－400L 　② 휘발유－200L
③ 등유－1000L 　④ 중유－4000L
　　　　　　　　　　　　　　 2000

정답 ④

★ 30일 이내
교재 26, 85
① 소방안전관리자의 **재선임**(다시 선임)
② 위험물안전관리자의 **재선임**(다시 선임)

3 선임신고 교재 26, 85

14일 이내에 **소방본부장·소방서장**에게 신고
(1) 소방안전관리자
(2) 위험물안전관리자

02 위험물류별 특성 교재 85-87

유 별	성 질	설 명
제1류	산화성 고체 공하성 기억법 1산고(일산고)	① 강산화제로서 다량의 산소 함유 문03 보기① ② 가열, 충격, 마찰 등에 의해 분해, 산소 방출
제2류	가연성 고체 공하성 기억법 2가고(이가 고장)	① 저온착화하기 쉬운 가연성 물질 문03 보기② ② 연소시 유독가스 발생
제3류	자연발화성 물질 및 금수성 물질 공하성 기억법 3발(세발낙지)	① 물과 반응하거나 자연발화에 의해 발열 또는 가연성 가스 발생 문03 보기③ ② 용기 파손 또는 누출에 주의

★ 제1류 위험물 교재 85
산화성 고체

★ 제2류 위험물 교재 85
가연성 고체

유별	성질	설명
제4류	인화성 액체	① **인화**가 용이 ② 대부분 **물보다 가볍고**, 증기는 **공기보다 무거움** 문03 보기④ ③ **주수소화**가 **불가능**한 것이 대부분임 ④ 대부분 물에 녹지 않음 ⑤ 증기는 공기와 혼합되어 연소·폭발
제**5**류	자기반응성 물질	① 가연성으로 **산소**를 **함유**하여 **자기연소** ② **가열**, **충격**, **마찰** 등에 의해 착화, 폭발 ③ **연소속도**가 **매우 빨라서** 소화 곤란 ④ 자기반응성 물질 ⑤ 나이트로글리세린(NG), 셀룰로이드, 트리나이트로톨루엔(TNT) 교재 55 공하성 기억법 **5산(오산지역)**
제6류	**산**화성 **액**체 공하성 기억법 **산액**	① 조연성 액체 ② 산화제

기출문제

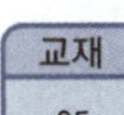

★★★
03 **다음 중 제1류 위험물의 특성으로 옳은 것은?**

교재 85

① 강산화제로서 다량의 산소 함유

② 저온착화하기 쉬운 <u>가연성</u> 물질 – 제2류 위험물의 특성

③ 물과 반응하거나 <u>자연발화</u>에 의해 발열 또는 가연성 가스 발생 – 제3류 위험물의 특성

④ 대부분 <u>물보다</u> <u>가볍고</u>, 증기는 공기보다 무거움 – 제4류 위험물의 특성

정답 ①

04 다음 중 제2류 위험물의 특성으로 옳은 것은?

교재 85

① 저온착화하기 쉬운 가연성 물질
② 가열, 충격, 마찰 등에 의해 분해, 산소방출 – 제1류 위험물의 특성
③ 용기 파손 또는 누출에 주의 – 제3류 위험물의 특성
④ 연소속도가 매우 빨라서 소화곤란 – 제5류 위험물의 특성

해설

① 제2류 위험물의 특성

정답 ①

---

* 제3류 위험물 교재 85
물과 반응하거나 자연발화
에 의해 발열

05 물과 반응하거나 자연발화에 의해 발열 또는 가연성 가스가 발생하는 위험물은?

교재 85

① 제1류 위험물
② 제2류 위험물
③ 제3류 위험물
④ 제4류 위험물

해설

③ 제3류 위험물(자연발화성 물질 및 금수성 물질)

정답 ③

06★★★ 교재 55, 86

다음은 어떤 위험물에 대한 설명인가?

• 가연성으로 산소를 함유하여 자기연소가 가능하다.
• 가열, 충격, 마찰 등에 의해 착화, 폭발할 수 있다.
• 연소속도가 매우 빨라서 소화가 곤란하다.
• 나이트로글리세린(NG), 셀룰로이드, 트리나이트로톨루엔(TNT) 등이 있다.

① 제2류 위험물
② 제3류 위험물
③ 제4류 위험물
④ 제5류 위험물

해설 ④ 제5류 위험물 : 자기연소 가능

정답 ④

---

06 다음 중 제5류 위험물의 특성이 아닌 것은?

교재 86

① 가연성으로 산소를 함유하여 자기연소
② 가열, 충격, 마찰 등에 의해 착화, 폭발
③ 연소속도가 매우 빨라서 소화 곤란
④ 주수소화가 불가능한 것이 대부분임 – 제4류 위험물의 특성

정답 ④

07 다음 중 제4류 위험물에 대한 설명으로 옳은 것은?

교재 86

① 자기반응성 물질이다.
   제5류 위험물
② 대부분 물보다 무겁고, 증기는 공기보다 가볍다.
   가볍   무겁다.
③ 증기는 공기와 혼합되어 연소·폭발한다.
④ 트리나이트로톨루엔(TNT), 나이트로글리세린(NG) 등이 여기에
   해당된다. – 제5류 위험물의 특성

 정답 ③

08 다음 중 제1~6류 위험물에 대한 설명으로 옳지 않은 것은?

교재 85-87

① 제1류 위험물과 제6류 위험물은 산화제로 쓰일 수 있다.
② 제3류 위험물은 물에 반응하지 않으나, 자연발화에 의해 발열 또는
   반응하거나
   가연성 가스가 발생한다.
③ 제4류 위험물은 증기가 공기와 혼합되면 연소·폭발한다.
④ 제5류 위험물은 자기반응성 물질로 연소속도가 매우 빨라서 소화가
   곤란하다.

정답 ②

✱ 제4류 위험물 교재 86
증기는 공기와 혼합되어
연소·폭발한다.

유사 기출문제

08★★★ 교재 85-86
위험물류별 특성에 관한 다음 (   ) 안의 용어가 옳은
것은?

㉠ 제2류 위험물 : (   )
   고체
㉡ 제5류 위험물 : (   )
   물질

① 산화성, 가연성
② 가연성, 인화성
③ 자연발화성, 산화성
④ 가연성, 자기반응성

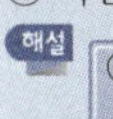 해설
④ ㉠ 제2류 : 가연성
      고체
   ㉡ 제5류 : 자기반
      응성 물질

정답 ④

제3장 전기안전관리

01 전기화재의 주요 화재원인 〔교재 88〕

(1) 전선의 **합선**(단락)에 의한 발화 〔문01 보기①〕
　　　단선 ×
(2) **누전**에 의한 발화 〔문01 보기②〕
(3) **과전류**(과부하)에 의한 발화 〔문01 보기③〕
(4) **규격 미달**의 전선 또는 전기기계기구 등의 과열, 배선 및 전기기계기구
　　등의 **절연불량** 또는 **정전기**로부터의 불꽃 〔문01 보기④〕

유사 기출문제

01-1★★★ 〔교재 88〕
전기안전관리상 주요 화재
원인이 **아닌** 것은?
① 전선의 합선(단락)에 의
　한 발화
② 누전에 의한 발화
③ 과전류(과부하)에 의한
　발화
④ 전기절연저항에 의한 발화
　해당 없음
　　　　　　　정답 ④

01-2★★ 〔교재 88〕
전기화재의 주요 화재원인
이 아닌 것은?
① 전선의 합선(단락)에 의
　한 발화
② 누전에 의한 발화
③ 과전류(과부하)에 의한
　발화
④ 누전차단기 고장 – 주요
　화재원인이 아님
　　　　　　　정답 ④

기출문제 ●

01 ★★ 전기안전관리의 주요 화재원인이 <u>아닌</u> 것은?
〔교재 88〕
① 전선의 합선(단락)에 의한 발화
② 누전에 의한 발화
③ 과전류(과부하)에 의한 발화
④ 규격 <u>이상</u>의 전선 또는 전기기계기구 등의 과열, 배선 및 전기기계
　　　미달
　　기구 등의 절연불량 또는 정전기로부터의 불꽃

정답 ④

02 전기화재 예방요령 〔교재 88-89〕

(1) 사용하지 않는 기구는 전원을 끄고 플러그를 뽑아둔다. 〔문02 보기㉠〕
(2) **과전류 차단장치**를 설치한다. 〔문02 보기㉡〕

(3) 퓨즈를 사용하고 끊어질 경우 그 원인을 조치한다. 문02 보기ⓒ

(4) 비닐장판이나 **양탄자 밑**으로는 전선이 지나지 **않도록** 한다. 문02 보기ⓔ

(5) 누전차단기를 설치하고 **월 1~2회** 작동 여부를 확인한다.

(6) 전선이 쇠붙이나 움직이는 물체와 접촉되지 않도록 한다.

(7) 전선은 묶거나 꼬이지 않도록 한다.

기출문제

02 전기화재 예방요령으로 <u>틀린</u> 것을 모두 고른 것은?

|교재| 88-89

> ㉠ 사용하지 않는 기구는 전원을 끄고 플러그를 <u>꽂아둔다.</u>
> 　　　　　　　　　　　　　　　　　　　　　　뽑아둔다.
> ㉡ 과전류 차단장치를 설치한다.
> ㉢ 퓨즈를 사용하고 끊어질 경우 그 원인을 조치한다.
> ㉣ <u>비닐장판 밑으로 전선이 보이지 않게 정리하여 넣어둔다.</u>
> 　 비닐장판이나 양탄자 밑으로는 전선이 지나지 않도록 한다.

① ㉠　　　　　　　　　　② ㉠, ㉣
③ ㉡, ㉢　　　　　　　　④ ㉡, ㉢, ㉣

정답 ②

03 다음 중 전기화재 예방요령에 대한 설명으로 옳지 <u>않은</u> 것은?

|교재| 88-89

① 누전차단기를 설치하고 월 1~2회 작동 여부를 확인한다.
② 단선이 되면 화재발생위험이 높기 때문에 주의한다.
　 단락
③ 과전류 차단장치를 설치한다.
④ 고열이 발생하는 기구에는 고무코드전선을 사용한다.

정답 ②

제4장

가스안전관리

‖ LPG vs LNG ‖　교재 90, 92

구 분 ＼ 종 류	액화석유가스 (LPG)	액화천연가스 (LNG)
주성분	● 프로판(C_3H_8) ● 부탄(C_4H_{10}) 공학성 기억법　P프부	● 메탄(CH_4)　문어 보기① 공학성 기억법　N메
비 중	● 1.5~2(누출시 낮은 곳 체류)	● 0.6(누출시 천장 쪽 체류)
폭발범위 (연소범위)	● 프로판 : 2.1~9.5% ● 부탄 : 1.8~8.4%	● 5~15%
용 도	● 가정용 ● 공업용 ● 자동차연료용	● 도시가스
증기비중	● 1보다 큰 가스	● 1보다 작은 가스
탐지기의 설치위치	● 탐지기의 **상단**은 **바닥면**의 **상방 30cm** 이내에 설치 ‖ LPG 탐지기 위치 ‖ ● 가스연소기 또는 관통부로부터 수평거리 **4m** 이내에 설치	● 탐지기의 **하단**은 **천장면**의 **하방 30cm** 이내에 설치 ‖ LNG 탐지기 위치 ‖ ● 가스연소기로부터 수평거리 **8m** 이내에 설치
공기와 무게 비교	● 공기보다 무겁다.	● 공기보다 가볍다.

＊ LPG 비중　교재 90
1.5~2

기출문제

★★★
01 액화천연가스(LNG)의 주성분으로 옳은 것은?

교재 90

① CH_4 ② C_2H_6
③ C_3H_8 ④ C_4H_{10}

해설

① CH_4 : 메탄

정답 ①

★★★
02 다음 중 LPG와 LNG에 대한 설명으로 옳은 것은?

교재 90, 92

① LPG의 주성분은 메탄(CH_4)이다.
           프로판(C_3H_8), 부탄(C_4H_{10})
② LPG용 가스누설경보기 탐지기의 상단은 바닥면의 상방 30cm 이내
의 위치에 설치한다.
③ LNG용 가스누설경보기 탐지기의 하단은 바닥면의 하방 30cm 이내
                            천장면
의 위치에 설치한다.
④ LNG용 가스누설경보기는 가스연소기로부터 수평거리 4m 이내의
                                               8m
위치에 설치한다.

정답 ②

★★★
03 LPG의 탐지기의 설치위치로 옳은 것은?

교재 92

① 하단은 천장면의 하방 30cm 이내에 위치
② 상단은 천장면의 하방 30cm 이내에 위치
③ 하단은 바닥면의 상방 30cm 이내에 위치
④ 상단은 바닥면의 상방 30cm 이내에 위치

해설

④ LPG 탐지기 : 상단 바닥면의 상방 30cm 이내

정답 ④

01★★★   교재 90
연료가스 중 부탄의 폭발범
위로 옳은 것은?

① 1.5~2%
② 1.8~8.4%
③ 2.1~9.5%
④ 5~15%

해설

② 부탄 : 1.8~8.4%

정답 ②

02★★   교재 90, 92
연료가스에 대한 설명으로
옳지 않은 것은?

① LNG의 주성분은 ~~C_4H_{10}~~ CH_4
이다.
② LPG의 비중은 1.5~2
이다.
③ LPG의 가스누설경보기는
가스연소기 또는 관통
부로부터 수평거리 4m
이내의 위치에 설치한다.
④ 프로판의 폭발범위는
2.1~9.5%이다.

정답 ①

03★★★   교재 92
다음은 액화석유가스(LPG)
에 대한 다음 (   ) 안의 내
용으로 옳은 것은?

㉠ 가스연소기로부터 수평
거리 (   ) 이내 위치에
가스누설경보기 설치
㉡ 탐지기의 상단은 (   )
의 상방 30cm 이내의
위치에 설치

① 4m, 천장면
② 8m, 바닥면
③ 4m, 바닥면
④ 8m, 천장면

해설 LPG

③ ㉠ 수평거리 4m
이내
㉡ 바닥면의 상방
30cm 이내

정답 ③

유사 기출문제

04 ★★★ 교재 90, 92

다음 중 **연료가스의 종류와 특성으로 옳지 않은** 것은?

① LNG의 비중은 0.6이다.
② LNG의 주성분은 메탄이다.
③ LPG는 가정용, 공업용 등으로 쓰인다.
④ LPG는 가스연소기로부터 수평거리 8m 이내의 위치에 가스누설경보기를 설치하여야 한다.

정답 ④

---

04 ★★
교재 90, 92

다음 중 가스안전관리에 있어서 <u>연료가스</u>에 대한 설명으로 옳은 것은?

① LPG는 가정용으로 사용하고, 비중은 1.5~2이며 가스누설경보기는 가스연소기 또는 관통부로부터 수평거리 4m 이내의 위치에 설치한다.

② LNG는 도시가스용으로 사용하고 비중이 0.6이며 가스누설경보기는 가스연소기로부터 수평거리 <u>4m</u> (8m) 이내의 위치에 설치한다.

③ LPG는 <u>메탄</u>(프로판, 부탄)이 주성분이며 가스누설경보기 탐지기의 <u>하단</u>(상단)은 천장 <u>면의 하방</u>(바닥면의 상방) 30cm 이내의 위치에 설치한다.

④ LNG는 <u>프로판과 부탄</u>(메탄)이 주성분이며 가스누설경보기 탐지기의 <u>상단</u>(하단)은 바닥면의 상방(천장면의 하방) 30cm 이내의 위치에 설치한다.

정답 ①

---

05 ★★★
교재 90, 92

다음은 <u>LNG</u>와 <u>LPG</u>를 비교한 표이다. 표에서 잘못된 부분을 찾으시오.

구 분 ＼ 종 류	액화석유가스(LPG)	액화천연가스(LNG)
㉠ 주성분	• 프로판(C_3H_8) • 부탄(C_4H_{10})	• 메탄(CH_4)
㉡ 비중	• 누출시 낮은 곳 체류	• 누출시 천장 쪽 체류
㉢ 가스누설경보기의 설치위치	• 가스연소기로부터 수평거리(가스연소기 또는 관통부) <u>8m</u>(4m) 이내에 설치	• 가스연소기 또는 관통부로부(가스연소기)터 수평거리 <u>4m</u>(8m) 이내에 설치
㉣ 탐지기의 설치위치	• 탐지기의 **상단**은 **바닥면**의 **상방 30cm** 이내에 설치	• 탐지기의 **하단**은 **천장면**의 **하방 30cm** 이내에 설치

① ㉠ 주성분
② ㉡ 비중
③ ㉢ 가스누설경보기의 설치위치
④ ㉣ 탐지기의 설치위치

정답 ③

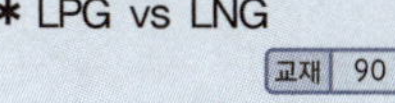

LPG	LNG
공기보다 무겁다.	공기보다 가볍다.

★★★ 06 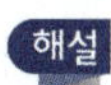

교재 92

다음 LPG와 LNG에 대한 설명을 보고 (㉠), (㉡), (㉢), (㉣) 안에 들어갈 내용이 옳은 것은?

LPG	LNG
• 가스연소기 또는 관통부로부터 수평거리 (㉠) 이내의 위치에 가스누설경보기 설치 • 탐지기의 (㉡)단은 바닥면의 (㉡)방 30cm 이내의 위치에 설치	• 가스연소기로부터 수평거리 (㉢) 이내의 위치에 가스누설경보기 설치 • 탐지기의 (㉣)단은 천장면의 (㉣)방 30cm 이내의 위치에 설치

① ㉠ : 8m, ㉡ : 상, ㉢ : 4m, ㉣ : 하
② ㉠ : 8m, ㉡ : 하, ㉢ : 4m, ㉣ : 상
③ ㉠ : 4m, ㉡ : 상, ㉢ : 8m, ㉣ : 하
④ ㉠ : 4m, ㉡ : 하, ㉢ : 8m, ㉣ : 상

해설

③	LPG	LNG
	㉠ 수평거리 **4m** 이내	㉢ 수평거리 **8m** 이내
	㉡ **상단** 바닥면 **상방** 30cm 이내	㉣ **하단** 천장면 **하방** 30cm 이내

정답 ③

제 4 편

소방시설의 종류, 구조·점검

인생에 있어서 가장 힘든 일은
아무것도 하지 않는 것이다.

01 간이소화용구 _{교재} 99

(1) **에어로졸식** 소화용구 문어 보기㉠
(2) **투척용** 소화용구 문어 보기㉡
(3) 소공간용 소화용구 및 소화약제 외의 것(**팽창질석, 팽창진주암, 마른 모래**) 문어 보기㉢㉣㉤

＊ **마른모래**
예전에는 '**건조사**'라고 불리었다.

기출문제

01 다음 중 간이소화용구를 모두 고른 것은?

_{교재} 99

　㉠ 에어로졸식 소화용구　　　㉡ 투척용 소화용구
　㉢ 팽창질석　　　　　　　　㉣ 팽창진주암
　㉤ 마른모래(모래주머니)

　① ㉠, ㉡　　　　　　　　　② ㉠, ㉡, ㉣
　③ ㉠, ㉡, ㉢, ㉤　　　　　④ ㉠, ㉡, ㉢, ㉣, ㉤

해설
④ 간이소화용구 : ㉠, ㉡, ㉢, ㉣, ㉤

정답 ④

02 피난구조설비 _{교재} 100

＊ 피난구조설비 _{교재} 100
① 비상조명등
② 유도등

(1) **피난기구**
　① **피**난사다리
　② **구**조대
　③ **완**강기

④ 미끄럼대
⑤ 다수인 피난장비
⑥ 승강식 피난기

> **공하성 기억법** 피구완

(2) 인명구조기구

① **방열**복
② **방화**복(안전모, 보호장갑, 안전화 포함)
③ **공**기호흡기
④ **인**공소생기

> **공하성 기억법** 방화열공인

(3) 유도등 · 유도표지

(4) 비상조명등 · 휴대용 비상조명등

(5) 피난유도선

✱ 인명구조기구 교재 100
① 방열복
② 방화복(안전모, 보호장
   갑, 안전화 포함)
③ 공기호흡기
④ 인공소생기

---

03 ▶ 소화활동설비 교재 101

(1) **연**결송수관설비
(2) **연**결살수설비
(3) **연**소방지설비
(4) **무**선통신보조설비
(5) **제**연설비 문02 보기③
(6) **비**상**콘**센트설비

> **공하성 기억법** 3연무제비콘(3년에 한 번씩 제비가 콘도에 오지 않는다(무)!)

기출문제

★★★
02 다음 중 소화활동설비로 옳은 것은?

교재 101

① 단독경보형 감지기 – 경보설비
② 물분무등소화설비 – 소화설비
③ 제연설비 – 소화활동설비
④ 통합감시시설 – 경보설비

정답 ③

---

* **소화활동설비** 교재 101
화재를 진압하거나 인명구조활동을 위하여 사용하는 설비

* **물분무등소화설비**
교재 100
① 물분무소화설비
② 미분무소화설비
③ 포소화설비
④ 이산화탄소소화설비
⑤ 할론소화설비
⑥ 할로겐화합물 및 불활성 기체 소화설비
⑦ 분말소화설비
⑧ 강화액소화설비
⑨ 고체에어로졸소화설비

공하성 기억법
분포할이 할강미고

제 2 장

소화설비

01 소화기구

1 소화능력 단위기준 및 보행거리 문이 보기③ | 교재 | 102, 108

소화기 분류		능력단위	보행거리
소형소화기		**1단위** 이상	20m 이내
대형소화기	A급	**10단위** 이상	30m 이내
	B급	**20단위** 이상	

* **대형소화기** | 교재 | 102
① A급 : 10단위 이상
② B급 : 20단위 이상

> **공하성 기억법** 보3대, 대2B(데이빗!)

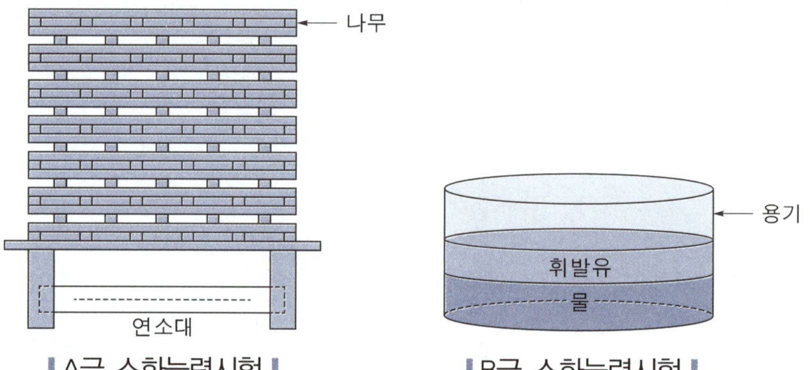

기출문제

★★★
01 다음 중 특정소방대상물의 각 부분으로부터 1개의 <u>소화기</u>까지의 보행거리로 <u>옳은</u> 것은?

| 교재 | 108

① 소형소화기 : 10m 이내, 대형소화기 : 20m 이내
② 소형소화기 : 15m 이내, 대형소화기 : 20m 이내
③ 소형소화기 : 20m 이내, 대형소화기 : 30m 이내
④ 소형소화기 : 20m 이내, 대형소화기 : 35m 이내

Key Point

해설 소화기의 설치기준

구 분	설 명
보행거리 **20m** 이내	소형소화기
보행거리 **30m** 이내	대형소화기

공하성 기억법 대3(대상을 받다.)

정답 ③

2 분말소화기 vs 이산화탄소소화기   교재 104-106

(1) 분말소화기

① 소화약제 및 적용화재

적용화재	소화약제의 주성분	소화효과 문02 보기②
BC급	탄산수소나트륨($NaHCO_3$)	• 질식효과
	탄산수소칼륨($KHCO_3$)	• 부촉매(억제)효과
ABC급 문02 보기①	제1인산암모늄($NH_4H_2PO_4$)	
BC급	탄산수소칼륨($KHCO_3$)＋요소(($NH_2)_2CO$)	

② 구조

축압식 소화기 : 압력계 ○

• 용기 중에 소화약제와 함께 소화약제의 방출원이 되는 질소 등의 압축가스를 봉입한 방식 문02 보기④

• 용기 내 압력을 확인할 수 있도록 지시압력계가 부착되어 사용 가능한 범위가 **녹색**(0.7~0.98MPa)으로 되어 있음

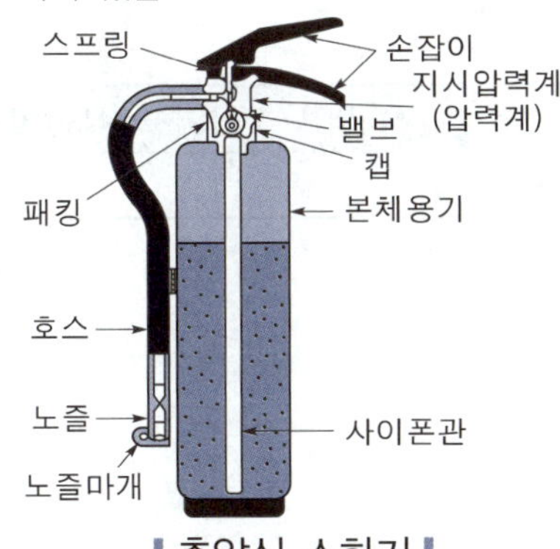

▌ 축압식 소화기 ▌

Key Point

유사 기출문제

02 ★★★ 교재 104-105

다음 분말소화기에 대한 설명 중 ( ) 안에 들어갈 내용으로 옳은 것은?

적응화재 및 주성분	ABC급	(㉠)	
종류 및 특징	(㉡) 소화기	지시 압력계 부착
지시압력계 사용가능 범위	(㉢)MPa~ (㉣)MPa	

① ㉠ : <del>탄산수소나트륨</del> 제1인산암모늄
② ㉡ : <del>가압식</del> 축압식
③ ㉢ : <del>0.8</del> 0.7
④ ㉣ : 0.98

해설
① <del>탄산수소나트륨</del> → 제1인산암모늄
② <del>가압식</del> → 축압식
③ 0.8 → 0.7

정답 ④

★ 대형소화기 교재 102

분 류	능력단위
A급	10단위 이상
B급	20단위 이상
C급	적응성이 있는 것

기출문제 ●

02 ★★ 교재 104-105

분말소화기에 대한 설명으로 틀린 것은?

① ABC급의 적응화재의 주성분은 제1인산암모늄이다.
② 소화효과는 질식, 부촉매(억제)이다.
③ <del>가압식</del> (축압식) 소화기는 본체 용기 내부에 가압용 가스용기가 별도로 설치되어 있으며 현재도 생산이 계속되고 있다.
④ 축압식 소화기는 용기 중에 소화약제와 함께 소화약제의 방출원이 되는 질소 등의 압축가스를 봉입한 방식이다.

정답 ③

03 ★★ 교재 104

ABC급 대형소화기에 관한 설명 중 틀린 것은?

① 주성분은 제1인산암모늄이다.
② 능력단위가 B급 화재 <del>30</del> (20)단위 이상, C급 화재는 적응성이 있는 것을 말한다.
③ 능력단위가 A급 화재 10단위 이상인 것을 말한다.
④ 소화효과는 질식, 부촉매(억제)이다.

정답 ②

③ 내용연수 문04 보기④ 교재 105

소화기의 내용연수를 **10년**으로 하고 내용연수가 지난 제품은 교체 또는 성능확인을 받을 것

내용연수 경과 후 10년 미만	내용연수 경과 후 10년 이상
3년	1년

기출문제

04 분말소화기의 내용연수로 알맞은 것은?

교재 105

① 3년　　　　　　② 5년
③ 8년　　　　　　④ 10년

해설

④ 분말소화기 내용연수 : 10년

정답 ④

05 다음 표를 참고하여 소화기에 대한 설명으로 옳은 것은?

교재 106

주성분	이산화탄소
총중량	5kg
능력단위	B2, C 적응
제조연월일	2022.3.15.

‖ 혼 파손 ‖

① 분말소화기이며 2032년 3월 14일까지 사용 가능하다.
　　이산화탄소소화기　　　　　　　　　　내용연수가 없다.
② 유류화재의 소화능력단위는 2단위이다.
③ 혼이 파손되었지만 교체할 필요는 없다.
　　　　　파손되었으므로 교체해야 한다.
④ 일반화재에 사용이 가능하다.
　　유류화재, 전기화재

해설

② B2, C 적응
　　　　└ 사용가능
　　　└ 전기화재
　└ 2단위
　└ 유류화재

정답 ②

(2) 이산화탄소소화기

주성분	적응화재
이산화탄소(순도 99.5% 이상)	BC급

* 이산화탄소소화기
혼 파손시 교체해야 한다.
문05 보기③

* B2, C 의미
① B급 2단위
② C급 사용가능

* 분말소화기 vs 이산화
탄소소화기　문05 보기①

분말소화기	이산화탄소 소화기
10년	내용연수 없음

* 소화능력단위　문05 보기②④
A3, B5, C급 적응
　일반　　　전기
　화재　　　화재
　3단위　　사용가능
　　유류
　　화재
　　5단위

3 할로겐화합물 소화기 교재 106-107

종 류	소화약제
할론 1211	브로모클로로디플루오로메탄
할론 1301	브로모트리플루오로메탄
HCFC – 123	디클로로트리플루오로에탄
FK – 5 – 1 – 12	도데카플루오로 – 2 – 메틸 펜탄 – 3 – 원
HFC – 236fa	헥사플루오로프로판

4 특정소방대상물별 소화기구의 능력단위기준 교재 108

특정소방대상물	소화기구의 능력단위	건축물의 주요구조부가 **내화구조**이고, 벽 및 반자의 실내에 면하는 부분이 **불연재료 · 준불연재료** 또는 **난연재료**로 된 특정소방대상물의 능력단위
• **위**락시설 종화성 기억법 위3(위상)	바닥면적 **30m²**마다 1단위 이상	바닥면적 **60m²**마다 1단위 이상
• **공연**장 • **집**회장 • **관람**장 • **문**화재 • **장**례식장 및 **의**료시설 종화성 기억법 5공연장 문의 집관람(손오공 연장 문의 집관람)	바닥면적 **50m²**마다 1단위 이상	바닥면적 **100m²**마다 1단위 이상
• **근**린생활시설 문06 보기② • **판**매시설 • 운수시설 • **숙**박시설 • **노**유자시설 • **전**시장	바닥면적 **100m²**마다 1단위 이상	바닥면적 **200m²**마다 1단위 이상

Key Point (좌측 여백)

* **소화기구의 표시사항** 교재 109

① 소화기 – 소화기
② 투척용 소화용구 – 투척용 소화용구
③ 마른모래 – 소화용 모래
④ 팽창진주암 및 팽창질석 – 소화질석

* **소화기의 설치기준** 교재 108-109

① 설치높이 : 바닥에서 1.5m 이하
② 설치면적 : 구획된 실 바닥면적 33m² 이상에 1개 설치

* **1.5m 이하** 교재 109

소화기구(자동확산소화기 제외)

특정소방대상물	소화기구의 능력단위	건축물의 주요구조부가 내화구조이고, 벽 및 반자의 실내에 면하는 부분이 불연재료·준불연재료 또는 난연재료로 된 특정소방대상물의 능력단위
• 공동**주**택(아파트 등) • **업**무시설(사무실 등) • **방**송통신시설 • 공장 • **창**고시설 • **항**공기 및 자동**차**관련시설, **관광**휴게시설 공하성 **기억법** 근판숙노전 주업방차창 1항 관광(근판숙노전 주업방차창 일본항 관광)	바닥면적 100m^{2}마다 1단위 이상	바닥면적 200m^{2}마다 1단위 이상
• 그 밖의 것	바닥면적 200m^{2}마다 1단위 이상	바닥면적 400m^{2}마다 1단위 이상

기출문제

06 ★★★

교재 108

바닥면적이 <u>2000m^2</u>인 근린생활시설에 <u>3단위</u> 분말소화기를 비치하고자 한다. 소화기의 개수는 최소 몇 개가 필요한가? (단, 이 건물은 내화구조로서 벽 및 반자의 실내에 면하는 부분이 <u>불연재료</u>이다.)

① 3개　　　　　　　② 4개
③ 5개　　　　　　　④ 6개

해설 **근린생활시설**로서 **내화구조**이며, **불연재료**이므로 바닥면적 200m^{2}마다 1단위 이상이다.

$$\frac{2000\text{m}^2}{200\text{m}^2}(\text{소수점 올림}) = 10\text{단위}$$

$$\frac{10\text{단위}}{3\text{단위}}(\text{소수점 올림}) = 3.3 ≒ 4\text{개}$$

정답 ②

Key Point

＊ 소수점 발생시

교재 22, 108

소화기구의 능력단위	소방안전관리 보조자수
소수점 올림	소수점 버림

유사 기출문제

06 ★★★　　교재 108

다음 조건을 참고하여 2단위 분말소화기의 설치개수를 구하면 몇 개인가?

• 용도 : 근린생활시설
• 바닥면적 : 3000m^2
• 구조 : 건축물의 주요구조부가 내화구조이고, 내장 마감재는 불연재료로 시공되었다.

① 8개　　② 15개
③ 20개　　④ 30개

해설 **근린생활시설**로서 **내화구조**이고 **불연재료**인 경우이므로 바닥면적 200m^{2}마다 1단위 이상

$$\frac{3000\text{m}^2}{200\text{m}^2} = 15\text{단위}$$

• 15단위를 15개라고 쓰면 틀린다. 특히 주의!

2단위 분말소화기를 설치하므로

소화기개수 $= \dfrac{15\text{단위}}{2\text{단위}}$

$= 7.5$

≒ 8개(소수점 올림)

정답 ①

유사 기출문제

07 ★★★ [교재 108]
다음 업무시설에 설치해야 하는 소화기의 능력단위는? (단, 주요구조부는 내화구조이고, 벽 및 반자의 실내에 면하는 부분은 가연재료이다.)

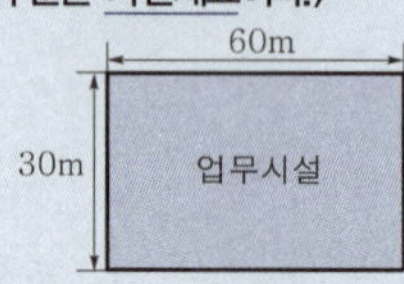

① 6 ② 7
③ 9 ④ 18

해설 업무시설로서 내화구조이지만 불연재료, 난연재료가 아닌 가연재료이므로 바닥면적 100cm^{2}마다 1단위 이상이다.
업무시설 면적 = 60m×30m=1800m^2

$$\frac{1800m^2}{100m^2} = 18단위$$

정답 ④

＊ 별도로 구획된 실
[교재 108]
바닥면적 33m^2 이상에만 소화기 1개 배치

유사 기출문제

08 ★★★ [교재 108]
다음 사무실에서 소화능력단위가 2단위인 소화기는 최소 몇 개 설치해야 하는가? (단, 주요구조부가 내화구조이고, 벽 및 반자의 실내는 준불연재료로 되어 있다.)

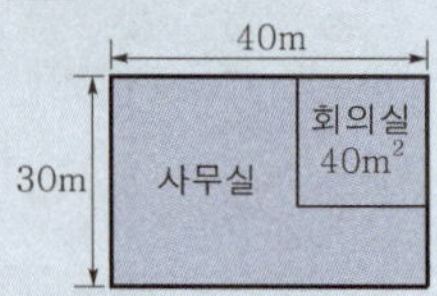

① 4개 ② 5개
③ 6개 ④ 7개

해설 **사무실**은 **업무시설**로서 **내화구조, 준불연재료**이므로 바닥면적 200m^{2}마다 1단위 이상이다.
사무실 면적
= 40m × 30m
= 1200m^2

---

07 ★★★ [교재 108]

지하 1층을 판매시설의 용도로 사용하는 바닥면적이 <u>3000m^2</u>일 경우 이 장소에 분말소화기 1개의 소화능력단위가 A급 기준으로 <u>3단위</u>의 소화기로 설치할 경우 본 <u>판매시설</u>에 필요한 <u>분말소화기</u>의 <u>개수</u>는 최소 몇 개인가?

① 10개 ② 20개
③ 30개 ④ 40개

해설 **판매시설**로서 **내화구조**이고 **불연재료 · 준불연재료 · 난연재료**인 경우가 **아니므로** 바닥면적 **100m^2**마다 1단위 이상이므로

$$\frac{3000m^2}{100m^2} = 30단위$$

> ● **30단위**를 **30개**라고 쓰면 틀린다. 특히 주의!

3단위 소화기를 설치하므로

$$소화기개수 = \frac{30단위}{3단위} = 10개$$

정답 ①

08 ★★★ [교재 108]

소화능력단위가 <u>3단위</u>인 소화기를 설치할 경우 휴게실, 상담실을 포함한 <u>사무실</u> 전체 면적 1750m^{2}에 필요한 소화기의 개수는 최소 몇 개인가? (단, 주요구조부가 <u>내화구조</u>이고 벽 및 반자의 실내는 <u>난연재료</u>로 되어 있다.)

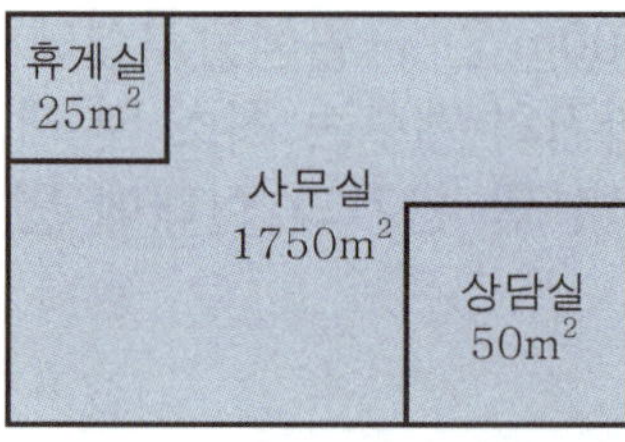

① 2개 ② 3개
③ 4개 ④ 5개

해설 **사무실**은 **업무시설**로서 **내화구조, 난연재료**이므로 바닥면적 200m^{2}마다 1단위 이상이다.

$$\frac{1750m^2}{200m^2} = 8.75 ≒ 9단위$$

- 1750m²−(25+50)m²=1675m²로 계산하는 것이 아니고 휴게실, 상담실을 포함한 사무실 전체 면적 1750m²으로 계산해야 함

3단위 소화기를 설치하므로

$$소화기개수 = \frac{9단위}{3단위} = 3개$$

바닥면적 33m² 이상의 구획된 실에 추가로 배치하므로 상담실에 추가로 1개, 33m² 미만인 휴게실은 설치를 제외한다.

- 바닥면적 33m² 이상의 구획된 실에 추가로 배치한다고 하여 상담실 $= \dfrac{50m^2}{33m^2} = 1.51 ≒ 2개$가 아님을 주의!
- 추가로 배치하는 것은 바닥면적이 아무리 커도 소화기 1개만 배치

$$∴ \ 3개 + 1개 = 4개$$

정답 ③

★★
09 다음을 보고 소화기 설치기준에 대한 설명으로 옳은 것을 고른 것은?

교재
104,
108
−109

㉠ 소화기는 각 층마다 설치하여야 한다.
㉡ 대형소화기의 소화능력단위는 A급 <u>20</u>단위 이상, B급 <u>10</u>단위 이상인 소화기이다.
　　　　　　　　　　　　　10　　　　　　　　20
㉢ 소화기는 바닥으로부터 높이 <u>1.2m</u> 이하의 곳에 비치한다.
　　　　　　　　　　　　　　1.5m
㉣ 위락시설의 소화기의 능력단위기준 바닥면적은 30m²이다.

① ㉠, ㉣
② ㉡, ㉣
③ ㉡, ㉢
④ ㉠, ㉢, ㉣

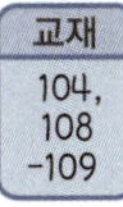 정답 ①

5 소화기 점검   교재 112

(1) 호스ㆍ혼ㆍ노즐

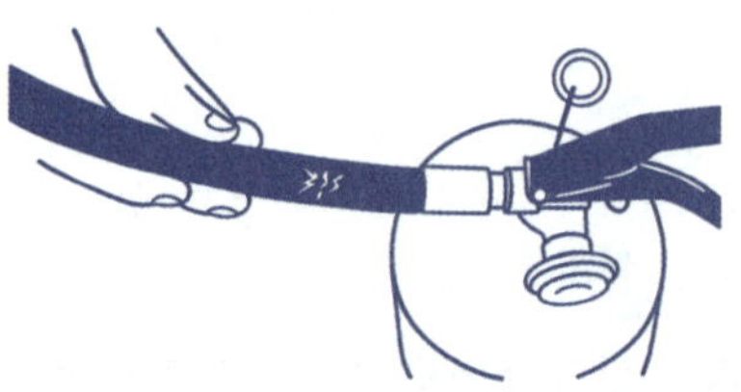

┃호스 파손┃

┃호스 탈락┃

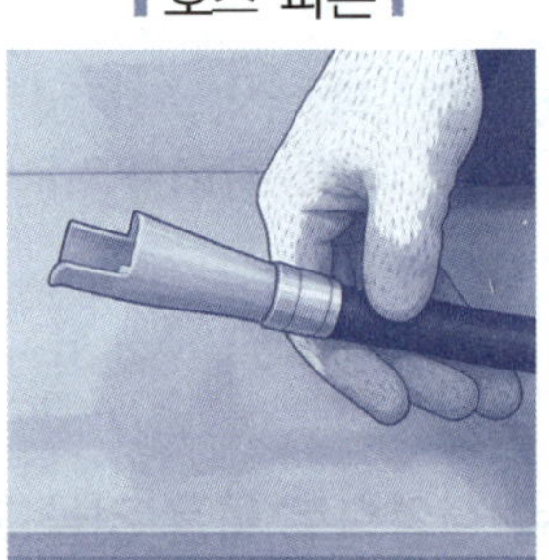

┃노즐 파손┃

┃혼 파손┃

기출문제 ●

10 다음은 <u>소화기점검</u> 중 호스ㆍ혼ㆍ노즐에 대한 그림이다. 그림과 내용이 맞는 것은?

교재 112

* 소화기점검
① 그림 A : 호스 파손
② 그림 B : 호스 탈락
③ 그림 C : 노즐 파손
④ 그림 D : 혼 파손

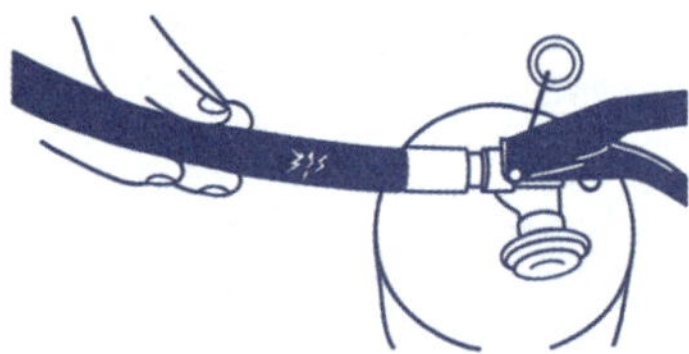

┃그림 A┃

┃그림 B┃

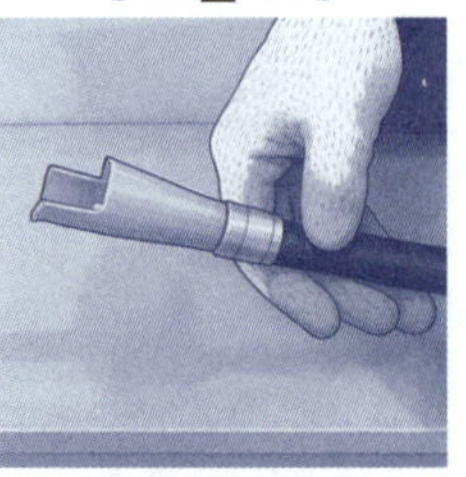

┃그림 C┃

┃그림 D┃

Key Point

호스 탈락, 호스 파손, 노즐 파손, 혼 파손

① 호스 탈락-그림 A, 호스 파손-그림 B, 노즐 파손-그림 C, 혼 파손-그림 D
② 호스 탈락-그림 B, 호스 파손-그림 A, 노즐 파손-그림 C, 혼 파손-그림 D
③ 호스 탈락-그림 C, 호스 파손-그림 D, 노즐 파손-그림 A, 혼 파손-그림 B
④ 호스 탈락-그림 D, 호스 파손-그림 C, 노즐 파손-그림 A, 혼 파손-그림 B

해설 **소화기점검**
(1) 호스 파손 : 호스가 찢어진 그림(그림 A)
(2) 호스 탈락 : 호스가 용기와 분리된 그림(그림 B)
(3) 노즐 파손 : 노즐이 깨진 그림(그림 C)
(4) 혼 파손 : 나팔모양의 혼이 깨진 그림(그림 D)

정답 ②

(2) 지시압력계의 색표시에 따른 상태 : 0.7~0.98MPa 정상

노란색(황색)	녹 색	적 색
▎압력이 부족한 상태▎	▎정상압력 상태▎	▎정상압력보다 높은 상태▎

* 지시압력계 [교재 112]
① 노란색(황색) : 압력부족
② 녹색 : 정상압력
③ 적색 : 정상압력 초과

기출문제

11 ★★
축압식 소화기의 압력게이지가 다음 상태인 경우 판단으로 맞는 것은?

[교재 112]

① 압력이 부족한 상태이다.
② 정상압력보다 높은 상태이다.
③ 정상압력을 가르키고 있다.
④ 소화약제를 정상적으로 방출하기 어려울 것으로 보인다.

해설

② 지침이 오른쪽에 있으므로 정상압력보다 높은 상태

 **정답** ②

Key Point

12 다음 그림의 소화기를 점검하였다. 점검 결과에 대한 내용으로 옳은 것은?

교재 105, 112

주의사항
1. 매월 1회 이상 지시압력계의 바늘이 정상위치에 있는가를 확인
2. 소화기 설치시에는 태양의 직사 고온다습의 장소를 피한다.
3. 사용시에는 바람을 등지고 방사하고 사용 후에는 내부약제를 완전 방출하여야 한다.
4. 사람을 향하여 방사하지 마십시오.
※ 소화약제 물질 안전자료 관련정보(MSDS정보) 　① 위험물질 정보(0.1% 초과시 목록) : 없음 　② 내용물의 5%를 초과하는 화학물질목록 : 제일인산암모늄, 석분 　③ 위험한 약제에 관한 정보 : 폐자극성 분진

제조연월	2008.06

번호	점검항목	점검결과
1-A-007	○ 지시압력계(녹색범위)의 적정 여부	㉠
1-A-008	○ 수동식 분말소화기 내용연수(10년) 적정 여부	㉡

설비명	점검항목	불량내용
소화설비	1-A-007	㉢
	1-A-008	

① ㉠ ×, ㉡ ○, ㉢ 약제량 부족
② ㉠ ○, ㉡ ○, ㉢ 없음
③ ㉠ ×, ㉡ ×, ㉢ 약제량 부족, 내용연수 초과
④ ㉠ ○, ㉡ ×, ㉢ 내용연수 초과

해설

㉠ 지시압력계가 녹색범위를 가리키고 있으므로 적정여부는 ○

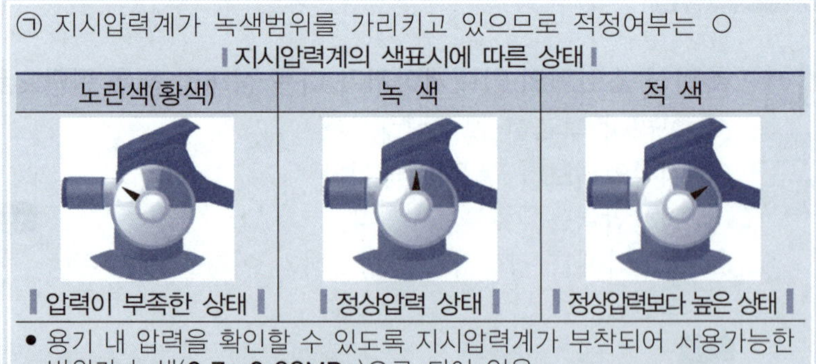

지시압력계의 색표시에 따른 상태		
노란색(황색)	녹 색	적 색
압력이 부족한 상태	정상압력 상태	정상압력보다 높은 상태

● 용기 내 압력을 확인할 수 있도록 지시압력계가 부착되어 사용가능한 범위가 녹색(**0.7~0.98MPa**)으로 되어 있음

㉡ 제조연월 : 2008.6이고 내용연수가 10년이므로 2018.6까지가 유효기간이다. 따라서 내용연수가 초과되었으므로 ×

＊ 지시압력계

노란색 (황색)	녹색	적색
압력부족	압력정상	압력높음

ⓒ 불량내용은 내용연수 초과이다.
- 소화기의 내용연수를 10년으로 하고 내용연수가 지난 제품은 교체 또는 성능확인을 받을 것

∎ 내용연수 ∎

내용연수 경과 후 10년 미만	내용연수 경과 후 10년 이상
3년	1년

＊ 내용연수

10년 미만	10년 이상
3년	1년

☑ 참고 **지시압력계**

① 노란색(황색) : 압력부족
② 녹색 : 정상압력
③ 적색 : 정상압력초과

정답 ④

13 다음 소화기 점검 후 아래 점검 결과표의 작성(ㄱ~ㄷ)순으로 가장 적합한 것은?

교재 112

소화기 점검사항		
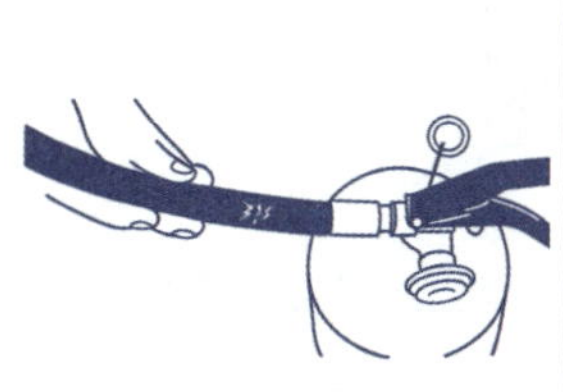		

번호	점검항목	점검결과
1-A-006	○ 소화기의 변형손상 또는 부식 등 외관의 이상 여부	㉠
1-A-007	○ 지시압력계(녹색범위)의 적정 여부	㉡

설비명	점검항목	불량내용
소화설비	1-A-007	㉢
	1-A-008	

① ㉠ ○, ㉡ ×, ㉢ 약제량 부족
② ㉠ ○, ㉡ ×, ㉢ 외관부식, 호스파손
③ ㉠ ×, ㉡ ○, ㉢ 외관부식, 호스파손
④ ㉠ ×, ㉡ ○, ㉢ 약제량 부족

해설

> ㉠ 호스가 파손되었고 소화기가 부식되었으므로 외관의 이상이 있기 때문에 ×
> ㉡ 지시압력계가 녹색범위를 가리키고 있으므로 적정여부는 ○
> ㉢ 불량내용은 외관부식과 호스파손이다.
> ※ 양호 ○, 불량 ×로 표시하면 됨

정답 ③

* 주거용 주방자동소화장치
교재 115
① 열원자동차단
② 소화약제방출

* 방출구
약제가 나오는 곳

6 주거용 주방자동소화장치 교재 115

주거용 주방에 설치된 열발생 조리기구의 사용으로 인한 화재발생시 열원(**전기** 또는 **가스**)을 자동으로 차단하며, 소화약제를 방출하는 소화장치

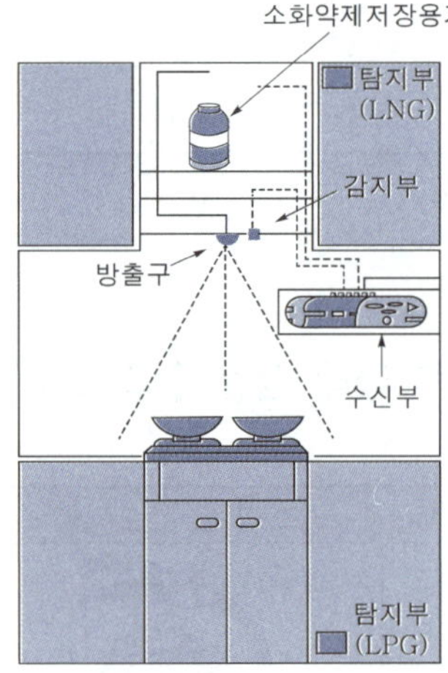

기출문제

14 자동소화장치의 구조를 나타낸 다음 그림에서 ㉠의 명칭으로 옳은 것은?

교재 115

① 감지부
② 가스누설차단밸브
③ 솔레노이드밸브
④ 수동조작밸브

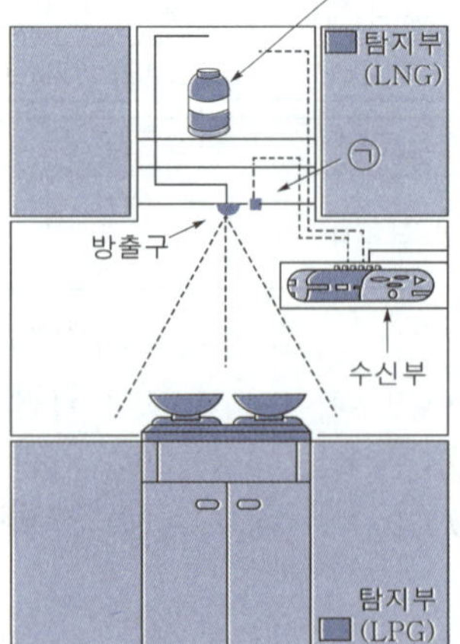

해설

① 감지부 : 화재시 발생하는 열을 감지하는 부분

정답 ①

02 옥내소화전설비

1 구성요소 교재 118

① 옥상구조
② 옥내소화전함
③ 여과망
④ 송수구
⑤ 물올림탱크
⑥ 수격방지기
⑦ 자동배수밸브
⑧ 유량계
⑨ 충압펌프
⑩ 주펌프
⑪ 풋밸브
⑫ 릴리프밸브
⑬ 제어반
⑭ 연성계
⑮ 압력챔버

기출문제

15 옥내소화전설비 구성요소에 해당하지 않는 것은?

교재 118

① 혼합기 – 포소화설비 구성요소
② 여과망
③ 송수구
④ 자동배수밸브

정답 ①

*** 노즐을 조작할 때 유의점**
방수시 한 손은 관창 선단을 잡고 다른 한 손은 결함부를 잡은 상태에서 호스를 최대한 몸에 밀착시킨다.

2 사용방법 교재 119

① 발신기 누름 → ② 함 개방 → ③ 화점으로 이동 → ④ 밸브 개방 → ⑤ 방수 → ⑥ 밸브 폐쇄 → ⑦ 동력제어반에서 펌프 정지 → ⑧ 음지에서 호스 건조 → ⑨ 호스 정리

기출문제

16 다음 중 옥내소화전 설비의 사용순서로 옳은 것은?

교재 119

① 함 개방 → 밸브 개방 → 방수 → 화점으로 이동 → 밸브 폐쇄 → 동력제어반에서 펌프 정지

② 함 개방 → 화점으로 이동 → 밸브 개방 → 방수 → 밸브 폐쇄 → 동력제어반에서 펌프 정지

③ 함 개방 → 동력제어반에서 펌프 정지 → 화점으로 이동 → 밸브 개방 → 방수 → 밸브 폐쇄

④ 함 개방 → 동력제어반에서 펌프 정지 → 밸브 개방 → 방수 → 화점으로 이동 → 밸브 폐쇄

 정답 ②

01 자동화재탐지설비

1 경계구역의 설정 기준 [교재 123]

(1) 1경계구역이 2개 이상의 **건축물**에 미치지 않을 것

▮ 하나의 경계구역으로 설정불가 ▮

(2) 1경계구역이 2개 이상의 **층**에 미치지 않을 것(단, **500m²** 이하는 2개층을 1경계구역으로 할 수 있다.)

(3) 1경계구역의 면적은 **600m²** 이하로 하고, 1변의 길이는 **50m** 이하로 할 것(단, 내부 전체가 보이면 **1000m²** 이하로 할 것) [문01 보기③]

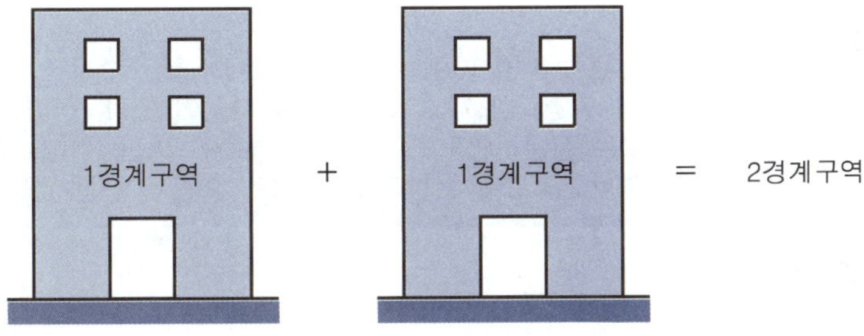

▮ 내부 전체가 보이면 1경계구역 면적 1000m² 이하, 1변의 길이 50m 이하 ▮

＊ 경계구역 [교재 123]
자동화재탐지설비의 1회선 (회로)이 화재의 발생을 유효하고 효율적으로 감지할 수 있도록 적당한 범위를 정한 구역

유사 기출문제

01 ★★★ 교재 123

다음 중 경계구역에 대한 설명으로 옳은 것은?

① 600㎡ 이하의 범위 안에서는 2개의 층을 하나의 경계구역으로 할 수 있다.
(500)

② 해당 소방대상물의 주된 출입구에서 그 내부 전체가 보이는 것에 있어서는 한 변의 길이가 100m의 범위 내에서 1000㎡ 이하로 할 수 있다.
(50)

③ 하나의 경계구역이 2개 이상의 건축물에 미치지 아니하도록 한다.

④ 하나의 경계구역이 2개 이상의 용도에 미치지 아니하도록 한다.
(층)

정답 ③

---

02 ★★★ 교재 123

어떤 건축물의 바닥면적이 각각 1층 900㎡, 2층 500㎡, 3층 400㎡, 4층 250㎡, 5층 200㎡이다. 이 건축물의 최소 경계구역수는?

① 3개   ② 4개
③ 5개   ④ 6개

해설 경계구역수

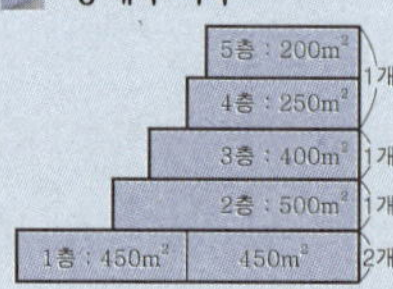

(1) 1경계구역의 면적 : 600㎡ 이하

① 1층 : $\dfrac{\text{바닥면적}}{600㎡}$
$= \dfrac{900㎡}{600㎡}$
$= 1.5 ≒ 2$개

② 2층 : $\dfrac{\text{바닥면적}}{600㎡}$
$= \dfrac{500㎡}{600㎡}$
$= 0.8 ≒ 1$개

③ 3층 : $\dfrac{\text{바닥면적}}{600㎡}$
$= \dfrac{400㎡}{600㎡}$
$= 0.6 ≒ 1$개

기출문제 ●

01 ★★★ 교재 123

해당 소방대상물의 주된 출입구에서 그 내부 전체가 보이는 건축물의 자동화재탐지설비 경계구역 설정방법 기준으로 옳은 것은?

① 하나의 경계구역의 면적은 500㎡ 이하로, 한 변의 길이는 60m 이하로 할 것

② 하나의 경계구역의 면적은 600㎡ 이하로, 한 변의 길이는 50m 이하로 할 것

③ 하나의 경계구역의 면적은 1000㎡ 이하로, 한 변의 길이는 50m 이하로 할 것

④ 하나의 경계구역의 면적은 1000㎡ 이하로, 한 변의 길이는 60m 이하로 할 것

해설

③ 내부 전체가 보이면 1000㎡ 이하, 50m 이하

● ②번도 답이 되지 않느냐 라고 말하는 사람이 있다. 하지만 문제에서 "기준"으로 질문하였으므로 내부 전체가 보이는 건축물의 면적은 반드시 1000㎡ 이하여야 한다. 그러므로 ②번은 틀린 답이다.

정답 ③

---

02 ★★★ 교재 123

어떤 건축물의 바닥면적이 각각 1층 700㎡, 2층 600㎡, 3층 300㎡, 4층 200㎡이다. 이 건축물의 최소 경계구역수는?

① 3개   ② 4개
③ 5개   ④ 6개

해설 경계구역수

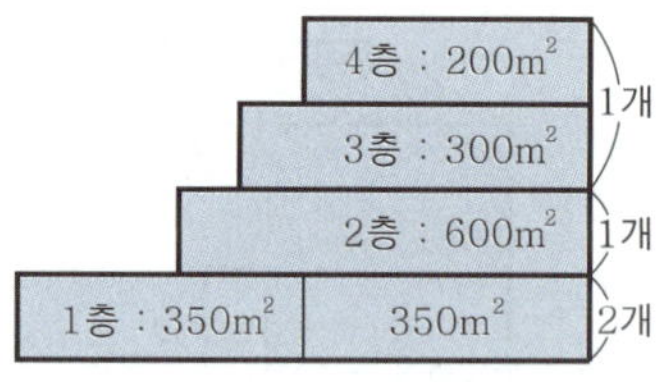

(1) 1경계구역의 면적 : 600㎡ 이하로 하여야 하므로 바닥면적을 600㎡로 나누어주면 된다.

$$\text{경계구역수(1개층)} = \frac{\text{바닥면적}}{600㎡} \text{(소수점 올림)}$$

$$\text{경계구역수(2개층)} = \frac{\text{2개층 바닥면적}}{600㎡} \text{(소수점 올림)}$$

① 1층 : $\dfrac{\text{바닥면적}}{600\text{m}^2} = \dfrac{700\text{m}^2}{600\text{m}^2} = 1.1 ≒ 2개(절상)$

② 2층 : $\dfrac{\text{바닥면적}}{600\text{m}^2} = \dfrac{600\text{m}^2}{600\text{m}^2} = 1개$

(2) 500m^2 이하는 2개층을 1경계구역으로 할 수 있으므로 2개층의 합이 500m^2 이하일 때는 **500m^2**로 나누어주면 된다.

3~4층 : $\dfrac{\text{2개층 바닥면적}}{500\text{m}^2} = \dfrac{(300+200)\text{m}^2}{500\text{m}^2} = 1개$

∴ 2개＋1개＋1개＝4개

정답 ②

2 수신기 교재 123-124

(1) 수신기의 구분
① P형 수신기
② R형 수신기

(2) 수신기의 설치기준
① 수신기가 설치된 장소에는 **경계구역 일람도**를 비치할 것
② 수신기의 조작스위치 높이 : 바닥으로부터의 높이가 **0.8~1.5m** 이하
③ **수위실** 등 상시 사람이 근무하고 있는 장소에 설치

3 발신기 작동스위치 교재 125

(1) **0.8~1.5m**의 높이에 설치한다.

(2) 발신기 작동스위치를 누르고 수신기가 작동하면 수신기의 화재표시등이 점등된다. 문09 보기②

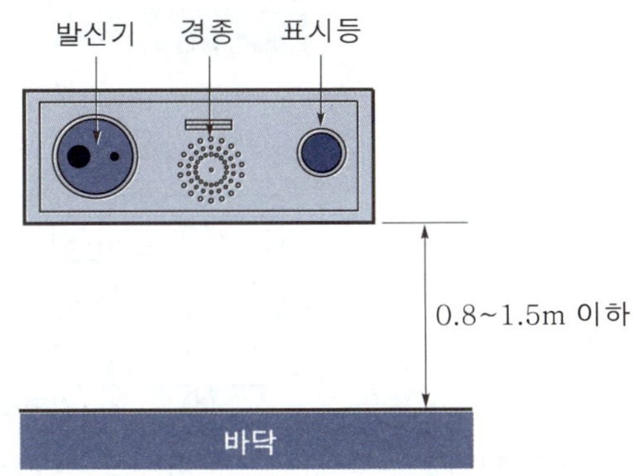

4 감지기

(1) 감지기의 특징   교재 126

감지기 종별	설 명
차동식 스포트형 감지기	주위 온도가 **일정상승률** 이상이 되는 경우에 작동하는 것
정온식 스포트형 감지기	주위 온도가 **일정온도** 이상이 되었을 때 작동하는 것
이온화식 스포트형 감지기	주위의 공기가 **일정농도**의 **연기**를 포함하게 되는 경우에 작동하는 것
광전식 스포트형 감지기	연기에 포함된 미립자가 **광원**에서 방사되는 광속에 의해 산란반사를 일으키는 것

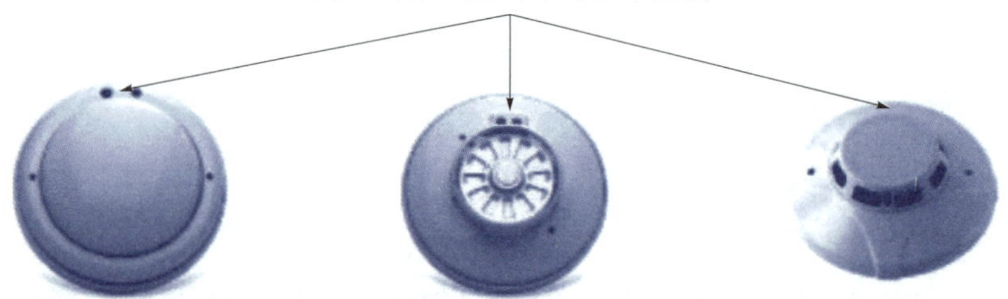

(2) 감지기의 구조   교재 126

정온식 스포트형 감지기 문03 보기②	차동식 스포트형 감지기
① **바이메탈**, 감열판, 접점 등으로 구성 공하성 기억법 **바정(봐줘)** ② 보일러실, 주방 설치 ③ 주위 온도가 **일정온도** 이상이 되었을 때 작동	① **감열실**, 다이어프램, 리크구멍, 접점 등으로 구성 ② 거실, 사무실 설치 ③ 주위 온도가 **일정상승률** 이상이 되었을 때 작동 공하성 기억법 **차감**

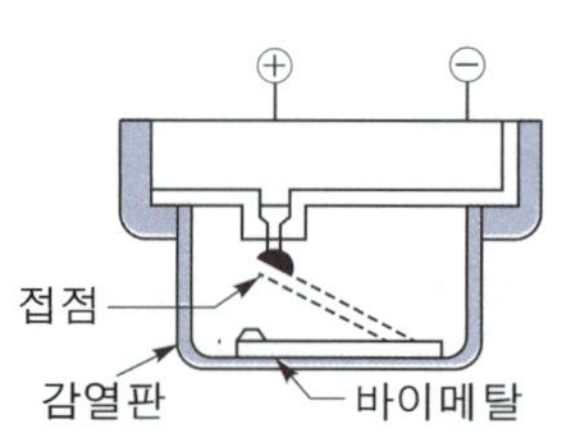

┃정온식 스포트형 감지기┃

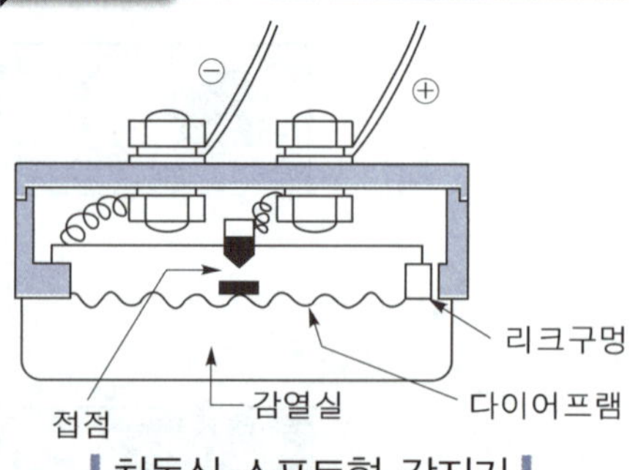

┃차동식 스포트형 감지기┃

좌측 여백

* 이온화식 스포트형 감지기 교재 126
주위의 공기가 **일정농도**의 **연기**를 포함하게 되는 경우에 작동하는 것

03

교재 126

다음 중 바이메탈, 감열판 및 접점 등으로 구성된 감지기는?

① 차동식 스포트형
② 정온식 스포트형
③ 차동식 분포형
④ 정온식 감지선형

해설

② 정온식 스포트형 : 바이메탈, 감열판, 접점

정답 ②

중요 감지기 설치유효면적 교재 127

(단위 : m²)

부착높이 및 소방대상물의 구분		차동식 · 보상식 스포트형		정온식 스포트형		
		1종	2종	특 종	1종	2종
4m 미만	내화구조	90	70	70	60	20
	기타구조	50	40	40	30	15
4m 이상 8m 미만	내화구조	45	35	35	30	–
	기타구조	30	25	25	15	–

공하성 기억법

차	보		정		
9	7		7	6	2
5	4		4	3	①
④	③		③	3	×
3	②		②	①	×

※ 동그라미(○) 친 부분은 뒤에 5가 붙음

* **정온식 스포트형 감지기의 구성** 교재 126
① **바**이메탈
② 감열판
③ 접점

공하성 기억법
바정(봐줘)

04

교재 126 -127

다음 중 차동식 스포트형 감지기에 대한 설명으로 옳은 것은?

① 주요구조부를 내화구조로 한 소방대상물로서 감지기 부착높이가 4m인 곳의 차동식 스포트형 2종 감지기 1개의 설치유효면적은 35m²이다.
② 바이메탈이 있는 구조이다.
　다이어프램
③ 주위 온도에 영향을 받지 않는다. – 받는다. 차동식 스포트형 감지기, 정온식 스포트형 감지기 모두 주위 온도에 영향을 받는다.
④ 보일러실, 주방 등에 설치한다.
　거실, 사무실 등

* **차동식 스포트형 감지기** 교재 126
① 거실, 사무실에 설치
　문04 보기④
② 감열실, 다이어프램, 리크구멍, 접점
③ 주위 온도에 영향을 받음
　문04 보기③

* 차동식 스포트형 감지
기의 구성
① 감열실
② 다이어프램
③ 리크구멍
④ 접점

종합성 기억법
차감

해설

부착높이 및 소방대상물의 구분		감지기의 종류				
		차동식·보상식 스포트형		정온식 스포트형		
		1종	2종	특 종	1종	2종
4m 이상 8m 미만	내화구조	45	35	35	30	–
	기타구조	30	25	25	15	–

정답 ①

05 다음 그림을 보고 감지기의 특징으로 옳은 것은?

교재
126

① 정온식 스포트형 감지기이다.
　　차동식
② 보일러실, 주방 등에 설치한다.
　　거실, 사무실
③ 감열실, 다이어프램 등으로 구성되어 있다.
④ 주요구조부가 내화구조이고 부착높이 4m 미만인 2종의 감지기 설치
유효면적은 50m^{2}이다.
　　　　　70

정답 ③

06 다음은 자동화재탐지설비의 감지기 설치유효면적에 관한 표이다. (   ) 안에 알맞은 것은?

교재 127

(단위 : m²)

부착높이 및 소방대상물의 구분		감지기의 종류						
		차동식 스포트형		보상식 스포트형		정온식 스포트형		
		1종	2종	1종	2종	특 종	1종	2종
4m 미만	주요구조부를 내화구조로 한 소방대상물 또는 그 부분	(㉠)	70	90	(㉡)	70	60	20
	기타구조의 소방대상물 또는 그 부분	50	40	50	40	40	30	15
4m 이상 8m 미만	주요구조부를 내화구조로 한 소방대상물 또는 그 부분	45	35	(㉢)	35	35	30	−
	기타구조의 소방대상물 또는 그 부분	30	25	30	25	25	15	−

① ㉠ 45, ㉡ 70, ㉢ 90　　② ㉠ 70, ㉡ 45, ㉢ 90

③ ㉠ 90, ㉡ 45, ㉢ 70　　④ ㉠ 90, ㉡ 70, ㉢ 45

해설 ④ ㉠ 90 ㉡ 70 ㉢ 45

정답 ④

07 다음의 그림을 보고 정온식 스포트형 감지기 1종의 최소 설치개수로 옳은 것은? (단, 주요구조부가 내화구조이며, 감지기 부착높이는 3.5m이다.)

교재 127

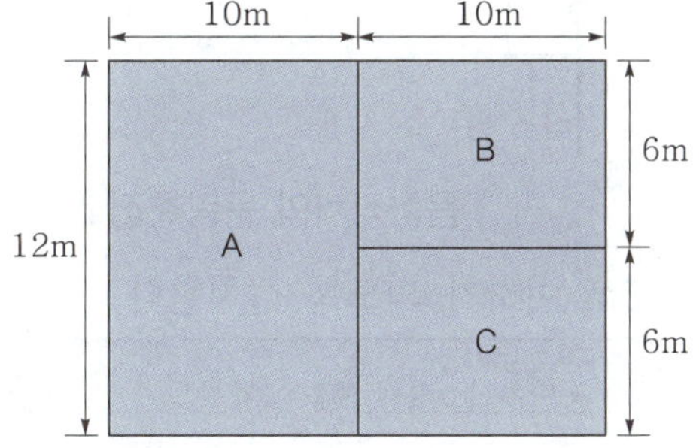

① 2개　　　　② 3개

③ 4개　　　　④ 5개

유사 기출문제

06 ★★★ 교재 127

그림과 같은 주요구조부가 내화구조로 된 어느 건축물에 차동식 스포트형 1종 감지기를 설치하고자 한다. 감지기의 최소 설치개수는? (단, 감지기의 부착높이는 3.5m이다.)

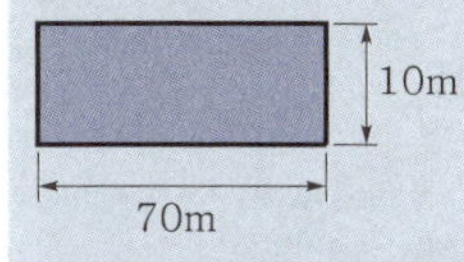

① 8개　　② 9개

③ 10개　　④ 11개

해설 감지기의 설치개수

(단위 : m²)

부착높이 및 소방대상물의 구분		감지기의 종류	
		차동식·보상식 스포트형	
		1종	2종
4m 미만	내화구조	90	70
	기타구조	50	40

내화구조이고 부착높이가 **3.5m**, **차동식 스포트형 1종** 감지기이므로 감지기 1개가 담당하는 바닥면적은 **90m²**가 된다.

차동식 스포트형 1종 감지기

$$= \frac{70m \times 10m}{90m^2}$$

$$= \frac{700m^2}{90m^2}$$

$= 7.7 ≒ 8$개 (소수점 올림)

정답 ①

07 ★★★ 교재 127

주요구조부가 내화구조인 어느 건축물에 정온식 스포트형 감지기 특종을 설치하려고 한다. 감지기의 최소 설치 개수는? (단, 감지기 부착높이는 4m이다.)

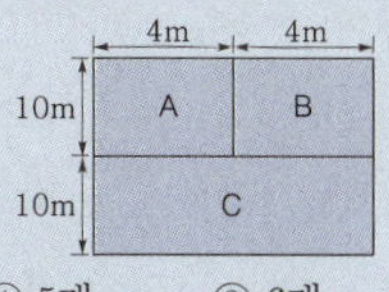

① 5개　　② 6개

③ 7개　　④ 8개

해설 감지기 설치유효면적
(단위 : m²)

부착높이 및 소방대상물의 구분		감지기의 종류		
		정온식 스포트형		
		특종	1종	2종
4m 이상 8m 미만	내화구조	35	30	–
	기타구조	25	15	–

A : 정온식 스포트형 특종 감지기

$$= \frac{4m \times 10m}{35m^2}$$

$= 1.1 ≒ 2$개
(소수점 올림)

B : 정온식 스포트형 특종 감지기

$$= \frac{4m \times 10m}{35m^2}$$

$= 1.1 ≒ 2$개
(소수점 올림)

C : 정온식 스포트형 특종 감지기

$$= \frac{(4+4)m \times 10m}{35m^2}$$

$= 2.2 ≒ 3$개
(소수점 올림)

∴ 2개+ 2개+ 3개= 7개

정답 ③

해설 감지기 설치유효면적

부착높이 및 소방대상물의 구분		감지기의 종류				
		차동식·보상식 스포트형		정온식 스포트형		
		1종	2종	특 종	1종	2종
4m 미만	내화구조	90	70	70	60	20
	기타구조	50	40	40	30	15

A : 정온식 스포트형 1종 감지기 $= \dfrac{10m \times 12m}{60m^2} = 2$개

B : 정온식 스포트형 1종 감지기 $= \dfrac{10m \times 6m}{60m^2} = 1$개

C : 정온식 스포트형 1종 감지기 $= \dfrac{10m \times 6m}{60m^2} = 1$개

∴ A + B + C = 2 + 1 + 1 = 4개

정답 ③

5 음향장치 교재 128

(1) 음향장치의 설치기준 교재 128

① 음향크기는 부착된 장치의 중심으로부터 **1m** 떨어진 위치에서 **90dB** 이상이 되도록 한다. 문09 보기④

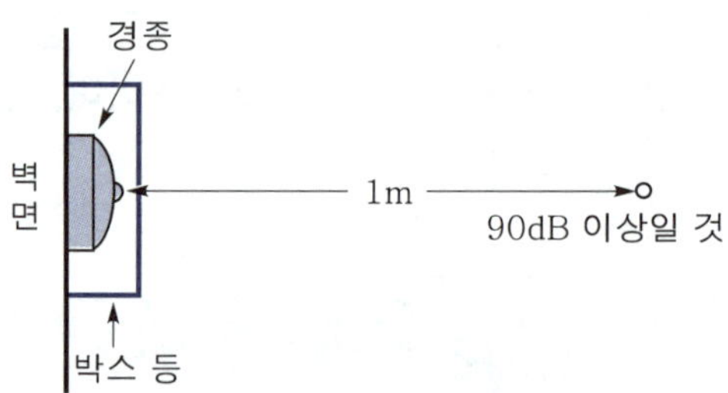

▌음향장치의 음량측정 ▌

② 수평거리 **25m** 이하가 되도록 설치한다.

주음향장치	지구음향장치
수신기 내부 또는 **직근**에 설치	층마다 설치하되, 수평거리가 25m 이하가 되도록 설치

＊ 음향장치 수평거리
교재 128

수평거리 **25m** 이하

(2) 음향장치의 경보방식 교재 128

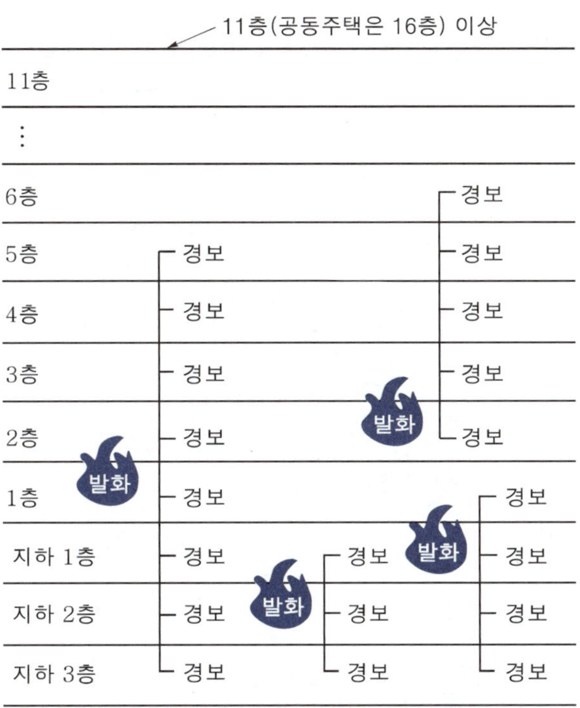

❙ 발화층 및 직상 4개층 경보방식 ❚

❙ 자동화재탐지설비 음향장치의 경보 ❚ 문08 보기①   교재 128

발화층	경보층	
	11층(공동주택 16층) 미만	11층(공동주택 16층) 이상
2층 이상 발화	전층 일제경보	● 발화층 ● 직상 4개층
1층 발화		● 발화층 ● 직상 4개층 ● 지하층
지하층 발화		● 발화층 ● 직상층 ● 기타의 지하층

* 자동화재탐지설비 발화
  층 및 직상 4개층 경보
  적용대상물
  11층(공동주택 16층) 이상의
  특정소방대상물의 경보

Key Point

08 ★★ 교재 128

건축 연면적이 5000m²이고 지하 4층, 지상 11층인 특정소방대상물에 자동화재탐지설비를 설치하였다. 지하 1층에서 화재가 발생한 경우 우선적으로 경보를 하여야 하는 층은?

① 건물 내 모든 층에 동시 경보
② 지하 1·2·3·4층, 지상 1층
③ 지하 1층, 지상 1층
④ 지하 1·2층

② 지하 1층 발화이므로 발화층(지하 1층), 직상층(지상 1층), 기타의 지하층(지하 2·3·4층) 우선경보

정답 ②

---

09 ★★ 교재 124-128

자동화재탐지설비의 설치기준에 대한 설명으로 옳지 않은 것은?

① 수위실 등 상시 사람이 근무하고 있는 장소에 설치하여야 한다.
② 음향장치의 음량 크기는 1m 떨어진 곳에서 90dB 이하이어야 한다.
③ 수신기의 조작스위치 높이는 0.8m 이상 1.5m 이하이어야 한다.
④ 발신기는 하나의 발신기까지의 수평거리가 25m 이하가 되도록 설치하여야 한다.

② 90dB 이하 → 90dB 이상

정답 ②

---

08 ★★ 교재 128

11층 이상인 다음 건물의 경보상황을 보고 유추할 수 있는 사항은?

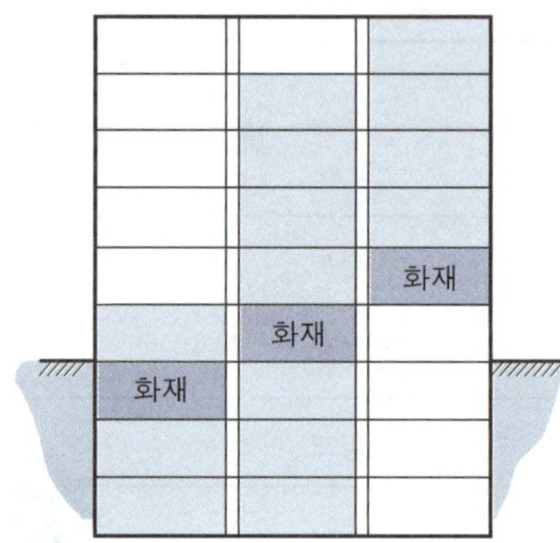

① 발화층 및 직상 4개층 경보
② 일제경보
③ 구분경보
④ 직하발화 우선경보

① 발화층 및 직상 4개층 경보방식

정답 ①

---

09 ★★ 교재 124 -128

다음 중 자동화재탐지설비 주요구성요소에 대한 설명으로 틀린 것은?

① 감지기는 자동적으로 화재신호를 수신기에 전달하는 역할을 하지만, 발신기는 화재발견자가 수동으로 작동스위치를 눌러 수신기에 신호를 보내는 것이다.
② 발신기 작동스위치를 누르고 수신기가 작동하면 발신기의 화재표시 수신기
등이 점등된다.
③ 수신기 조작스위치의 높이는 0.8m 이상 1.5m 이하이어야 한다.
④ 음향장치의 음량크기는 1m 떨어진 곳에서 90dB 이상이어야 한다.

정답 ②

6 송배선식 교재 128

도통시험(선로의 정상연결 유무 확인)을 원활히 하기 위한 배선방식

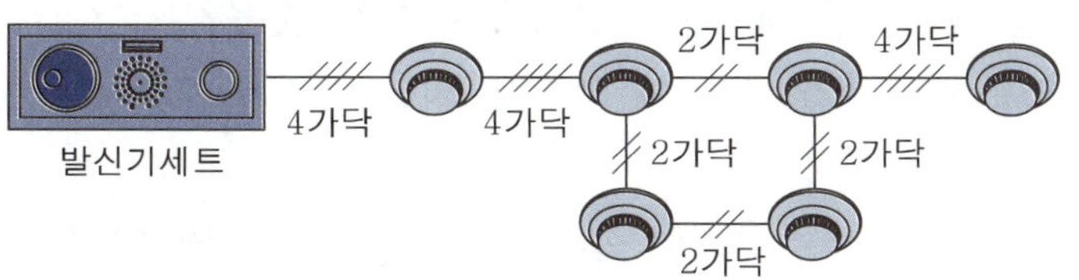

▌송배선식▐

7 감지기 작동 점검(단계별 절차) 교재 132

(1) 1단계 : 감지기 작동시험 실시

→ **감지기 시험기, 연기스프레이 등 이용**

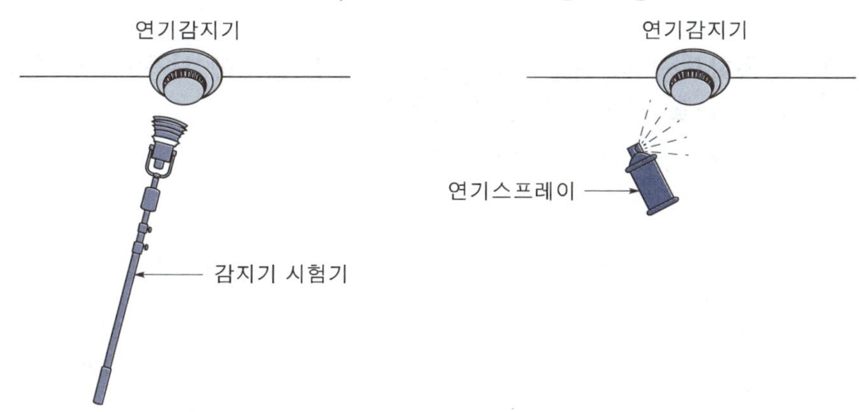

(2) 2단계 : LED 미점등 시 감지기 회로 전압 확인

① **정격전압**의 **80%** 이상이면, **감지기**가 **불량**이므로 감지기를 교체한다. 문10 보기②

② 전압이 **0V**이면 회로가 **단선**이므로 회로를 보수한다.

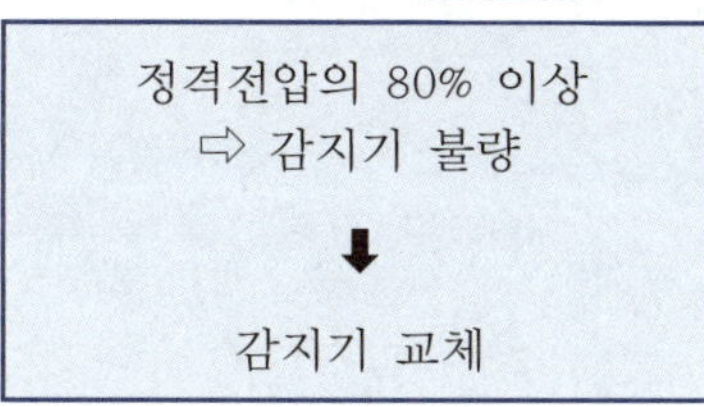

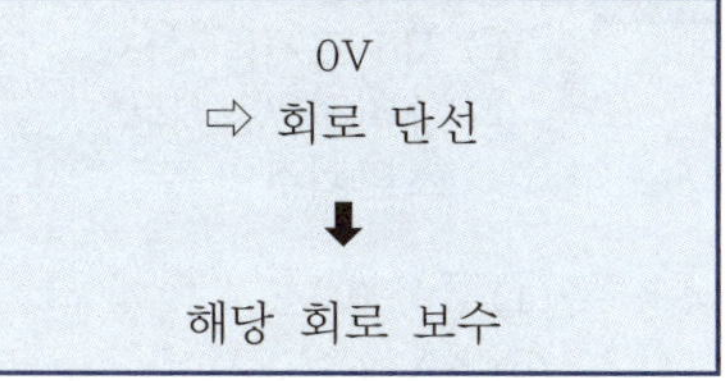

(3) 3단계 : 감지기 작동시험 재실시

* 장마철 공기 중 습도 증가에 의한 감지기 오작동 교재 141
① 복구스위치 누름 문10 보기①
② 작동된 감지기 복구

* 송배선식 문10 보기③
감지기 사이의 회로배선

* 발신기 vs 감지기 문10 보기④
발신기 작동스위치와 감지기 작동은 별개

발신기	감지기
수동으로 화재신호 알림	자동으로 화재신호 알림

* 감지기 작동시험시 수신기에 점등되어야 하는 것 문12 보기①
① 화재표시등
② 지구표시등

---

10 다음 중 감지기에 대한 설명으로 옳은 것은?

교재 125, 128, 132, 141

① 장마철 공기 중 습도 증가에 의한 감지기 오작동은 복구스위치를 누르면 된다.
② 감지기단자를 측정한 결과 정격전압의 80% 이상이면 감지기가 정상이다.
　　　　　　　　　　　　　　　　　　　　　　　　　　　불량
③ 감지기 사이의 회로배선은 병렬식 배선으로 한다.
　　　　　　　　　　　　송배전식
④ 발신기 작동스위치를 누르면 감지기도 함께 작동한다.
　　　　　　　　　　　　　　　　　작동하지 않는다.

정답 ①

11 자동화재탐지설비를 11층 이상의 사무실 용도에 시공하고자 한다. 고려해야 할 사항으로 옳은 것은?

교재 20, 124, 128

① 1급 소방안전관리대상물이다.
② 관리의 권원이 분리된 소방안전관리자를 선임하여야 한다.
　　　　　　　　　　　　　　　　　　　　대상이 아니다.
③ 발화층 및 직상발화 경보방식으로 음향장치를 설치하여야 한다.
　　발화층 및 직상 4개층 경보방식
④ 발신기와 전화통화가 가능한 수신기를 설치하여야 한다.
　　　　　　　　　　　　　　　하지 않아도 된다.

정답 ①

12 연기스프레이를 이용해 감지기 작동시험을 실시할 때 수신기에 점등되어야 하는 것을 모두 고른 것은?

교재 132

> ㉠ 화재표시등
> ㉡ 지구표시등
> ㉢ 예비전원감시등
> ㉣ 스위치주의등

① ㉠, ㉡
② ㉠, ㉡, ㉢
③ ㉠, ㉡, ㉣
④ ㉠, ㉡, ㉢, ㉣

해설 감지기 작동시험(감지기 시험기, 연기스프레이 등 이용)
　(1) 화재표시등 점등
　(2) 지구표시등 점등

정답 ①

8 발신기 작동 점검(단계별 절차)　교재 133

(1) 1단계 : 발신기 작동스위치 누름
(2) 2단계 : 수신기에서 발신기응답표시등 및 발신기 작동표시등 점등 확인

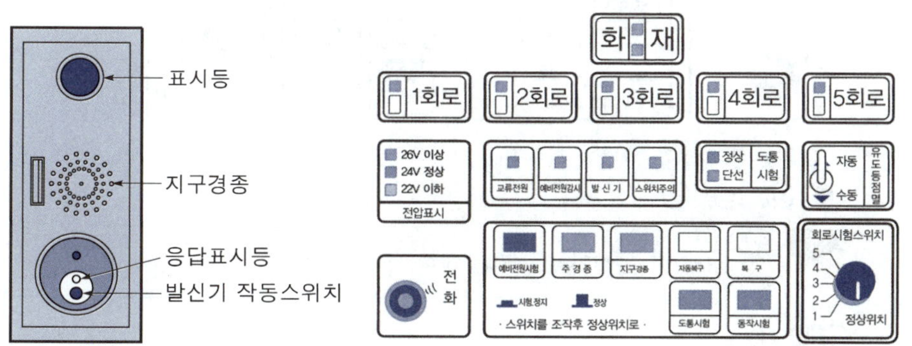

기출문제

13 다음 발신기 작동스위치를 누를 때의 상황으로 틀린 것은?　교재 133

① 수신기의 화재표시등 점등
② 수신기의 발신기응답표시등 점등
③ 수신기의 주경종 경보
④ 수신기의 스위치주의등 점등
　　　　　　　　　소등

해설
발신기 작동스위치는 수신기의 조작스위치가 아니므로 눌러도 스위치주의등은 점등되지 않음

정답 ④

14

교재
134
-136

다음 그림을 보고 5회로에 연결된 감지기가 화재를 감지했을 때 수신기에서 점등되어야 할 표시등을 모두 고른 것은?

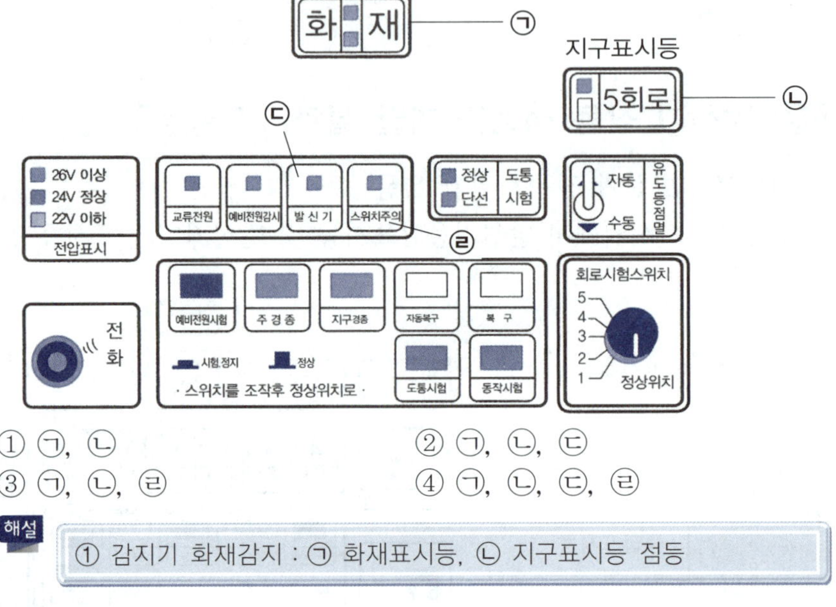

① ㉠, ㉡   ② ㉠, ㉡, ㉢
③ ㉠, ㉡, ㉣   ④ ㉠, ㉡, ㉢, ㉣

해설

① 감지기 화재감지 : ㉠ 화재표시등, ㉡ 지구표시등 점등

정답 ①

9 회로도통시험   교재 137-138

수신기에서 감지기 사이 회로의 단선 유무와 기기 등의 접속상황을 확인하기 위한 시험

▌회로도통시험 적부판정▐

구 분	정 상	단 선
전압계가 있는 경우	4~8V 문15 보기①	0V 문15 보기②
도통시험확인등이 있는 경우	정상확인등 점등(녹색) 문15 보기③	단선확인등 점등(적색) 문15 보기④

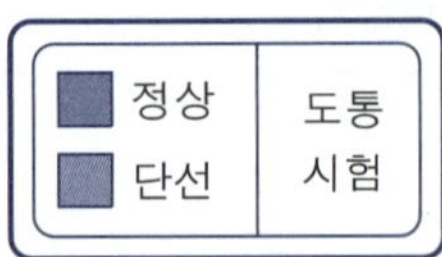

▌단선인 경우(적색등 점등)▐

기출문제

15 ★★★

교재 137

자동화재탐지설비의 <u>회로도통시험</u> 적부판정방법으로 <u>틀린</u> 것은?

① 전압계가 있는 경우 정상은 <u>24V</u>를 가리킨다.
                      4~8V

② 전압계가 있는 경우 단선은 0V를 가리킨다.

③ 도통시험확인등이 있는 경우 정상은 정상확인등이 녹색으로 점등된다.

④ 도통시험확인등이 있는 경우 단선은 단선확인등이 적색으로 점등된다.

정답 ①

02 자동화재탐지설비(P형 수신기)의 점검방법

1 P형 수신기의 동작시험(로터리방식) 교재 135

동작시험 순서	동작시험 복구순서
① 동작시험스위치 누름	① 회로시험스위치 돌림
② 자동복구스위치 누름	② 동작시험스위치 누름
③ 회로시험스위치 돌림	③ 자동복구스위치 누름

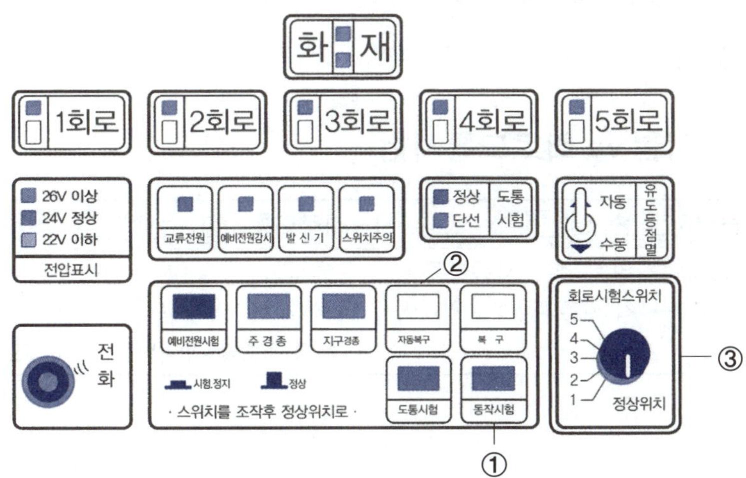

‖ P형 수신기 동작시험 순서 ‖

15-1 ★★ 교재 137

자동화재탐지설비에서 P형 수신기의 <u>회로도통시험</u>시 회로선택스위치가 로터리방식으로 전압계가 있는 경우 정상은 몇 V를 가리키는가?

① 0V ② 4~8V
③ 20~24V ④ 40~48V

해설 회로도통시험

정상	단선
4~8V	0V

정답 ②

15-2 ★★★ 교재 137

자동화재탐지설비에서 P형 수신기의 <u>회로도통시험</u>시 회로시험스위치가 로터리방식으로 전압계가 있는 경우 정상과 단선은 몇 V를 가리키는가?

① 정상 : 4~8V,
   단선 : 0V
② 정상 : 20~24V,
   단선 : 1V
③ 정상 : 40~48V,
   단선 : 0V
④ 정상 : 48~54V,
   단선 : 1V

해설 회로도통시험

정상	단선
4~8V	0V

정답 ①

Key Point

기출문제 ●

16

교재 135

다음은 자동화재탐지설비 P형 수신기의 그림이다. 동작시험을 한 후 복구를 하려고 한다. 동작시험 복구순서로서 다음 중 회로시험스위치를 돌린 후 눌러야 할 버튼은?

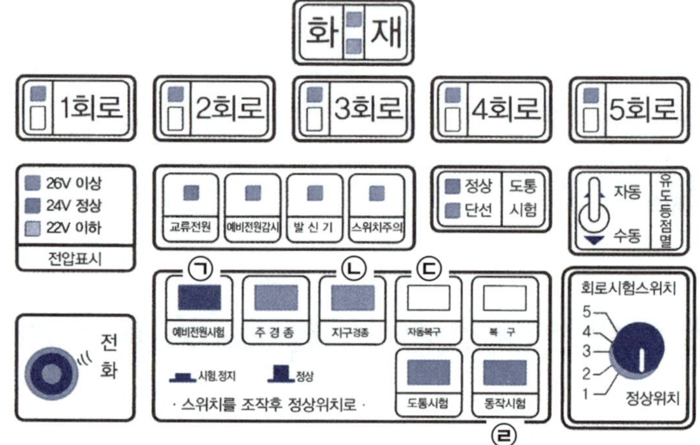

① ㉠ 예비전원시험
② ㉡ 지구경종
③ ㉢ 자동복구
④ ㉣ 동작시험

해설

④ 동작시험 복구 : 회로시험스위치 → 동작시험스위치 → 자동복구스위치

정답 ④

2 동작시험 vs 회로도통시험

동작시험 순서 교재 136	회로도통시험 순서 문17 보기① 교재 137
동작(화재)시험스위치 및 자동복구스위치를 누름 → 각 회로(경계구역) 버튼 누름	도통시험스위치를 누름 → 회로시험스위치를 각 경계구역별로 차례로 회전 (각 경계구역 동작버튼을 차례로 누름)

★★★ 17  자동화재탐지설비의 점검 중 <u>회로도통시험</u>의 작동순서로 알맞은 것은?

교재 137

① 도통시험스위치를 누른다. → 회로시험스위치를 각 경계구역별로 차례로 회전한다.

② 도통시험스위치를 누른다. → 자동복구스위치를 누른다. → 회로시험스위치를 각 경계구역별로 차례로 회전한다.

③ 회로시험스위치를 각 경계구역별로 차례로 회전한다. → 도통시험스위치를 누른다.

④ 회로시험스위치를 각 경계구역별로 차례로 회전한다. → 자동복구스위치를 누른다. → 도통시험스위치를 누른다.

해설

> ① 회로도통시험 : 도통시험스위치를 누름 → 회로시험스위치를 각 경계구역별로 차례로 회전(각 경계구역 동작버튼을 차례로 누름)

정답 ①

3 회로도통시험 vs 예비전원시험

회로도통시험 순서　문18 보기③　교재 137	예비전원시험 순서　교재 139
도통시험스위치 누름 → 회로시험스위치 돌림	예비전원시험스위치 누름 → 예비전원 결과 확인

＊ 회로도통시험 순서
도통시험스위치 누름 →
회로시험스위치 돌림

Key Point

18 ★★ 　　교재 137

다음 수신기 점검 중 회로도통시험에 대한 설명으로 옳은 것은?

① 수신기에 화재신호를 수동으로 입력하여 수신기가 정상적으로 동작되는지를 확인하기 위한 시험이다. – 동작 시험
② 축적·비축적 선택스위치를 비축적 위치에 놓고 시험하여야 한다. – 동작 시험
③ 전압계로 측정시 19~29V가 나오면 정상이다. 4~8V
④ 로터리방식과 버튼방식이 있다.

정답 ④

기출문제

18 ★★　교재 137

그림과 같이 자동화재탐지설비 P형 수신기에 <u>회로도통시험</u>을 하려고 한다. 가장 <u>처음</u>으로 눌러야 하는 스위치는?

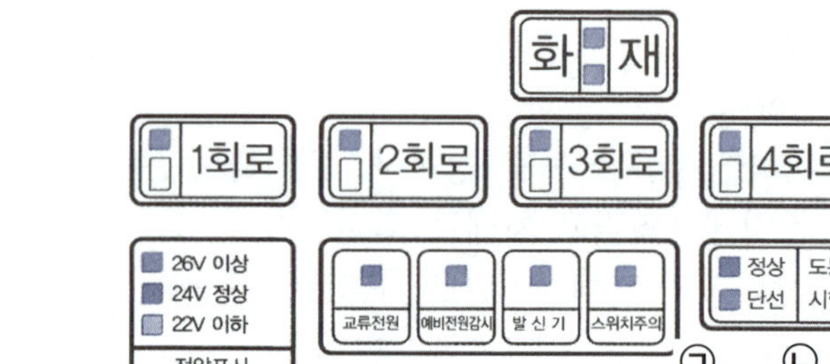

① ㉠ 자동복구　　　　② ㉡ 복구
③ ㉢ 도통시험　　　　④ ㉣ 동작시험

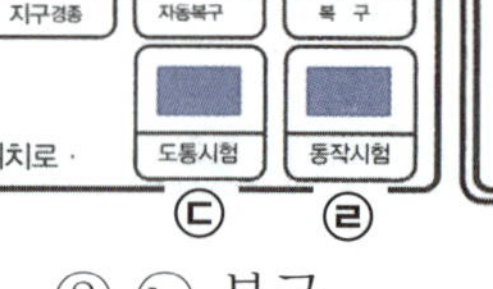

해설
③ 회로도통시험 : 도통시험스위치 누름 → 회로시험스위치 돌림

정답 ③

---

4 평상시 점등상태를 유지하여야 하는 표시등　문19 보기① 　교재 138

① 교류전원
② 전압지시(정상)

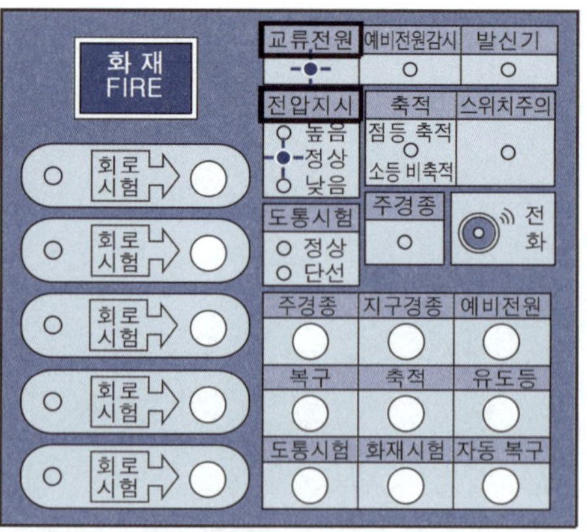

|P형 수신기|

기출문제

19 P형 수신기가 <u>정상</u>이라면, <u>평상시</u> <u>점등</u>상태를 <u>유지</u>하여야 하는 표시등은 몇 개소이고 어디인가?

교재 138

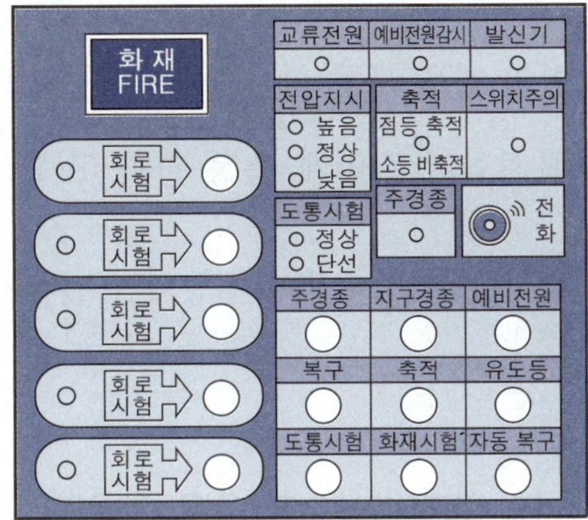

① 2개소 : 교류전원, 전압지시(정상)
② 2개소 : 교류전원, 축적
③ 3개소 : 교류전원, 전압지시(정상), 축적
④ 3개소 : 교류전원, 전압지시(정상), 스위치주의

해설

① 평상시 점등 2개소 : 교류전원, 전압지시(정상)

정답 ①

* 평상시 점등상태 유지 표시등
① 교류전원
② 전압지시(정상)

5 예비전원시험 교재 139

전압계인 경우 정상	램프방식인 경우 정상 문21 보기③
19~29V	녹색

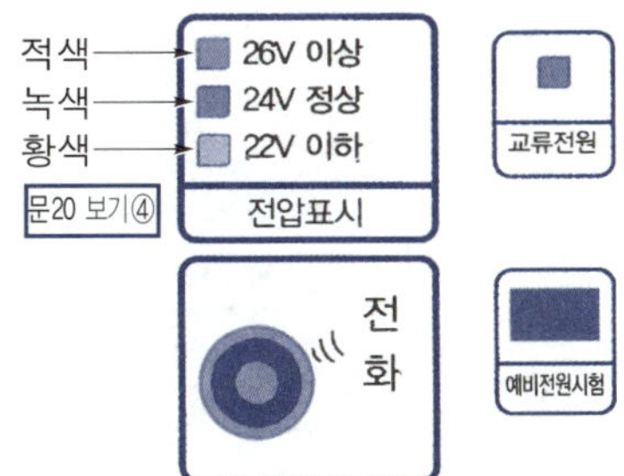

▮ 예비전원시험 ▮

Key Point

★★★

20 다음 수신기의 점검에 대한 설명으로 틀린 것은?

① 동작시험을 위해 축적 · 비축적 선택스위치를 비축적 위치로 놓고 시험한다.

② 동작시험의 경우 모든 회선을 동시에 작동시키면서 시험한다.
　　　　　　　1회선마다 복구하면서 모든 회선을

③ 회로도통시험시 전압계 측정 결과 0V를 지시하면 단선을 의미한다.

④ 예비전원시험 결과 황색이 점등되면 전압이 22V 이하이다.

정답 ②

★★★

21 다음 수신기의 점검방식으로 옳은 것은?

① 동작시험을 하기 전에 축적 · 비축적 스위치를 비축적 위치에 놓고 시험한다.

② 회로도통시험 결과 19~29V의 값이 표시되면 정상이다.
　　　　　　　　　　　4~8V

③ 예비전원시험 결과 적색이 표시되면 정상이다.
　　　　　　　　　녹색

④ 예비전원감시등이 소등된 경우는 예비전원 연결 소켓이 분리되었거
　　　　　　　　　　점등
나 예비전원이 원인이다.

정답 ①

＊ 수신기 동작시험기준
① 1회선마다 복구하면서 모든 회선을 시험
　문20 보기②
② 축적 · 비축적 선택스위치를 비축적 위치로 놓고 시험 문20 보기①

＊ 예비전원감시등이 점등된 경우 문21 보기④
　교재 140
① 예비전원 연결 소켓이 분리
② 예비전원 원인

6 비화재보의 원인과 대책 교재 141-142

주요 원인	대 책 _{문22 보기③}
주방에 '**비적응성 감지기**'가 설치된 경우	적응성 감지기(정온식 감지기 등)로 교체
'**천장형 온풍기**'에 밀접하게 설치된 경우	기류흐름 방향 외 이격설치
담배연기로 인한 연기감지기 작동	흡연구역에 환풍기 등 설치

기출문제

★★★
22 다음은 <u>비화재보의</u> 주요 원인과 대책을 나타낸 표이다. 빈칸에 들어갈 말로 <u>옳은</u> 것은?

교재 141-142

주요 원인	대 책
주방에 비적응성 감지기가 설치된 경우	적응성 감지기[(㉠)식 감지기 등]로 교체
천장형 온풍기에 밀접하게 설치된 경우	기류흐름 방향 외 (㉡) 설치
(㉢)로 인한 연기감지기 작동	흡연구역에 환풍기 등 설치

① ㉠ 차동, ㉡ 이격, ㉢ 담배연기
② ㉠ 차동, ㉡ 근접, ㉢ 습기
③ ㉠ 정온, ㉡ 이격, ㉢ 담배연기
④ ㉠ 정온, ㉡ 근접, ㉢ 습기

해설
③ 주방 : 정온식 감지기, 천장형 온풍기 : 이격설치, 담배연기 : 환풍기 설치

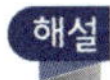 정답 ③

* **주방**
정온식 감지기 설치

* **천장형 온풍기**
감지기 이격 설치

7 자동화재탐지설비의 비화재보시 조치방법   교재 143

단 계	대처법
1단계	수신기 확인(화재표시등, 지구표시등 확인)
2단계	실제 화재 여부 확인
3단계	음향장치 정지
4단계	비화재보 원인 제거
5단계	수신기 복구
6단계	음향장치 복구
7단계	스위치주의등 확인

기출문제

유사 기출문제

23 ★   교재 143
보기의 비화재보시 대처방법을 순서대로 나열한 것은?

1. 수신기에서 화재표시등, 지구표시등을 확인한다.
2. 해당 구역(지구표시등 점등구역)으로 이동하며 실제 화재 여부를 확인하고 비화재보인 경우

― 보 기 ―
3. 복구스위치를 눌러 수신기를 정상으로 복구
4. 음향장치 정지
5. 음향장치 복구
6. 비화재보 원인 제거
7. 스위치주의등 소등 확인

① 3 ― 4 ― 5 ― 6
② 4 ― 6 ― 3 ― 5
③ 3 ― 6 ― 4 ― 5
④ 6 ― 4 ― 3 ― 5

해설 비화재보 대처방법
(1) 수신기 확인(화재표시등, 지구표시등 확인)
(2) 실제 화재 여부 확인
(3) 음향장치 정지
(4) 비화재보 원인 제거
(5) 수신기 복구
(6) 음향장치 복구
(7) 스위치주의등 확인

정답 ②

23 다음 중 자동화재탐지설비의 <u>비화재보시 조치방법</u>으로 <u>옳은 것</u>은?
교재 143
① 1단계 수신기 확인 ― 2단계 실제 화재 여부 확인 ― 3단계 음향장치 정지 ― 4단계 비화재보 원인 제거
② 1단계 실제 화재 여부 확인 ― 2단계 수신기 확인 ― 3단계 음향장치 정지 ― 4단계 비화재보 원인 제거
③ 1단계 음향장치 정지 ― 2단계 실제 화재 여부 확인 ― 3단계 수신기 확인 ― 4단계 비화재보 원인 제거
④ 1단계 음향장치 정지 ― 2단계 수신기 확인 ― 3단계 실제 화재 여부 확인 ― 4단계 비화재보 원인 제거

해설
① 비화재보 조치방법 : 1단계 수신기 확인 ― 2단계 실제 화재 여부 확인 ― 3단계 음향장치 정지 ― 4단계 비화재보 원인 제거

 정답 ①

8 발신기 작동시 점등되어야 하는 것   교재 125

(1) 화재표시등
(2) 지구표시등(해당 회로)
(3) 발신기 응답표시등

기출문제

24 건물의 5층(5회로)에서 발신기를 작동시켰을 때 수신기에서 정상적으로 화재신호를 수신하였다면 점등되어야 하는 것을 모두 고른 것은?

교재 125

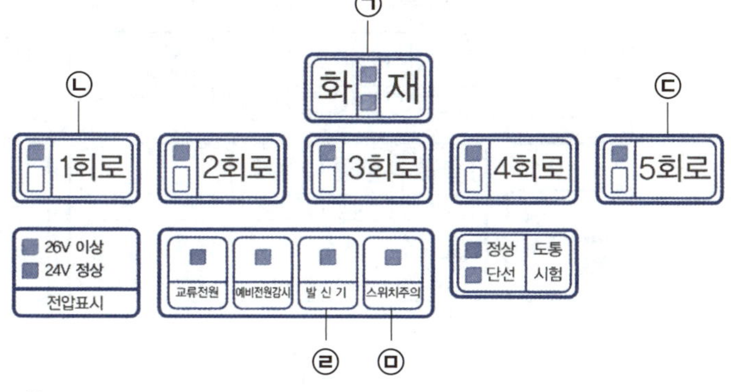

① ㉠, ㉡
② ㉠, ㉡, ㉢
③ ㉠, ㉢, ㉣
④ ㉠, ㉡, ㉢, ㉣, ㉤

해설

③ ㉠ 화재표시등
　　㉢ 지구표시등(5회로)
　　㉣ 발신기 응답표시등

정답 ③

＊ 경종이 울리지 않는 경우
① 주경종 정지스위치 : ON
② 지구경종 정지스위치 : ON

25

교재 133

수신기 점검시 1F 발신기를 눌렀을 때 건물 어디에서도 경종(음향장치)이 울리지 <u>않았다.</u> 이때 수신기의 스위치 상태로 옳은 것은?

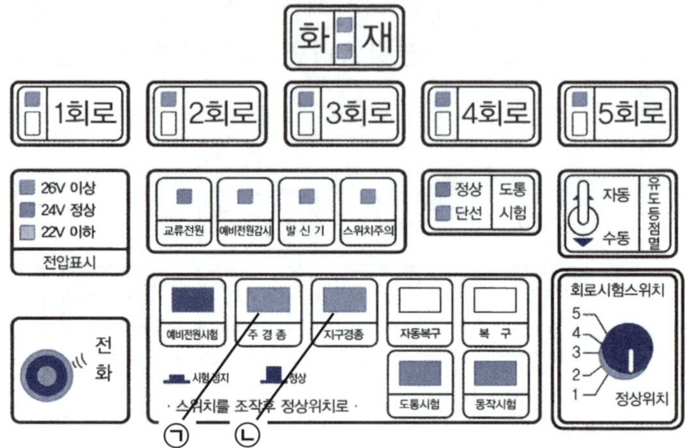

┃P형 수신기┃

① ㉠ 스위치가 눌러져 있다.
② ㉡ 스위치가 눌러져 있다.
③ ㉠, ㉡ 스위치가 눌러져 있다.
④ 스위치가 눌러져 있지 않다.

해설

③ ㉠ 주경종 정지스위치, ㉡ 지구경종 정지스위치를 누르면 경종(음향장치)이 울리지 않는다.

정답 ③

★★★
26

그림의 수신기가 <u>비화재보</u>인 경우 화재를 <u>복구</u>하는 순서로 옳은 것은?

교재
143

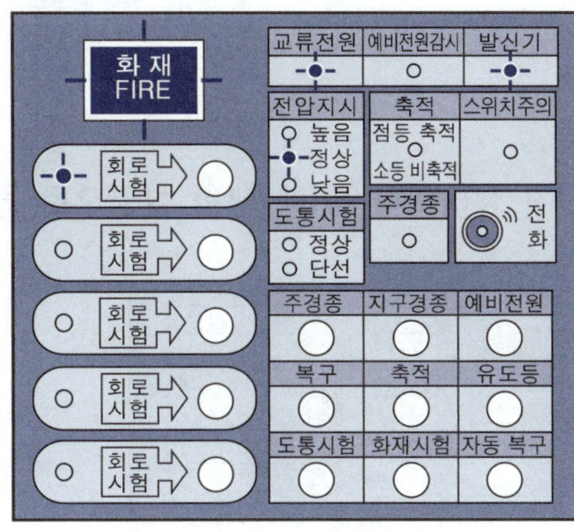

㉠ 수신기 확인
㉡ 수신반 복구
㉢ 음향장치 정지
㉣ 실제 화재 여부 확인
㉤ 발신기 복구
㉥ 음향장치 복구

① ㉠ − ㉣ − ㉢ − ㉤ − ㉥ − ㉡
② ㉠ − ㉣ − ㉢ − ㉤ − ㉡ − ㉥
③ ㉣ − ㉠ − ㉤ − ㉢ − ㉡ − ㉥
④ ㉣ − ㉠ − ㉢ − ㉤ − ㉡ − ㉥

해설 **비화재보 복구순서**
㉠ 수신기 확인 − ㉣ 실제 화재 여부 확인 − ㉢ 음향장치 정지 − ㉤ 발신기 복구 − ㉡ 수신반 복구 − ㉥ 음향장치 복구 − 스위치주의등 확인

정답 ②

★★★
27

그림과 같이 <u>감지기</u> 점검시 <u>점등</u>되는 표시등으로 옳은 것은?

교재
132~133

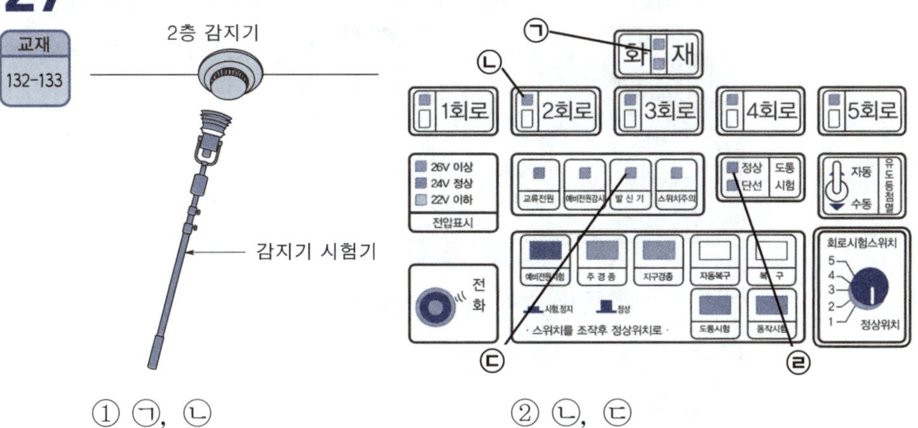

① ㉠, ㉡   ② ㉡, ㉢
② ㉡, ㉣   ④ ㉠, ㉡, ㉢, ㉣

해설

> 왼쪽그림은 2층 감지기 작동시험을 하는 그림임
> 2층 감지기가 작동되면 ㉠ 화재표시등, ㉡ 2층 지구표시등이 점등된다.

정답 ①

* 화재신호기기 : 감지기
① 화재표시등 점등
② 지구표시등 점등

* 화재신호기기 : 발신기
① 화재표시등 점등
② 지구표시등 점등
③ 발신기 응답표시등 점등

★★★ 28

교재 136

그림은 <u>화재발생시 수신기</u> 상태이다. 이에 대한 설명으로 옳지 않은 것은?

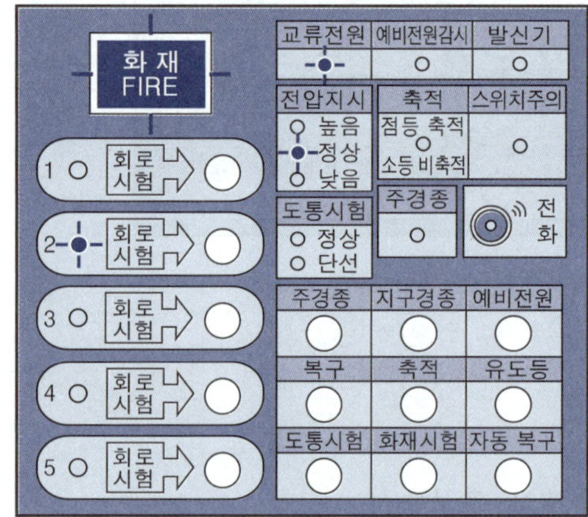

① 2층에서 화재가 발생하였다. ② 경종이 울리고 있다.
③ 화재 신호기기는 <u>발신기</u>이다. ④ 화재 신호기기는 감지기이다.
　　　　　　　　　 감지기

해설

> ③ 발신기 램프가 점등되어 있지 않으므로 화재신호기기는 발신기가 아니라 감지기로 추정할 수 있다.

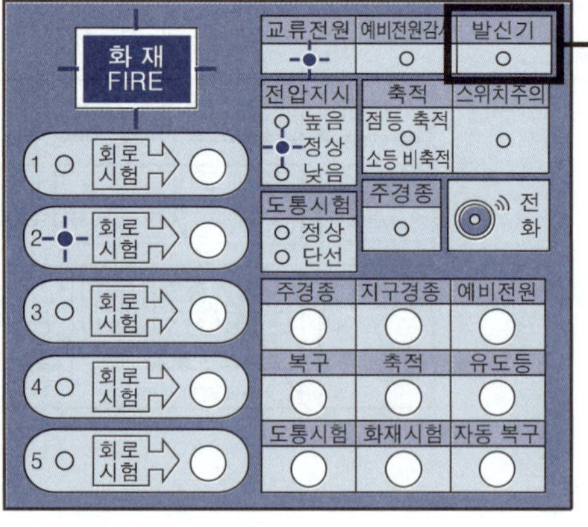

발신기 램프가 점등되어 있지 않음

정답 ③

29 건물 내 <u>2F</u>에서 발신기 <u>오작동</u>이 발생하였다. 수신기의 상태로 볼 수 있는 것으로 옳은 것은? (단, 건물은 <u>직상 4개층</u> 경보방식이다.)

교재 136

① 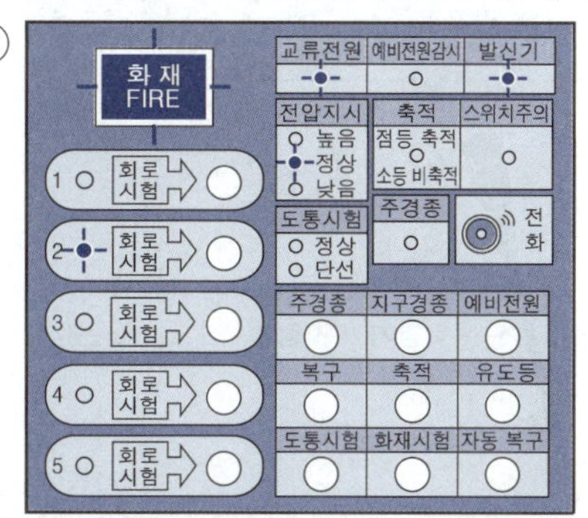 ② 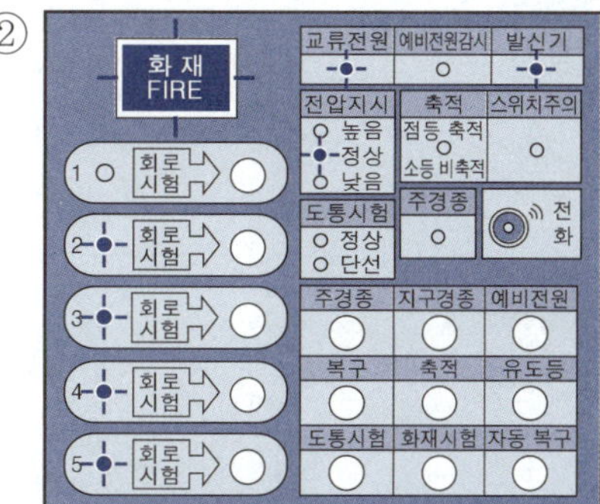

③ 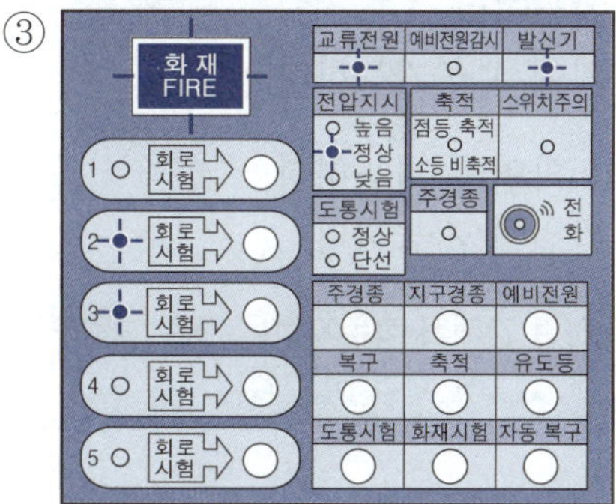 ④ 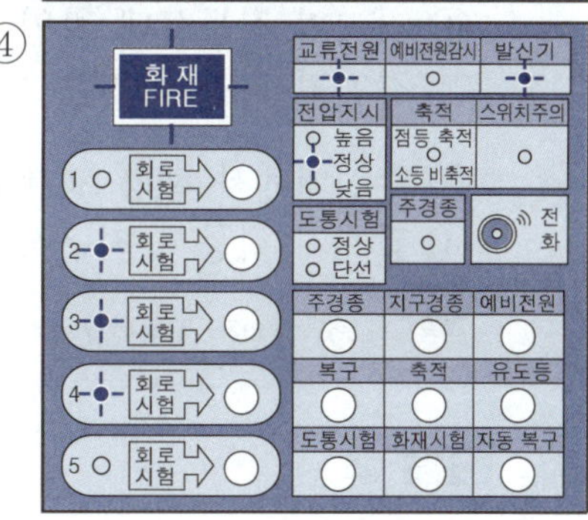

해설

2F(2층)에서 발신기 오작동이 발생하였으므로 2층이 발화층이 되어 지구표시등은 2층에만 점등된다. 경보층은 발화층(2층), 직상 4개층(3~6층)이므로 경종은 2~6층이 울린다.

자동화재탐지설비의 직상 4개층 우선경보방식 적용대상물
11층(공동주택 16층) 이상의 특정소방대상물의 경보

▍ **자동화재탐지설비 직상 4개층 우선경보방식** ▍

발화층	경보층	
	11층(공동주택 16층) 미만	11층(공동주택 16층) 이상
2층 이상 발화	→	● 발화층 ● 직상 4개층
1층 발화	전층 일제경보	● 발화층 ● 직상 4개층 ● 지하층
지하층 발화		● 발화층 ● 직상층 ● 기타의 지하층

정답 ①

30 다음은 <u>감지기</u> 시험장비를 활용한 경보설비 점검 그림이다. 그림의 내용 중 옳지 <u>않은</u> 것은?

교재 132

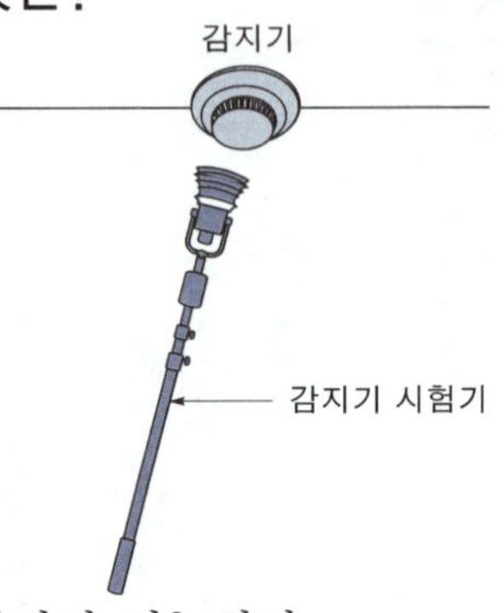

① 감지기 작동상태 확인이 가능하다.
② 감지기 작동 확인은 수신기에서 <u>불가능</u>하다.
　　　　　　　　　　　　　　　　　　 가능
③ 수신기에서 해당 경계구역 확인이 가능하다.
④ 감지기 작동시 지구경종 확인이 가능하다.

 해설

> ② 감지기 시험장비를 사용하여 감지기 작동시험을 하는 그림으로 감지기
>   작동 확인은 수신기에서 반드시 가능해야 한다.

정답 ②

31 <u>(a)</u>와 <u>(b)</u>에 대한 설명으로 옳지 <u>않은</u> 것은?

교재 132

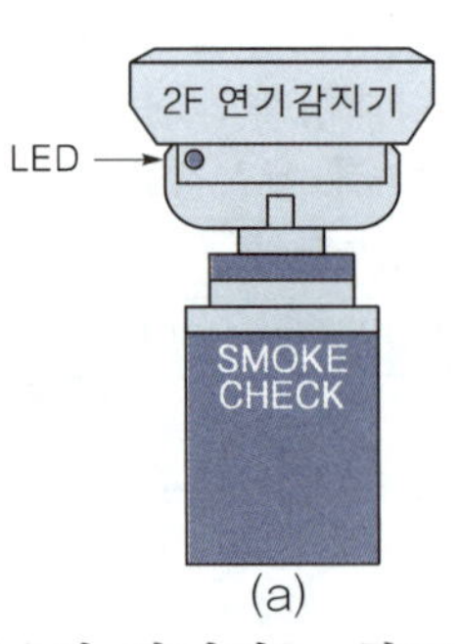

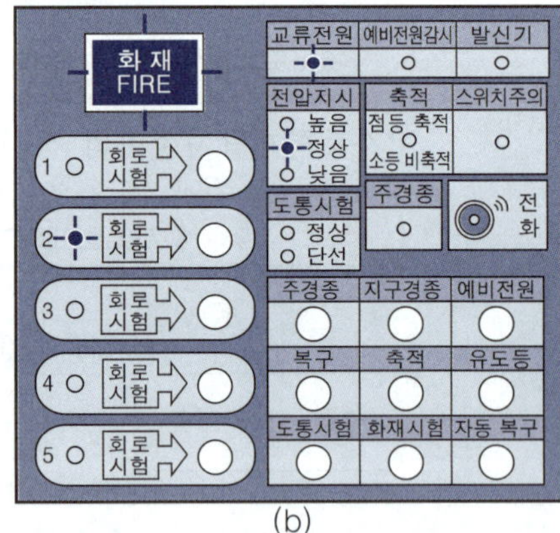

① (a)의 감지기는 할로겐열시험기로 작동시킬 수 없다.
② (a)의 감지기는 2층에 설치되어 있다.
③ 2층에 화재가 발생했기 때문에 (b)의 발신기 응답표시등에도 램프
　가 <u>점등되어야 한다.</u>
　　　　　 되지 않아야 한다.
④ (a)의 상태에서 (b)의 상태는 정상이다.

해설

③ (a)가 연기감지기 시험기이므로 감지기가 작동되기 때문에 발신기 램프는 점등되지 않아야 한다.
① 연기감지기 시험기 이므로 열감지기시험기로 작동시킬수 없다. (○)
② (a)에서 2F(2층)이라고 했으므로 옳다. (○)
④ (a)에서 2F(2층) 연기감지기 시험이므로 (b)에서 2층 램프가 점등되었으므로 정상이다. (○)

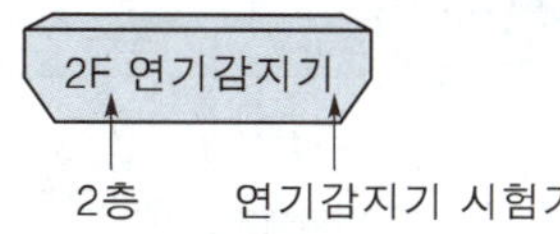

정답 ③

32

화재감지기가 (a), (b)와 같은 방식의 배선으로 설치되어 있다. (a), (b)에 대한 설명으로 옳지 <u>않은</u> 것은?

교재 128, 137

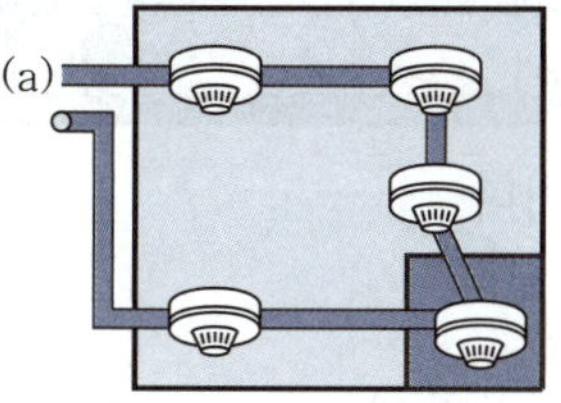

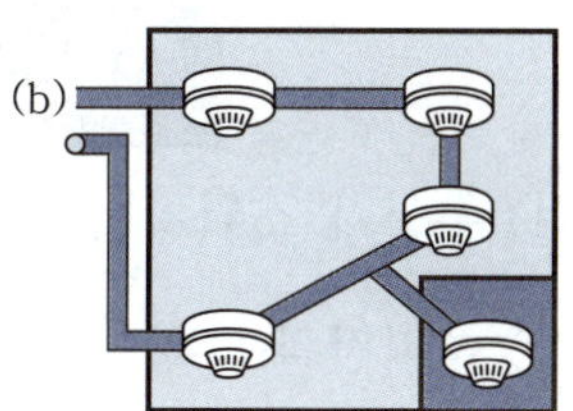

① (a)방식으로 설치된 선로를 도통시험할 경우 정상인지 단선인지 알 수 있다.
② (a)방식의 배선방식 목적은 독립된 실에 설치하는 감지기 사이의 단선 여부를 확인하기 위함이다.
③ (b)방식의 배선방식은 독립된 실내감지기 선로단선시 도통시험을 통하여 감지기 단선여부를 확인할 수 없다.
④ <u>(b)</u>방식의 배선방식을 송배선방식이라 한다.
(a)

해설

① 송배선식이므로 도통시험으로 정상인지 단선인지 알 수 있다. (○)
② 송배선식이므로 감지기 사이의 단선여부를 확인할 수 있다. (○)
③ 송배선식이 아니므로 감지기 단선여부를 확인할 수 없다. (○)

정답 ④

* **도통시험**
수신기에서 감지기 사이 회로의 단선 유무와 기기 등의 접속상황을 확인하기 위한 시험

＊ 도통시험
'회로도통시험'이 정식 명칭
이다.

도통시험(선로의 정상연결 유무확인)을 원활히 하기 위한 배선방식

33 다음은 <u>수신기</u>의 일부분이다. 그림과 관련된 설명 중 <u>옳은</u> 것은?

교재
134
-140

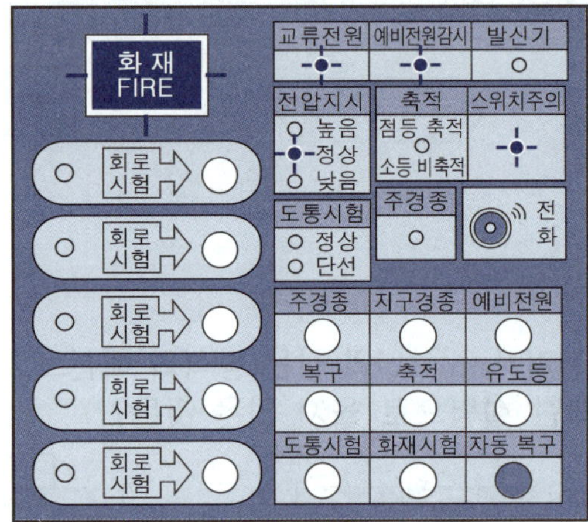

① 수신기 스위치 상태는 <u>정상</u>이다.
　　　　　　　　　　　　비정상
② 예비전원을 확인하여 교체한다.
③ 수신기 교류전원에 문제가 발생했다.
④ 예비전원이 정상상태임을 표시한다.

① 스위치주의등이 점멸하고 있으므로 수신기 스위치 상태는 비정상
　이다.

② 예비전원감시램프가 점등되어 있으므로 예비전원을 확인하여 교체
　한다.

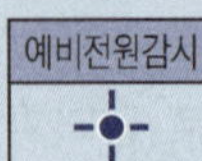

③ 교류전원램프가 점등되어 있고 전압지시 정상램프가 점등되어 있으므로 수신기 교류전원에 문제가 없다.

④ 예비전원감시램프가 점등되어 있으므로 예비전원이 정상상태가 아니다.

정답 ②

★★★ 34. 수신기의 예비전원시험을 진행한 결과 다음과 같이 수신기의 표시등이 점등되었을 때 조치사항으로 옳은 것은?

교재 134 -140

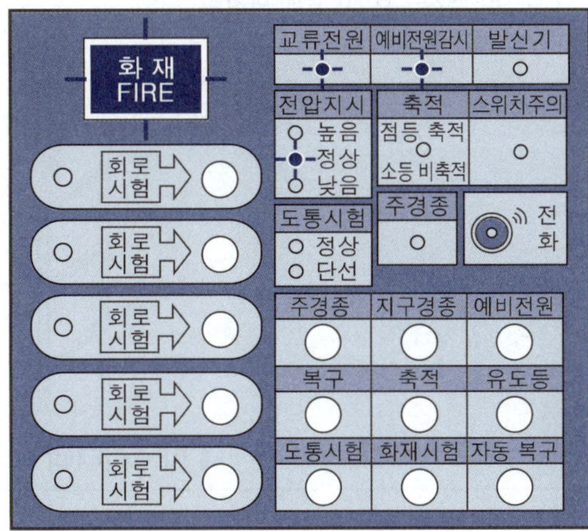

① 축적스위치를 누름
② 복구스위치를 누름
③ 예비전원 시험스위치 불량여부 확인
④ 예비전원 불량여부 확인

해설

④ 예비전원감시램프가 점등되어있으므로 예비전원 불량여부를 확인해야 한다.

정답 ④

01 피난기구

1 피난기구의 종류   교재 146-147

구 분	설 명
피난사다리 문02 보기②	건축물화재시 안전한 장소로 피난하기 위해서 건축물의 개구부에 설치하는 기구로서 고정식 사다리, 올림식 사다리, 내림식 사다리로 분류된다. 문01 보기③ ‖ 피난사다리 ‖
완강기 문02 보기③	사용자의 몸무게에 의하여 자동적으로 내려올 수 있는 기구 중 사용자가 교대하여 **연속적**으로 **사용할 수 있는 것** 속도조절기 로프 연결금속구 벨트 ‖ 완강기 ‖

＊ 피난기구의 종류
교재 146-147

① 피난사다리
② 완강기
③ 간이완강기
④ 구조대
⑤ 공기안전매트
⑥ 피난교
⑦ 미끄럼대
⑧ 다수인 피난장비
⑨ 기타 피난기구(피난용 트랩, 승강식 피난기 등)

＊ 완강기 구성요소
교재 146

① 속도**조**절기
② **로**프
③ **벨**트
④ **연**결금속구

공하성 기억법

조로벨연

구 분	설 명
간이완강기	사용자의 몸무게에 의하여 자동적으로 내려올 수 있는 기구 중 사용자가 **연속적**으로 **사용할 수 없는 것** 문어 보기④
구조대 문02 보기①	화재시 건물의 창, 발코니 등에서 지상까지 **포**대를 사용하여 그 포대 속을 활강하는 피난기구 공하성 기억법 구포(부산에 있는 **구포**) ┃ 구조대 ┃
공기안전매트	화재발생시 사람이 건축물 내에서 외부로 긴급히 뛰어내릴 때 충격을 흡수하여 안전하게 지상에 도달할 수 있도록 포지에 공기 등을 주입하는 구조로 되어 있는 것 ┃ 공기안전매트 ┃
피난교 문02 보기④	건축물의 옥상층 또는 그 이하의 층에서 화재발생시 옆 건축물로 피난하기 위해 설치하는 피난기구 ┃ 피난교 ┃

*** 구조대**
포대 사용

125

구 분	설 명
미끄럼대	화재발생시 신속하게 지상 또는 피난층으로 이동할 수 있는 피난기구로서 **장애인복지시설, 노약자수용시설** 및 **병원** 등에 적합 문어 보기② ▌미끄럼대 ▌
다수인 피난장비	화재시 **2인 이상**의 피난자가 동시에 해당층에서 지상 또는 피난층으로 하강하는 피난기구 — 다수인 피난장비 ▌다수인 피난장비 ▌
기타 피난기구	피난용 트랩, 승강식 피난기 등 ▌승강식 피난기 ▌

126

기출문제

01

교재
146
-147

다음 중 피난구조설비에 대한 설명으로 옳은 것은?

① 화재시 발생하는 열과 연기로부터 인명의 안전한 피난을 위한 기구
　　　　　　　　　　　　인명구조기구에 대한 설명
이다.
② 미끄럼대는 장애인 복지시설, 노약자 수용시설 및 병원 등에 적합
하다.
③ 다수인 피난장비는 고정식, 올림식, 내림식으로 분류된다.
　　피난사다리
④ 간이완강기는 사용자가 연속적으로 사용할 수 있는 것을 말한다.
　　　　　　　　　　　　　　없는 일회용의 것

정답 ②

02

교재
146
-147

피난기구의 종류 중 구조대에 대한 설명으로 옳은 것은?

① 화재시 건물의 창, 발코니 등에서 지상까지 포대를 사용하여 그 포
대 속을 활강하는 피난기구이다.
② 건축물화재시 안전한 장소로 피난하기 위해서 건축물의 개구부에
설치하는 기구이다. – 피난사다리에 대한 설명
③ 사용자의 몸무게에 의하여 자동적으로 내려올 수 있는 기구 중 사
용자가 교대하여 연속적으로 사용할 수 있는 것이다. – 완강기에 대한
설명
④ 건축물의 옥상층 또는 그 이하의 층에서 화재발생시 옆 건축물로
피난하기 위해 설치하는 피난기구이다. – 피난교에 대한 설명

정답 ①

2 완강기 구성 요소

(1) 속도**조**절기　문03 보기㉠
(2) **로**프　문03 보기㉢
(3) **벨**트　문03 보기㉣
(4) **연**결금속구　문03 보기㉥

공하성 기억법　조로벨연

* **인명구조기구**　문01 보기①
화재시 발생하는 열과 연기
로부터 인명의 안전한 피난
을 위한 기구

* **미끄럼대 사용처**
교재 147
① 장애인 복지시설
② 노약자 수용시설
③ 병원

유사 기출문제

02★　교재 146-147
다음 중 피난기구에 해당되
지 않는 것은?
① 완강기
② 유도등 – 피난구조설비의
　　종류
③ 구조대
④ 피난사다리
정답 ②

기출문제

03 다음 보기에서 완강기의 구성 요소를 모두 고른 것은?

교재 146

㉠ 속도조절기	㉡ 사다리
㉢ 로프	㉣ 벨트
㉤ 안전모	㉥ 연결금속구

① ㉠, ㉡, ㉣
② ㉡, ㉢, ㉤
③ ㉠, ㉢, ㉣, ㉥
④ ㉡, ㉣, ㉤

해설
③ ㉠ 속도조절기, ㉢ 로프, ㉣ 벨트, ㉥ 연결금속구

 **정답** ③

3 피난기구의 적응성   교재 148

설치장소별 구분 \ 층별	1층	2층	3층	4층 이상 10층 이하
노유자시설	• 미끄럼대 • 구조대 • 피난교 • 다수인 피난장비 • 승강식 피난기	• 미끄럼대 • 구조대 • 피난교 • 다수인 피난장비 • 승강식 피난기	• 미끄럼대 문04 보기① • 구조대 • 피난교 • 다수인 피난장비 • 승강식 피난기	• 구조대[1] • 피난교 • 다수인 피난장비 • 승강식 피난기
의료시설 · 입원실이 있는 의원 · 접골원 · 조산원	–	–	• 미끄럼대 • 구조대 문04 보기④ • 피난교 문04 보기② • 피난용 트랩 • 다수인 피난장비 • 승강식 피난기	• 구조대 • 피난교 • 피난용 트랩 • 다수인 피난장비 • 승강식 피난기

＊ 노유자시설 교재 148
간이완강기는 부적합하다.

＊ 공동주택 피난기구 교재 149
① 각 세대마다 설치
② 의무관리대상 공동주택 :
  공기안전매트 1개 이상 추가 설치

설치 장소별 구분 ＼ 층별	1층	2층	3층	4층 이상 10층 이하
영업장의 위치가 4층 이하인 다중이용업소	–	• 미끄럼대 • 피난사다리 • 구조대 • 완강기 • 다수인 피난장비 • 승강식 피난기	• 미끄럼대 • 피난사다리 • 구조대 • 완강기 • 다수인 피난장비 • 승강식 피난기	• 미끄럼대 • 피난사다리 • 구조대 • 완강기 • 다수인 피난장비 • 승강식 피난기
그 밖의 것	–	–	• 미끄럼대 • 피난사다리 • 구조대 • 완강기 • 피난교 • 피난용 트랩 • 간이완강기[2] • 공기안전매트 • 다수인 피난장비 • 승강식 피난기	• 피난사다리 • 구조대 • 완강기 • 피난교 • 간이완강기[2] • 공기안전매트 • 다수인 피난장비 • 승강식 피난기

1) **구조대**의 적응성은 장애인관련시설로서 주된 사용자 중 스스로 피난이 불가한 자가 있는 경우 추가로 설치하는 경우에 한한다.
2) 간이완강기의 적응성은 **숙박시설**의 **3층 이상**에 있는 객실에 추가로 설치하는 경우에 한한다.

기출문제

04 소방대상물의 설치장소별 <u>피난기구</u>의 적응성으로 옳지 않은 것은?

교재 148

① 노유자시설 3층에 미끄럼대를 설치하였다.
② 근린생활시설 중 조산원의 3층에 피난교를 설치하였다.
③ 「다중이용업소의 안전관리에 관한 특별법 시행령」 제2조에 따른 다중이용업소로서 영업장의 위치 3층에 <u>피난용 트랩</u>을 설치하였다.
　　　　　　　　　　　　　　해당 없음
④ 의료시설의 3층에 구조대를 설치하였다.

 해설
> • 4층 이하 다중이용업소 3층 : 미끄럼대, 피난사다리, 구조대, 완강기, 다수인 피난장비, 승강식 피난기

 정답 ③

✻ 간이완강기 vs 공기안전매트　교재 148

간이완강기	공기안전매트
숙박시설의 3층 이상에 있는 객실	공동주택

유사 기출문제

04-1 ★★★　교재 148
노유자시설의 5층에 피난기구를 설치하고자 한다. 소방대상물의 설치장소별 피난기구의 적응성으로 틀린 것은?

① 피난교
② 다수인 피난장비
③ 승강식 피난기
④ <u>피난용 트랩</u>
　　해당 없음

정답 ④

04-2 ★★★　교재 148
의료시설의 4, 5, 6층 건물에 피난기구를 설치하고자 한다. 적응성이 없는 것은?

① 피난교
② 다수인 피난장비
③ 승강식 피난기
④ <u>미끄럼대</u>
　　해당 없음

정답 ④

04-3 ★　교재 148
소방대상물의 설치장소별 피난기구의 적응성으로 틀린 것은?

① 노유자시설 3층에 <u>간이</u>
　　그 밖의 것만 해당
　<u>완강기</u> 설치
② 공동주택에 공기안전매트 설치
③ 다중이용업소 4층 이하인 건물의 2층에 미끄럼대 설치
④ 의료시설의 3층에 미끄럼대 설치

정답 ①

유사 기출문제

05★★★ 교재 148

다음 중 소방대상물의 설치 장소별 피난기구의 적응성에 대한 설명으로 옳은 것은?

① 다중이용업소 2층에는 피난용 트랩이 적응성이 있다.
   없다.
② 입원실이 있는 의원의 3층에서 피난교는 적응성이 없다.
   있다.
③ 4층 이하의 다중이용업소의 3층에는 완강기가 적응성이 있다.
④ 노유자시설의 1층에는 피난사다리가 적응성이 있다.
   없다.

정답 ③

* 공기안전매트의 적응성
문05 보기④

공동주택

05 다음 중 소방대상물의 설치장소별 <u>피난기구</u>의 적응성으로 옳은 것은?

교재 148

① 의료시설의 3층에 간이완강기는 적응성이 <u>있다.</u>
   없다.
② 구조대는 의료시설의 2층에 적응성이 <u>있다.</u>
   없다.
③ 4층 이하의 다중이용업소에 피난용 트랩은 적응성이 없다.
④ 공동주택과 다중이용업소에는 공기안전매트가 적응성이 있다.
   – 다중이용업소는 공기안전매트의 적응성이 없다.

정답 ③

06 다음 중 <u>피난구조설비</u> 설치기준에 따라 소방대상물의 설치장소별 피난기구의 적응성에 대한 설명으로 옳은 것은?

교재 148

① 공동주택에 공기안전매트는 적응성이 <u>없다.</u>
   있다.
② 4층에 위치한 다중이용업소에는 피난교가 적응성이 <u>있다.</u>
   없다.
③ 2층 이상 4층 이하의 다중이용업소에는 피난사다리와 다수인 피난장비가 적응성이 있다.
④ 피난용 트랩은 조산원의 3층에서 적응성이 <u>없다.</u>
   있다.

정답 ③

4 완강기 사용방법   교재 149-150

(1) 완강기 후크를 고리에 걸고 지지대와 연결 후 나사를 조인다. 문07 보기③
(2) 창밖으로 릴을 놓는다(로프의 길이가 해당층의 건축물 높이에 맞는지 확인).
(3) 벨트를 머리에서부터 뒤집어 쓰고 뒤틀림이 없도록 겨드랑이 밑에 건다.
(4) 고정링을 조절해 벨트를 가슴에 확실히 조인다.
(5) 지지대를 창밖으로 향하게 한다.
(6) 두 손으로 조절기 바로 밑의 로프 2개를 잡고 발부터 창밖으로 내민다.
(7) 몸이 벽에 부딪치지 않도록 벽을 가깝게 손으로 밀면서 내려온다.

(8) 사용시 주의사항

① 두 팔을 위로 들지 말 것 → 벨트가 빠져 추락 위험 문07 보기①

② 사용 전 지지대를 흔들어 볼 것 → **앵커볼트**가 아닌 일반볼트로 고정한 곳도 있으므로, 사용 전에 지지대를 흔들어 보아서 흔들린다면 절대 사용하지 말 것 문07 보기④

기출문제

★★★
07 다음 중 완강기 사용시 주의사항으로 옳지 않은 것은?

교재
149
-150

① 벨트가 빠져 추락의 위험이 있으므로 두 팔을 위로 들지 말아야 한다.

② 벨트를 다리에서부터 위로 올려 뒤틀림이 없도록 겨드랑이 밑에 건다.
　　　머리에서부터 뒤집어 쓰고

③ 완강기 후크를 고리에 걸고 지지대와 연결 후 나사를 조인다.

④ 앵커볼트가 아닌 일반볼트로 고정한 곳도 있으므로 사용전 반드시 지지대를 흔들어 보아서 흔들린다면 절대 사용하지 말아야 한다.

정답 ②

---

02 **인명구조기구** 교재 150-151

(1) 방열복 문08 보기①

(2) 방화복(안전모, 보호장갑, 안전화 포함) 문08 보기③

(3) 공기호흡기

(4) 인공소생기 문08 보기②

공하성 **기억법** 방열화공인

기출문제

08 인명구조기구로 옳지 <u>않은</u> 것은?

교재
150
-151

① 방열복
② 인공소생기
③ 방화복
④ <u>AED</u>(자동제세동기)
　　　인명구조기구 아님

정답 ④

03 비상조명등

1 비상조명등의 조도 교재 151-152

각 부분의 바닥에서 **1 lx** 이상

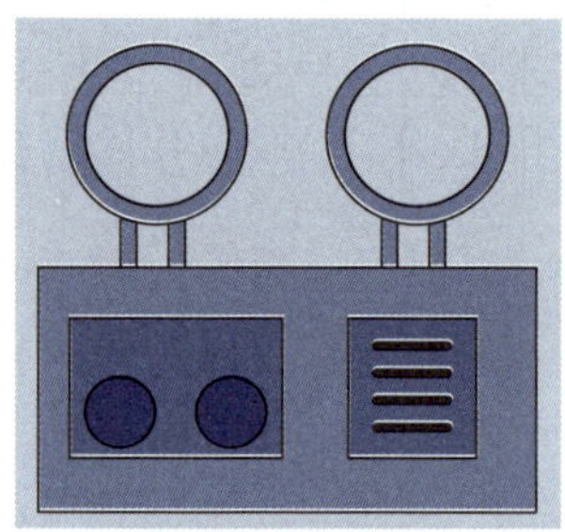

❙ 비상조명등 ❙

2 유효작동시간 교재 152

비상조명등	휴대용 비상조명등
20분 이상	20분 이상

공하성 기억법 조2(Joy)

* 비상조명등의 유효작동
　시간 교재 152
20분 이상

* 휴대용 비상조명등
교재 152
상시 충전되는 구조일 것

04 유도등 및 유도표시

1 비상전원의 용량 교재 153

구 분	용 량
유도등	**20분** 이상
유도등(지하상가 및 11층 이상)	**60분** 이상

2 특정소방대상물별 유도등의 종류 교재 153

설치장소	유도등의 종류
• **공**연장 문09 보기① · **집**회장 문09 보기② · **관**람장 · **운**동시설 문09 보기④ • **유**흥주점 영업시설(카바레, 나이트클럽) 공하성 기억법 공집관운유	• **대**형피난구유도등 • **통**로유도등 • **객**석유도등 공하성 기억법 대통객
• 위락시설	• 대형피난구유도등 • 통로유도등
• 오피스텔 • 지하층 · 무창층 · 11층 이상 문10 보기③	• 중형피난구유도등 • 통로유도등
• 교정 및 군사시설, 복합건축물	• 소형피난구유도등 • 통로유도등

Key Point

* 유도등의 종류
교재 154~155
① **피**난구유도등
② **통**로유도등
③ **객**석유도등
공하성 기억법
피통객

기출문제 ●

09 다음 중 <u>대형피난구유도등</u>을 설치하지 <u>않아도</u> 되는 장소는?

교재 153

① 공연장
② 집회장
③ 오피스텔 – 중형피난유도등 설치장소
④ 운동시설

 정답 ③

*** 지하층 · 무창층 · 11층 이상 설치대상**
① 중형피난구유도등
② 통로유도등

10 _{교재} 153
<u>지하층 · 무창층 또는 층수가 11층 이상인 특정소방대상물</u>에 설치해야 하는 유도등 및 유도표지 종류로 옳은 것은?
① 대형피난구유도등, 통로유도등, 객석유도등
② 대형피난구유도등, 통로유도등
③ 중형피난구유도등, 통로유도등
④ 소형피난구유도등, 통로유도등

해설
③ 지하층 · 무창층 · 11층 이상 : 중형피난구유도등, 통로유도등

정답 ③

3 객석유도등의 설치장소　_{교재} 153

(1) **공**연장　_{문11 보기①}
(2) **집**회장(종교집회장 포함)
(3) **관**람장　_{문11 보기②}
(4) **운**동시설　_{문11 보기③}

| 객석유도등 |

기억법 공집관운객

기출문제

*** 계단통로유도등**
_{교재} 155
① 각 층의 경사로참 또는 계단참(1개층에 경사로참 또는 계단참이 2 이상 있는 경우 2개의 계단참마다)마다 설치할 것
② 바닥으로부터 높이 1m 이하의 위치에 설치할 것

11 _{교재} 153
객석유도등의 설치장소로 틀린 곳은?
① 공연장
② 관람장
③ 운동시설
④ 위락시설 – 대형피난구유도등, 통로유도등 설치

정답 ④

*** 피난구유도등의 설치 장소**　_{교재} 154
① **옥내**로부터 직접 지상으로 통하는 출입구 및 그 부속실의 출입구
② **직통계단 · 직통계단**의 **계단실** 및 그 부속실의 출입구
③ 출입구에 이르는 **복도** 또는 **통로**로 통하는 출입구
④ **안전구획**된 **거실**로 통하는 출입구

4 유도등의 설치높이　_{교재} 154-155

복도통로유도등, 계단통로유도등	**피난구유도등**, 거실통로유도등
바닥으로부터 높이 **1m** 이하　_{문12 보기②}	피난구의 바닥으로부터 높이 **1.5m** 이상　_{문12 보기③}
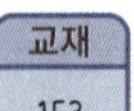 기억법 1복(일복 터졌다.)	기억법 피유15상

★★★ 12 다음 중 유도등에 대한 설명으로 옳은 것은?

<교재 153 -154>

① 오피스텔에는 중형피난구유도등, 통로유도등을 설치한다.

② 복도통로유도등은 바닥으로부터 높이 1.5m 이하에 설치한다.
  1m

③ 거실통로유도등은 거실, 주차장 등의 거실통로에 설치하며 바닥으로부터 높이 1m 이상의 위치에 설치한다.
  1.5m

④ 다중이용업소에는 대형피난구유도등을 설치한다.
  소형피난구유도등, 통로유도등

정답 ①

5 객석유도등 산정식 <교재 155>

$$객석유도등\ 설치개수 = \frac{객석통로의\ 직선부분의\ 길이[\text{m}]}{4} - 1(소수점\ 올림)$$

공하성 기억법 객4

기출문제 ●

★★★ 13 객석통로의 직선부분의 길이가 30m일 때, 객석유도등의 최소 설치개수는?

<교재 155>

① 4개 ② 6개
③ 7개 ④ 10개

해설 $\frac{30}{4} - 1 = 6.5 ≒ 7$개(소수점 올림)

정답 ③

6 객석유도등의 설치장소 <교재 155>

객석의 **통로**, **바닥**, **벽**

공하성 기억법 통바벽

유사 기출문제

13★★★ <교재 155>
객석통로의 직선부분의 길이가 13m일 때, 객석유도등의 최소 설치개수는?

① 2개 ② 3개
③ 5개 ④ 6개

해설 $\frac{13}{4} - 1 = 2.25 ≒ 3$개 (소수점 올림)

정답 ②

＊ 객석유도등을 천장에 설치하지 않는 이유

연기는 공기보다 가벼워 위로 올라가는데, 천장에 연기의 농도가 짙기 때문에 객석유도등을 설치해도 보이지 않을 가능성이 높다.

＊ 관람장의 유도등 종류
① 대형피난구유도등
② 통로유도등
③ 객석유도등

기출문제

★★★
14 다음 중 객석유도등의 설치장소로서 옳지 <u>않은</u> 것은?

교재 155

① 객석의 통로　　　　② 객석의 바닥

③ 객석의 <u>천장</u>　　　　④ 객석의 벽

　　　해당 없음

정답 ③

★
15 <u>유도등에 관한 설명으로 옳은 것은?</u>

교재 153 –155

① 운동시설에는 <u>중형</u>피난구유도등을 설치한다.
　　　　　　　　　대형

② 피난구유도등은 바닥으로부터 높이 1.5m 이상에 설치한다.

③ 복도통로유도등은 바닥으로부터 높이 <u>1.5m</u> 이하에 설치한다.
　　　　　　　　　　　　　　　　1m

④ 계단통로유도등은 바닥으로부터 높이 1m <u>이상</u>에 설치한다.
　　　　　　　　　　　　　　　　　　　이하

정답 ②

★★★
16 다음은 관람장의 시설 규모를 나타낸다. (㉠)에 들어갈 유도등의 종류와 객석유도등의 설치개수로 옳은 것은?

교재 153, 155

규 모	유도등 및 유도표지의 종류
● 연면적 50000m² ● 객석통로의 직선길이 77m	● (㉠)피난구유도등 ● 통로유도등 ● 객석유도등

① ㉠ 중형, 객석유도등 설치 개수 : 18개
② ㉠ 중형, 객석유도등 설치 개수 : 19개
③ ㉠ 대형, 객석유도등 설치 개수 : 18개
④ ㉠ 대형, 객석유도등 설치 개수 : 19개

해설

④ ㉠ 대형피난구유도등, $\dfrac{77}{4} - 1 = 18.2$(소수점 올림) ≒ 19개

정답 ④

★★★ 17 다음 중 <u>유도등</u> 및 유도표지에 관한 설명으로 <u>틀린</u> 것은?

교재
153
-154

① 객석유도등은 <u>주차장</u>, <u>도서관</u> 등에 설치한다.
　　　　　　　　공연장, 극장
② 피난구유도등과 거실통로유도등의 설치높이는 동일하다.
③ 복합건축물에는 소형피난구유도등과 통로유도등을 설치한다.
④ 유흥주점 영업시설에는 객석유도등도 설치하여야 한다.

정답 ①

* 객석유도등 설치장소

문17 보기①
① 공연장
② 극장

---

7 유도등의 3선식 배선시 자동점등되는 경우 교재 156

(1) **자동화재탐지설비**의 감지기 또는 발신기가 작동되는 때
　　자동화재속보설비 ✕
(2) **비상경보설비**의 발신기가 작동되는 때
(3) **상**용전원이 정전되거나 전원선이 단선되는 때
(4) **방**재업무를 통제하는 곳 또는 전기실의 배전반에서 **수**동적으로 점등하는 때
(5) **자동소화설비**가 작동되는 때

공하성 기억법　3탐경상 방수자

---

8 유도등 3선식 배선에 따라 상시 **충**전되는 구조가 가능한 경우 교재 156

(1) **외부의 빛**에 의해 피난구 또는 피난방향을 쉽게 식별할 수 있는 장소 문18 보기①
(2) **공연장, 암실** 등으로서 어두워야 할 필요가 있는 장소 문18 보기②
(3) 특정소방대상물의 **관계인** 또는 **종사원**이 주로 사용하는 장소 문18 보기③

공하성 기억법　충외공관

중요 3선식 유도등 점검 교재 161

수신기에서 수동으로 점등스위치를 ON하고 건물 내의 점등이 **안 되는** 유도등을 확인한다.

수 동	자 동
유도등 절환스위치 수동전환 → 유도등 점등 확인	유도등 절환스위치 자동전환 → 감지기, 발신기 작동 → 유도등 점등 확인

유사 기출문제

18★★★ 〔교재 156〕
다음 3선식 배선을 사용하는 유도등에 대한 설명으로 틀린 것은?
① 자동화재속보설비의 <u>자동화재탐지설비</u> 감지기 또는 발신기가 작동되는 때 자동으로 점등된다.
② 공연장, 암실 등으로서 어두워야 할 필요가 있는 장소에 설치 가능하다.
③ 외부의 빛에 의해 피난구 또는 피난방향을 쉽게 식별할 수 있는 장소에 설치 가능하다.
④ 비상경보설비의 발신기가 작동되는 때 자동으로 점등한다.
정답 ①

＊ 3선식 유도등 점검내용
유도등 절환스위치
→ 유도등 점등 확인

18 〔교재 156〕
유도등은 항상 점등상태를 유지하는 2선식 배선을 하는 것이 원칙이다. 다만, 어떤 장소에는 3선식 배선으로도 가능하다. 다음 중 상시 충전되는 3선식 배선으로 가능한 장소에 해당되지 않는 것은?
① 외부의 빛에 의해 피난구 또는 피난방향을 쉽게 식별할 수 있는 장소
② 공연장, 암실 등으로서 어두워야 할 필요가 있는 장소
③ 특정소방대상물의 관계인 또는 종사원이 주로 사용하는 장소
④ 방재업무를 통제하는 곳 또는 전기실의 배전반에서 수동으로 점등하는 장소 – 유도등의 3선식 배선시 점등되는 경우

정답 ④

19 〔교재 157〕
다음 중 3선식 유도등의 점검내용으로 올바른 것을 모두 고른 것은?

> ㉠ 유도등 절환스위치 수동전환 → 유도등 점등 확인
> ㉡ 유도등 절환스위치 자동전환 → 유도등 점등 확인
> ㉢ 유도등 절환스위치 수동전환 → 감지기, 발신기 작동 → 유도등 점등 확인
> ㉣ 유도등 절환스위치 자동전환 → 감지기, 발신기 작동 → 유도등 점등 확인

① ㉠
② ㉠, ㉡
③ ㉠, ㉣
④ ㉡, ㉢

해설
> ③ ㉠ 유도등 절환스위치 수동전환 → 유도등 점등 확인
> ㉣ 유도등 절환스위치 자동전환 → 감지기, 발신기 작동 → 유도등 점등 확인

정답 ③

Key Point

9 예비전원(배터리)점검 문20 보기① 교재 157

외부에 있는 **점검스위치**(배터리상태 점검스위치)를 **당겨보는 방법** 또는 **점검버튼**을 눌러서 점등상태 확인

| 예비전원 점검스위치 |

| 예비전원 점검버튼 |

기출문제

20 다음 사진은 유도등의 점검내용 중 어떤 점검에 해당되는가?

교재 157

① 예비전원(배터리)점검 – 당기거나 눌려서 점검
② 3선식 유도등점검
③ 2선식 유도등점검
④ 상용전원점검

정답 ①

* 예비전원(배터리)점검

교재 157

① 점검스위치를 당기는 방법
② 점검버튼을 누르는 방법

10 2선식 유도등점검 교재 157

유도등이 **평상시 점등**되어 있는지 확인

▮ 평상시 점등이면 정상 ▮   ▮ 평상시 소등이면 비정상 ▮

11 유도등의 점검내용

(1) **3선식**은 유도등 절환스위치를 **수동**으로 전환하고 **유도등**의 **점등**을 확인한다. 또한 수신기에서 수동으로 점등스위치를 <u>ON</u>하고 건물 내의 점등
이 <u>안</u> 되는 유도등을 확인한다. 문21 보기①
       되는 ×　　　　　　　　　　　OFF ×

(2) **3선식**은 유도등 절환스위치를 **자동**으로 전환하고 **감지기**, **발신기** 작동
후 **유도등 점등**을 확인한다. 문21 보기②

(3) **2선식**은 유도등이 **평상시 점등**되어 있는지 확인한다. 문21 보기③

(4) **예비전원**은 **상시 충전**되어 있어야 한다. 문21 보기④

기출문제

★★★
21 유도등의 점검내용으로 틀린 것은?

교재 156 -157

① 3선식은 유도등 절환스위치를 수동으로 전환하고 유도등의 점등을
확인한다. 또한 수신기에서 수동으로 점등스위치를 <u>OFF</u>하고 건물
                ON
내의 점등이 <u>되는</u> 유도등을 확인한다.
       안 되는

② 3선식은 유도등 절환스위치를 자동으로 전환하고 감지기, 발신기
작동 후 유도등 점등을 확인한다.

③ 2선식은 유도등이 평상시 점등되어 있는지 확인한다.

④ 예비전원은 상시 충전되어 있어야 한다.

 정답 ①

✔ 중요

(1) 공동주택 유도등 교재 158

① 소형 피난구유도등 설치(단, 세대 내 설치제외)
② 중형·대형 피난구유도등 설치

중형 피난구유도등	대형 피난구유도등
주차장	비상문 자동개폐장치가 설치된 옥상출입문

(2) 창고시설 유도등 교재 158

대형 유도등	피난유도선(연면적 15000m^2 이상인 창고시설의 지하층·무창층)
① 피난구유도등 ② 거실통로유도등	① 광원점등방식으로 바닥으로부터 **1m 이하**의 높이에 설치 ② 각 층 직통계단 출입구로부터 건물 내부 벽면으로 **10m 이상** 설치 ③ 화재시 점등되며 비상전원 **30분** 이상 확보

＊창고시설 : 대형 유도등
① 피난구유도등
② 거실통로유도등

소방계획 수립

이제 고지가 얼마 남지 않았다.

소방계획 수립

01 소방안전관리대상물의 소방계획의 주요 내용 [교재 163-164] 

(1) 소방안전관리대상물의 위치·구조·연면적·용도 및 수용인원 등 일반 현황
(2) 소방안전관리대상물에 설치한 소방시설·방화시설·전기시설·가스시설 및 위험물시설의 현황
(3) 화재예방을 위한 **자체점검계획** 및 **대응대책** [문어 보기①]
(4) **소방시설**·피난시설 및 방화시설의 **점검·정비계획**
(5) 피난층 및 피난시설의 위치와 피난경로의 설정, 화재안전취약자의 피난계획 등을 포함한 피난계획
(6) **방화구획**, 제연구획, 건축물의 내부 마감재료 및 방염물품의 사용현황과 그 밖의 방화구조 및 설비의 유지·관리계획
(7) **소방훈련** 및 **교육**에 관한 계획  [문어 보기②]
(8) 소방안전관리대상물의 근무자 및 거주자의 **자위소방대** 조직과 대원의 임무(화재안전취약자의 피난보조임무를 포함)에 관한 사항
(9) **화기취급작업**에 대한 사전 안전조치 및 감독 등 공사 중 소방안전관리에 관한 사항
(10) 관리의 권원이 분리된 소방안전관리에 관한 사항
(11) **소화**와 **연소 방지**에 관한 사항
(12) 위험물의 저장·취급에 관한 사항 [문어 보기④]
(13) 소방안전관리에 대한 업무수행기록 및 유지에 관한 사항
(14) 화재발생시 화재경보, 초기소화 및 피난유도 등 초기대응에 관한 사항
(15) 그 밖에 소방안전관리를 위하여 **소방본부장** 또는 **소방서장**이 소방안전관리대상물의 위치·구조·설비 또는 관리상황 등을 고려하여 소방안전관리에 필요하여 요청하는 사항

기출문제

★★★
01 소방계획의 주요 내용이 <u>아닌</u> 것은?
[교재 163-164]
① 화재예방을 위한 자체점검계획 및 대응대책
② 소방훈련 및 교육에 관한 계획
③ 화재안전조사에 관한 사항 – 소방계획과 관계 없음
④ 위험물의 저장·취급에 관한 사항

 정답 ③

*** 소방계획의 개념**
[교재 163]
① 화재로 인한 재난발생 사전예방·대비
② 화재시 신속하고 효율적인 대응·복구
③ 인명·재산 피해 최소화

✱ 소방계획의 수립절차 중 2단계(위험환경분석)

[교재 166]

위험환경식별 → 위험환경 분석·평가 → 위험경감대책 수립

02 소방계획의 주요 원리 [교재 164]

(1) **종**합적 안전관리
(2) **통**합적 안전관리
(3) **지**속적 발전모델

공하성 기억법 계종 통지(개종하도록 통지)

종합적 안전관리	통합적 안전관리	지속적 발전모델 [문02 보기④]

종합적 안전관리
- 모든 형태의 위험을 포괄 [문02 보기②]
- 재난의 전주기적(예방·대비 → 대응 → 복구) 단계의 위험성 평가 [문02 보기①]

통합적 안전관리

내 부	외 부
협력 및 파트너십 구축, 전원 참여	거버넌스(정부–대상처–전문기관) 및 안전관리 네트워크 구축 [문02 보기③]

지속적 발전모델
- PDCA Cycle(계획 : Plan, 이행/운영 : Do, 모니터링 Check, 개선 : Act)

기출문제

02 **다음 소방계획의 주요 원리 및 설명으로 틀린 것은?**

[교재 164]

① 종합적 안전관리 : 예방·대비, 대응, 복구 단계의 위험성 평가
② 포괄적 안전관리 : 모든 형태의 위험을 포괄
    종합적
③ 통합적 안전관리 : 정부와 대상처, 전문기관 및 안전관리 네트워크 구축
④ 지속적 발전모델 : 계획, 이행/운영, 모니터링, 개선 4단계의 PDCA Cycle

정답 ②

03 소방계획의 작성원칙 교재 165

작성원칙	설 명
실현가능한 계획	① 소방계획의 작성에서 가장 핵심적인 측면은 위험관리 ② 소방계획은 대상물의 위험요인을 체계적으로 관리하기 위한 일련의 활동 ③ 위험요인의 관리는 반드시 **실현가능한 계획**으로 **구성**되어야 한다. 문03 보기①
관계인의 참여	소방계획의 수립 및 시행과정에 소방안전관리대상물의 관계인, 재실자 및 방문자 등 **전원**이 **참여**하도록 수립 문03 보기④
계획수립의 구조화	체계적이고 전략적인 계획의 수립을 위해 **작성−검토−승인**의 3단계의 구조화된 절차를 거쳐야 한다. 문03 보기③
실행 우선	① 소방계획의 궁극적 목적은 비상상황 발생시 신속하고 효율적인 대응 및 복구로 피해를 최소화하는 것 ② 문서로 작성된 계획만으로는 소방계획이 완료되었다고 보기 힘듦 문03 보기② ③ **교육 훈련** 및 **평가** 등 **이행**의 과정이 있어야 함

기출문제

03 다음 중 소방계획의 작성원칙으로 옳은 것은?

교재 165

① 위험요인의 관리는 실현가능한 계획만을 구성하면 안 된다.
　　　　　　　　　반드시 실현가능한 계획으로 구성되어야 한다.
② 문서로 작성된 계획만으로 소방계획이 완료되었다고 볼 수 있다.
　　　　　　　　　　　　　　　보기 어렵다.
③ 체계적이고 전략적인 계획의 수립을 위해 작성−검토−승인 3단계의 구조화된 절차를 거쳐야 한다.
④ 소방계획의 수립 및 시행과정에 소방안전관리대상물의 관계인만 참
　　　　　소방안전관리대상물의 관계인, 재실자 및 방문자 등 전원이
여하도록 수립하여야 한다.

정답 ③

유사 기출문제

03★★★ 교재 165
다음은 **소방계획의 작성원칙**에 관한 사항이다. (　)에 들어갈 말로 옳은 것은?

- 실현가능한 계획이어야 한다.
- (㉠) 우선이어야 한다.
- 작성−(㉡)−승인의 3단계의 구조화된 절차를 거쳐야 한다.
- 소방계획의 수립 및 시행과정에 소방안전관리대상물의 (㉢), 재실자 및 방문자 등 전원이 참여하도록 수립하여야 한다.

① ㉠ : 계획, ㉡ : 회의, ㉢ : 관계인
② ㉠ : 계획, ㉡ : 검토, ㉢ : 관계인
③ ㉠ : 실행, ㉡ : 회의, ㉢ : 관계인
④ ㉠ : 실행, ㉡ : 검토, ㉢ : 관계인

해설 ④ ㉠ 실행 ㉡ 검토 ㉢ 관계인

정답 ④

04 소방계획의 수립절차 교재 165-166

1 소방계획의 수립절차 및 내용 교재 165-166

수립절차	내 용
사전기획(1단계) 문04 보기①	소방계획 수립을 위한 **임시조직**을 구성하거나 위원회 등을 개최하여 법적 요구사항은 물론 **이해관계자**의 의견을 수렴하고 세부 작성계획 수립
위험환경분석(2단계) 문04 보기②	대상물 내 물리적 및 인적 위험요인 등에 대한 **위험요인**을 식별하고, 이에 대한 분석 및 평가를 정성적·정량적으로 실시한 후 이에 대한 대책 수립
설계 및 개발(3단계) 문04 보기③	대상물의 **환경** 등을 바탕으로 소방계획 수립의 목표와 전략을 수립하고 세부 실행계획 수립
시행 및 유지관리(4단계) 문04 보기④	**구체적인** 소방계획을 수립하고 **이해관계자**의 소방서장 ✕ **검토**를 거쳐 최종 승인을 받은 후 소방계획을 이행하고 지속적인 개선 실시

＊ 소방계획의 수립절차 4단
계(시행-유지관리)
이해관계자의 검토

2 소방계획의 수립절차 요약 교재 166

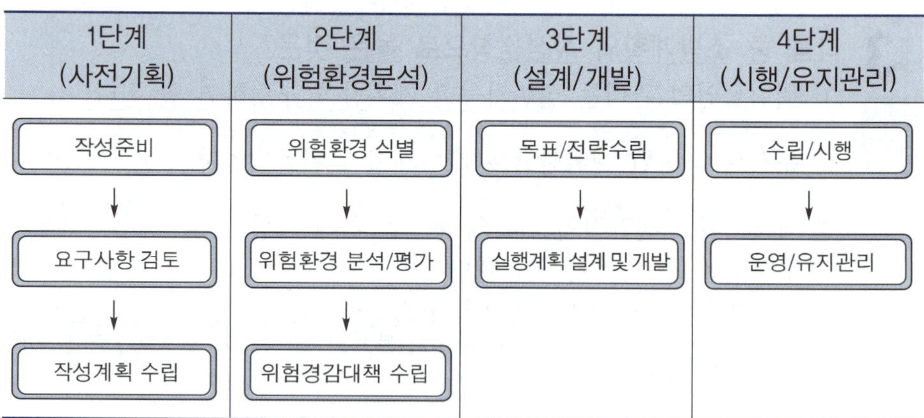

기출문제

04 소방계획의 절차에 대한 설명 중 틀린 것은?

교재 165 -167

① 사전기획 : 소방계획 수립을 위한 임시조직을 구성하거나 위원회 등을 개최하여 의견수렴
② 위험환경분석 : 위험요인을 식별하고 이에 대한 분석 및 평가 실시 후 대책 수립
③ 설계 및 개발 : 환경을 바탕으로 소방계획 수립의 목표와 전략을 수립하고 세부 실행계획 수립
④ 시행 및 유지관리 : 구체적인 소방계획을 수립하고 소방서장의 최종
이해관계자의 검토를 거쳐
승인을 받은 후 소방계획을 이행하고 지속적인 개선 실시

정답 ④

04★★ 교재 166

소방계획의 수립절차에 관한 사항 중 2단계 위험환경 분석의 순서로 옳은 것은?

① 위험환경 식별 → 위험환경 분석·평가 → 위험경감대책 수립
② 위험환경 분석·평가 → 위험환경 식별 → 위험경감대책 수립
③ 위험환경 식별 → 위험경감대책 수립 → 위험환경 분석·평가
④ 위험경감대책 수립 → 위험환경 분석·평가 → 위험환경 식별

해설 ① 2단계 : 위험환경 식별 → 위험환경 분석·평가 → 위험경감대책 수립

정답 ①

05 골든타임 교재 168

CPR(심폐소생술)	화재시 문05 보기③
4~6분 이내	5분

공하성 기억법 C4(가수 씨스타), 5골화(오골계만 그리는 화가)

＊ 화재시의 골든타임 교재 168

5분

기출문제

05 일반적으로 화재시의 골든타임은 몇 분 정도인가?

교재 168

① 1분   ② 3분
③ 5분   ④ 10분

해설 ③ 화재시 골든타임 : 5분

정답 ③

06 자위소방대 [교재 169]

구 분	설 명
편 성	소방안전관리대상물의 규모·용도 등의 특성을 고려하여 비상연락 초기소화, 피난유도 및 응급구조, 방호안전기능 편성 [문06 보기①]
소방교육·훈련	연 1회 이상 [문06 보기②]
주요 업무	화재발생시간에 따라 필요한 기능적 특성을 포괄적으로 제시 [문06 보기④]

기출문제 ●

06 다음 자위소방대에 대한 설명으로 옳은 것은?
[교재 169]
① 소방안전관리대상물의 규모·용도 등의 특성을 고려하여 비상연락, 초기소화, 피난유도 및 응급구조, 방호안전기능을 편성할 수 있다.
② 소방 교육·훈련은 최소 연 2회 이상 실시해야 한다.
　　　　　　　　　　　　　　　　　　1회
③ 소방교육 실시결과를 기록부에 작성하고 3년간 보관토록 해야 한다.
　　　　　　　　　　　　　　　　　　　2년간
④ 자위소방활동의 주요 업무는 화재진화시간에 따라 필요한 기능적
　　　　　　　　　　　　　　　　발생
특성을 포괄적으로 제시하고 있다.

정답 ①

07 자위소방대 초기대응체계의 인원편성 [교재 173]

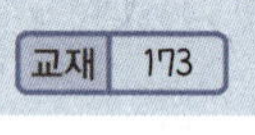

(1) 소방안전관리보조자, 경비(보안)근무자 또는 대상물관리인 등 **상시근무자**를 **중심**으로 구성한다. [문07 보기①]

┃ 자위소방대 인력편성 ┃

자위소방 대장	자위소방 부대장
① 소방안전관리대상물의 소유주 ② 법인의 대표 ③ 관리기관의 책임자	소방안전관리자

(2) 소방안전관리대상물의 근무자의 **근무위치, 근무인원** 등을 고려하여 편성한다. 이 경우 소방안전관리보조자(보조자가 없는 대상처는 선임대원)를 운영책임자로 지정한다. 문07 보기②

(3) 초기대응체계 편성시 **1명** 이상은 수신반(또는 종합방재실)에 근무해야 하며 화재상황에 대한 모니터링 또는 지휘통제가 가능해야 한다.

(4) **휴일** 및 **야간**에 **무인경비시스템**을 통해 감시하는 경우에는 무인경비회사와 비상연락체계를 구축할 수 있다. 문07 보기③

기출문제

07 자위소방대의 초기대응체계의 인력편성에 관한 사항으로 틀린 것은?

교재 173

① 근무자 또는 대상물관리인 등 상시근무자를 중심으로 구성한다.
② 근무자의 근무위치, 근무인원 등을 고려하여 편성한다.
③ 휴일 및 야간에 무인경비시스템을 통해 감시하는 경우에는 무인경비회사와 비상연락체계를 구축할 수 있다.
④ 소방안전관리자를 중심으로 지휘체계를 명확히 한다.
　　해당 없음

정답 ④

08 훈련종류 교재 175

(1) **기**본훈련
(2) **피**난훈련
(3) **종**합훈련
(4) **합**동훈련

 기억법 　종합훈기피(종합훈련 기피)

09 ▶ 피 난

1 화재시 일반적 피난행동 교재 179-180

(1) 엘리베이터는 절대 이용하지 않도록 하며 계단을 이용해 옥외로 대피한다.
(2) 아래층으로 대피가 불가능한 때에는 옥상으로 대피한다.
(3) 아파트의 경우 세대 밖으로 나가기 어려울 경우 **세대 사이**에 설치된 **경량칸막이**를 통해 옆세대로 대피하거나 **세대 내 대피공간**으로 대피
   대피공간 ×
   한다. 문08 보기③
(4) 유도등, 유도표지를 따라 대피한다. 문08 보기①
(5) 연기 발생시 최대한 **낮은 자세**로 이동하고, 코와 입을 **젖은 수건** 등으로 막아 연기를 마시지 않도록 한다.
(6) 출입문을 열기 전 문손잡이가 뜨거우면 문을 열지 말고 다른 길을 찾는다. 문08 보기②
(7) 옷에 불이 붙었을 때에는 눈과 입을 가리고 바닥에서 뒹군다.
(8) 탈출한 경우에는 절대로 다시 화재건물로 들어가지 않는다. 문08 보기④

기출문제 ●

08 화재시 일반적 피난행동으로 옳지 않은 것은?

교재 179-180

① 유도등, 유도표지를 따라 대피한다.
② 출입문을 열기 전 손잡이가 뜨거우면 문을 열지 말고 다른 길을 찾는다.
③ 아파트의 경우 세대 밖으로 나가기 어려울 경우 세대 사이에 설치된 대피공간을 통해 옆세대로 대피한다.
        경량 칸막이
④ 탈출한 경우에는 절대로 다시 화재건물로 들어가지 않는다.

정답 ③

Key Point

2 휠체어사용자 교재 183-184

평지보다 계단에서 주의가 필요하며, 많은 사람들이 보조할수록 상대적으로 쉬운 대피가 가능하다. 문09 보기①

기출문제 •

09 화재안전취약자의 장애유형별 피난보조 예시에 관한 사항으로 옳지 않은 것은?

교재 183 -184

① 휠체어 사용자는 평지보다 계단에서 주의가 필요하며, 많은 사람들이 보조하면 피난에 정체현상이 발생하므로 한 명이 보조한다.
　많은 사람들이 보조할수록 상대적으로 쉬운 대피가 가능하다.
② 청각장애인은 표정이나 제스처를 사용한다.
③ 시각장애인은 서로 손을 잡고 질서있게 피난한다.
④ 노약자는 장애인에 준하여 피난보조를 실시한다.

해설

일반휠체어 사용자	전동휠체어 사용자
뒤쪽으로 기울여 손잡이를 잡고 뒷바퀴보다 한 계단 아래에서 무게 중심을 잡고 이동한다. 2인이 보조시 다른 1인은 장애인을 마주 보며 손잡이를 잡고 동일한 방법으로 이동	전동휠체어에 탑승한 상태에서 계단 이동시는 일반휠체어와 동일한 요령으로 보조할 수도 있으나 무거워 많은 인원과 공간이 필요하므로 전원을 끈 후 업거나 안아서 피난을 보조하는 것이 가장 효과적

정답 ①

* 청각장애인 vs 시각장애인 문09 보기②③
교재 184

청각장애인	시각장애인
표정이나 제스처 사용	서로 손을 잡고 질서있게 피난

* 노약자 교재 184
장애인에 준하여 피난보조 실시 문09 보기④

교재 196

10 다음 소방계획서의 건축물 일반현황을 참고할 때 옳은 것은?

구 분	건축물 일반현황	
명칭	ABCD 빌딩	
도로명 주소	서울시 영등포구 여의도로 17	
연락처	□ 관리주체 : ABC 관리 □ 연락처 : 2671-0001	□ 책임자 : 홍길동
규모/구조	□ 건축면적 : 846m^2	□ 연면적 : 5628m^2
	□ 층수 : 지상 6층/지하 1층	□ 높이 : 30m
	□ 구조 : 철근콘크리트조	□ 지붕 : 슬리브
	□ 용도 : 업무시설	□ 사용승인 : 2010/05/11
계단	□ 구분 □구역 □ 비고	
	피난계단 A구역 B1-5F(제연설비 □ 유 ☑ 무) 피난계단 B구역 B1-5F(제연설비 □ 유 ☑ 무)	
승강기	□ 승용 5대	□ 비상용 2대
인원현황	□ 거주인원 : 9명	□ 근무인원 : 50명
	□ 고령자 : 0명 □ 어린이 : 0명	□ 영유아 : 10명(어린이집)
	□ 장애인(아동, 시각, 청각, 언어) : 1명(이동장애) □ 임산부 : 0명	

① ABCD 빌딩은 2급 소방안전관리대상물이다.

② 초기 대응체계의 인원편성은 상시<u>거주자</u>를 중심으로 구성한다.
                           근무자

③ 재해약자의 피난계획을 수립하지 않아도 된다. — 장애인이 있으므로 재해
약자의 피난계획을 수립하여야 한다.

④ 상시 근무하는 인원이 10명을 초과하므로 <u>소방훈련·교육을</u> 실시
                                   해당 없음

하여야 한다.

해설

① 연면적 5628m^{2}으로서 15000m^2 미만이므로 2급 소방안전관리대
상물이다. **교재 P.21**

 정답 ①

*** 연면적 15000m^2 미만**
2급 소방안전관리대상물

10 소방계획서 작성목차 교재 194-195

소방안전관리계획	자위소방대 운영계획	피난계획
• 건축물 **일반현황** 문11 보기①	• 자위소방대 및 초기대응체계 일반현황	• 피난시설 및 기타시설 일반현황 문11 보기③
• 건축물 **세부현황** 문11 보기②	• 자위소방대 및 초기대응체계 편성표	• 피난시설 및 기타시설 세부현황
• 건축물 위치·운영현황 및 소방차 세부진입 계획	• 자위소방대 및 초기대응체계 조직도 및 임무	• 피난인원현황
• 소방시설현황	• 자위소방대 및 초기대응체계 개별임무카드	• 피난유도절차 및 피난경로(집결지) 설정
• 피난·방화시설 및 제연, 방염관련현황 문11 보기④	• **지휘통제팀**	• 피난약자현황 및 피난계획
• 기타시설현황	• 비상연락팀(지휘반)	• 피난약자유형별 피난방법
• 소방안전관리(보조)자 등 일반현황	• 외부기관 비상연락체계	• 피난관련기구 및 피난유도장비 등 세부현황
• 업무대행현황	• 비상상황별 연락방법 및 안내문구	• 피난보조자 비상연락망
• 공동소방안전관리협의회 구성현황	• 초기소화팀(진압반)	
• 소방안전관리자 자체점검 및 업무수행	• 피난유도팀(대피유도반)	
• **소방훈련** 및 **교육**	• 응급구조팀(구조구급반)	
• 화기취급감독	• **방호안전팀**	
• 소방시설공사/정비 기록	• **초기대응체계**	
• 화재예방 및 홍보	• 자위소방대 교육·훈련 실시 결과 기록부	
• **피해복구**		

기출문제

11 ⭐⭐ **소방계획서 작성목차 중 소방안전관리계획에 포함되지 <u>않는</u> 사항은?**

교재 194-195

① 건축물 일반현황
② 건축물 세부현황
③ 피난시설 및 기타시설 일반현황 – 피난계획
④ 피난·방화시설 및 제연, 방염관련현황

정답 ③

11 화기취급 작업의 일반적인 절차 교재 79

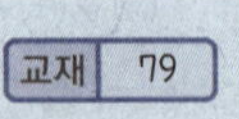

안전조치 업무내용	작업·감독 업무내용
① 가연물 이동 및 보호 조치 ② 소방시설 작동 확인 ③ 용접·용단 장비·보호구 점검 ④ 화재안전교육 ⑤ 비상시 행동요령 교육	① 화재감시자 입회 ② 화기취급감독 ③ 현장 상주 및 화재감시 ④ 작업 종료 확인

기출문제 ●

＊ 화재감시자 입회 및 감독
① 화재감시자 지정 및 입회
② 개인보호장구 착용
③ 소화기 및 비상통신장비
　　비치

12 다음 중 <u>화기취급</u> 작업절차 중 화재예방 조치사항의 업무내용이 <u>아닌</u> 것은?

교재 79

① 가연물 이동 및 보호 조치
② 소화설비(소화·경보) 작동 확인
③ 용접·용단 장비·보호구 점검
④ 개인보호장구 착용 – 화재감시자 입회 및 감독 사항

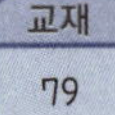정답 ④

12 소방안전관리자 현황표 기입사항 교재 207

(1) 소방안전관리자 현황표의 대상명 문13 보기①
(2) 소방안전관리자의 이름
(3) 소방안전관리자의 연락처
(4) 소방안전관리자의 <u>선임일자</u> 문13 보기②
　　　　　　수료일자 ×
(5) 소방안전관리대상물의 등급 문13 보기③

기출문제

★
13 다음 중 소방안전관리자 현황표에 기입하지 않아도 되는 사항은?

교재
207

① 소방안전관리자 현황표의 대상명
② 소방안전관리자의 선임일자
③ 소방안전관리대상물의 등급
④ 관계인의 인적사항
　　해당 없음

정답 ④

13★　　교재 207

다음 소방안전관리 현황표에 포함해야 하는 내용으로 옳지 않은 것은?

① 소방안전관리자의 이름, 연락처
② 소방안전관리자의 수료　선임
　　일자, 등급
③ 소방안전관리자 현황표의 대상명
④ 소방안전관리대상물의 등급

정답 ②

소방안전교육 및 훈련

제6편

소방안전교육 및 훈련

‖소방교육 및 훈련의 원칙‖ 교재 261~262

원 칙	설 명
현실의 원칙	•**학습자**의 **능력**을 고려하지 않은 훈련은 비현실적이고 불완전하다.
학습자 중심의 교육자 중심 × 원칙	•**한** 번에 한 **가지씩** 습득 가능한 분량을 교육 및 훈련시킨다. 문02 보기④ •쉬운 것에서 어려운 것으로 교육을 실시하되 기능적 이해에 비중을 둔다. •학습자에게 감동이 있는 교육이 되어야 한다. 공하성 기억법 **학한**
동기부여의 원칙	•**교육**의 **중요성**을 전달해야 한다. 문02 보기① •학습을 위해 적절한 **스케줄**을 적절히 배정해야 한다. •교육은 **시기적절**하게 이루어져야 한다. •핵심사항에 **교육**의 포커스를 맞추어야 한다. •학습에 대한 **보상**을 제공해야 한다. •교육에 **재미**를 부여해야 한다. 문02 보기③ •교육에 있어 **다양성**을 활용해야 한다. •사회적 **상호작용**을 제공해야 한다. 문02 보기② •**전문성**을 공유해야 한다. •**초기성공**에 대해 격려해야 한다.
목적의 원칙	•어떠한 **기술**을 어느 정도까지 익혀야 하는가를 명확하게 제시한다. •습득하여야 할 **기술**이 활동 전체에서 어느 위치에 있는가를 인식하도록 한다.
실습의 원칙	•**실습**을 통해 지식을 습득한다. •**목적**을 생각하고, 적절한 **방법**으로 정확하게 하도록 한다.
경험의 원칙	•**경험**했던 사례를 들어 현실감 있게 하도록 한다.
관련성의 원칙	•모든 교육 및 훈련 내용은 **실무적**인 **접목**과 **현장성**이 있어야 한다.

공하성 기억법 **현학동 목실경관교**

＊ 소방교육 및 훈련의 원칙

교재 261~262

① **현**실의 원칙
② **학**습자 중심의 원칙
③ **동**기부여의 원칙
④ **목**적의 원칙
⑤ **실**습의 원칙
⑥ **경**험의 원칙
⑦ **관**련성의 원칙

공하성 기억법

현학동 목실경관교

＊ 학습자 중심의 원칙

교재 261

① **한** 번에 한 가지씩 습득 가능한 분량을 교육·훈련시킬 것
② 쉬운 것에서 어려운 것으로 교육을 실시하되 기능적 이해에 비중을 둘 것

공하성 기억법

학한

Key Point

01★　　교재 261-262

다음 설명 중 잘못된 것은?

① 동기부여원칙 : 교육의 중
요성을 전달
② 교육자 중심의 원칙 : 쉬
　학습자
　운 것부터 어려운 것으
로 교육
③ 실습의 원칙 : 실습을 통
해 지식을 습득
④ 경험의 원칙 : 경험을 했
던 사례를 들어 현실감
있게 하도록 함

정답 ②

기출문제

01　　교재 261 -262

다음 중 소방교육 및 훈련의 원칙에 해당되지 <u>않는</u> 것은?

① 목적의 원칙
② 교육자 중심의 원칙
　　학습자
③ 현실의 원칙
④ 관련성의 원칙

정답 ②

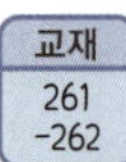

02　　교재 261 -262

소방교육 및 훈련의 원칙 중 <u>동기부여</u>의 원칙에 해당되지 <u>않는</u> 것은?

① 교육의 중요성을 전달해야 한다.
② 사회적 상호작용을 제공해야 한다.
③ 교육에 재미를 부여해야 한다.
④ <u>한 번에 한 가지씩</u> 습득 가능한 분량을 교육해야 한다.
　　학습자 중심의 원칙

정답 ④

응급처치

브레슬로 박사가 제안한 7가지 건강습관

1. 하루 7~8시간 충분한 수면

2. 금연

3. 적정한 체중 유지

4. 과음을 삼간다.

5. 주 3회 이상 운동

6. 아침 식사를 거르지 않는다.

7. 간식을 먹지 않는다.

응급처치

＊ 응급처치
가정, 직장 등에서 부상이나 질병으로 인해 위급한 상황에 놓인 환자에게 의사의 치료가 시행되기 전에 즉각적이며 임시적으로 제공하는 처치

01 응급처치의 중요성 [교재 273]

(1) 긴급한 환자의 생명 유지 [문01 보기②]
(2) 환자의 고통 경감 [문01 보기③]
(3) 위급한 부상부위의 응급처치로 치료기간 단축
(4) 현장처치의 원활화로 의료비 절감 [문01 보기④]

기출문제 ●

유사 기출문제

01★ [교재 273]
다음 중 **응급처치의 중요성**에 해당하지 않는 것은?
① 긴급한 환자의 생명 유지
② 환자의 고통 경감
③ 위급한 부상부위의 응급처치로 치료기간 단축
④ 구조자의 처치실력 향상
　　　　해당 없음
　　　　정답 ④

01 ★★ [교재 273]
응급처치의 중요성에 관한 설명으로 <u>틀린</u> 것은?
① 환자의 건강체크와 <u>사전예방</u>
　　응급처치는 사전예방 불가능
② 긴급한 환자의 생명 유지
③ 환자의 고통 경감
④ 현장처치의 원활화로 의료비 절감

정답 ①

02 응급처치요령(기도확보) [교재 273]

(1) 환자의 입 내에 이물질이 있을 경우 기침을 유도한다. [문02 보기①]
(2) 환자의 입 내에 눈에 보이는 이물질이라 하여 <u>함부로 제거하려 해서는 안 된다.</u>
　　　　　　　　　　　손을 넣어 제거한다. ✕
[문02 보기②]
(3) 이물질이 제거된 후 머리를 <u>뒤로</u> 젖히고, 턱을 <u>위로</u> 들어 올려 기도가 개방되도록 한다. [문02 보기③]　옆으로 ✕　　　　아래로 내려 ✕
(4) 환자가 기침을 할 수 없는 경우 **복부 밀어내기**를 실시한다. [문02 보기④]

＊ 복부 밀어내기
기침을 할 수 없는 경우 실시

03 응급처치의 일반 원칙 교재 274

(1) 구조자는 자신의 안전을 최우선시 한다. 문03 보기①
(2) 응급처치시 사전에 보호자 또는 **당사자**의 이해와 **동의**를 얻어 실시하는 것을 **원칙**으로 한다.
(3) 불확실한 처치는 하지 않는다.
(4) 119구급차를 이용시 전국 어느 곳에서나 이송거리, 환자 수 등과 관계없이 어떠한 경우에도 무료이나 사설단체 또는 병원에서 운영하고 있는 **앰뷸런스**는 **일정요금**을 **징수**한다.

기출문제

02 ★★ 다음 중 응급처치요령으로 옳지 <u>않은</u> 것은? 교재 273
① 환자의 입 내에 이물질이 있을 경우 기침을 유도한다.
② 환자의 입 내에 이물질이 눈으로 보일 경우 <u>손을 넣어 제거한다.</u>
　　　　　　　　　　　　　　　함부로 제거하려 해서는 안 된다.
③ 이물질이 제거된 후 머리를 뒤로 젖히고, 턱을 위로 들어 올려 기도가 개방되도록 한다.
④ 환자가 기침을 할 수 없는 경우 복부 밀어내기를 실시한다.

정답 ②

03 ★★★ 다음 응급처치에 대한 설명으로 <u>틀린</u> 것은? 교재 273-274
① 구조자는 자신의 안전을 최우선한다.
② 현장처치의 원활화로 의료비 절감도 응급처치의 중요성에 해당한다.
③ 눈에 보이는 이물질이라 하여 함부로 제거하려 해서는 안 된다.
④ 기도를 개방할 때는 머리를 <u>옆으로</u> 젖히고, 턱을 <u>아래로 내린다.</u>
　　　　　　　　　　　　　　뒤로　　　　　　　　위로 들어 올린다.

해설 ④ 옆으로 → 뒤로, 아래로 내린다. → 위로 들어 올린다.

정답 ④

04 출혈의 증상 〔교재 276〕

(1) 호흡과 맥박이 빠르고 **약하고 불규칙**하다. 〔문04 보기①〕
    느리고 ×
(2) 반사작용이 둔해진다. 〔문04 보기②〕
    민감해진다 ×
(3) 체온이 떨어지고 **호흡곤란**도 나타난다. 〔문04 보기③〕
(4) 혈압이 점차 저하되며, 피부가 **창백**해진다. 〔문04 보기④〕
(5) **구토**가 발생한다.
(6) **탈수현상**이 나타나며 갈증을 호소한다.

기출문제

★★ 04 응급처치요령 중 출혈의 증상으로 틀린 것은?

〔교재 276〕

① 호흡과 맥박이 빠르고 약하고 불규칙하다.
② 반사작용이 민감해진다.
　　　　　　　　둔해진다.
③ 체온이 떨어지고 호흡곤란도 나타난다.
④ 혈압이 점차 저하되며, 피부가 창백해진다.

정답 ②

유사 기출문제

04 ★ 〔교재 276〕

다음 중 출혈시 증상이 아닌 것은?

① 호흡과 맥박이 느리고 약
　　　　　　　빠르고
　하고 불규칙하다.
② 체온이 떨어지고 호흡곤
　란도 나타난다.
③ 탈수현상이 나타나며 갈
　증이 심해진다.
④ 구토가 발생한다.

정답 ①

＊ 출혈시의 응급처치방법
〔교재 276-277〕

① 직접압박법
② 지혈대 사용법

05 출혈시 응급처치 〔교재 276-277〕

지혈방법	설 명
직접 압박법	① 출혈 상처부위를 **직접 압박**하는 방법이다. 〔문05 보기①②〕 ② 출혈부위를 심장보다 높여준다. ③ 소독거즈로 출혈부위를 덮은 후 4~6인치 <u>압박붕대</u>로 　　　　　　　　　　　　　　　　　　　　탄력붕대 × 출혈부위가 압박되게 감아준다.

지혈방법	설 명
지혈대 사용법	① 절단과 같은 **심한 출혈**이 있을 때나 지혈법으로도 출혈을 막지 못할 경우 최후의 수단으로 사용하는 방법 〔문05 보기③④〕 ② **5cm** 이상의 띠 사용 　　3cm ✕

기출문제

05 ★★★

〔교재 276-277〕

응급처치요령 중 출혈시 응급처치방법으로 옳은 것은?

① 직접 압박법을 행한다.
② 지혈대 사용법은 출혈 상처부위를 직접 압박하는 방법이다.
　　　　직접 압박법
③ 직접 압박법은 절단과 같은 심한 출혈이 있을 때에 사용하는 방법
　　지혈대 사용법
이다.
④ 직접 압박법은 지혈법으로도 출혈을 막지 못할 경우 최후의 수단으
　　지혈대 사용법
로 사용한다.

정답 ①

06 ★

〔교재 276-277〕

다음 중 출혈시 처치 방법으로 옳은 것은?

① 지혈대를 오랜 시간 장착, 방치하면 혈액으로부터 공급받던 산소
의 부족으로 조직괴사가 유발되니 3cm 이상의 띠를 사용하여야
　　　　　　　　　　　　　　　　　　　　5cm
한다.
② 직접 압박법을 시행할 때 출혈부위를 심장보다 높여준다.
③ 직접 압박법은 소독거즈로 출혈부위를 덮은 후 4~6인치 탄력붕대로
　　　　　　　　　　　　　　　　　　　　　　　　　압력
출혈부위가 압박되게 감아준다.
④ 절단과 같은 심한 출혈이 있을 때는 직접 압박법을 사용한다.

정답 ②

05 ★★　〔교재 276-277〕

출혈시 응급처치방법으로 옳은 것은?

① 직접 압박법을 한다.
② 기침이 나오지 않을 경우 복부 밀어내기를 사용한다.
　이물질이 목에 걸렸을 때 처치법
③ 구토 발생시 자동심장충격기를 사용한다.
　심정지환자에게 사용
④ 지혈대 사용법은 3cm
　　　　　　　　　5cm
이상의 띠를 사용한다.

정답 ①

Key Point

*** 화상의 분류** 교재 278
① 표피화상
② 부분층화상
③ 전층화상

*** 화상환자 이동 전 조치 사항** 교재 282-283
① 옷을 잘라내지 말고 수건 등으로 닦거나 접촉되는 일이 없도록 한다.
② 화상부분의 오염 우려 시는 소독거즈가 있을 경우 화상부위를 덮어주면 좋다.
③ 화상부위의 화기를 빼기 위해 실온의 물로 씻어낸다.
④ 물집이 생기면 상처가 남을 수 있으므로 터트리지 않는다.

06 ▶ 화상의 분류 교재 278

종 별	설 명
표피화상(**1**도 화상)	• 표피 바깥층의 화상 • 약간의 부종과 **홍반**이 나타남 • 통증을 느끼나 흉터없이 치료됨 공통성 기억법 표1홍
부분층화상(**2**도 화상)	• 피부의 두 번째 층까지 화상으로 손상 문07 보기① • **심한 통증**과 발적, 수포 발생 문07 보기① • **물집**이 터져 **진물**이 나고 **감염위험** 문07 보기③ • 표피가 얼룩얼룩하게 되고 **진피**의 **모세혈관**이 손상 문07 보기② 공통성 기억법 부2진물
전층화상(**3**도 화상)	• 피부 **전층** 손상 • 피하지방과 근육층까지 손상 • 화상부위가 **건조**하며 통증이 없음 문07 보기④ 공통성 기억법 전3건

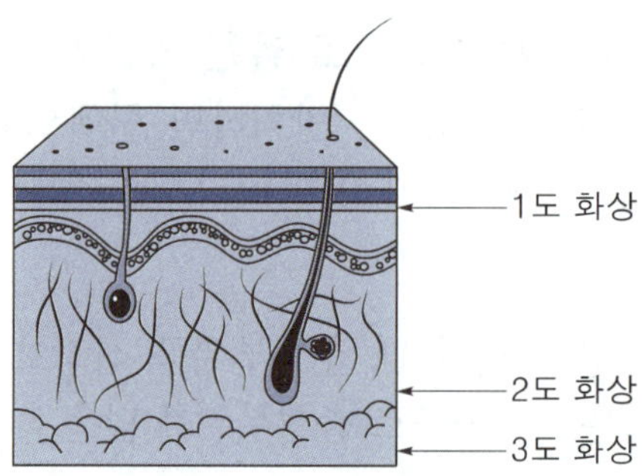

▌ 화상의 분류 ▌

기출문제

07

교재 278

화상의 분류 중 <u>부분층화상</u>(2도 화상)에 대한 설명으로 옳지 <u>않은</u> 것은?

① 피부의 두 번째 층까지 화상으로 손상되어 심한 통증과 발적이 생긴다.

② 수포가 발생하므로 표피가 얼룩얼룩하게 되고 진피의 모세혈관이 손상된다.

③ 물집이 터져 진물이 나고 감염의 위험이 있다.

④ 피부에 체액이 통하지 않아 화상부위는 <u>건조</u>하며 통증이 없다.
　　　　　　　　　　　　　　　　　전층화상(3도 화상)

 **정답** ④

08

교재 278

다음 중 화상에 대한 설명으로 옳은 것은?

① 피부 바깥층의 화상을 말하며 약간의 부종과 홍반이 나타나며 부어오르는 통증을 느끼나 치료시 흉터없이 치료되는 화상은 표피화상이다.

② 심한 통증과 발적, 수포가 발생하므로 표피가 얼룩얼룩하게 되고 진피의 모세혈관이 손상되며 물집이 터져 진물이 나고 감염의 위험이 있는 화상은 전층화상이다.
　　　　　　부분층

③ <u>부분층</u>화상은 피하지방과 근육층까지 손상을 입는 것이다.
　　전층

④ 진피의 모세혈관이 손상되는 화상에서는 <u>통증을 느끼지 못한다.</u>
　　　　　　　　　　　　심한 통증을 느낀다(부분층
　　　　　　　　　　　　화상에 대한 설명).

정답 ①

07 화상환자 이동 전 조치 [교재 279]

(1) 화상환자가 착용한 옷가지가 피부조직에 붙어 있을 때에는 옷을 잘라내지 말고 수건 등으로 닦거나 접촉되는 일이 없도록 한다. [문09 보기①]
　　　　　　　　　　　　　잘라낸다. ×

(2) 통증 호소 또는 피부의 변화에 동요되어 **간장**, **된장**, **식용기름**을 바르는 일이 없도록 하여야 한다.

(3) **1·2도 화상**은 화상부위를 흐르는 물에 식혀준다. 이때 물의 온도는 실온, 수압은 약하게 하여 화상부위보다 위에서 아래로 흘러내리도록 한다.
　　같은 온도 ×
　　(화기를 빼기 위해 실온의 물로 씻어냄) [문09 보기②]

(4) **3도 화상**은 물에 적신 천을 대어 열기가 심부로 전달되는 것을 막아주고 통증을 줄여준다.

(5) 화상부분의 오염 우려시는 소독거즈가 있을 경우 화상부위를 덮어주면 좋다. 그러나 골절환자일 경우 무리하게 압박하여 드레싱하는 것은 금한다. [문09 보기④]

(6) 화상환자가 부분층화상일 경우 **수포(물집)**상태의 감염 우려가 있으니 터트리지 말아야 한다. [문09 보기③]

* 1~3도 화상

1·2도 화상	3도 화상
물에 식혀줌	물에 적신 천을 대어줌

표피화상(1도 화상)	부분층화상(2도 화상)	전층화상(3도 화상)
표피층만 손상	물집 표피 전층과 진피의 상당부분이 손상	물집 진피 전층과 피하조직까지 손상
• 피부 최상층(표피)의 회상	• 피부 중간층(진피)까지 손상되는 화상	• 피부의 3개 층(표피, 진피, 지방층) 모두 손상되는 화상
• 약간의 부종과 홍반이 나타나고 부어오르면서 통증을 느낌	• 심한 통증과 수포 발생	• 피부에 체액이 통하지 않아 화상 부위가 건조하며 통증이 없음
• 일광화상 시 주로 발생	• 모세혈관이 손상되어 물집이 터져 진물이 나고 감염의 위험이 있음	• 화상 부위가 갈색 또는 흰색을 띠고 화상 주변 부위에 심한 통증 농반
• 흉터가 없고 수일 내 피부가 회복됨	• 병원 진료와 항생제 복용 필요	

Key Point

기출문제

09 화상의 응급처치사항으로 옳은 것은?

교재 279

① 화상환자가 착용한 옷가지가 피부조직에 붙어 있을 때에는 통풍이 잘되게 <u>옷을 잘라낸다.</u>
　　　옷을 잘라내지 말고 수건 등으로 닦는다.
② 화상부위의 <u>화기를 빼지 말고 같은 온도의 물로</u> 씻어낸다.
　　　화기를 빼기 위해 실온의 물로
③ 물집이 생기면 상처가 남을 수 있으므로 <u>터트려야 한다.</u>
　　　　　　　　　터트리지 않는다.
④ 화상부분의 오염 우려시는 소독거즈가 있을 경우 화상부위를 덮어주면 좋다.

정답 ④

10 화상의 응급처치방법 중 화상환자 이동 전 조치사항으로 틀린 것은?

교재 279

① 화상환자가 착용한 옷가지가 피부조직에 붙어 있을 때에는 <u>옷가지를 떼어낸다.</u>
　옷을 잘라내지 말고 수건 등으로 닦거나 접촉되는 일이 없도록 한다.
② 통증 호소 또는 피부의 변화에 동요되어 간장, 된장, 식용기름을 바르는 일이 없도록 하여야 한다.
③ 1·2도 화상은 화상부위를 흐르는 물에 식혀준다.
④ 화상부분의 오염 우려시는 소독거즈가 있을 경우 화상부위를 덮어주면 좋다.

정답 ①

Key Point

* 심폐소생술 기본순서
가슴압박 → 기도유지→ 인공호흡

08 심폐소생술 교재 281

심폐소생술 실시	심폐소생술 기본순서 문11 보기①
호흡과 심장이 멎고 **4~6분**이 경과하면 산소 부족으로 뇌가 손상되어 원상회복되지 않으므로 호흡이 없으면 즉시 심폐소생술을 실시해야 한다.	**가슴압박** → **기도유지** → **인공호흡** 공하성 기억법　가기인

기출문제

11 다음 중 <u>심폐소생술 순서로 맞는 것은?</u>

교재 281

① 가슴압박 → 기도유지 → 인공호흡
② 기도유지 → 인공호흡 → 가슴압박
③ 인공호흡 → 기도유지 → 가슴압박
④ 가슴압박 → 인공호흡 → 기도유지

해설
　① 가슴압박 → 기도유지 → 인공호흡

정답 ①

09 성인의 호흡확인 및 가슴압박 교재 281-283

(1) 환자의 어깨를 두드린다.
(2) 쓰러진 환자의 얼굴과 가슴을 <u>10초 이내</u>로 관찰하여 호흡이 있는지를 확인한다. 문12 보기④
　　10초 이상 ✕
(3) 구조자의 체중을 이용하여 압박 문12 보기①
(4) 인공호흡에 자신이 없으면 가슴압박만 시행 문12 보기②

구 분	설 명 문12 보기③
속 도	분당 **100~120회**
깊 이	약 **5cm**(소아 4~5cm)

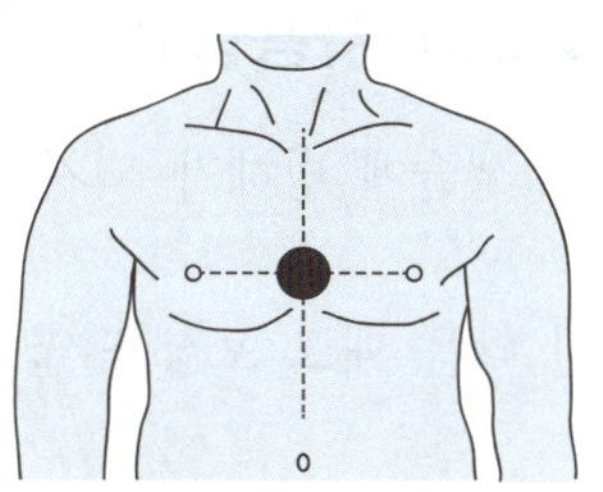

Key Point

기출문제 ●

★★★
12 다음 중 <u>심폐소생술</u>에 대한 설명으로 <u>옳은</u> 것은?

교재 281-283

① 구조자의 체중을 이용하여 <u>압박하면 안 된다.</u>
　　　　　　　　　　　　　　압박해야 한다.
② 인공호흡에 자신이 없으면 가슴압박만 시행한다.
③ 가슴압박은 분당 100~120회 5cm 깊이로 깊고 강하게 누르고 압박
　 대 이완의 시간비율이 <u>30 대 2</u>로 되게 한다.
　　　　　　　　　　　50 대 50
④ 쓰러진 환자의 얼굴과 가슴을 10초 <u>이상</u>으로 관찰하여 호흡이 있는
　　　　　　　　　　　　　　　　　이내
　 지를 확인한다.

◎ 정답 ②

* **심폐소생술**
교재 281-283
호흡과 심장이 멎고 **4~6분**
이 경과하면 산소부족으로
뇌가 손상되므로 즉시 **심폐**
소생술 실시
① 가슴압박 **30회** 시행
② 인공호흡 **2회** 시행
③ 가슴압박과 인공호흡의
　 반복

---

10 심폐소생술의 진행과 자동심장충격기

1 심폐소생술의 진행 교재 283

구 분	시행횟수
가슴압박	30회
인공호흡	2회

공하성 기억법 　인2(인위적)

* **심폐소생술**
교재 281-283
호흡과 심장이 멎고 **4~6분**
이 경과하면 산소부족으로
뇌가 손상되므로 즉시 **심폐**
소생술 실시
① 가슴압박 **30회** 시행
② 인공호흡 **2회** 시행
③ 가슴압박과 인공호흡의
　 반복

169

2 자동심장충격기(AED) 사용방법 교재 284-285

(1) 자동심장충격기를 심폐소생술에 방해가 되지 않는 위치에 놓은 뒤 전원 버튼을 누른다. 문14 보기④

(2) 환자의 상체를 노출시킨 다음 패드 포장을 열고 2개의 패드를 환자의 가슴에 붙인다. 문13 보기④

(3) 패드는 **왼쪽 젖꼭지 아래의 중간겨드랑선**에 설치하고 **오른쪽 빗장뼈**(쇄골) 바로 **아래**에 붙인다. 문13 보기①

‖ 패드의 부착위치 ‖

패드 1	패드 2
오른쪽 빗장뼈(쇄골) 바로 아래	왼쪽 젖꼭지 아래의 중간겨드랑선

‖ 패드 위치 ‖

(4) 심장충격이 필요한 환자인 경우에만 제세동버튼이 깜박이기 시작하며, 깜박일 때 심장충격버튼을 눌러 심장충격을 시행한다.

(5) 심장충격버튼을 누르기 전에는 반드시 주변사람 및 구조자가 환자에게서
누른 후에는 ✕
떨어져 있는지 다시 한 번 확인한 후에 실시하도록 한다. 문13 보기③

(6) 심장충격이 필요 없거나 심장충격을 실시한 이후에는 즉시 **심폐소생술**을 다시 시작한다. 문13 보기②

(7) **2분**마다 심장리듬을 분석한 후 반복 시행한다.

13 ★★★
교재 284-285

자동심장충격기(AED) 사용방법으로 틀린 것은?

① 패드는 왼쪽 젖꼭지 아래의 중간겨드랑선에 설치하고 오른쪽 빗장뼈(쇄골) 바로 아래에 붙인다.

② 심장충격이 필요 없거나 심장충격을 실시한 이후에는 즉시 심폐소생술을 다시 시작한다.

③ 심장충격버튼을 <u>누른 후에는</u> 반드시 주변사람 및 구조자가 환자에
누르기 전에는
게 떨어져 있는지 다시 한 번 확인한다.

④ 환자의 상체를 노출시킨 다음 패드 포장을 열고 2개의 패드를 환자의 가슴에 붙인다.

정답 ③

14 ★★
교재 284-285

자동심장충격기(AED) 사용방법으로 틀린 것은?

① 패드는 <u>오른쪽</u> 젖꼭지 아래의 중간겨드랑선에 설치하고 <u>왼쪽</u> 빗장
왼쪽   오른쪽
뼈(쇄골) 바로 아래에 붙인다.

② 심장충격이 필요 없거나 심장충격을 실시한 이후에는 즉시 심폐소생술을 다시 시작한다.

③ 심장충격이 필요한 환자인 경우에만 제세동버튼이 깜박이기 시작하며, 깜박일 때 심장충격버튼을 눌러 심장충격을 시행한다.

④ 자동심장충격기를 심폐소생술에 방해가 되지 않는 위치에 놓은 뒤 전원버튼을 누른다.

정답 ①

* CPR

'Cardio Pulmonary Resuscitation'의 약자

15 다음 그림 중 심폐소생술(CPR) 순서로 옳은 것은?

교재
281
-283

①

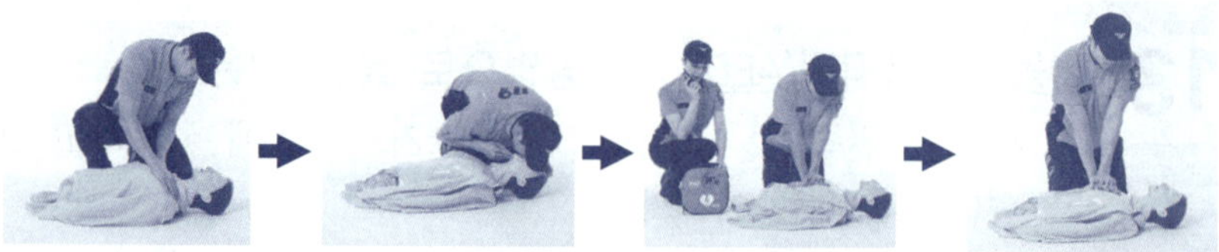

②

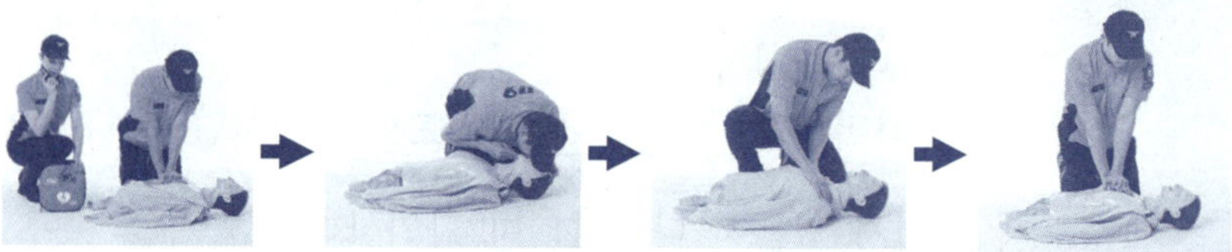

③

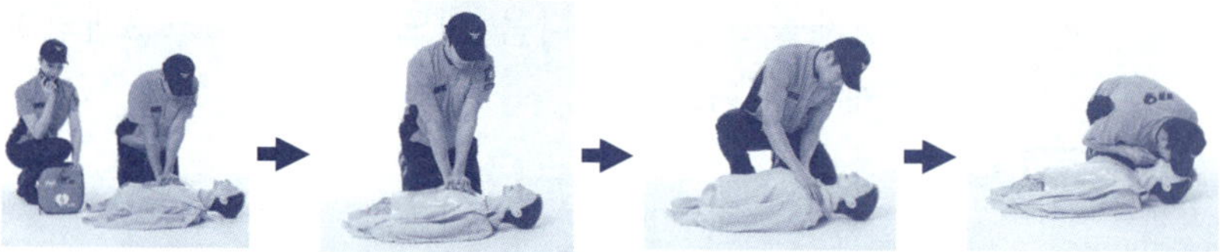

④

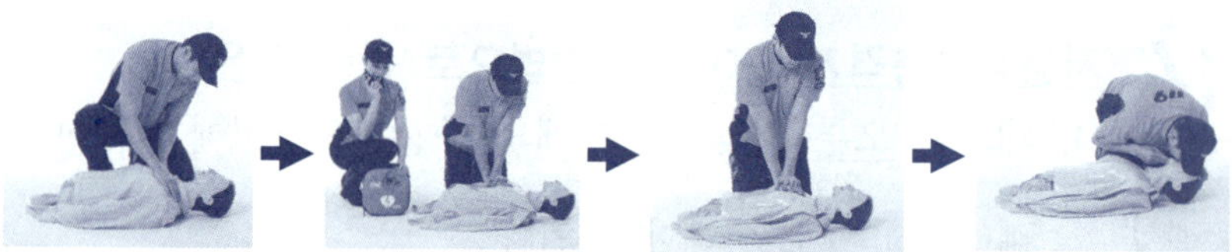

해설 심폐소생술(CPR) 순서

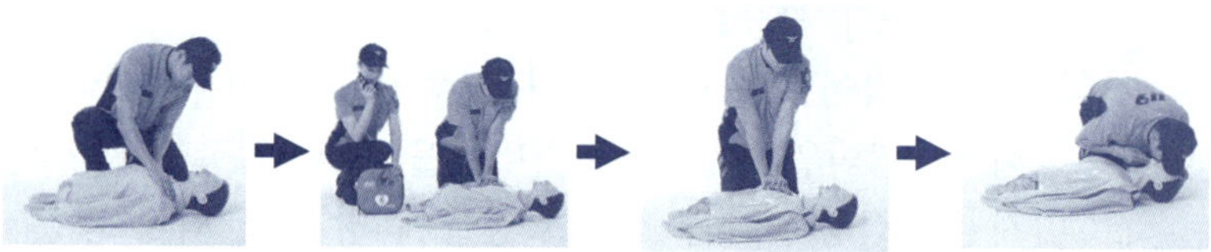

(1) 반응의 확인   (2) 119신고   (3) 가슴압박   (4) 인공호흡
                                    30회 시행   2회 시행

정답 ④

중요 올바른 심폐소생술 시행방법

반응의 확인 → 119신고 → 호흡확인 → 가슴압박 30회 시행 → 인공호흡 2회
시행 → 가슴압박과 인공호흡의 반복 → 회복자세

★★★
16 다음 빈칸의 내용으로 <u>옳은</u> 것은?

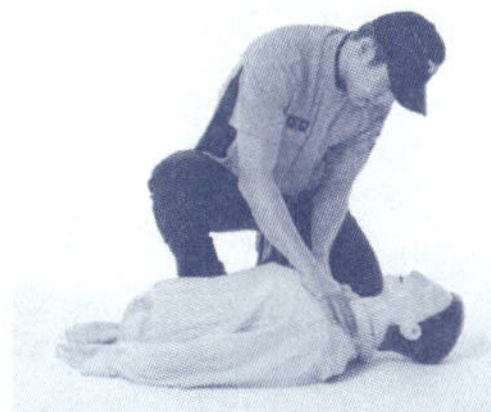

‖ 반응 및 호흡 확인 ‖

- 환자의 (㉠)를 두드리면서 "괜찮으세요?"라고 소리쳐서 반응을 확인한다.
- 쓰러진 환자의 얼굴과 가슴을 (㉡) 이내로 관찰하여 호흡이 있는 지를 확인한다.

① ㉠ : 어깨,   ㉡ : 1초
② ㉠ : 손바닥, ㉡ : 5초
③ ㉠ : 어깨,   ㉡ : 10초
④ ㉠ : 손바닥, ㉡ : 10초

해설 **성인의 가슴압박**

(1) 환자의 **어깨**를 두드린다. 보기㉠
(2) 쓰러진 환자의 얼굴과 가슴을 <u>10초</u> 이내로 관찰하여 호흡이 있는지를 확인한다. 보기㉡   10초 이상 ✕
(3) 구조자의 체중을 이용하여 압박
(4) 인공호흡에 자신이 없으면 가슴압박만 시행

구 분	설 명
속 도	분당 **100~120회**
깊 이	약 **5cm(소아 4~5cm)**

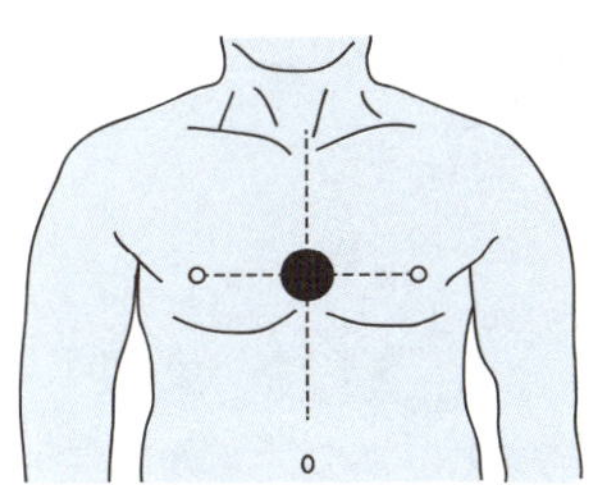

‖ 가슴압박 위치 ‖

정답 ③

* **가슴압박**
① 속도 : 100~120회/분
② 깊이 : 약 5cm(소아 4
~5cm)

＊ 심폐소생술
① 가슴압박 : 30회
② 인공호흡 : 2회

17 
교재 283

다음은 <u>인공호흡</u>에 관한 내용이다. 보기 중 <u>옳은</u> 것을 있는 대로 고른 것은?

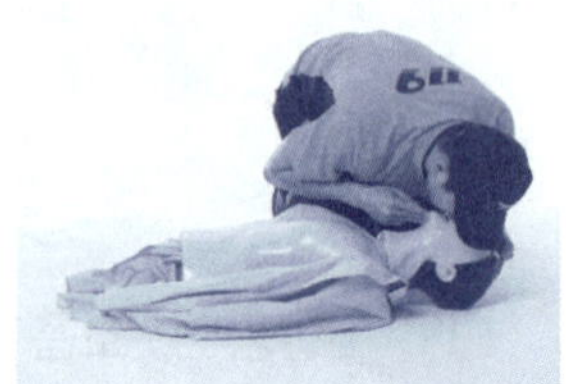

┃인공호흡┃

㉠ 턱을 <u>목 아래쪽으로 내려</u> 공기가 잘 들어가도록 해준다.
      들어올려
㉡ 머리를 젖혔던 손의 엄지와 검지로 환자의 코를 잡아서 막고, 입을 크게 벌려 환자의 입을 완전히 막은 후 가슴이 올라올 정도로 1초에 걸쳐서 숨을 불어 넣는다.
㉢ 숨을 불어 넣을 때에는 환자의 가슴이 부풀어 오르는지 눈으로 확인하고 <u>공기가 배출되도록 해야 한다.</u>
    숨을 불어넣은 후에는 입을 떼고 코도 놓아주어서 공기가 배출되도록 한다.
㉣ 인공호흡이 꺼려지는 경우에는 가슴압박만 시행할 수 있다.

① ㉠
② ㉡
③ ㉡, ㉣
④ ㉠, ㉢

정답 ③

★★★
18 다음 중 그림에 대한 설명으로 옳지 <u>않은</u> 것은?

교재
281
-285

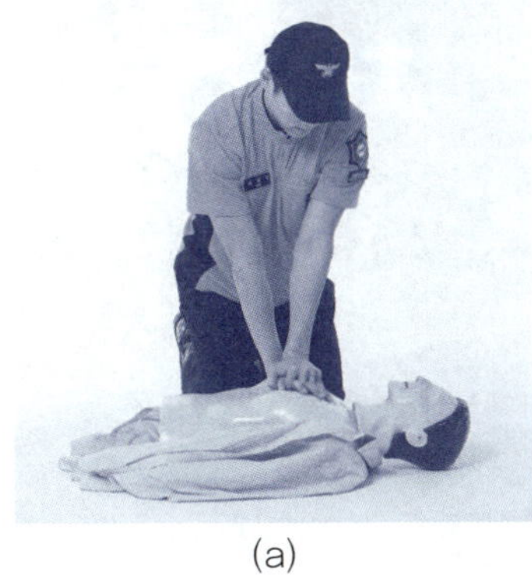

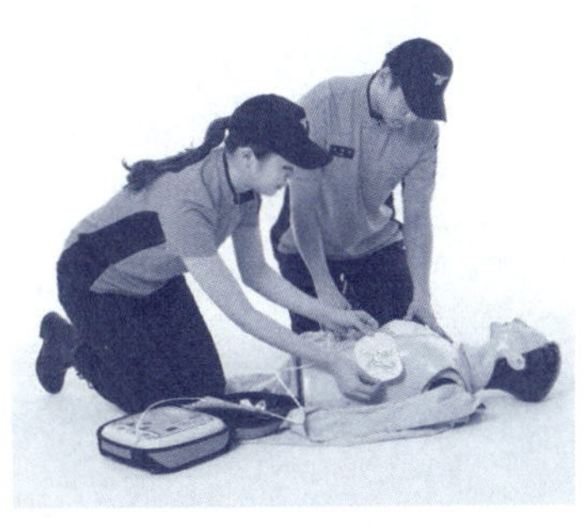

(a) (b)

① 철수 : (a) 절차에는 분당 100~120회의 속도로 약 5cm 깊이로 강하고 빠르게 시행해야 해.

② 영희 : 그림에서 보여지는 모습은 심폐소생술 관련 동작이야. 그리고 기본순서로는 가슴압박＞기도유지＞인공호흡으로 알고 있어.

③ 민수 : 환자 발견 즉시 (a)의 모습대로 30회의 가슴압박과 5회의 (2회) 인공호흡을 119구급대원이 도착할 때까지 반복해서 시행해야 해.

④ 지영 : (b)의 응급처치 기기를 사용시 2개의 패드를 각각 오른쪽 빗장뼈 아래와 왼쪽 젖꼭지 아래의 중간겨드랑선에 부착해야 해.

정답 ③

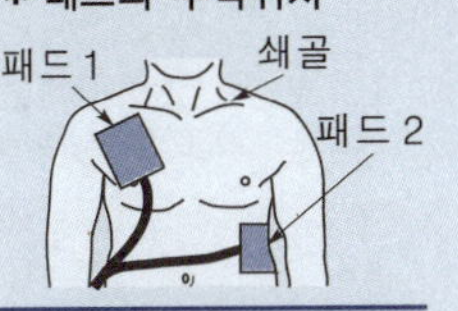

＊ 패드의 부착위치

패드 1	패드 2
오른쪽 빗장뼈(쇄골) 바로 아래	왼쪽 젖꼭지 아래의 중간겨드랑선

작동점검표 작성 및 실습

성공을 위한 10가지 충고

1. 도전하라. 그리고 또 도전하라.

2. 감동할 줄 알라.

3. 걱정·근심으로 자신을 억누르지 말라.

4. 신념으로 곤란을 이겨라.

5. 성공에는 방법이 있다. 그 방법을 배워라.

6. 곁눈질하지 말고 묵묵히 전진하라.

7. 의지하지 말고 스스로 일어서라.

8. 찬스를 붙잡으라.

9. 오늘 실패했으면 내일은 성공하라.

10. 게으름에 빠지지 말라.

– 김형모의 「마음의 고통을 돕기 위한 10가지 충고」 중에서 –

작동점검표 작성 및 실습

01 작동점검 전 준비 및 현황확인 사항 교재 292

점검 전 준비사항	현황확인
① 협의나 협조 받을 건물 **관계인** 등 연락처를 사전확보 ② 점검의 목적과 필요성에 대하여 건물 관계인에게 사전 안내 ③ 음향장치 및 각 실별 방문점검을 미리 공지	① **건축물대장**을 이용하여 건물개요 확인 ② 도면 등을 이용하여 설비의 개요 및 설치위치 등을 파악 ③ 점검사항을 토대로 점검순서를 계획하고 점검장비 및 공구를 준비 ④ 기존의 점검자료 및 조치결과가 있다면 점검 전 참고 ⑤ 점검과 관련된 각종 법규 및 기준을 준비하고 숙지

기출문제

01 작동점검표 작성 시 점검 전 준비사항에 해당되지 않는 것은?

교재 292

① 협의나 협조 받을 건물 관계인 등 연락처를 사전확보
② 점검의 목적과 필요성에 대하여 건물 관계인에게 사전 안내
③ 음향장치 및 각 실별 방문점검을 미리 공지
④ 도면 등을 이용하여 설비의 개요 및 설치위치 등을 파악
　　　－ 현황확인 사항

정답 ④

02 작동점검표 작성을 위한 준비물 [교재 292]

(1) 소방시설 등 자체점검 실시결과보고서
(2) 소방시설 등[작동, 종합(최초점검, 그 밖의 점검)] 점검표
(3) **건축물대장**
(4) 소방도면 및 소방시설 현황
(5) **소방계획서** 등

기출문제

02 다음 중 작동점검표 작성을 위한 준비물이 <u>아닌</u> 것은?

[교재 292]

① 소방시설 등 자체점검 실시결과보고서
② 소방시설 등[작동, 종합(최초점검, 그 밖의 점검)] 점검표
③ 토지대장
　　건축물대장
④ 소방도면 및 소방시설 현황

정답 ③

03 소화기구 및 자동소화장치 작동점검표 점검항목 [교재 298]

(1) 소화기의 변형·손상 또는 부식 등 외관의 이상 여부
(2) 지시압력계(녹색범위)의 적정여부
(3) 수동식 분말소화기 내용연수(10년) 적정 여부

＊ 지시압력계 압력범위
0.7~0.98MPa

178

기출문제 ●

03 소화기구 및 자동소화장치의 **작동점검표**의 점검항목에 해당되지 <u>않</u>는 것은?

교재 298

① 소화기의 변형·손상 또는 부식 등 외관의 이상 여부
② 소화기 설치높이(1.5m 이하) 적정여부
　　　　　　해당 없음
③ 지시압력계(녹색범위)의 적정여부
④ 수동식 분말소화기 내용연수(10년) 적정 여부

정답 ②

10년

내용연수 경과 후 10년 미만	내용연수 경과 후 10년 이상
3년	1년

"가장 잘 견디는 사람이 무엇이든지 잘 할 수 있는 사람이다.
- 밀턴 -"

2025~2021년
기출문제

우리에겐 무한한 가능성이 있습니다.

한국소방안전원
KOREA FIRE SAFETY INSTITUTE

자격시험 및 평가 답안지

▲ 상단 바코드 훼손에 주의합니다.

종목	
유형	Ⓐ Ⓑ Ⓒ Ⓓ
일자	
성명	

수 험 번 호

⓪	⓪	⓪	⓪	⓪	⓪
①	①	①	①	①	①
②	②	②	②	②	②
③	③	③	③	③	③
④	④	④	④	④	④
⑤	⑤	⑤	⑤	⑤	⑤
⑥	⑥	⑥	⑥	⑥	⑥
⑦	⑦	⑦	⑦	⑦	⑦
⑧	⑧	⑧	⑧	⑧	⑧
⑨	⑨	⑨	⑨	⑨	⑨

감독확인	

문항	정답 (1–10)	문항	정답 (11–20)	문항	정답 (21–30)	문항	정답 (31–40)	문항	정답 (41–50)
1	① ② ③ ④	11	① ② ③ ④	21	① ② ③ ④	31	① ② ③ ④	41	① ② ③ ④
2	① ② ③ ④	12	① ② ③ ④	22	① ② ③ ④	32	① ② ③ ④	42	① ② ③ ④
3	① ② ③ ④	13	① ② ③ ④	23	① ② ③ ④	33	① ② ③ ④	43	① ② ③ ④
4	① ② ③ ④	14	① ② ③ ④	24	① ② ③ ④	34	① ② ③ ④	44	① ② ③ ④
5	① ② ③ ④	15	① ② ③ ④	25	① ② ③ ④	35	① ② ③ ④	45	① ② ③ ④
6	① ② ③ ④	16	① ② ③ ④	26	① ② ③ ④	36	① ② ③ ④	46	① ② ③ ④
7	① ② ③ ④	17	① ② ③ ④	27	① ② ③ ④	37	① ② ③ ④	47	① ② ③ ④
8	① ② ③ ④	18	① ② ③ ④	28	① ② ③ ④	38	① ② ③ ④	48	① ② ③ ④
9	① ② ③ ④	19	① ② ③ ④	29	① ② ③ ④	39	① ② ③ ④	49	① ② ③ ④
10	① ② ③ ④	20	① ② ③ ④	30	① ② ③ ④	40	① ② ③ ④	50	① ② ③ ④

작성시 유의사항

- 시험종목, 시험일자, 성명, 수험번호를 정확하게 기재하여 주십시오.
- 문제지 유형과 수험번호를 검정색 수성사인펜, 볼펜 등으로 바르게 ● 표기하십시오.
  ※ 수험번호는 아라비아숫자 6자리 작성 후 표기
- 「감독확인」란은 응시자가 작성하지 않으며, 감독확인이 없는 답안지는 무효 처리합니다.
- 답안지는 구기거나 접지 마시고, 절대 낙서하지 마십시오.
- 이중 표기 등 잘못된 기재로 인한 OMR기의 인식 오류는 응시자 책임이므로 주의하시기 바랍니다.

바른 표기	●	잘못된 표기	⊘ ⊘ ⊙ ⊗

- 응시자는 시험시간이 종료되면 즉시 답안작성을 멈춰야 하며, 감독위원의 답안지 제출지시에 불응할 때에는 당해 시험은 무효 처리됩니다.

한국소방안전원
KOREA FIRE SAFETY INSTITUTE

자격시험 및 평가 답안지

▲ 상단 바코드 훼손에 주의합니다.

종목	
유형	Ⓐ Ⓑ Ⓒ Ⓓ
일자	
성명	

수 험 번 호

⓪	⓪	⓪	⓪	⓪	⓪
①	①	①	①	①	①
②	②	②	②	②	②
③	③	③	③	③	③
④	④	④	④	④	④
⑤	⑤	⑤	⑤	⑤	⑤
⑥	⑥	⑥	⑥	⑥	⑥
⑦	⑦	⑦	⑦	⑦	⑦
⑧	⑧	⑧	⑧	⑧	⑧
⑨	⑨	⑨	⑨	⑨	⑨

감독 확인	

문항	정답 (1-10)	문항	정답 (11-20)	문항	정답 (21-30)	문항	정답 (31-40)	문항	정답 (41-50)
1	① ② ③ ④	11	① ② ③ ④	21	① ② ③ ④	31	① ② ③ ④	41	① ② ③ ④
2	① ② ③ ④	12	① ② ③ ④	22	① ② ③ ④	32	① ② ③ ④	42	① ② ③ ④
3	① ② ③ ④	13	① ② ③ ④	23	① ② ③ ④	33	① ② ③ ④	43	① ② ③ ④
4	① ② ③ ④	14	① ② ③ ④	24	① ② ③ ④	34	① ② ③ ④	44	① ② ③ ④
5	① ② ③ ④	15	① ② ③ ④	25	① ② ③ ④	35	① ② ③ ④	45	① ② ③ ④
6	① ② ③ ④	16	① ② ③ ④	26	① ② ③ ④	36	① ② ③ ④	46	① ② ③ ④
7	① ② ③ ④	17	① ② ③ ④	27	① ② ③ ④	37	① ② ③ ④	47	① ② ③ ④
8	① ② ③ ④	18	① ② ③ ④	28	① ② ③ ④	38	① ② ③ ④	48	① ② ③ ④
9	① ② ③ ④	19	① ② ③ ④	29	① ② ③ ④	39	① ② ③ ④	49	① ② ③ ④
10	① ② ③ ④	20	① ② ③ ④	30	① ② ③ ④	40	① ② ③ ④	50	① ② ③ ④

작성시 유의사항

- 시험종목, 시험일자, 성명, 수험번호를 정확하게 기재하여 주십시오.
- 문제지 유형과 수험번호를 검정색 수성사인펜, 볼펜 등으로 바르게 ● 표기하십시오.
  ※ 수험번호는 아라비아숫자 6자리 작성 후 표기
- 「감독확인」란은 응시자가 작성하지 않으며, 감독확인이 없는 답안지는 무효 처리합니다.
- 답안지는 구기거나 접지 마시고, 절대 낙서하지 마십시오.
- 이중 표기 등 잘못된 기재로 인한 OMR기의 인식 오류는 응시자 책임이므로 주의하시기 바랍니다.

바른 표기	●	잘못된 표기	⊘ ⊘ ⊙ ⊗

- 응시자는 시험시간이 종료되면 즉시 답안작성을 멈춰야 하며, 감독위원의 답안지 제출지시에 불응할 때에는 당해 시험은 무효 처리됩니다.

한국소방안전원
KOREA FIRE SAFETY INSTITUTE

자격시험 및 평가 답안지

▲ 상단 바코드 훼손에 주의합니다.

종목	
유형	Ⓐ Ⓑ Ⓒ Ⓓ
일자	
성명	

수 험 번 호

0	0	0	0	0	0
①	①	①	①	①	①
②	②	②	②	②	②
③	③	③	③	③	③
④	④	④	④	④	④
⑤	⑤	⑤	⑤	⑤	⑤
⑥	⑥	⑥	⑥	⑥	⑥
⑦	⑦	⑦	⑦	⑦	⑦
⑧	⑧	⑧	⑧	⑧	⑧
⑨	⑨	⑨	⑨	⑨	⑨

감독 확인	

문항	정 답 (1–10)	문항	정 답 (11–20)	문항	정 답 (21–30)	문항	정 답 (31–40)	문항	정 답 (41–50)
1	① ② ③ ④	11	① ② ③ ④	21	① ② ③ ④	31	① ② ③ ④	41	① ② ③ ④
2	① ② ③ ④	12	① ② ③ ④	22	① ② ③ ④	32	① ② ③ ④	42	① ② ③ ④
3	① ② ③ ④	13	① ② ③ ④	23	① ② ③ ④	33	① ② ③ ④	43	① ② ③ ④
4	① ② ③ ④	14	① ② ③ ④	24	① ② ③ ④	34	① ② ③ ④	44	① ② ③ ④
5	① ② ③ ④	15	① ② ③ ④	25	① ② ③ ④	35	① ② ③ ④	45	① ② ③ ④
6	① ② ③ ④	16	① ② ③ ④	26	① ② ③ ④	36	① ② ③ ④	46	① ② ③ ④
7	① ② ③ ④	17	① ② ③ ④	27	① ② ③ ④	37	① ② ③ ④	47	① ② ③ ④
8	① ② ③ ④	18	① ② ③ ④	28	① ② ③ ④	38	① ② ③ ④	48	① ② ③ ④
9	① ② ③ ④	19	① ② ③ ④	29	① ② ③ ④	39	① ② ③ ④	49	① ② ③ ④
10	① ② ③ ④	20	① ② ③ ④	30	① ② ③ ④	40	① ② ③ ④	50	① ② ③ ④

작성시 유의사항

- 시험종목, 시험일자, 성명, 수험번호를 정확하게 기재하여 주십시오.
- 문제지 유형과 수험번호를 검정색 수성사인펜, 볼펜 등으로 바르게 ● 표기하십시오.
  ※ 수험번호는 아라비아숫자 6자리 작성 후 표기
- 「감독확인」란은 응시자가 작성하지 않으며, 감독확인이 없는 답안지는 무효 처리합니다.
- 답안지는 구기거나 접지 마시고, 절대 낙서하지 마십시오.
- 이중 표기 등 잘못된 기재로 인한 OMR기의 인식 오류는 응시자 책임이므로 주의하시기 바랍니다.

바른 표기	●	잘못된 표기	⊘ ⊘ ⊙ ⊗

- 응시자는 시험시간이 종료되면 즉시 답안작성을 멈춰야 하며, 감독위원의 답안지 제출지시에 불응할 때에는 당해 시험은 무효 처리됩니다.

한국소방안전원
KOREA FIRE SAFETY INSTITUTE

자격시험 및 평가 답안지

▲ 상단 바코드 훼손에 주의합니다.

종목	
유형	Ⓐ Ⓑ Ⓒ Ⓓ
일자	
성명	

수 험 번 호

⓪	⓪	⓪		⓪	⓪	⓪
①	①	①		①	①	①
②	②	②		②	②	②
③	③	③		③	③	③
④	④	④		④	④	④
⑤	⑤	⑤		⑤	⑤	⑤
⑥	⑥	⑥		⑥	⑥	⑥
⑦	⑦	⑦		⑦	⑦	⑦
⑧	⑧	⑧		⑧	⑧	⑧
⑨	⑨	⑨		⑨	⑨	⑨

감독 확인	

문항	정답 (1–10)	문항	정답 (11–20)	문항	정답 (21–30)	문항	정답 (31–40)	문항	정답 (41–50)
1	① ② ③ ④	11	① ② ③ ④	21	① ② ③ ④	31	① ② ③ ④	41	① ② ③ ④
2	① ② ③ ④	12	① ② ③ ④	22	① ② ③ ④	32	① ② ③ ④	42	① ② ③ ④
3	① ② ③ ④	13	① ② ③ ④	23	① ② ③ ④	33	① ② ③ ④	43	① ② ③ ④
4	① ② ③ ④	14	① ② ③ ④	24	① ② ③ ④	34	① ② ③ ④	44	① ② ③ ④
5	① ② ③ ④	15	① ② ③ ④	25	① ② ③ ④	35	① ② ③ ④	45	① ② ③ ④
6	① ② ③ ④	16	① ② ③ ④	26	① ② ③ ④	36	① ② ③ ④	46	① ② ③ ④
7	① ② ③ ④	17	① ② ③ ④	27	① ② ③ ④	37	① ② ③ ④	47	① ② ③ ④
8	① ② ③ ④	18	① ② ③ ④	28	① ② ③ ④	38	① ② ③ ④	48	① ② ③ ④
9	① ② ③ ④	19	① ② ③ ④	29	① ② ③ ④	39	① ② ③ ④	49	① ② ③ ④
10	① ② ③ ④	20	① ② ③ ④	30	① ② ③ ④	40	① ② ③ ④	50	① ② ③ ④

작성시 유의사항

- 시험종목, 시험일자, 성명, 수험번호를 정확하게 기재하여 주십시오.
- 문제지 유형과 수험번호를 검정색 수성사인펜, 볼펜 등으로 바르게 ● 표기하십시오.
  ※ 수험번호는 아라비아숫자 6자리 작성 후 표기
- 「감독확인」란은 응시자가 작성하지 않으며, 감독확인이 없는 답안지는 무효 처리합니다.
- 답안지는 구기거나 접지 마시고, 절대 낙서하지 마십시오.
- 이중 표기 등 잘못된 기재로 인한 OMR기의 인식 오류는 응시자 책임이므로 주의하시기 바랍니다.

바른 표기	●	잘못된 표기	⊘ ⊘ ⊙ ⊗

- 응시자는 시험시간이 종료되면 즉시 답안작성을 멈춰야 하며, 감독위원의 답안지 제출지시에 불응할 때에는 당해 시험은 무효 처리됩니다.

한국소방안전원
KOREA FIRE SAFETY INSTITUTE

자격시험 및 평가 답안지

▲ 상단 바코드 훼손에 주의합니다.

종목	
유형	Ⓐ Ⓑ Ⓒ Ⓓ
일자	
성명	

수 험 번 호

⓪	⓪	⓪	⓪	⓪	⓪
①	①	①	①	①	①
②	②	②	②	②	②
③	③	③	③	③	③
④	④	④	④	④	④
⑤	⑤	⑤	⑤	⑤	⑤
⑥	⑥	⑥	⑥	⑥	⑥
⑦	⑦	⑦	⑦	⑦	⑦
⑧	⑧	⑧	⑧	⑧	⑧
⑨	⑨	⑨	⑨	⑨	⑨

감독 확인	

문항	정 답 (1–10)	문항	정 답 (11–20)	문항	정 답 (21–30)	문항	정 답 (31–40)	문항	정 답 (41–50)
1	① ② ③ ④	11	① ② ③ ④	21	① ② ③ ④	31	① ② ③ ④	41	① ② ③ ④
2	① ② ③ ④	12	① ② ③ ④	22	① ② ③ ④	32	① ② ③ ④	42	① ② ③ ④
3	① ② ③ ④	13	① ② ③ ④	23	① ② ③ ④	33	① ② ③ ④	43	① ② ③ ④
4	① ② ③ ④	14	① ② ③ ④	24	① ② ③ ④	34	① ② ③ ④	44	① ② ③ ④
5	① ② ③ ④	15	① ② ③ ④	25	① ② ③ ④	35	① ② ③ ④	45	① ② ③ ④
6	① ② ③ ④	16	① ② ③ ④	26	① ② ③ ④	36	① ② ③ ④	46	① ② ③ ④
7	① ② ③ ④	17	① ② ③ ④	27	① ② ③ ④	37	① ② ③ ④	47	① ② ③ ④
8	① ② ③ ④	18	① ② ③ ④	28	① ② ③ ④	38	① ② ③ ④	48	① ② ③ ④
9	① ② ③ ④	19	① ② ③ ④	29	① ② ③ ④	39	① ② ③ ④	49	① ② ③ ④
10	① ② ③ ④	20	① ② ③ ④	30	① ② ③ ④	40	① ② ③ ④	50	① ② ③ ④

작성시 유의사항

- 시험종목, 시험일자, 성명, 수험번호를 정확하게 기재하여 주십시오.
- 문제지 유형과 수험번호를 검정색 수성사인펜, 볼펜 등으로 바르게 ● 표기하십시오.
  ※ 수험번호는 아라비아숫자 6자리 작성 후 표기
- 「감독확인」란은 응시자가 작성하지 않으며, 감독확인이 없는 답안지는 무효 처리합니다.
- 답안지는 구기거나 접지 마시고, 절대 낙서하지 마십시오.
- 이중 표기 등 잘못된 기재로 인한 OMR기의 인식 오류는 응시자 책임이므로 주의하시기 바랍니다.

바른 표기	●	잘못된 표기	⊘ ⊘ ⊙ ⊗

- 응시자는 시험시간이 종료되면 즉시 답안작성을 멈춰야 하며, 감독위원의 답안지 제출지시에 불응할 때에는 당해 시험은 무효 처리됩니다.

2025년 기출문제

정답 및 해설은 여기로!
정답 및 해설 p. 2-3

제 **1** 과목

정답 및 해설은 여기로!
정답 및 해설 p. 2-3

01 다음 중 관련 금지행위가 다른 것은?

출제연도 ●
문제 ●

유사문제
23년 문13

교재
35

유사문제부터
풀어보세요.
실력이 팍!팍!
올라갑니다.

① 피난시설, 방화구획 및 방화시설을 폐쇄(잠금 제외)하거나 훼손하는 등의 행위
② 피난시설, 방화구획 및 방화시설의 주위에 물건을 쌓아두거나 장애물을 설치하는 행위
③ 피난시설, 방화구획 및 방화시설의 용도에 장애를 주거나 소방활동에 지장을 주는 행위
④ 그 밖에 피난시설, 방화구획 및 방화시설을 변경하는 행위

02 전기화재 예방요령으로 틀린 것을 모두 고른 것은?

유사문제
24년 문04
22년 문29

교재
88-89

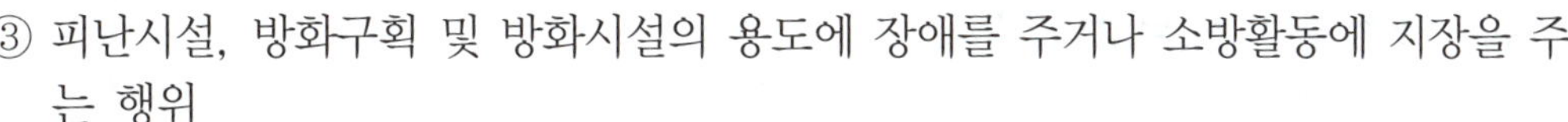

① ㉠, ㉢
② ㉠, ㉣
③ ㉡, ㉢
④ ㉠, ㉢, ㉣

03 다음 중 자기반응성 물질에 해당하는 것은 몇 류 위험물인가?

유사문제
21년 문03
20년 문25

교재
86

① 제2류
② 제3류
③ 제4류
④ 제5류

04 화기취급작업의 일반적인 절차 중 안전조치 업무내용으로 옳지 않은 것은?

교재 79

① 소방시설 작동 확인　　　　② 가연물 이동 및 보호 조치
③ 화재안전교육　　　　　　　④ 관계자 입회

05 나트륨 화재시 적절한 소화방법으로 옳은 것은?

유사문제
23년 문07
22년 문02
22년 문08
21년 문33

① 주수소화
② 마른 모래(건조사)
③ 이산화탄소
④ 분말소화약제

교재 58-59

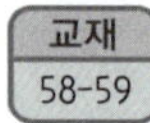

06 햇빛이 유리나 거울에 반사되어 가연성 물질에 장시간 노출시 열이 축적되어 발화하는 현상은 무엇인가?

교재 57

① 전도
② 대류
③ 복사
④ 비화

07 피난층에 대한 뜻이 옳은 것은?

유사문제
24년 문06
22년 문19

① 곧바로 지상으로 갈 수 있는 출입구가 있는 층
② 건축물 중 지상 1층
③ 직접 지상으로 통하는 계단과 연결된 지상 2층 이상의 층
④ 옥상의 지하층으로서 옥상으로 직접 피난할 수 있는 층

교재 34

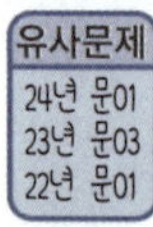

08 다음 중 개구부의 요건이 아닌 것은?

유사문제
24년 문01
23년 문03
22년 문01

① 크기는 지름 50cm 이하의 원이 통과할 수 있을 것
② 해당층의 바닥면으로부터 개구부 밑부분까지의 높이가 1.2m 이내일 것
③ 도로 또는 차량이 진입할 수 있는 빈터를 향할 것
④ 내부 또는 외부에서 쉽게 부수거나 열 수 있는 것

교재 34

09 300만원 이하의 벌금이 아닌 것은?

① 화재안전조사를 정당한 사유 없이 거부·방해 또는 기피한 자
② 소방안전관리자, 총괄소방안전관리자, 소방안전관리보조자를 선임하지 아니한 자
③ 특정소방대상물의 소방안전관리업무를 수행하지 아니한 관계인
④ 소방안전관리자에게 불이익한 처우를 한 관계인

10 다음 보기를 보고 소방안전관리자의 실무교육 최대 이수기한을 고르시오. (단, 강습수료일은 2022년 4월 5일이다.)

[소방안전관리자의 선임신고]

- 소방안전관리자 이름 : OOO
- 선임일자 : 2023년 3월 15일
- 건물면적 : 4800m^2
- 기타 : 아직 실무교육은 받지 않음

① 2023년 9월 4일
② 2024년 4월 4일
③ 2025년 4월 4일
④ 2025년 9월 4일

11 연면적 4500m^2 소방안전관리대상물의 등급 및 소방안전관리보조자 선임인원으로 옳은 것은?

① 1급 소방안전관리대상물, 소방안전관리보조자 선입대상 아님
② 1급 소방안전관리대상물, 소방안전관리보조자 1명
③ 2급 소방안전관리대상물, 소방안전관리보조자 선임대상 아님
④ 2급 소방안전관리대상물, 소방안전관리보조자 1명

12 위험물안전관리자는 며칠 이내로 선임신고를 해야 하는가?

① 15일
② 30일
③ 7일
④ 14일

★★★
13 다음 중 D급 화재에 대한 설명으로 옳지 않은 것은?

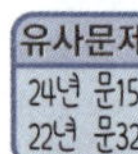

유사문제
23년 문07
22년 문02
22년 문08
21년 문33

교재
58-59

① 금속화재이다.
② 이산화탄소소화약제로 소화가 가능하다.
③ 적응물질로 나트륨이 있다.
④ 마른 모래(건조사)로 소화가 가능하다.

★★
14 주수소화와 이산화탄소소화약제의 공통된 소화방식은 무엇인가?

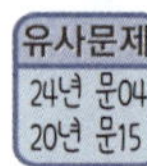

유사문제
24년 문15
22년 문32

교재
63-64

① 질식소화
② 냉각소화
③ 제거소화
④ 부촉매소화

★
15 다음 중 전기화재의 주요 원인으로 옳지 않은 것은?

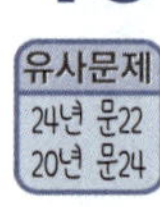

유사문제
24년 문04
20년 문15

교재
88

① 누전
② 과전류(과부하)
③ 과전류차단기 설치
④ 전선단락

★★
16 소방안전관리자를 선임하지 아니하는 특정소방대상물의 관계인의 업무에 해당하지 않는 것은?

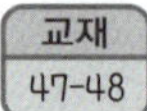

유사문제
24년 문22
20년 문24

교재
47-48

① 화기취급의 감독
② 소방시설 그 밖의 소방관련시설의 관리
③ 자위소방대 및 초기대응체계의 구성·운영·교육
④ 피난시설, 방화구획 및 방화시설의 관리

17 다음 중 점화원에 관한 설명으로 옳지 않은 것은?

① 단열압축 : 기체를 높은 압력으로 압축하면 온도가 상승하는데, 이때 상승한 열에 의한 가연물을 착화시킨다.
② 정전기불꽃 : 물체가 접촉하거나 결합한 후 떨어질 때 양(+)전하와 음(−)전하로 전하의 분리가 일어나 발생한 과잉전하가 물체(물질)에 축적되는 현상
③ 전기불꽃 : 장시간에 집중적으로 에너지가 방사되므로 에너지밀도가 높은 점화원이다.
④ 자연발화 : 물질이 외부로부터 에너지를 공급받지 않아도 온도가 상승하여 발화하는 현상이다.

18 다음 중 3급 소방안전관리자로 선임될 수 없는 사람은? (단, 3급 소방안전관리자 자격증을 받은 경우이다.)

① 소방설비산업기사의 자격이 있는 사람
② 소방설비기사의 자격이 있는 사람
③ 신규임용된 사람
④ 위험물기능사의 자격이 있는 사람

19 공기 중에 산소(체적비)는 약 몇 %가 존재하는가?

① 15
② 18
③ 21
④ 23

20 다음 중 물질이 격렬한 산화반응을 함으로써 열과 빛을 발생하는 현상을 무엇이라 하는가?

① 발화
② 인화
③ 연소
④ 화염

21 공기 중의 산소농도를 15% 이하로 억제함으로써 화재를 소화하는 방법은?

① 제거소화
② 질식소화
③ 냉각소화
④ 억제소화

22 방염에 관한 다음 ( ) 안에 적당한 말로 옳은 것은?

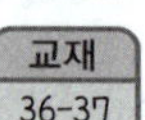

방염성능기준 이상의 실내장식물 등을 설치하여야 하는 장소는 (㉠)이며, 방염대상물품은 (㉡), 노유자시설에 사용하는 침구류는 방염처리된 물품의 사용을 (㉢)할 수 있다.

① ㉠ 종교시설, ㉡ 가상체험 체육시설업에 설치하는 스크린, ㉢ 권장
② ㉠ 근린생활시설, ㉡ 영화상영관에 설치하는 스크린, ㉢ 명령
③ ㉠ 판매시설, ㉡ 가상체험 체육시설업에 설치하는 스크린, ㉢ 권장
④ ㉠ 교육연구시설, ㉡ 영화상영관에 설치하는 스크린, ㉢ 명령

23 다음 중 가연물질이 될 수 있는 것은?

① 헬륨
② 네온
③ 일산화탄소
④ 아르곤

24 한국소방안전원의 업무내용이 아닌 것은?

① 소방기술과 안전관리에 관한 교육 및 조사·연구
② 소방기술과 안전관리에 관한 각종 간행물 발간
③ 행정기관이 위탁하는 업무
④ 소방관계인의 기술향상

25 화재안전조사 결과에 따른 조치명령으로 틀린 것은?

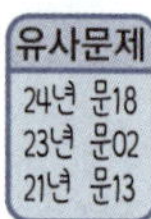

① 재건축
② 개수
③ 이전
④ 제거

제 ② 과목

정답 및 해설은 여기로!
정답 및 해설 p. 2-10

26 다음 소방계획의 주요 원리 및 설명으로 옳지 않은 것은?

유사문제
24년 문32
21년 문46

교재
164

① 포괄적 안전관리 : 모든 형태의 위험을 포괄
② 지속적 발전모델 : 계획, 이행/운영, 모니터링, 개선 4단계의 PDCA Cycle
③ 종합적 안전관리 : 예방 · 대비, 대응, 복구 단계의 위험성 평가
④ 통합적 안전관리 : 협력 및 파트너십 구축, 전원 참여

27 다음 중 심폐소생술(CPR)과 자동심장충격기(AED) 사용 순서로 옳은 것은?

유사문제
24년 문40
24년 문42
23년 문50
22년 문34
22년 문43

교재
281
-286

★★★
28 예비전원 시험스위치 누를시 측정되는 정상 전압계의 범위로 옳은 것은?

유사문제
23년 문34
22년 문28
21년 문32

교재
139

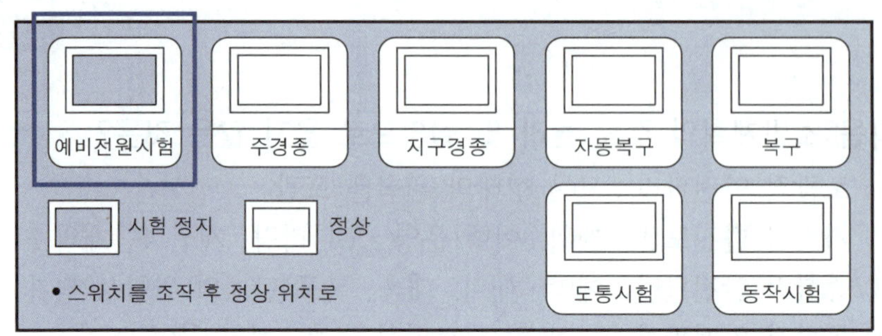

① 5~10V

② 0~5V

③ 12~24V

④ 19~29V

★
29 다음 중 소방교육 및 훈련의 원칙에 해당되지 않는 것은?

유사문제
23년 문29
21년 문41

교재
261
-262

① 목적의 원칙

② 관련성의 원칙

③ 학습자 중심의 원칙

④ 이론의 원칙

★★★
30 화재안전취약자의 장애유형별 피난보조 예시에 관한 사항으로 옳지 않은 것은?

교재
183
-184

① 휠체어 사용자는 평지보다 계단에서 주의가 필요하며, 많은 사람들이 보조하면 피난에 정체현상이 발생하므로 한 명이 보조한다.

② 청각장애인은 표정이나 제스처를 사용한다.

③ 시각장애인은 서로 손을 잡고 질서있게 피난한다.

④ 노약자는 장애인에 준하여 피난보조를 실시한다

★★★ 31 다음 중 그림 A~C에 대한 설명으로 옳지 않은 것은?

유사문제
24년 문29
24년 문36
24년 문47

교재
137
-138

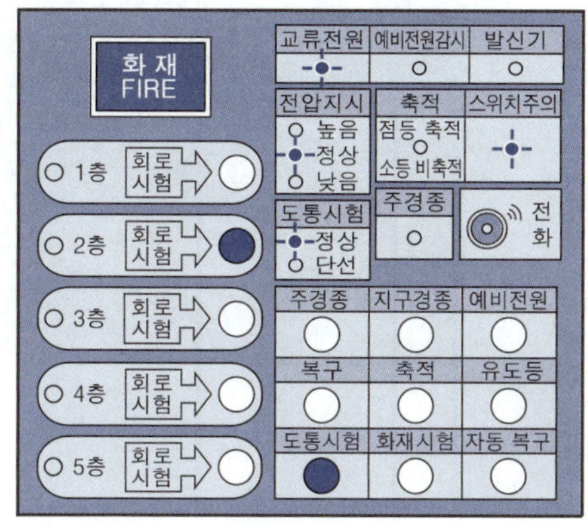

▌그림 A▐

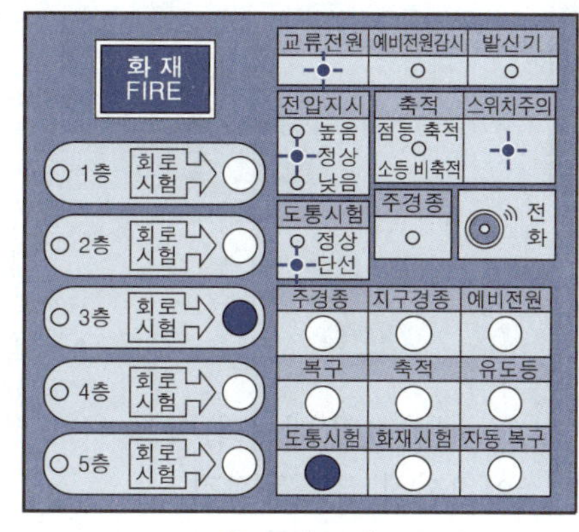

▌그림 B▐

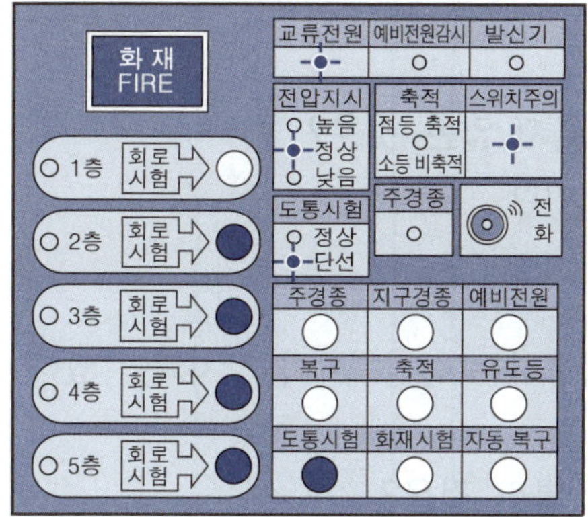

▌그림 C▐

① 그림 A를 봤을 때 2층의 도통시험 결과가 정상임을 알 수 있다.
② 그림 A를 봤을 때 스위치 주의표시등이 점등된 것은 정상이다.
③ 그림 B를 봤을 때 3층의 도통시험 결과 단선임을 알 수 있다.
④ 그림 C를 봤을 때 모든 경계구역은 단선이다.

기출문제 2025

32 다음 사진은 유도등의 점검내용 중 어떤 점검에 해당되는가?

유사문제
24년 문27
21년 문18

교재
157

① 예비전원(배터리)점검
② 3선식 유도등점검
③ 2선식 유도등점검
④ 상용전원점검

33 이산화탄소소화기에 대한 설명으로 옳지 않은 것은?

유사문제
22년 문10

교재
106

① 소화약제의 주성분은 액화탄산가스이다.
② 적응화재는 BC급이다.
③ 제거, 냉각 소화효과가 있다.
④ 밸브 본체에는 일정한 압력에서 작동하는 안전밸브가 장치되어 있다.

34 응급처치의 중요성에 관한 설명으로 틀린 것은?

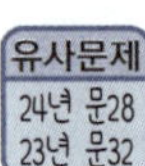
유사문제
24년 문28
23년 문32

교재
273

① 환자의 건강체크와 사전예방
② 긴급한 환자의 생명 유지
③ 환자의 고통 경감
④ 현장처치의 원활화로 의료비 절감

35 작동점검표 작성시 점검 전 준비사항으로 옳지 않은 것은?

교재
292

① 음향장치 및 각 실별 방문점검을 미리 공지
② 점검의 목적과 필요성에 대하여 건물 관계인에게 사전안내
③ 건축물대장을 이용하여 건물개요 확인
④ 협의나 협조받을 건물 관계인 등 연락처를 사전확보

36 ★★

다음 두 건축물의 최소 경계구역수를 합한 값으로 옳은 것은? (단, 건축물 (a)는 내부 전체가 보이는 구조이다.)

유사문제
24년 문23
22년 문24

교재
123

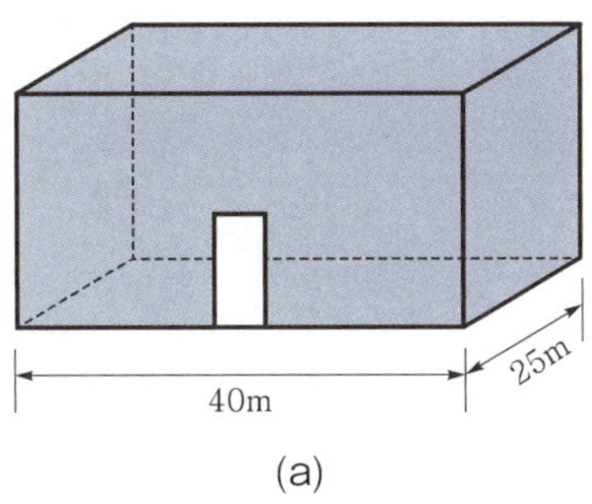

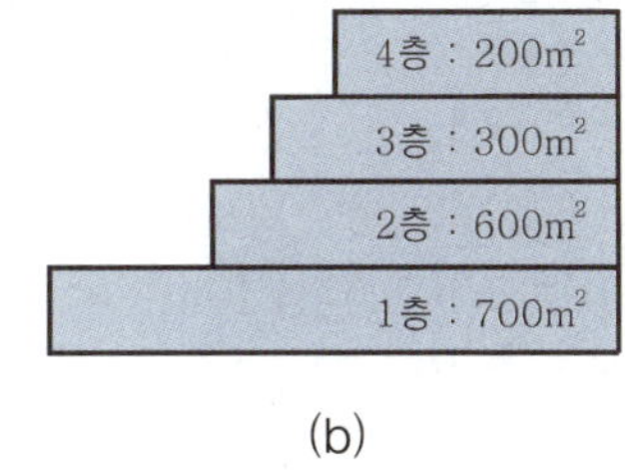

① 3개　　　　　　　② 4개
③ 5개　　　　　　　④ 6개

37 ★★

다음 중 바닥으로부터 1m 이하의 높이에 설치해야 하는 유도등으로 옳은 것은?

유사문제
24년 문10
23년 문20

교재
154
-155

① 피난구유도등, 복도통로유도등
② 계단통로유도등, 거실통로유도등
③ 복도통로유도등, 계단통로유도등
④ 피난구유도등, 거실통로유도등

38 ★★★

다음 분말소화기의 약제의 주성분은 무엇인가?

유사문제
23년 문15
23년 문47
22년 문09
21년 문43

교재
104

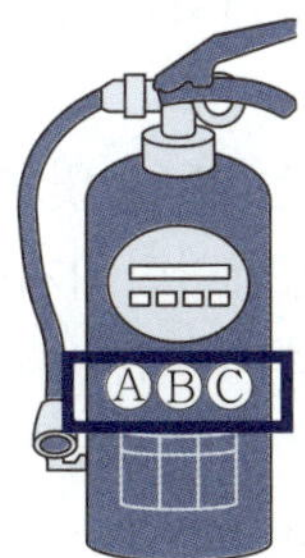

① $NH_4H_2PO_4$

② $NaHCO_3$

③ $KHCO_3$

④ $KHCO_3+(NH_2)_2CO$

39 다음 빈칸에 들어갈 말로 옳은 것은?

유사문제
23년 문15
22년 문36

교재
102,
108

- 소형소화기의 능력단위는 (㉠)단위이고 특정소방대상물의 각 부분으로부터 1개의 소화기까지의 보행거리는 (㉡) 이내이다.
- A급 대형소화기의 능력단위는 (㉢)단위 이상, B급 대형소화기의 능력단위는 (㉣)단위 이상이다.

① ㉠ : 1, ㉡ : 10m, ㉢ : 10, ㉣ : 20
② ㉠ : 1, ㉡ : 20m, ㉢ : 10, ㉣ : 20
③ ㉠ : 10, ㉡ : 10m, ㉢ : 20, ㉣ : 30
④ ㉠ : 10, ㉡ : 20m, ㉢ : 20, ㉣ : 30

40 다음 감지기회로는 어떤 방식으로 연결되었는가?

유사문제
23년 문27
21년 문42

교재
128

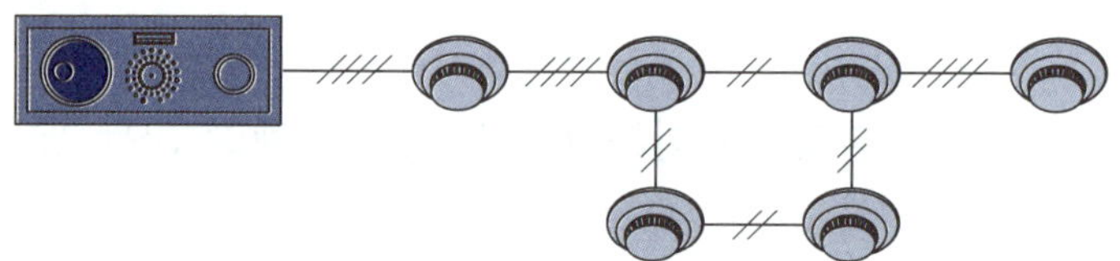

① 송배선식
② 직렬식
③ 병렬식
④ 교차회로방식

41 자위소방대의 초기대응체계 인력편성 및 개별 임무 부여에 관한 사항으로 틀린 것은?

유사문제
24년 문34

교재
173
-174

① 초기대응체계의 인원편성은 휴일 및 야간에 무인경비시스템을 통해 감시하는 경우에는 무인경비회사와 비상연락체계를 구축할 수 있다.
② 각 팀별로 기능에 기초하여 자위소방대원별 개별 임무를 부여한다. 이 경우 대원별 임무를 복수로 하거나 중복하여 지정할 수 없다.
③ 초기대응체계의 인원편성은 근무자의 근무위치, 근무인원 등을 고려하여 편성한다.
④ 초기대응체계의 인원편성은 근무자 또는 대상물관리인 등 상시근무자를 중심으로 구성한다.

42

다음 중 소방시설 등이 신설된 2급 소방안전관리 대상물이다. 소방시설 점검표의 일부를 보고 다음 작동점검과 종합점검을 실시해야 하는 날짜로 옳은 것은? (단, 사용승인일은 2023년 8월 10일이다.)

[ ] 작동점검, 종합점검([✔]최초점검, [ ]그 밖의 종합점검)

소방시설등 자체점검 실시결과 보고서

※ [ ]에는 해당되는 곳에 √표를 합니다.

특정소방 대 상 물	명칭(상호)		대상물 구분(용도)	
	소재지			

점검기간	2023년 10월 4일 ~ 2023년 10월 5일 (총 점검일수 : 2일)			
점검자	[ ]관계인 (성명: , 전화번호:)			
	[ ]소방안전관리자 (성명: , 전화번호:)			
	[ ]소방시설관리업자 (업체명: , 전화번호:)			

점검자	전자우편 송달 동의	「행정절차법」 제14조에 따라 정보통신망을 이용한 문서 송달에 동의합니다.		
		[ ] 동의함 [ ] 동의하지 않음		
		관계인 (서명 또는 인)		
		전자우편 주소 @		

점검인력	구분	성명	자격구분	자격번호	점검참여일(기간)
	주된 점검인력				
	보조 점검인력				
	보조 점검인력				
	보조 점검인력				
	보조 점검인력				
	보조 점검인력				

「소방시설 설치 및 관리에 관한 법률」 제23조 제3항 및 같은 법 시행규칙 제23조 제1항 및 제2항에 따라 위와 같이 소방시설등 자체점검 실시결과 보고서를 제출합니다.

2023년 10월 5일

소방시설관리업자 · 소방안전관리자 · 관계인: 아무개   (서명 또는 인)

① 종합점검 2024년 8월 4일, 작동점검 2025년 2월 3일
② 종합점검 2024년 10월 3일, 작동점검 2024년 4월 4일
③ 종합점검 2024년 4월 4일, 작동점검 미실시
④ 종합점검 미실시, 작동점검 2024년 4월 4일

★★★
43 다음 중 축압식 분말소화기 지시압력계의 정상상태로 옳은 것은?

유사문제
23년 문33
23년 문38
23년 문42
20년 문33

교재
113

① 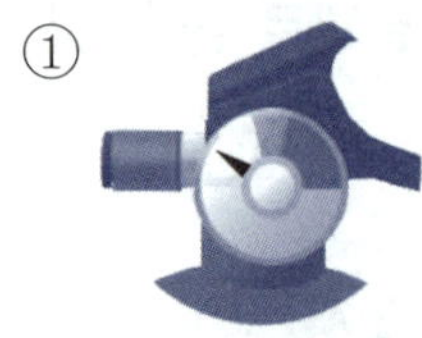

② 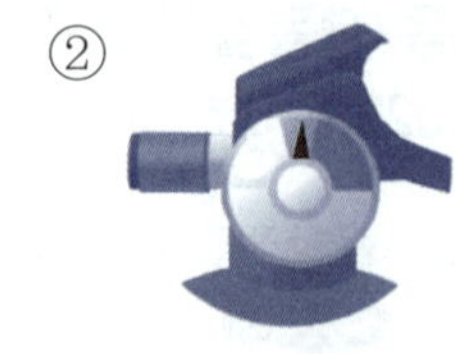

③ 

④ 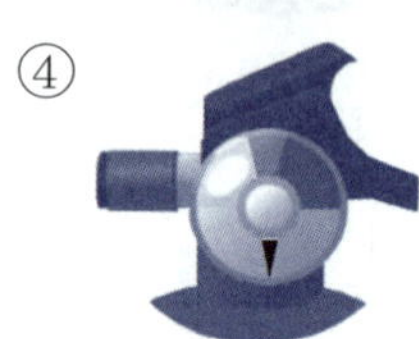

★
44 다음 그림은 기동용 수압개폐장치이다. ㉠, ㉡, ㉢, ㉣의 명칭으로 알맞은 것은?

교재
118

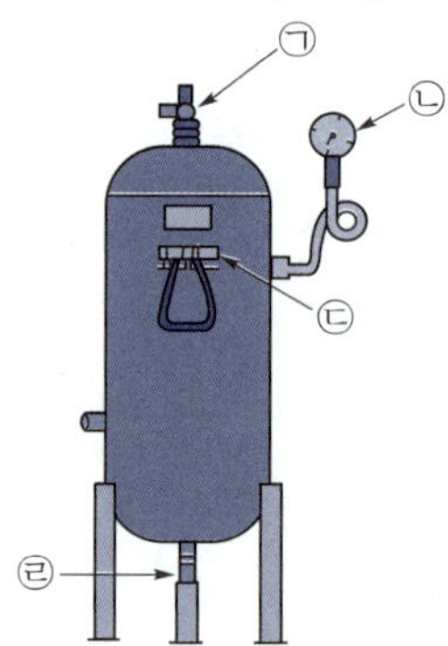

① ㉠ 안전밸브, ㉡ 압력계, ㉢ 압력스위치, ㉣ 배수밸브
② ㉠ 배수밸브, ㉡ 압력계, ㉢ 압력스위치, ㉣ 안전밸브
③ ㉠ 안전밸브, ㉡ 충압계, ㉢ 변동스위치, ㉣ 배수밸브
④ ㉠ 배수밸브, ㉡ 충압계, ㉢ 변동스위치, ㉣ 안전밸브

★★ 45 소화기를 아래 그림과 같이 배치했을 경우, 다음 설명으로 옳지 않은 것은?

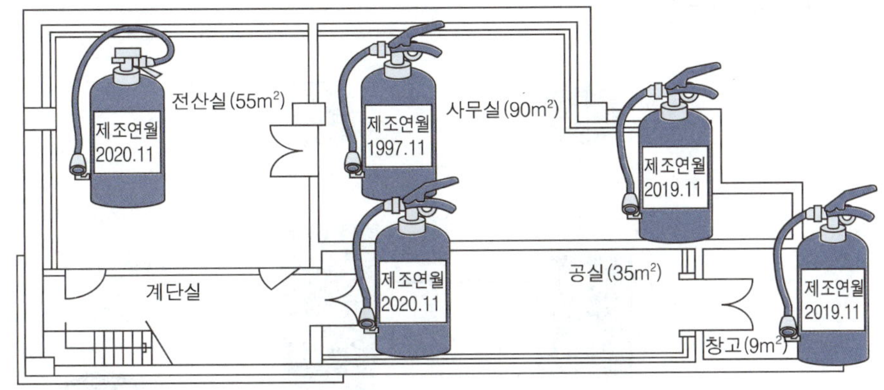

① 전산실 : 소화기의 내용연수가 초과하여 소화기를 교체해야 한다.
② 사무실 : 가압식 소화기는 폐기하여야 하며, 축압식 소화기는 정상이다.
③ 공실 : 소화기 압력미달로 교체하여야 한다.
④ 창고 : 법적으로 면적미달로 소화기 미설치 구역이지만, 비치해도 관계없다.

★★ 46 다음 중 4층 이상의 노유자시설에 설치할 수 있는 피난기구는?

① 피난교
② 미끄럼대
③ 완강기
④ 공기안전매트

★★ 47 다음 조건을 참고하여 2단위 분말소화기의 설치개수를 구하면 몇 개인가?

- 용도 : 근린생활시설
- 바닥면적 : 3000m²
- 구조 : 건축물의 주요구조부가 내화구조이고, 내장마감재는 불연재료로 시공되었다.

① 8개
③ 20개
② 15개
④ 30개

★★ 48 피부는 가죽처럼 매끈하고 화상부위는 건조하고 통증이 없는 화상의 분류는?

① 표피화상
③ 전층화상
② 부분층화상
④ 진피화상

49

유사문제
20년 문20

교재
122

다음은 자동화재탐지설비의 구성도이다. 종단저항을 발신기세트에 설치하였을 때 ㉠의 가닥수는?

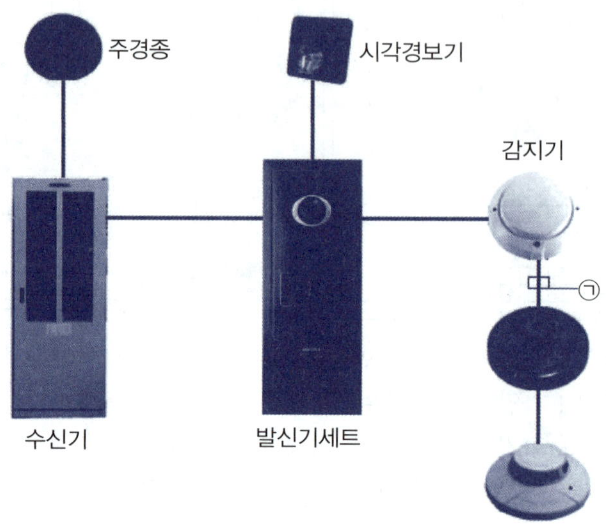

① 1가닥
② 2가닥
③ 3가닥
④ 4가닥

50

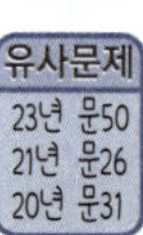
유사문제
23년 문50
21년 문26
20년 문31

교재
273

다음 중 응급처치요령으로 옳지 않은 것은?

① 환자의 입 내에 이물질이 있을 경우 기침을 유도한다.
② 환자의 입 내에 이물질이 눈으로 보일 경우 손을 넣어 제거한다.
③ 이물질이 제거된 후 머리를 뒤로 젖히고, 턱을 위로 들어 올려 기도가 개방되도록 한다.
④ 환자가 기침을 할 수 없는 경우 복부 밀어내기를 실시한다.

2024년 기출문제

정답 및 해설은 여기로!
정답 및 해설 p. 2-19

제 **1** 과목

정답 및 해설은 여기로!
정답 및 해설 p. 2-19

★★★

01 다음 중 무창층의 개념으로 틀린 것은?

유사문제
23년 문03
22년 문01

교재
34

① 크기는 지름 50cm 이하의 원이 통과할 수 있을 것
② 해당층의 바닥면으로부터 개구부 밑부분까지의 높이가 1.2m 이내일 것
③ 내부 또는 외부에서 쉽게 부수거나 열 수 있을 것
④ 도로 또는 차량이 진입할 수 있는 빈터를 향할 것

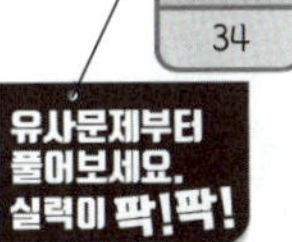

★

02 정온식 스포트형 감지기에 대한 설명으로 옳은 것은?

유사문제
23년 문25
21년 문50

교재
126

① 바이메탈, 감열판 및 접점 등으로 구분한다.
② 주위 온도가 일정 상승률 이상이 되는 경우에 작동한다.
③ 거실, 사무실 등에 사용한다.
④ 감열실, 다이어프램, 리크구멍, 접점 등으로 구분한다.

★★

03 다음 중 자동화재탐지설비에 관한 설명 중 옳은 것은?

유사문제
24년 문47
22년 문28

교재
134
-140

① 예비전원시험시 전압계가 있는 경우 정상일 때 19~29V를 가리킨다.
② 도통시험시 도통시험스위치를 누른 후 바로 단선확인등이 점등되면 회로가 단선된 것이다.
③ 동작시험복구순서 중 가장 먼저 할 일은 자동복구스위치를 누르는 것이다.
④ 동작시험시 동작시험스위치 버튼을 누른 후 회로시험스위치를 돌리며 테스트한다.

★★★

04 전기안전관리상 주요 화재원인이 아닌 것은?

유사문제
25년 문15

교재
88

① 전선의 합선
② 누전
③ 과부하
④ 절연저항

05 실무교육을 받지 아니한 소방안전관리자 및 소방안전관리보조자의 벌칙은?

교재 32

① 300만원 이하의 과태료
② 200만원 이하의 과태료
③ 100만원 이하의 과태료
④ 20만원 이하의 과태료

06 곧바로 지상으로 갈 수 있는 출입구가 있는 층은 무엇인가?

유사문제
25년 문07
22년 문19

교재 34

① 무창층
② 피난층
③ 지하층
④ 지상층

07 다음 중 감열실, 다이어프램, 리크구멍, 접점 등으로 구성된 감지기는?

유사문제
24년 문02
23년 문25

교재 126

① 차동식 스포트형 감지기
② 정온식 스포트형 감지기
③ 차동식 분포형 감지기
④ 정온식 감지선형 감지기

08 소화용수설비에 대한 설명으로 옳은 것은?

유사문제
21년 문04

교재 101

① 화재발생 사실을 통보하는 기계·기구 또는 설비
② 화재가 발생할 경우 피난하기 위하여 사용하는 기구 또는 설비
③ 화재를 진압하는 데 필요한 물을 공급하거나 저장하는 설비
④ 화재를 진압하거나 인명구조활동을 위하여 사용하는 설비

09 다음 중 층수가 17층인 오피스텔의 소방안전관리대상물과 기준이 다른 것은?

유사문제
24년 문13

교재 19-21

① 30층 이상(지하층 포함)인 아파트
② 지상으로부터 높이가 120m 이상인 아파트
③ 연면적 15000m² 이상인 특정소방대상물(아파트 및 연립주택 제외)
④ 가연성 가스를 1000톤 이상 저장·취급하는 시설

10 유도등에 관한 설명으로 옳은 것은?

유사문제
23년 문20

교재 154-155

① 피난구유도등은 바닥으로부터 높이 1.5m 이하에 설치한다.
② 거실통로유도등은 바닥으로부터 높이 1.5m 이상에 설치한다.
③ 복도통로유도등은 바닥으로부터 높이 1.5m 이하에 설치한다.
④ 계단통로유도등은 바닥으로부터 높이 1m 이상에 설치한다.

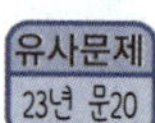

11

어떤 특정소방대상물에 2022년 2월 10일 소방안전관리자로 선임되었다. 실무교육을 언제까지 받아야 하는가?

① 2022년 8월 9일
② 2022년 9월 9일
③ 2023년 2월 10일
④ 2024년 2월 10일

유사문제 25년 문10 | 교재 30

12

ABC급 적응화재의 소화약제 주성분으로 옳은 것은?

① 탄산수소나트륨
② 탄산수소칼륨
③ 제1인산암모늄
④ 요소

유사문제 23년 문15 · 23년 문47 · 21년 문09 | 교재 104

13

2만m^2 특정소방대상물의 소방안전관리자 선임자격이 없는 사람은? (단, 해당 소방안전관리자 자격증을 받은 사람이다.)

① 소방설비기사의 자격이 있는 사람
② 소방설비산업기사의 자격이 있는 사람
③ 소방공무원으로서 7년 이상 근무한 경력이 있는 사람
④ 위험물기능사의 자격이 있는 사람

유사문제 24년 문09 · 23년 문19 · 22년 문23 · 21년 문06 | 교재 20

14

방염성능기준을 적용하지 않아도 되는 곳은?

① 60층 아파트
② 체력단련장
③ 숙박시설
④ 노유자시설

유사문제 22년 문08 · 21년 문08 · 21년 문23 · 21년 문17 | 교재 36

15

물을 이용한 소화방법으로 열을 뺏어 착화온도를 낮추는 방법은?

① 냉각소화
② 질식소화
③ 제거소화
④ 억제소화

유사문제 25년 문21 · 22년 문32 | 교재 63-64

16 다음 중 화재안전조사를 실시할 수 있는 경우가 아닌 것은?

교재 16

① 화재가 자주 발생하였거나 발생할 우려가 뚜렷한 곳에 대한 조사가 필요한 경우
② 재난예측정보, 기상예보 등을 분석한 결과 소방대상물에 화재 발생 위험이 크다고 판단되는 경우
③ 화재, 그 밖의 긴급한 상황이 발생할 경우 인명 또는 재산 피해의 우려가 현저히 낮다고 판단되는 경우
④ 자체점검이 불성실하거나 불완전하다고 인정되는 경우

17 탐지기의 설치위치로 옳은 것은? (단, 가스는 LNG이다.)

유사문제
23년 문11
22년 문03
22년 문15
21년 문10
21년 문22

교재 90-92

① 상단은 바닥면의 상방 30cm 이내에 설치
② 하단은 바닥면의 상방 30cm 이내에 설치
③ 상단은 천장면의 하방 30cm 이내에 설치
④ 하단은 천장면의 하방 30cm 이내에 설치

18 한국소방안전원의 업무내용이 아닌 것은?

유사문제
25년 문24
23년 문02
21년 문13

교재 13

① 소방기술과 안전관리에 관한 교육 및 조사·연구
② 소방관계인의 기술향상
③ 소방안전에 관한 국제협력
④ 소ㅋ방기술과 안전관리에 관한 각종 간행물 발간

19 건물화재성상 중 최성기상태에서 나타나는 현상으로 옳지 않은 것은?

유사문제
22년 문17
22년 문30
22년 문31
21년 문25

교재 60

① 내화구조의 경우 20~30분이 되면 최성기에 이르며 실내온도는 통상 800~1050℃에 달한다.
② 목조건물은 최성기까지 약 10분이 소요되며 실내온도는 1100~1350℃에 달한다.
③ 실내 전체에 화염이 충만해진다.
④ 실내 전체가 화염에 휩싸이는 플래시오버상태로 된다.

20 방염처리물품의 성능검사를 할 때 선처리물품 실시기관으로 옳은 것은?

유사문제
23년 문14

교재 37-38

① 한국소방산업기술원
② 한국소방안전원
③ 시·도지사
④ 관할소방서장

21 제4류 위험물의 일반적인 특성이 아닌 것은?

유사문제
25년 문03
20년 문06
20년 문25

교재
86

① 인화가 용이하다.
② 대부분 물보다 가볍고, 증기는 공기보다 무겁다.
③ 주수소화 불가능한 것이 대부분이다.
④ 착화온도가 높은 것은 위험하다.

22 다음 중 소방안전관리자의 업무가 아닌 것은?

교재
27

① 소방계획서의 작성 및 시행(대통령령으로 정하는 사항 포함)
② 피난시설, 방화구획 및 방화시설의 관리
③ 위험물취급의 감독
④ 소방시설, 그 밖의 소방관련시설의 관리

23 어떤 건축물의 바닥면적이 각각 1층 700m², 2층 600m², 3층 300m², 4층 200m²이다. 이 건축물의 최소 경계구역수는?

유사문제
25년 문36
23년 문24

교재
123

① 3개
② 4개
③ 5개
④ 6개

24 피난구조설비로만 짝지어진 것 중 옳은 것은?

유사문제
22년 문07

교재
100

① 유도등, 누전경보기
② 피난기구, 비상조명등
③ 시각경보기, 인명구조기구
④ 제연설비, 연소방지설비

25 화재의 분류 및 종류에 대한 설명으로 옳지 않은 것은?

유사문제
23년 문07
22년 문08
21년 문33

교재
58-59

① 일반화재 – 일반가연물 – A급
② 유류화재 – 인화성 액체 – B급
③ 가스화재 – 등유 – C급
④ 주방화재 – 식용유 – K급

제 ② 과목

정답 및 해설은 여기로!
정답 및 해설 p. 2-26

★★★ 26 그림의 수신기에 대하여 올바르게 이해하고 있는 사람은?

유사문제
24년 문37
24년 문50
22년 문47
21년 문37

교재
140

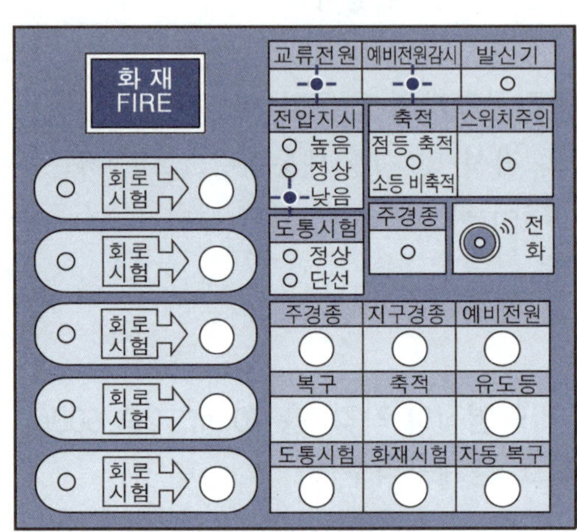

① 김씨 : 현재 전력은 안정적으로 공급되고 있네요.
② 이씨 : 전력공급이 불안정할 때는 예비전원스위치를 눌러서 전원을 공급해야 해.
③ 박씨 : 예비전원 배터리에 문제가 있을 것으로 예상되므로 예비전원을 교체해야 해.
④ 최씨 : 정전, 화재 등 비상시 소방설비가 정상적으로 작동될 거야.

★★★ 27 다음 사진은 유도등의 점검내용 중 어떤 점검에 해당되는가?

유사문제
25년 문32
21년 문18

교재
157

① 예비전원(배터리)점검
② 3선식 유도등점검
③ 2선식 유도등점검
④ 상용전원점검

★★★
28 다음 중 응급처치의 중요성으로 옳지 않은 것은?

<유사문제>
25년 문34
23년 문32

<교재>
273

① 긴급한 환자의 생명 유지
② 환자의 고통을 경감
③ 위급한 부상부위의 응급처치로 치료기간을 단축
④ 병원 내의 처치 원활화로 의료비 절감

★★★
29 다음 중 그림 A~C에 대한 설명으로 옳지 않은 것은?

<유사문제>
25년 문31
24년 문36
24년 문47

<교재>
138

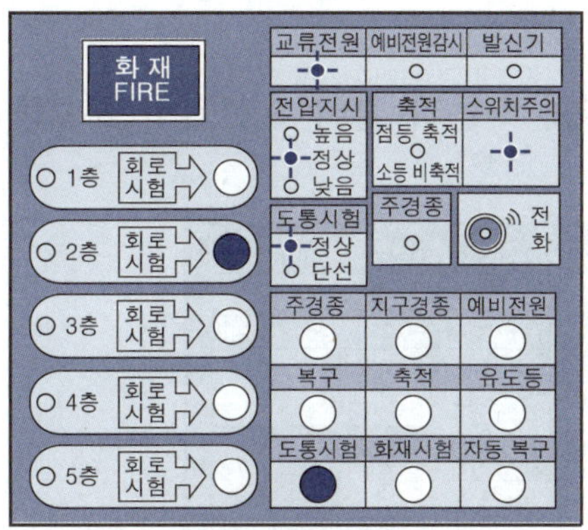

| 그림 A |

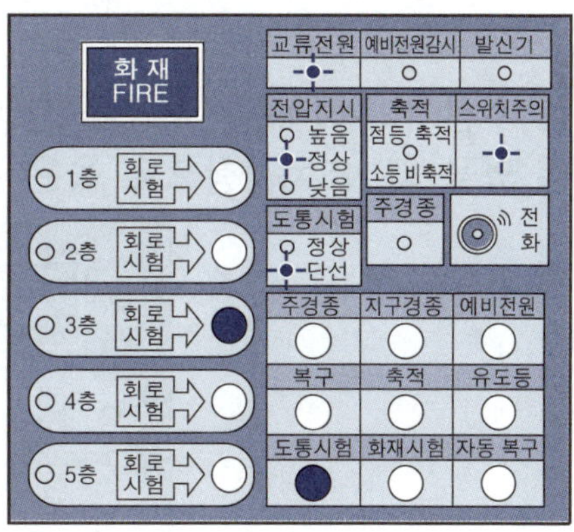

| 그림 B |

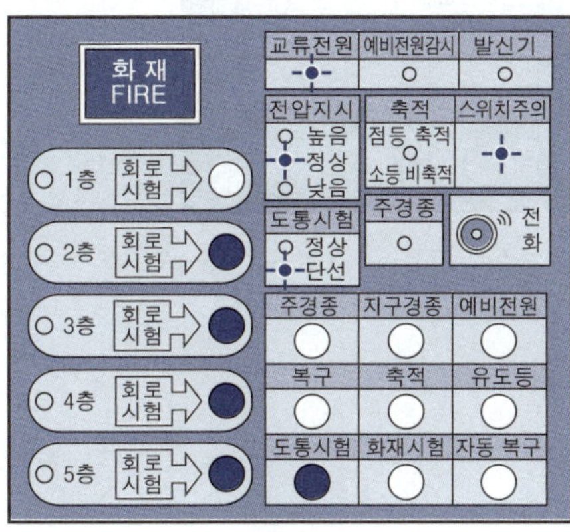

| 그림 C |

① 그림 A를 봤을 때 2층의 도통시험 결과가 정상임을 알 수 있다.
② 그림 A를 봤을 때 스위치 주의표시등이 점등된 것은 정상이다.
③ 그림 B를 봤을 때 3층의 도통시험 결과 단선임을 알 수 있다.
④ 그림 C를 봤을 때 모든 경계구역은 단선이다.

★★★
30 소방계획의 수립절차는 1단계(사전기획), 2단계(위험환경 분석), 3단계(설계·개발) 및 4단계(시행·유지관리)로 구성된다. 다음 2단계(위험환경 분석)에 대한 내용에 해당되는 것을 모두 고른 것은?

유사문제
22년 문33

교재
166

㉠ 위험환경 식별	㉡ 위험환경 분석/평가
㉢ 위험환경 목표/전략 수립	㉣ 위험환경 경감대책 수립

① ㉠, ㉣ ② ㉡, ㉢, ㉣
③ ㉠, ㉡, ㉣ ④ ㉠, ㉡, ㉢, ㉣

★★★
31 수신기의 예비전원시험을 진행한 결과 다음과 같이 수신기의 표시등이 점등되었을 때, 조치사항으로 옳은 것은?

유사문제
23년 문34
22년 문28
21년 문32

교재
134
-140

① 축적스위치를 누름
② 복구스위치를 누름
③ 예비전원 시험스위치 불량 여부 확인
④ 예비전원 불량 여부 확인

★★
32 소방계획의 주요 내용으로 옳지 않은 것은?

유사문제
25년 문26
21년 문46

교재
163
-164

① 소방안전관리대상물의 위치·구조·연면적·용도 및 수용인원 등 일반현황
② 화재예방을 위한 자체점검계획 및 대응대책
③ 소방훈련 및 교육에 관한 계획
④ 화재안전조사에 관한 사항

★★★
33 옥내소화전 방수압력시험에 필요한 장비로 옳은 것은?

유사문제
23년 문39
22년 문48

교재
118

① 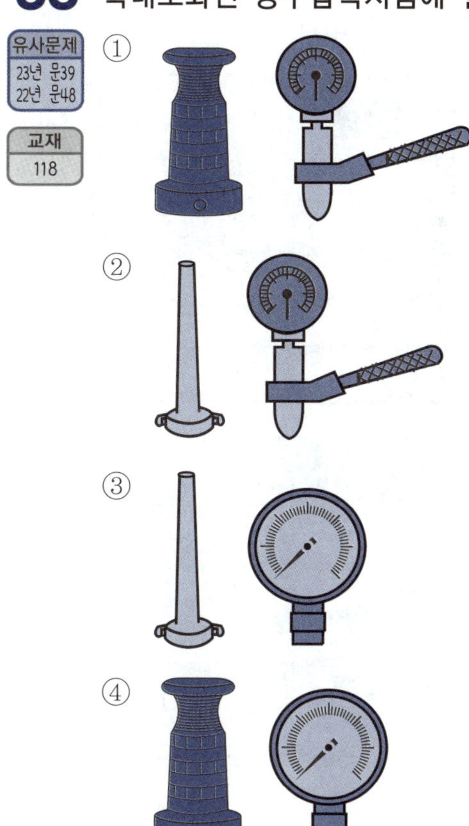

②

③

④

★
34 초기대응체계의 인원편성에 관한 사항으로 틀린 것은?

유사문제
25년 문41

교재
173

① 휴일 및 야간에 무인경비시스템을 통해 감시하는 경우 무인경비회사와 비상연락 체계를 구축할 수 있다.

② 소방안전관리보조자를 운영책임자로 지정한다.

③ 소방안전관리대상물의 근무자의 근무위치, 근무인원 등을 고려하여 편성한다.

④ 초기대응체계편성시 2명 이상은 수신반(또는 종합방재실)에 근무해야 한다.

35 건물 내 2F에서 발신기 오작동이 발생하였다. 수신기의 상태로 볼 수 있는 것으로 옳은 것은? (단, 건물은 직상 4개층 경보방식이다.)

유사문제 22년 문47

교재 136

① 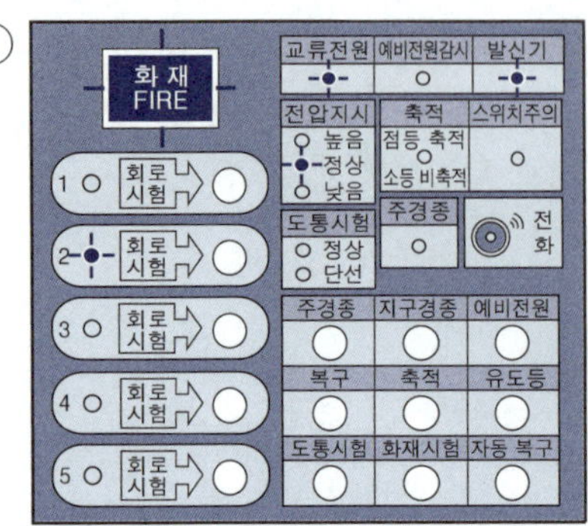

② 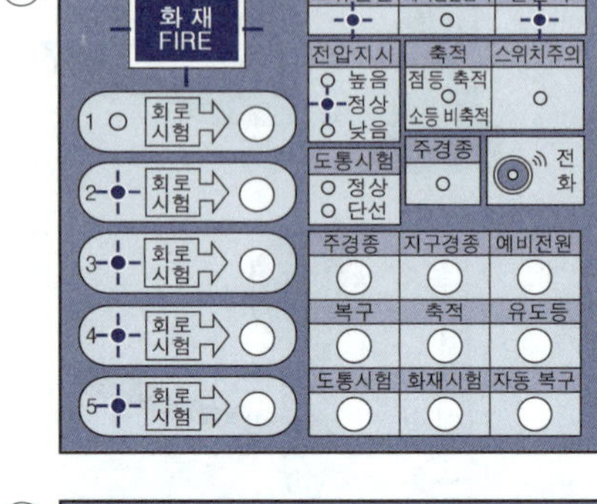

③ 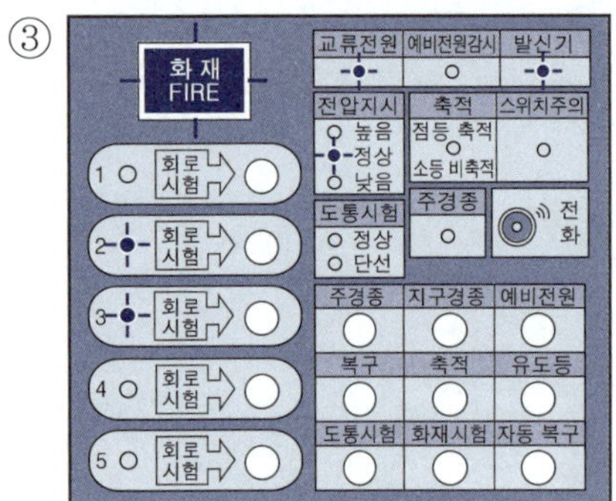

④ 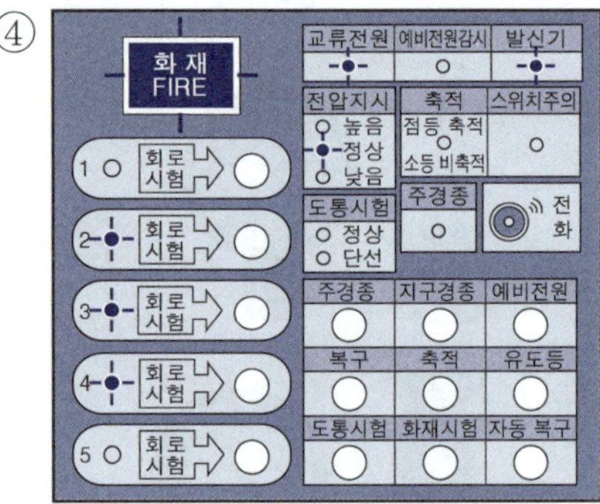

36

그림은 P형 수신기의 도통시험을 위하여 도통시험 버튼 및 회로 3번 시험버튼을 누른 모습이다. 점검표 작성 내용으로 옳은 것은? (단, 회로 1, 2, 4, 5번의 점검결과는 회로 3번 결과와 동일하다.)

유사문제
24년 문29
24년 문47

교재
138

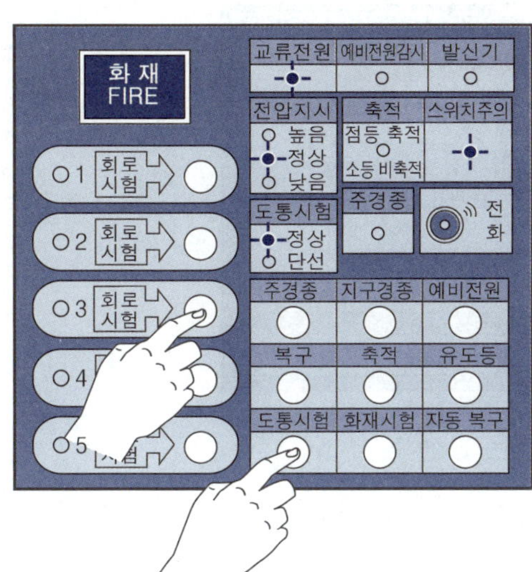

점검항목	점검내용	점검결과	
		결 과	불량내용
수신기 도통시험	회로단선 여부	㉠	㉡

① ㉠ ×, ㉡ 회로 1, 2번의 단선 여부를 확인할 수 없음

② ㉠ ○, ㉡ 이상 없음

③ ㉠ ×, ㉡ 1번 회로 단선

④ ㉠ ○, ㉡ 회로 3번은 정상, 나머지 회선은 단선

37

★★

유사문제
24년 문26
24년 문50
22년 문47
21년 문37

교재
136

그림은 자동화재탐지설비 수신기의 작동 상태를 나타낸 것이다. 보기 중 옳은 것을 있는 대로 고른 것은?

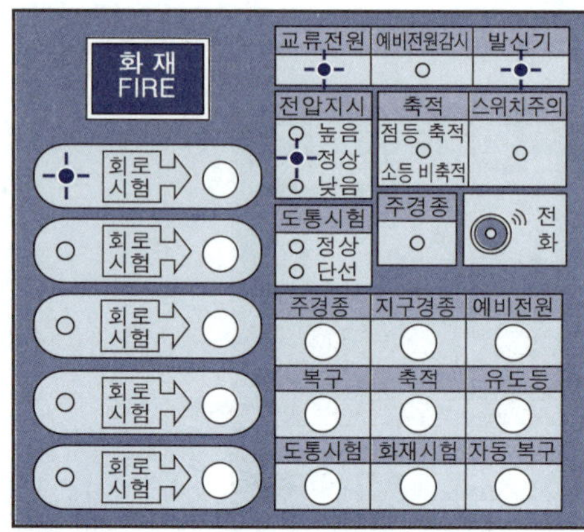

㉠ 도통시험을 실시하고 있으며 좌측 구역은 단선이다.
㉡ 화재통보기기는 발신기이다.
㉢ 스위치주의등이 점멸되지 않는 것은 조작스위치가 눌러져 작동된 상태를 나타낸다.
㉣ 수신기의 전원상태는 이상이 없다.

① ㉠, ㉡   ② ㉡, ㉢
③ ㉢, ㉣   ④ ㉡, ㉣

38

★★★

유사문제
23년 문39
22년 문48

실무교재
82

다음 중 옥내소화전설비의 방수압력 측정조건 및 방법으로 옳은 것은?

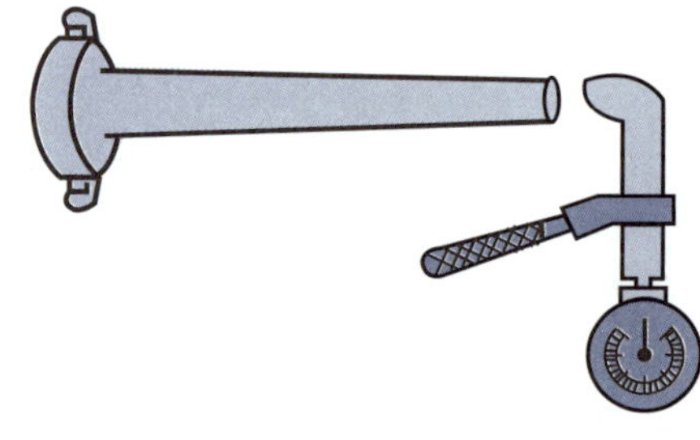

① 반드시 방사형 관창을 이용하여 측정해야 한다.

② 방수압력측정계는 노즐의 선단에서 근접$\left(노즐구경의 \dfrac{1}{2}\right)$하여 측정한다.

③ 방수압력 측정시 정상압력은 0.15MPa 이하로 측정되어야 한다.

④ 방수압력측정계로 측정할 경우 물이 나가는 방향과 방수압력측정계의 각도는 상관없다.

39

다음 옥내소화전(감시 또는 동력)제어반에서 주펌프를 수동으로 기동시키기 위하여 보기에서 조작해야 할 스위치로 옳은 것은? (단, 설비는 정상상태이며 제시된 조건을 제외한 나머지 조건은 무시한다.)

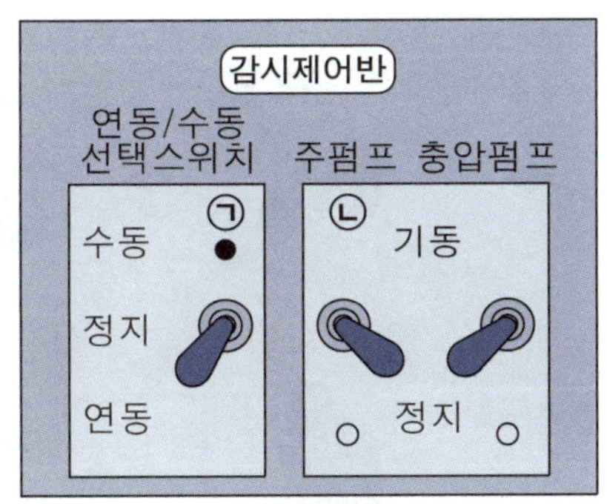

∥감시제어반∥

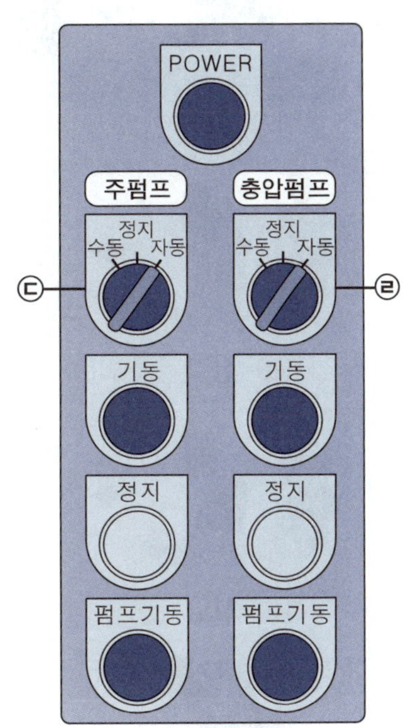

∥동력제어반∥

① ㉠만 수동으로 조작
② ㉠은 연동에 두고 ㉡을 기동으로 조작
③ ㉢을 수동으로 두고 기동버튼 누름
④ ㉣을 수동으로 두고 기동버튼 누름

★★ 40 다음 그림 중 심폐소생술(CPR)과 자동심장충격기(AED) 사용 순서로 옳은 것은?

★★★
41

동력제어반 상태를 확인하여 감시제어반의 예상되는 모습으로 옳은 것은? (단, 현재 감시제어반에서 펌프를 수동 조작하고 있음)

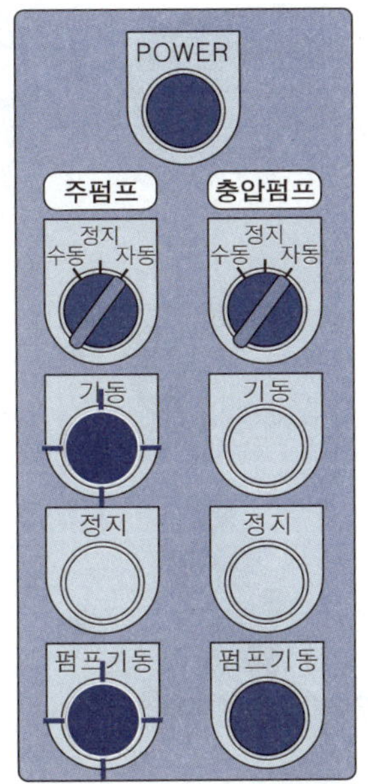

① 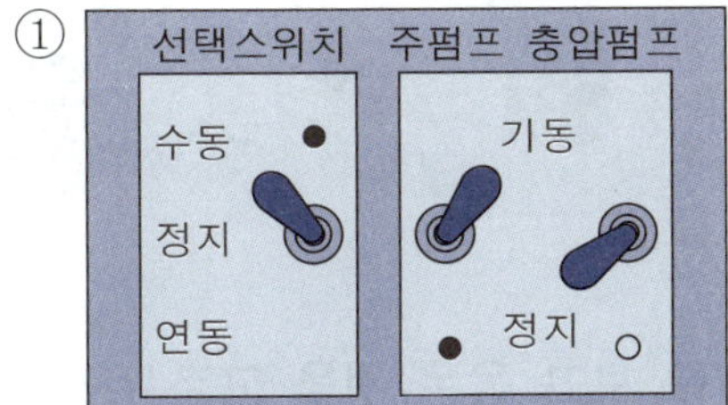

② 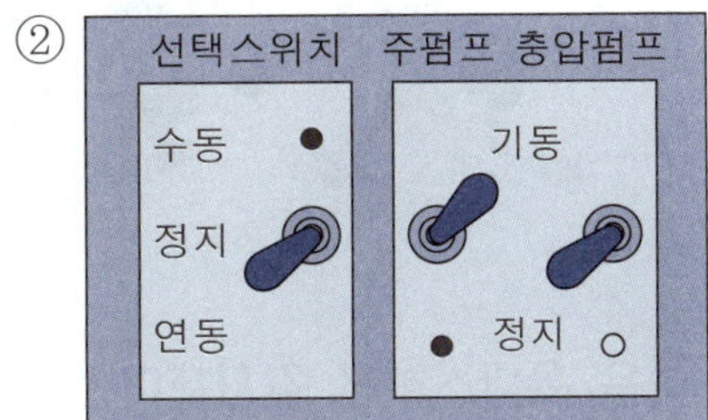

③ 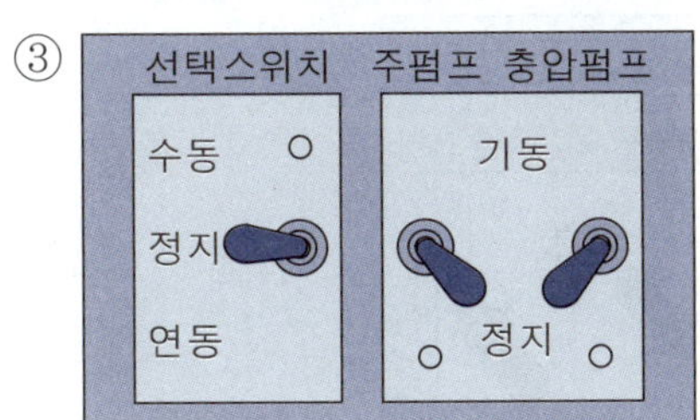

④ 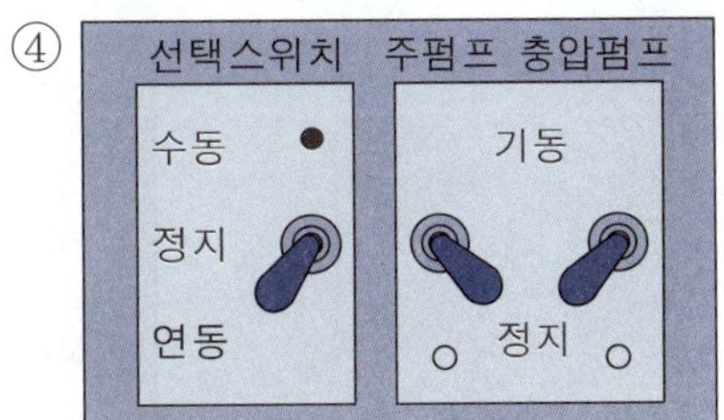

★★

42 다음 그림 중 심폐소생술(CPR) 순서로 옳은 것은?

유사문제
25년 문27
24년 문40

교재
281
-283

★★★

43 다음 옥내소화전 감시제어반 스위치 상태를 보고 옳은 것을 고르시오.

유사문제
23년 문49
22년 문37
22년 문41

실무교재
80

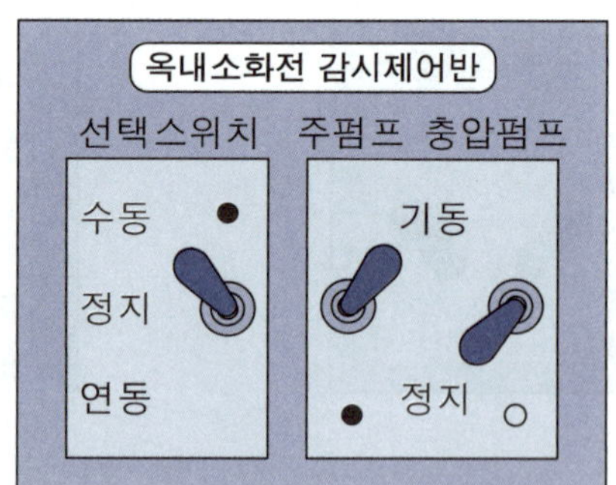

① 충압펌프를 수동으로 기동 중이다.　② 주펌프를 수동으로 기동 중이다.

③ 충압펌프를 자동으로 기동 중이다.　④ 주펌프를 자동으로 기동 중이다.

44 계단감지기 점검시 수신기에 나타나는 모습으로 옳은 것은?

① 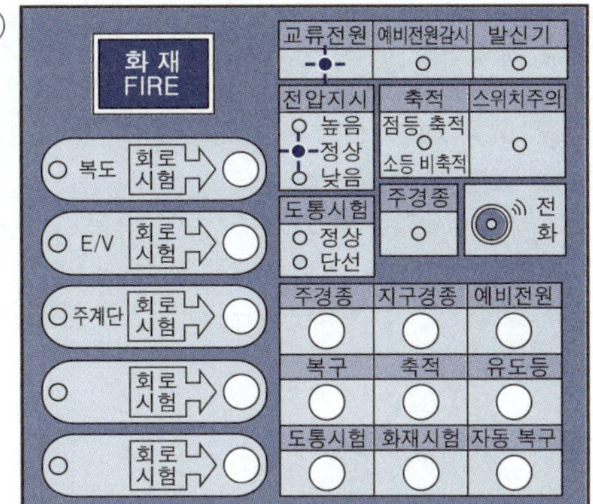

② 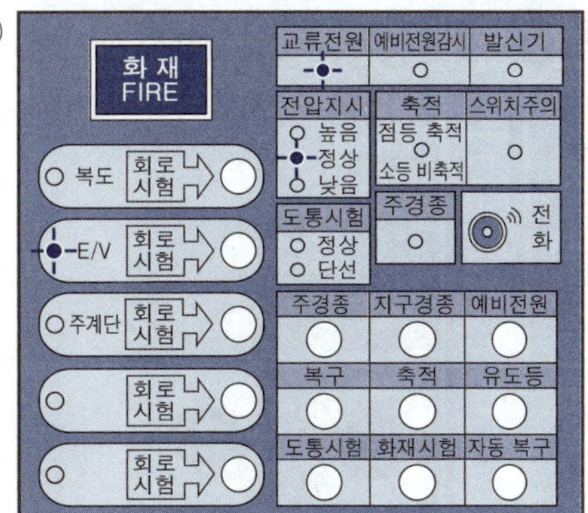

③ 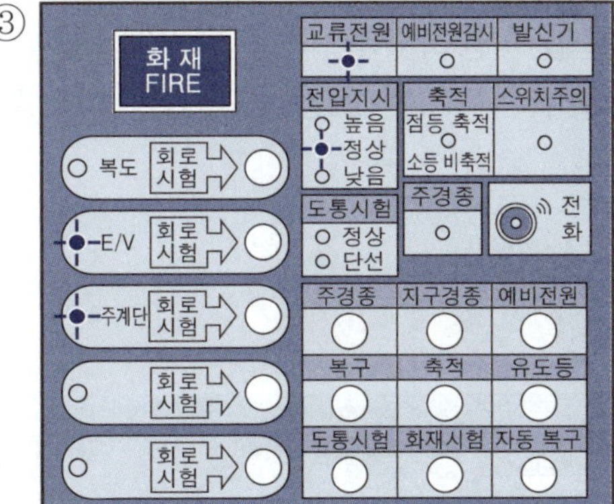

④ 

★★★
45 다음은 인공호흡에 관한 내용이다. 보기 중 옳은 것을 있는 대로 고른 것은?

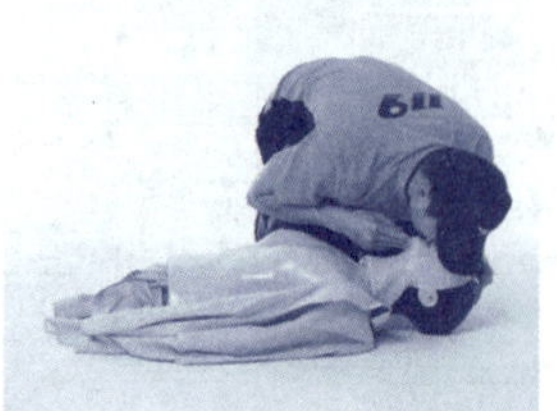

❙인공호흡❙

㉠ 턱을 목 아래쪽으로 내려 공기가 잘 들어가도록 해준다.
㉡ 머리를 젖혔던 손의 엄지와 검지로 환자의 코를 잡아서 막고, 입을 크게 벌려 환자의 입을 완전히 막은 후 가슴이 올라올 정도로 1초에 걸쳐서 숨을 불어 넣는다.
㉢ 숨을 불어 넣을 때에는 환자의 가슴이 부풀어 오르는지 눈으로 확인하고 공기가 배출되도록 해야 한다.
㉣ 인공호흡이 꺼려지는 경우에는 가슴압박만 시행할 수 있다.

① ㉠

② ㉡

③ ㉡, ㉣

④ ㉠, ㉢

★★
46 펌프성능시험을 위해 그림과 같이 펌프를 작동하였다. 다음 그림에 대한 설명으로 옳지 않은 것은? (단, 설비는 정상상태이며 제시된 조건을 제외한 나머지 조건은 무시한다.)

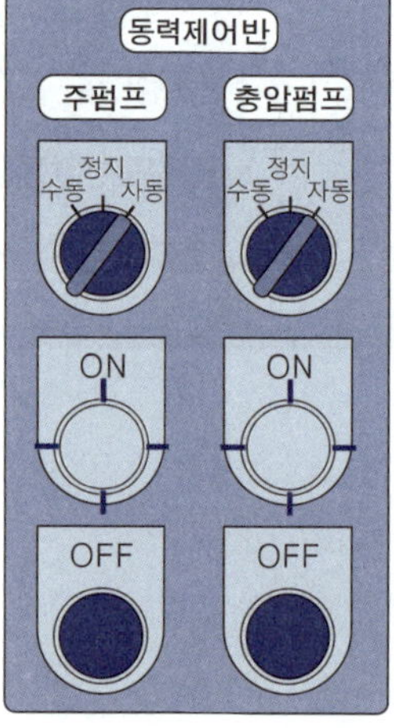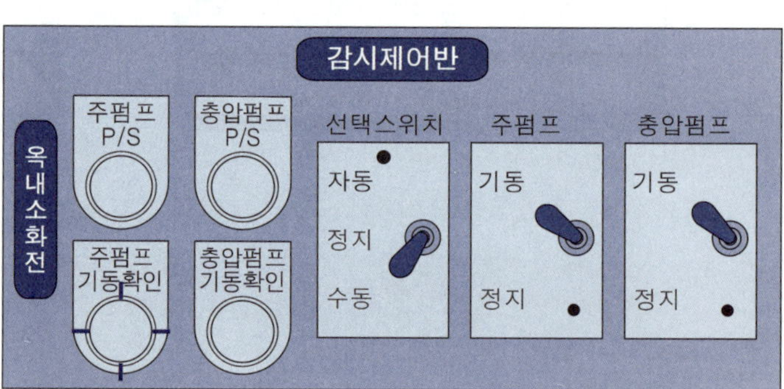

① 기동용 수압개폐장치(압력챔버) 주펌프 압력스위치는 미작동 상태이다.
② 감시제어반의 주펌프 스위치를 정지위치로 내리면 주펌프는 정지한다.
③ 현재 주펌프는 자동으로, 충압펌프는 수동으로 작동하고 있다.
④ 감시제어반 충압펌프 기동확인등이 소등되어 있으므로 불량이다.

★★★ 47 다음 자동화재탐지설비 점검시 5층의 선로 단선을 확인하는 순서로 옳은 것은?

유사문제
24년 문03
24년 문36
22년 문28

교재
136

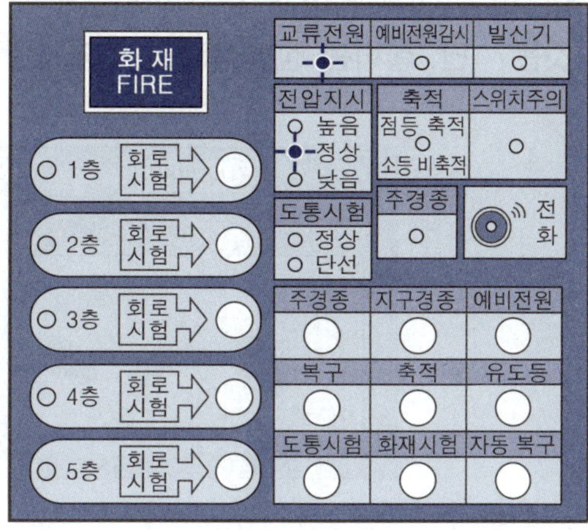

① 주경종 버튼 누름 → 5층 회로시험 누름
② 화재시험 버튼 누름 → 5층 회로시험 누름
③ 축적 버튼 누름 → 5층 회로시험 누름
④ 도통시험 버튼 누름 → 5층 회로시험 버튼 누름

★★★ 48 그림은 옥내소화전 감시제어반 중 펌프제어를 위한 스위치의 예시를 나타낸 것이다. 평상시 및 펌프점검시 스위치 위치에 대한 설명으로 옳은 것만 보기에서 있는대로 고른 것은?

유사문제
23년 문49
22년 문37
22년 문41

실무교재
81

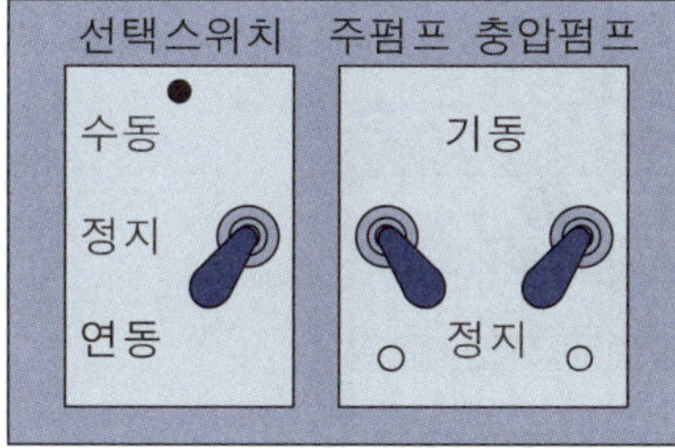

㉠ 평상시 펌프선택스위치는 '수동' 위치에 있어야 한다.
㉡ 평상시 주펌프스위치는 '기동' 위치에 있어야 한다.
㉢ 펌프 수동기동시 펌프 선택스위치는 '수동'에 있어야 한다.

① ㉠   ② ㉢
③ ㉠, ㉡   ④ ㉠, ㉡, ㉢

★★
49

유사문제
23년 문49
23년 문46
22년 문37

실무교재
81

아래와 같이 옥내소화전설비의 감시제어반이 유지되고 있다. 다음 중 주펌프를 수동기동하는 방법(㉠, ㉡, ㉢)과 이때 감시제어반에서 작동되는 음향장치(㉣)를 올바르게 나열한 것은? (단, 설비는 정상상태이며 제시된 조건을 제외한 나머지 조건은 무시한다.)

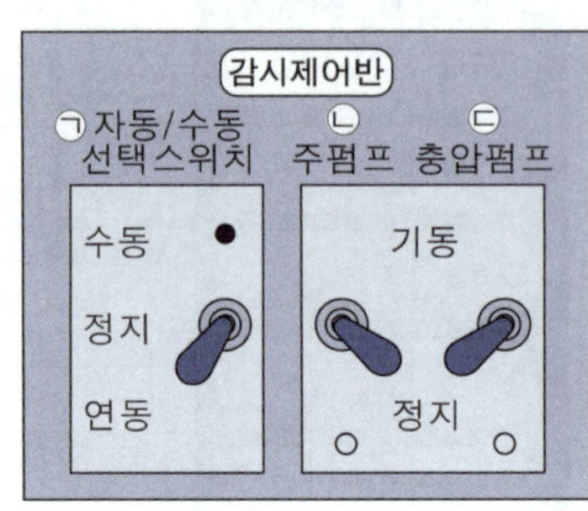

① ㉠ 연동, ㉡ 기동, ㉢ 정지, ㉣ 사이렌
② ㉠ 연동, ㉡ 정지, ㉢ 정지, ㉣ 부저
③ ㉠ 수동, ㉡ 기동, ㉢ 정지, ㉣ 부저
④ ㉠ 수동, ㉡ 기동, ㉢ 정지, ㉣ 사이렌

★★
50

유사문제
24년 문26
24년 문37
22년 문47
21년 문37

교재
136

다음 수신기 그림의 설명 중 옳은 것은?

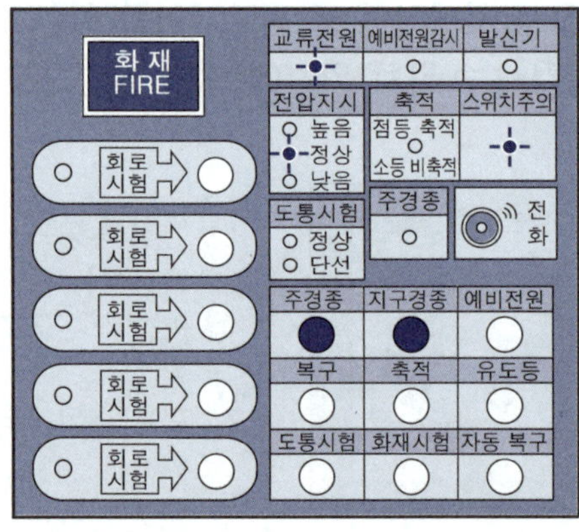

① 스위치 주의표시등이 점등되어 있으므로 119에 신속히 신고한다.
② 스위치 주의표시등이 점등되어 있으므로 화재 위치를 확인하여 조치한다.
③ 스위치 주의표시등이 점등되어 있으므로 스위치 상태를 확인하여 정상위치에 놓는다.
④ 스위치 주의표시등이 점등되어 있으므로 예비전원 상태를 확인한다.

2023년 기출문제

정답 및 해설은 여기로!
정답 및 해설 p. 2-33

제 ① 과목

정답 및 해설은 여기로!
정답 및 해설 p. 2-33

01 소방대상물의 관계인이 아닌 것은?

유사문제
22년 문21

교재
14

① 소유자
② 관리자
③ 감독자
④ 점유자

02 소방기본법에 따른 한국소방안전원의 설립목적 및 업무가 아닌 것은?

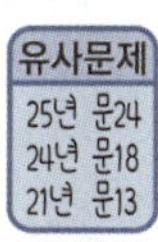

유사문제
25년 문24
24년 문18
21년 문13

교재
13

① 소방기술과 안전관리에 관한 교육
② 위험물안전관리법에 따른 탱크안전성능시험
③ 교육·훈련 등 행정기관이 위탁하는 업무의 수행
④ 소방안전에 관한 국제협력

03 다음 중 무창층의 개구부 요건에 해당하지 않는 것은?

유사문제
24년 문01
22년 문01

교재
34

① 내부 또는 외부에서 쉽게 부수거나 열 수 있을 것
② 해당층의 바닥면으로부터 개구부 밑부분까지의 높이가 1.2m 이내일 것
③ 도로 또는 차량이 진입할 수 있는 빈터를 향할 것
④ 크기는 지름 30cm 이하의 원이 통과할 수 있을 것

04 자체점검(작동점검 또는 종합점검)을 실시한 자는 점검결과를 몇 년간 보관하여야 하는가?

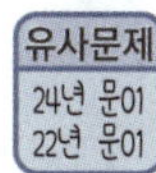

교재
42

① 1년　　　　　　　② 2년
③ 3년　　　　　　　④ 5년

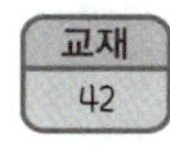

05 가연물질의 구비조건으로 옳은 것은?

교재 54

① 산소와의 친화력이 작다.
② 표면적이 작다.
③ 발열량이 작다.
④ 열전도율이 작다.

06 화재안전조사 항목에 대한 사항으로 틀린 것은?

교재 16-17

① 특정소방대상물 및 관계지역에 대한 강제처분에 관한 사항
② 소방안전관리 업무 수행에 관한 사항
③ 화재의 예방조치 등에 관한 사항
④ 소방시설 등의 자체점검에 관한 사항

07 다음 중 연소 후 재를 남기지 않는 것은?

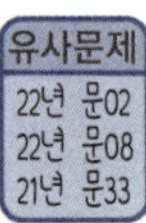
유사문제
22년 문02
22년 문08
21년 문33

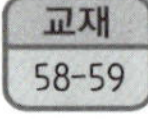
교재 58-59

① 일반화재
② 유류화재
③ 전기화재
④ 주방화재

08 방염성능기준 이상의 실내장식물 등을 설치하여야 하는 장소가 아닌 것은?

유사문제
21년 문23

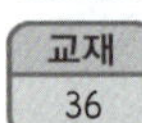
교재 36

① 방송국 및 촬영소
② 문화 및 집회시설
③ 의료시설
④ 11층 이상인 아파트

09 다음 중 300만원 이하의 벌금에 해당하지 않는 것은?

유사문제
25년 문09
22년 문24

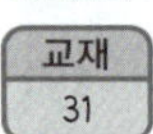
교재 31

① 화재안전조사를 정당한 사유 없이 거부·방해 또는 기피한 자
② 화재예방조치 조치명령을 정당한 사유 없이 따르지 아니하거나 방해한 자
③ 소방안전관리자에게 불이익한 처우를 한 관계인
④ 화재예방안전진단을 받지 아니한 자

10 ( ) 안에 들어갈 말로 옳은 것은?

유사문제
22년 문16

교재
84

> 위험물이란 ( ) 또는 ( ) 등의 성질을 가지는 것으로 대통령령이 정하는 물품이다.

① 발화성 또는 점화성
② 위험성 또는 인화성
③ 인화성 또는 발화성
④ 인화성 또는 점화성

11 액화석유가스(LPG)에 대한 설명으로 옳지 않은 것은?

유사문제
24년 문17
22년 문03
22년 문15
21년 문10
21년 문22

교재
90-92

① 가정용, 공업용으로 주로 사용된다.
② CH_4이 주성분이다.
③ 프로판의 폭발범위는 2.1~9.5%이다.
④ 비중이 1.5~2로 누출시 낮은 곳으로 체류한다.

12 다음 중 단독주택에 설치하는 소방시설은?

교재
35

① 소화기 및 단독경보형 감지기
② 투척용 소화용구
③ 간이소화용구
④ 자동확산소화기

13 다음 중 피난시설, 방화구획 및 방화시설의 금지행위에 해당되지 않는 것은?

유사문제
25년 문01

교재
35

① 방화문에 시건장치를 하여 폐쇄하는 행위
② 방화문에 고임장치(도어스톱) 등을 설치하는 행위
③ 비상구에 물건을 쌓아두는 행위
④ 방화문을 닫아놓은 상태로 관리하는 행위

14 방염처리물품의 성능검사에서 현장처리물품의 실시기관은?

유사문제
24년 문20

교재
37-38

① 관할소방서장
② 한국소방안전원
③ 한국소방산업기술원
④ 성능검사를 받지 않아도 된다.

★★★ 15 소화설비 중 소화기구에 대한 설명으로 옳지 않은 것은?

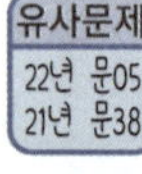

유사문제
24년 문12
23년 문47
23년 문33
22년 문09
22년 문44
21년 문31
21년 문43

교재
104
-105,
109

① 소화기는 각 층마다 설치하고 소형소화기는 특정소방대상물의 각 부분으로부터 1개 소화기까지 보행거리는 20m 이내로 한다.
② ABC급 분말소화기의 주성분은 제1인산암모늄이다.
③ 능력단위가 2단위 이상이 되도록 소화기를 설치하여야 하는 특정소방대상물 또는 그 부분에 있어서는 간이소화용구의 능력단위가 전체 능력단위를 초과하지 않도록 하여야 한다.
④ 소화기의 내용연수는 10년으로 하고 내용연수가 지난 제품은 교체 또는 성능확인을 받아야 한다.

★★ 16 건축물의 주요구조부가 내화구조이고, 벽 및 반자의 실내에 면하는 부분이 불연재료로 된 바닥면적 600m²인 의료시설에 필요한 소화기구의 능력단위는?

유사문제
22년 문05
21년 문38

교재
108

① 2단위
② 3단위
③ 4단위
④ 6단위

★ 17 옥내소화전설비에 대한 설명으로 옳은 것은?

유사문제
24년 문33
24년 문38
23년 문39
22년 문48
21년 문49

실무교재
82

① 옥내소화전(2개 이상인 경우 2개, 고층건축물의 경우 최대 5개)을 동시에 방수할 경우 방수압은 0.17MPa 이상, 0.7MPa 이하가 되어야 한다.
② 옥내소화전(2개 이상인 경우 2개, 고층건축물의 경우 최대 5개)을 동시에 방수할 경우 방수량은 350L/min 이상이어야 한다.
③ 방수구는 바닥으로부터 0.8m~1.5m 이하의 위치에 설치한다.
④ 옥내소화전설비의 호스의 구경은 25mm 이상의 것을 사용하여야 한다.

★ 18 30층 미만인 어느 건물에 옥내소화전이 1층에 6개, 2층에 4개, 3층에 4개가 설치된 소방대상물의 최소수원의 양은?

교재
118

① 2.6m³
② 5.2m³
③ 10.8m³
④ 13m³

19 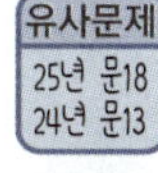

유사문제
25년 문18
24년 문13

교재
20

1급 소방안전관리대상물의 소방안전관리자로 선임될 수 없는 사람은?(단, 해당 소방안전관리자 자격증을 받은 경우이다.)

① 소방설비기사
② 소방설비산업기사
③ 소방공무원으로 7년간 근무한 경력이 있는 사람
④ 위험물기능장

20 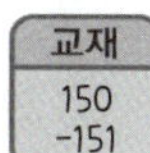

유사문제
25년 문37
24년 문10

교재
154
-155

거실통로유도등의 설치높이는?

① 바닥으로부터 높이 1m 이하에 설치
② 바닥으로부터 높이 1m 이상에 설치
③ 바닥으로부터 높이 1.5m 이하에 설치
④ 바닥으로부터 높이 1.5m 이상에 설치

21 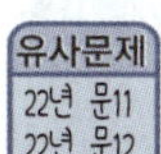

교재
150
-151

인명구조기구로 옳지 않은 것은?

① 방열복
② 인공소생기
③ 방화복
④ 자동심장충격기(AED)

22 

유사문제
22년 문11
22년 문12

교재
146

완강기의 구성부품이 아닌 것은?

① 속도조절기
② 체인
③ 벨트
④ 로프

23 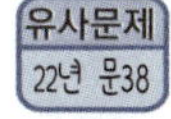

유사문제
22년 문38

교재
137

전압계가 있는 P형 수신기의 회로도통시험 중 전압계의 정상 지시치는?

① 0~3V
② 4~8V
③ 12~18V
④ 19~29V

★★★ 24

어느 건축물의 바닥면적이 각각 1층 700m^2, 2층 600m^2, 3층 300m^2, 4층 200m^2 이다. 이 건축물의 최소 경계구역수는?

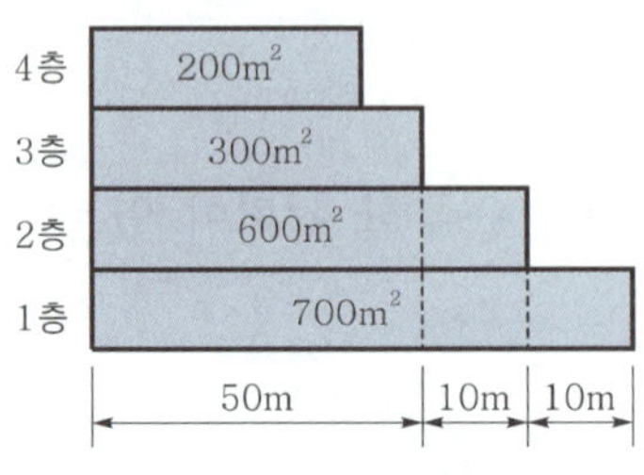

① 2개   ② 3개
③ 4개   ④ 5개

★ 25

주방에 설치하는 감지기는?

① 차동식 스포트형 감지기
② 이온화식 스포트형 감지기
③ 정온식 스포트형 감지기
④ 광전식 스포트형 감지기

제 ② 과목

정답 및 해설은 여기로!
정답 및 해설 p. 2-40

★ 26

주요구조부가 내화구조인 4m 미만의 소방대상물의 제1종 정온식 스포트형 감지기의 설치 유효면적은?

① 60m^2 ② 70m^2
③ 80m^2 ④ 90m^2

★ 27

도통시험을 용이하게 하기 위한 감지기 회로의 배선방식은?

① 송배선식
② 비접지 배선방식
③ 3선식 배선방식
④ 교차회로 배선방식

28 비화재보의 원인과 대책으로 옳지 않은 것은?

① 원인 : 천장형 온풍기에 밀접하게 설치된 경우
　대책 : 기류흐름 방향 외 이격·설치
② 원인 : 담배연기로 인한 연기감지기 작동
　대책 : 흡연구역에 환풍기 등 설치
③ 원인 : 청소불량(먼지·분진)에 의한 감지기 오작동
　대책 : 내부 먼지 제거 후 복구스위치 누름 또는 감지기 교체
④ 원인 : 주방에 비적응성 감지기가 설치된 경우
　대책 : 적응성 감지기(차동식 감지기)로 교체

29 다음 중 소방교육 및 훈련의 원칙으로 옳은 것은?

① 화재예방의 원칙
② 국가자격 취득의 목적
③ 실습의 원칙
④ 사고예방의 원칙

30 다음 중 3층인 노유자시설에 적합하지 않은 피난기구는?

① 미끄럼대
② 구조대
③ 피난교
④ 완강기

31 객석통로의 직선부분의 길이가 70m인 경우 객석유도등의 최소 설치개수는?

① 14개　　② 15개
③ 16개　　④ 17개

32 응급처치의 중요성이 아닌 것은?

① 지병의 예방과 치유
② 환자의 고통을 경감
③ 치료기간 단축
④ 긴급한 환자의 생명 유지

★★★
33 다음 그림의 소화기를 점검하였다. 점검결과에 대한 내용으로 옳은 것은?

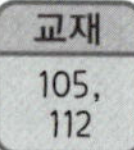

유사문제
23년 문15
22년 문44
21년 문31

교재
105,
112

주의사항
1. 매월 1회 이상 지시압력계의 바늘이 정상위치에 있는가를 확인
2. 소화기 설치시에는 태양의 직사 고온다습의 장소를 피한다.
3. 사용시에는 바람을 등지고 방사하고 사용 후에는 내부약제를 완전 방출하여야 한다.
4. 사람을 향하여 방사하지 마십시오.
※ 소화약제 물질 안전자료 관련정보(MSDS정보) ① 위험물질 정보(0.1% 초과시 목록) : 없음 ② 내용물의 5%를 초과하는 화학물질목록 : 제1인산암모늄, 석분 ③ 위험한 약제에 관한 정보 : 폐자극성 분진

제조연월	2008.06

번 호	점검항목	점검결과
1-A-007	○ 지시압력계(녹색범위)의 적정 여부	㉠
1-A-008	○ 수동식 분말소화기 내용연수(10년) 적정 여부	㉡

설비명	점검항목	불량내용
소화설비	1-A-007	㉢
	1-A-008	

① ㉠ ×, ㉡ ○, ㉢ 약제량 부족

② ㉠ ○, ㉡ ○, ㉢ 없음

③ ㉠ ×, ㉡ ×, ㉢ 약제량 부족, 내용연수 초과

④ ㉠ ○, ㉡ ×, ㉢ 내용연수 초과

★★★
34

P형 수신기 예비전원시험(전압계 방식)을 하기 위해 예비전원버튼을 눌렀을 때 전압계가 다음과 같이 지시하였다. 다음 중 옳은 설명은?

유사문제
24년 문26
24년 문31
22년 문28
21년 문32
21년 문37

교재
139

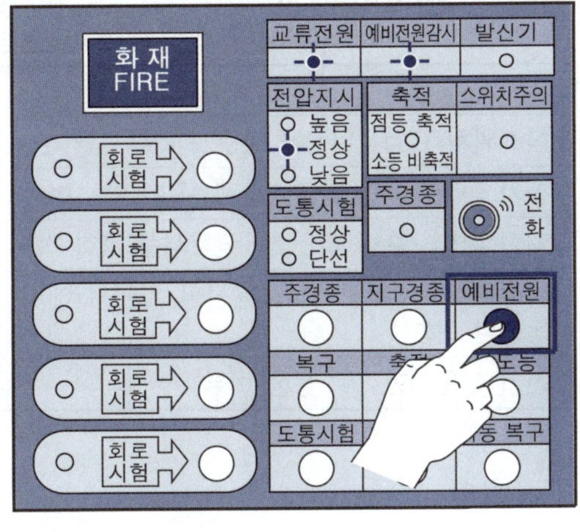

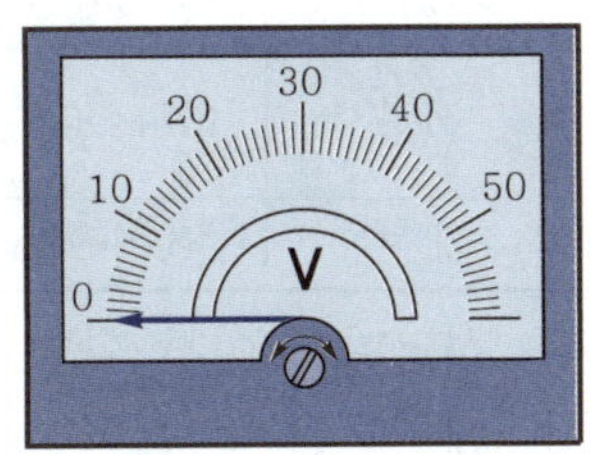

① 예비전원이 정상이다.
② 예비전원이 불량이다.
③ 교류전원을 점검하여야 한다.
④ 예비전원전압이 과도하게 높다.

★★★
35

심폐소생술 가슴압박의 위치로 옳은 것은?

유사문제
24년 문45
23년 문40
23년 문50
21년 문45

교재
282

① 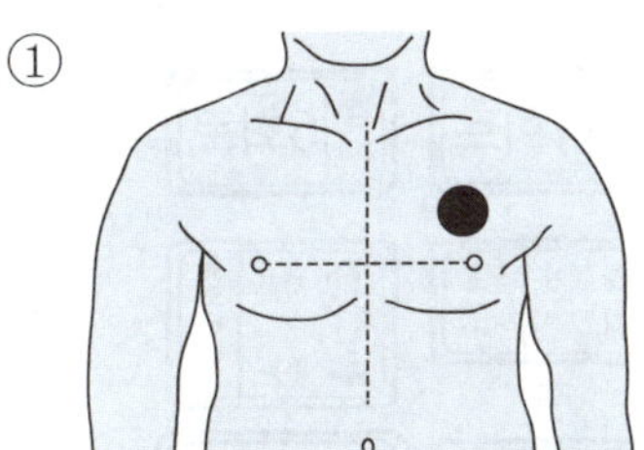

② 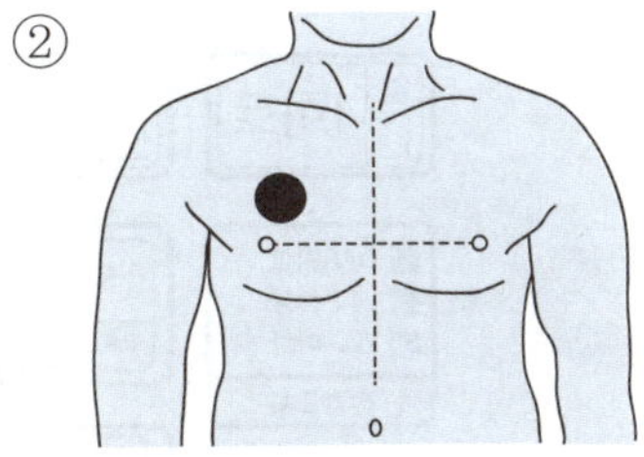

③ 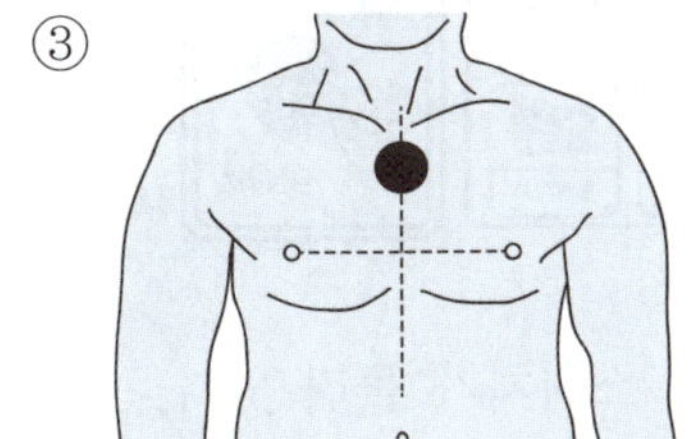

④ 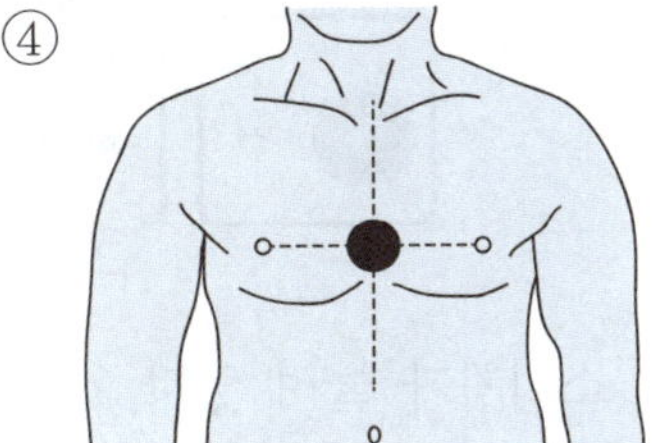

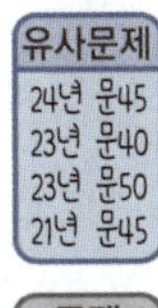
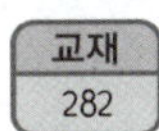

★★★ 36

교재 299

김소방씨는 어느 건물에 자동화재탐지설비의 작동점검을 한 후 작동점검표에 점검결과를 다음과 같이 작성하였다. 점검항목에 '조작스위치가 정상위치에 있는지 여부'는 어떤 것을 확인하여 알 수 있었겠는가?

자동화재탐지설비   (양호○, 불량×, 해당 없음/)

구 분	점검번호	점검항목	점검결과
수신기	15-B-002	● 조작스위치가 정상위치에 있는지 여부	○
	15-B-006	● 수신기 음향기구의 음량 · 음색 구별 가능 여부	○
감지기	15-D-009	● 감지기 변형 · 손상 확인 및 작동시험 적합 여부	○
전원	15-H-002	● 예비전원 성능 적정 및 상용전원 차단시 예비전원 자동전환 여부	×
배선	15-I-003	● 수신기 도통시험회로 정상 여부	○

① 회로단선 여부 확인

② 예비전원 및 예비전원감시등 확인

③ 교류전원감시등 확인

④ 스위치주의등 확인

★★★ 37

유사문제 21년 문15

교재 133

수신기 점검시 1F 발신기를 눌렀을 때 건물 어디에서도 경종(음향장치)이 울리지 않았다. 이때 수신기의 스위치 상태로 옳은 것은?

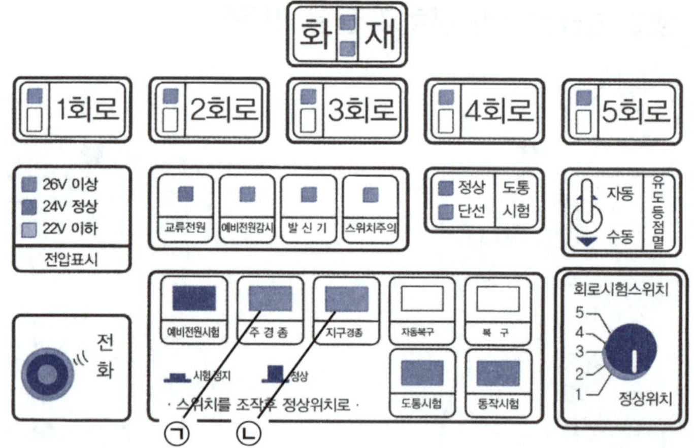

① ㄱ 스위치가 눌려 있다.　　　　② ㄴ 스위치가 눌려 있다.

③ ㄱ, ㄴ 스위치가 눌려 있다.　　④ 스위치가 눌려있지 않다.

38 다음 소화기 점검 후 아래 점검 결과표의 작성(㉠~㉢순)으로 가장 적합한 것은?

유사문제
23년 문33
23년 문42
22년 문09
22년 문40
22년 문44
21년 문48

교재
112

번 호	점검항목	점검결과
1-A-006	○ 소화기의 변형손상 또는 부식 등 외관의 이상 여부	㉠
1-A-007	○ 지시압력계(녹색범위)의 적정 여부	㉡

설비명	점검항목	불량내용
소화설비	1-A-007	㉢
	1-A-008	

① ㉠ ○, ㉡ ×, ㉢ 약제량 부족
② ㉠ ○, ㉡ ×, ㉢ 외관부식, 호스파손
③ ㉠ ×, ㉡ ○, ㉢ 외관부식, 호스파손
④ ㉠ ×, ㉡ ○, ㉢ 약제량 부족

39 옥내소화전 방수압력시험에 필요한 장비로 옳은 것은?

유사문제
24년 문33
24년 문38
22년 문48
21년 문49

① 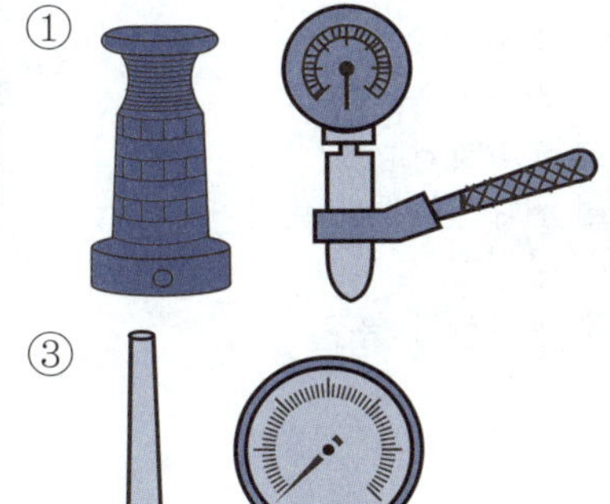

② 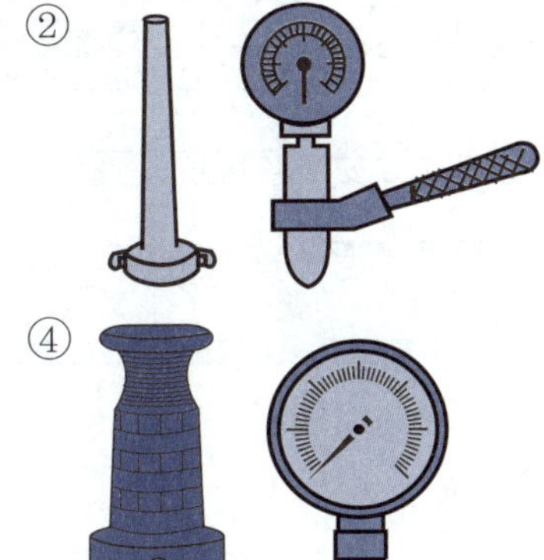

③

④

40 환자를 발견 후 그림과 같이 심폐소생술을 하고 있다. 이때 올바른 속도와 가슴압박 깊이로 옳은 것은?

유사문제
23년 문35
23년 문50

교재
282

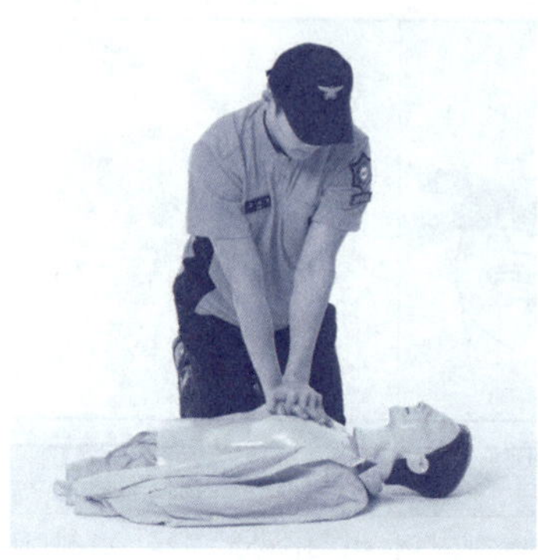

① 속도 : 40~60회/분, 압박 깊이 : 1cm
② 속도 : 40~60회/분, 압박 깊이 : 5cm
③ 속도 : 100~120회/분, 압박 깊이 : 1cm
④ 속도 : 100~120회/분, 압박 깊이 : 5cm

41 그림의 수신기가 비화재보인 경우, 화재를 복구하는 순서로 옳은 것은?

교재
143

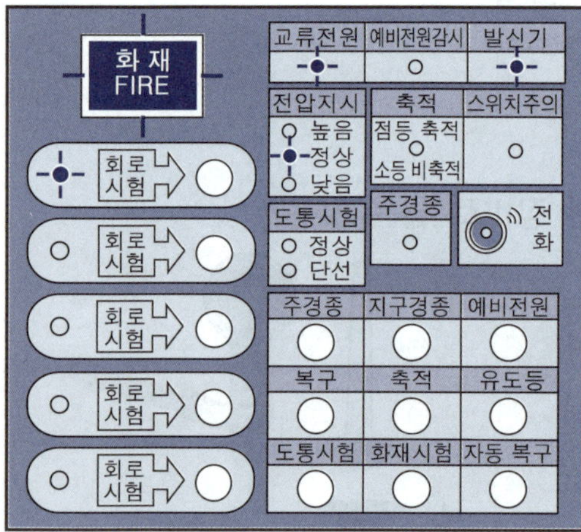

㉠ 수신기 확인
㉡ 수신반 복구
㉢ 음향장치 정지
㉣ 실제 화재 여부 확인
㉤ 발신기 복구
㉥ 음향장치 복구

① ㉠ – ㉣ – ㉢ – ㉤ – ㉥ – ㉡
② ㉠ – ㉣ – ㉢ – ㉤ – ㉡ – ㉥
③ ㉣ – ㉠ – ㉤ – ㉢ – ㉡ – ㉥
④ ㉣ – ㉠ – ㉢ – ㉤ – ㉡ – ㉥

★★★
42 다음 그림의 축압식 분말소화기 지시압력계에 대한 설명으로 옳은 것은?

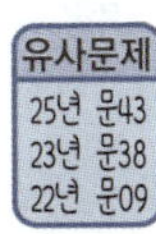
유사문제
25년 문43
23년 문38
22년 문09

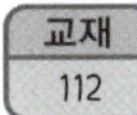
교재
112

① 압력이 부족한 상태이다.
② 압력이 0.7MPa을 가리키게 되면 소화기를 교체하여야 한다.
③ 지시압력이 0.7~0.98MPa에 위치하고 있으므로 정상이다.
④ 소화약제를 정상적으로 방출하기 어려울 것으로 보인다.

★
43 종합점검 중 주펌프 성능시험을 위하여 주펌프만 수동으로 기동하려고 한다. 감시제어반의 스위치 상태로 옳은 것은?

유사문제
23년 문46
23년 문49
22년 문37

실무교재
81

① 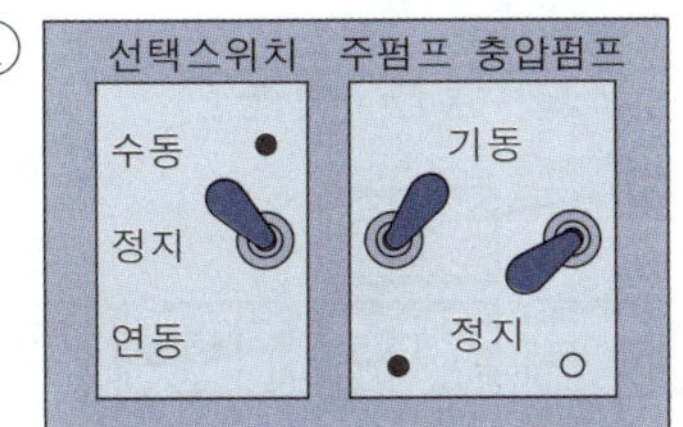

② 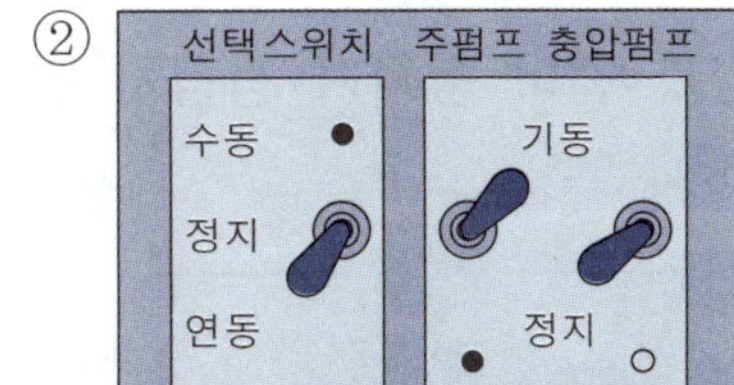

③ 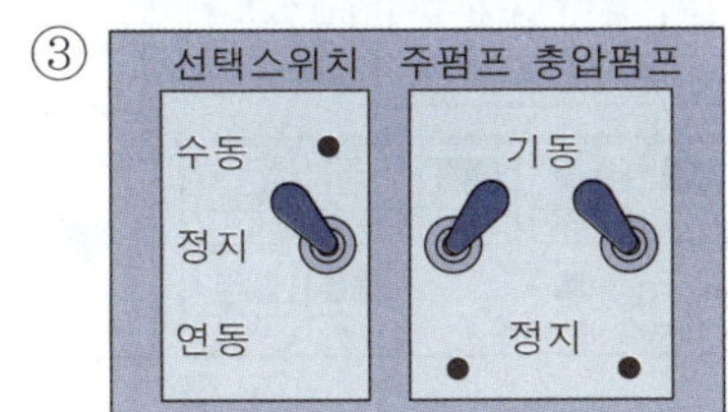

④ 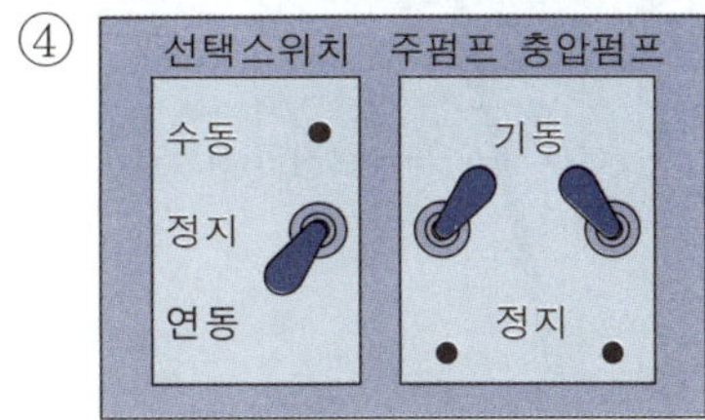

44 성인심폐소생술의 가슴압박에 대한 설명으로 옳지 않은 것은?

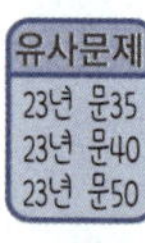

유사문제
23년 문35
23년 문40
23년 문50

교재
281
-283

① 환자를 바닥이 단단하고 평평한 곳에 등을 대고 눕힌다.

② 가슴압박시 가슴뼈(흉골) 위쪽의 절반 부위에 깍지를 낀 두 손의 손바닥 뒤꿈치를 댄다.

③ 구조자는 양팔을 쭉 편 상태로 체중을 실어서 환자의 몸과 수직이 되도록 가슴을 압박한다.

④ 100~120회/분의 속도로 환자의 가슴이 약 5cm 깊이로 눌릴 수 있게 압박한다.

45 그림과 같이 감지기 점검시 점등되는 표시등으로 옳은 것은?

유사문제
21년 문47
22년 문35

교재
132
-133

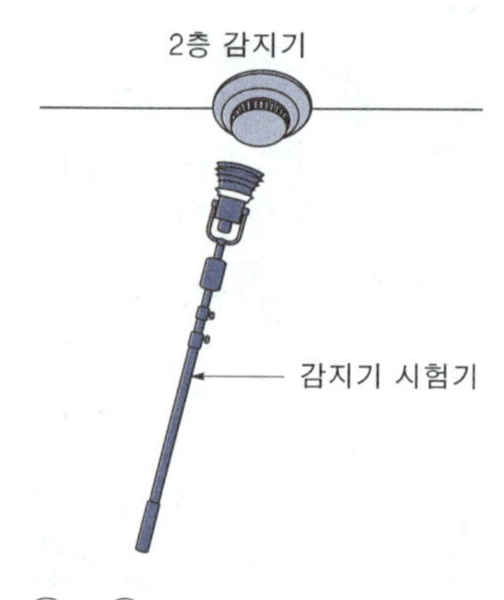

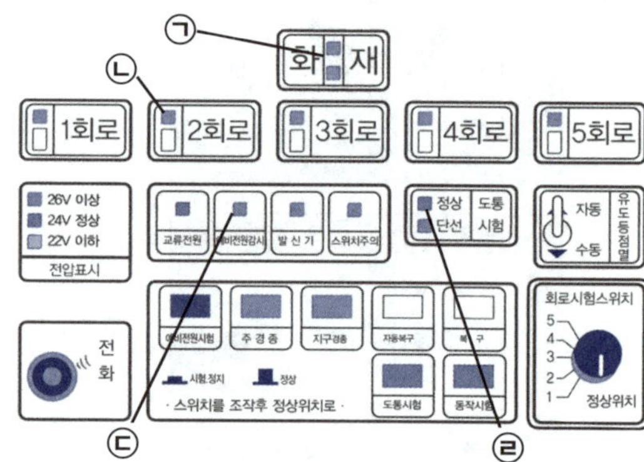

① ㉠, ㉡

② ㉡, ㉢

③ ㉡, ㉣

④ ㉠, ㉡, ㉢, ㉣

46

화재발생시 옥내소화전을 사용하여 충압펌프가 작동하였다. 다음 그림을 보고 표시등(㉠~㉢) 중 점등되는 것을 모두 고른 것은? (단, 설비는 정상상태이며 제시된 조선을 제외하고 나머지 조건은 무시한다.)

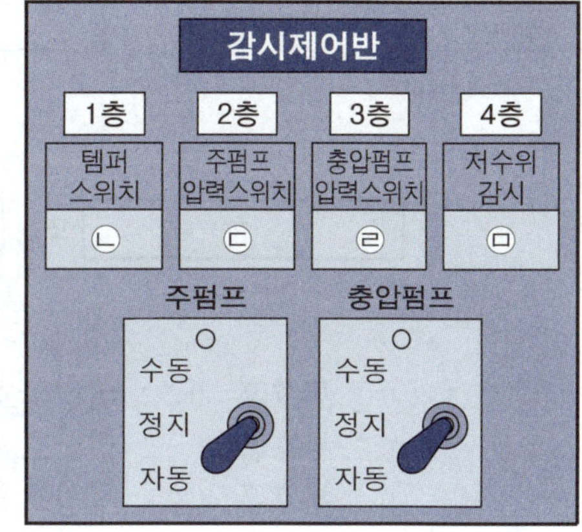

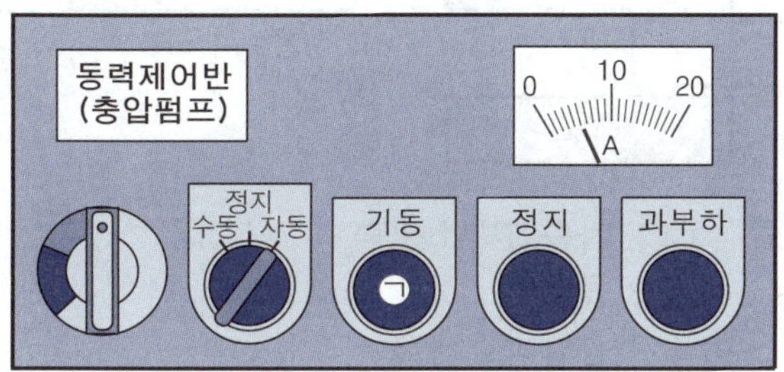

① ㉠, ㉡, ㉢

② ㉠, ㉢, ㉣

③ ㉠, ㉣

④ ㉠, ㉣, ㉤

47

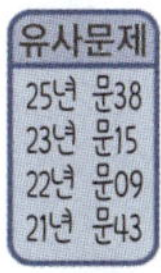

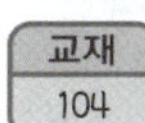

다음 분말소화기의 약제의 주성분은 무엇인가?

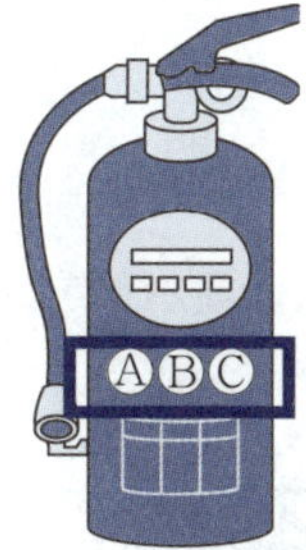

① $NH_4H_2PO_4$

② $NaHCO_3$

③ $KHCO_3$

④ $KHCO_3+(NH_2)_2CO$

48

그림은 일반인 구조자에 대한 기본소생술 흐름도이다. 빈칸의 내용으로 옳은 것은?

유사문제
21년 문35

교재
286

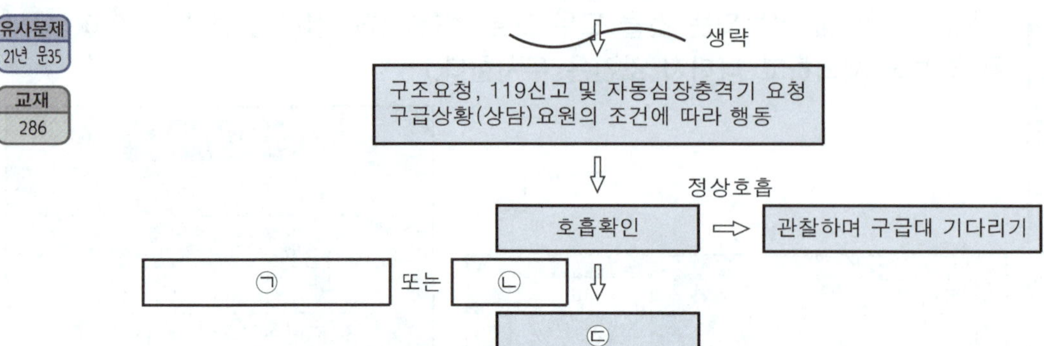

① ㉠ : 무호흡, ㉡ : 비정상호흡, ㉢ : 가슴압박소생술
② ㉠ : 무호흡, ㉡ : 정상호흡, ㉢ : 인공호흡
③ ㉠ : 무호흡, ㉡ : 정상호흡, ㉢ : 가슴압박소생술
④ ㉠ : 무호흡, ㉡ : 비정상호흡, ㉢ : 인공호흡

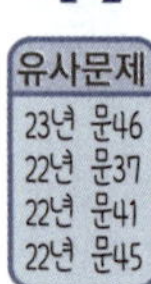

49

다음 감시제어반 및 동력제어반의 스위치 위치를 보고 정상위치(평상시 상태)가 아닌 것을 고르시오. (단, 설비는 정상상태이며 상기 조건을 제외하고 나머지 조건은 무시한다.)

유사문제
23년 문46
22년 문37
22년 문41
22년 문45

실무교재
81

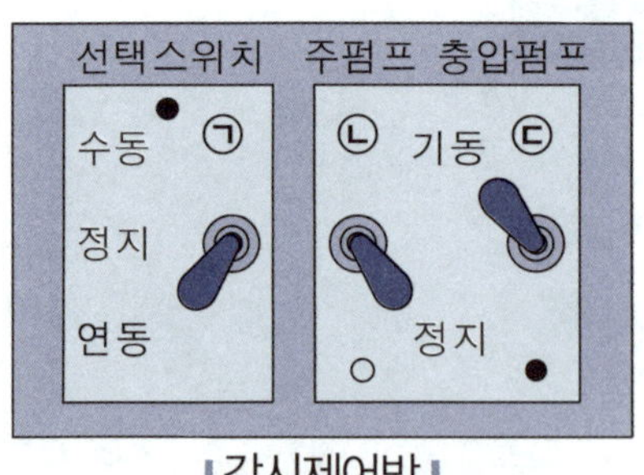

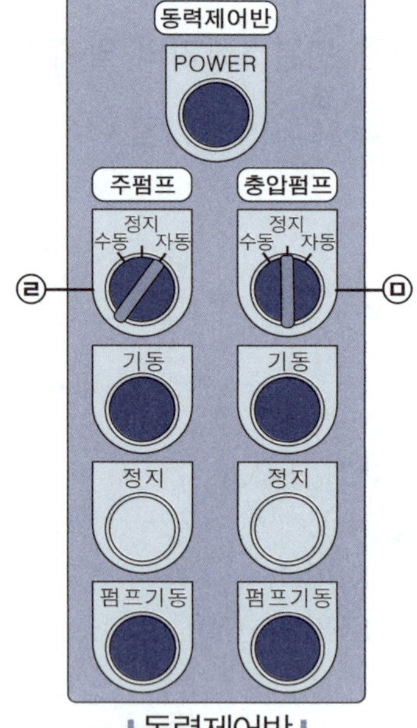

① ㉠, ㉡
② ㉡, ㉢
③ ㉣, ㉤
④ ㉢, ㉤

50 다음 응급처치요령 중 빈칸의 내용으로 옳은 것은?

유사문제
25년 문50
21년 문26

교재
282,
283

□ 가슴압박
 – 위치 : 환자의 가슴뼈(흉골)의 아래쪽 절반부위
 – 자세 : 양팔을 쭉 편 상태로 체중을 실어서 환자의 몸과 수직이 되도록 가슴을 압박하고, 압박된 가슴은 완전히 이완되도록 한다.
 – 속도 및 깊이 : 소아를 기준으로 속도는 (㉠)회/분, 깊이는 약(㉡)cm
□ 자동심장충격기(AED) 사용
 – 자동심장충격기의 전원을 켜고 환자의 상체에 패드를 부착한다.
  • 부착위치 : (㉢) 아래, (㉣) 젖꼭지 아래의 중간 겨드랑선
 – "분석 중..."이라는 음성 지시가 나오면, 심폐소생술을 멈추고 환자에게서 손을 뗀다. (이하 생략)

① ㉠ 80~100, ㉡ 5~6, ㉢ 왼쪽 빗장뼈, ㉣ 오른쪽
② ㉠ 100~120, ㉡ 4~5, ㉢ 오른쪽 빗장뼈, ㉣ 왼쪽
③ ㉠ 90~100, ㉡ 1~2, ㉢ 오른쪽 빗장뼈, ㉣ 왼쪽
④ ㉠ 100~120, ㉡ 4~5, ㉢ 왼쪽 빗장뼈, ㉣ 오른쪽

" 내가 못하면 아무도 못하는 그 날까지

- H.S.Kong - "

 제 **1** 과목

정답 및 해설은 여기로!
정답 및 해설 p. 2-47

01

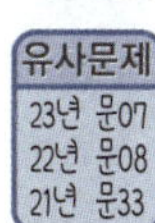
유사문제
24년 문01
23년 문03

출제연도 •
문제

교재
34

유사문제부터
풀어보세요.
실력이 팍!팍!
올라갑니다.

다음은 무창층에 대한 설명이다. (   )에 들어갈 내용으로 옳은 것은?

지상층 중 다음 요건을 모두 갖춘 개구부면적의 합계가 해당층의 바닥면적 (㉠) 이하가 되는 층
• 크기는 지름 (㉡) 이상의 원이 통과할 수 있을 것
• 해당층의 바닥면으로부터 개구부 밑부분까지의 높이가 (㉢) 이내일 것

① ㉠ 1/20, ㉡ 40cm, ㉢ 1.1m   ② ㉠ 1/30, ㉡ 50cm, ㉢ 1.2m
③ ㉠ 1/40, ㉡ 60cm, ㉢ 1.3m   ④ ㉠ 1/50, ㉡ 70cm, ㉢ 1.4m

02

유사문제
23년 문07
22년 문08
21년 문33

교재
58-59

화재의 분류 중 옳지 않은 것은?

① A급 화재 – 목재
② B급 화재 – 식용유
③ C급 화재 – 전류가 흐르고 있는 전기기기
④ D급 화재 – 알루미늄

03

유사문제
24년 문17
23년 문11
22년 문15
21년 문10

교재
90-92

가스누설경보기의 설치위치로 옳지 않은 것은?

① 증기비중이 1보다 큰 가스의 경우 가스연소기 또는 관통부로부터 수평거리 4m 이내의 위치에 설치
② 증기비중이 1보다 큰 가스의 경우 탐지기의 상단은 바닥면의 상방 30cm 이내의 위치에 설치
③ 증기비중이 1보다 작은 가스의 경우 가스연소기로부터 수평거리 4m 이내의 위치에 설치
④ 증기비중이 1보다 작은 가스의 경우 탐지기의 하단은 천장면의 하방 30cm 이내의 위치에 설치

04 피난시설, 방화구획 또는 방화시설의 폐쇄·훼손·변경 등의 행위를 1차 위반하였을 때 과태료 금액은?

유사문제
21년 문21

교재
45

① 100만원
② 200만원
③ 300만원
④ 400만원

05 판매시설의 바닥면적의 합이 750m²일 경우 이 장소에 분말소화기 1개의 소화능력 단위가 A급 기준으로 2단위의 소화기로 설치하고자 한다. 다음 건물의 최소 소화기 개수는?

유사문제
23년 문16
21년 문38

교재
108

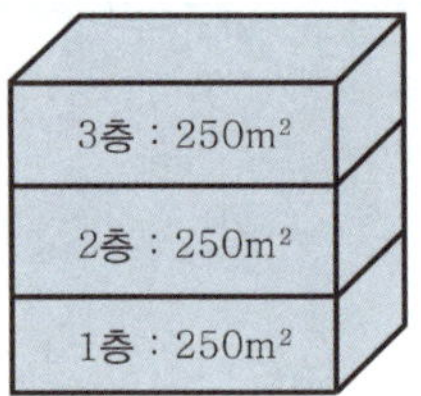

① 2개
② 3개
③ 6개
④ 9개

06 자동소화장치의 구성요소가 아닌 것은?

교재
115

① 소화약제저장용기
② 탐지부
③ 제어반
④ 약제흡입구

07 다음 소방시설 중 피난구조설비에 속하는 것은?

유사문제
24년 문24

교재
146
-147

① 제연설비, 휴대용 비상조명등
② 자동화재속보설비, 유도등
③ 비상방송설비, 비상벨설비
④ 비상조명등, 유도등

★★★
08 화재의 종류에 따른 적응성이 있는 소화기로 옳은 것은?

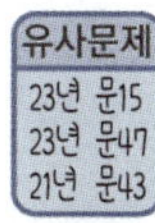

① A급 : 유류화재
② B급 : 전기화재
③ C급 : 금속화재
④ K급 : 주방화재

★★
09 분말소화기에 대한 설명으로 옳은 것은?

① BC급의 적응화재의 주성분은 제1인산암모늄이다.
② 소화효과는 질식, 부촉매(억제)이다.
③ 가압식 소화기는 본체 용기 내부에 가압용 가스용기가 별도로 설치되어 있으며 현재도 생산이 계속되고 있다.
④ 축압식 소화기는 지시압력계의 사용가능한 범위가 0.6~0.88MPa로 녹색으로 되어 있다.

★★★
10 이산화탄소소화기에 대한 설명으로 옳지 않은 것은?

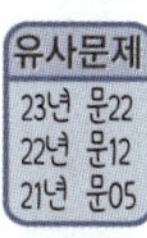

① 소화약제의 주성분은 액화탄산가스이다.
② 적응화재는 BC급이다.
③ 제거, 냉각 소화효과가 있다.
④ 밸브 본체에는 일정한 압력에서 작동하는 안전밸브가 장치되어 있다.

★★
11 피난기구의 종류 중 구조대에 대한 설명으로 옳은 것은?

① 지지대 또는 단단한 물체에 걸어서 사용자의 몸무게에 의하여 자동적으로 내려올 수 있는 기구 중 사용자가 교대하여 연속적으로 사용할 수 없는 일회용의 것을 말한다.
② 화재시 건물의 창, 발코니 등에서 지상까지 포대를 사용하여 그 포대 속을 활강하는 피난기구이다.
③ 화재발생시 신속하게 지상 또는 피난층으로 이동할 수 있는 피난기구로서 장애인 복지시설, 노약자 수용시설 및 병원 등에 적합하다.
④ 화재시 2인 이상의 피난자가 동시에 해당층에서 지상 또는 피난층으로 하강하는 피난기구를 말한다.

★★★

12 사용자의 몸무게에 의하여 자동적으로 내려올 수 있는 기구 중 사용자가 연속적으로 사용할 수 있는 것을 말하며, 속도조절기, 속도조절기의 연결부, 로프, 연결금속구, 벨트로 구성되어 있는 것은 무엇인가?

유사문제
23년 문22
22년 문11

교재
146
-147

① 구조대　　　　　　　　② 완강기
③ 간이완강기　　　　　　④ 피난사다리

★★★

13 방염처리물품의 성능검사를 할 때 선처리물품 실시기관으로 옳은 것은?

유사문제
24년 문20
23년 문14

교재
37-38

① 한국소방산업기술원
② 한국소방안전원
③ 시·도지사
④ 관할소방서장

★★

14 일반적으로 화재시의 골든타임은 몇 분 정도인가?

교재
168

① 1분　　　　　　　　　② 3분
③ 5분　　　　　　　　　④ 10분

★★★

15 다음 중 연료가스의 종류와 특성으로 옳지 않은 것은?

유사문제
24년 문17
23년 문11
22년 문03
21년 문10
21년 문22

교재
90-92

① LPG의 비중은 1.5~2이다.
② LPG의 주성분은 프로판, 부탄이다.
③ LNG의 용도는 도시가스로 쓰인다.
④ LNG의 폭발범위는 1.8~8.4%이다.

★

16 위험물안전관리법에서 정하는 용어의 정의 및 종류에 대한 설명 중 틀린 것은?

유사문제
23년 문10

교재
84-85

① 황의 지정수량은 100kg이다.
② 지정수량이란 위험물의 종류별로 위험성을 고려하여 대통령령이 정하는 수량으로서 제조소 등의 설치허가 등에 있어서 최고기준이 되는 수량이다.
③ 위험물이란 인화성 또는 발화성 등의 성질을 가지는 것으로서 대통령령이 정하는 물품이다.
④ 휘발유의 지정수량은 200L이다.

17 건물화재성상 중 성장기상태에서 나타나는 현상으로 옳은 것은?

유사문제
24년 문19
22년 문30
22년 문31
21년 문25

교재
60-61

① 실내 전체에 화염이 충만하며, 연소가 최고조에 달한다.
② 내장재 등에 착화된 시점으로, 그 후 실내온도는 급격히 상승하며 이후 천장 부근에 축적된 가연성 가스가 착화되면 실내 전체가 화염에 휩싸이는 플래시오버상태로 된다.
③ 내화구조의 경우는 20~30분이 되면 최성기에 이르며 실내온도는 통상 800~1050℃에 달한다.
④ 목조건물은 타기 쉬운 가연물로 되어 있기 때문에 최성기까지 약 10분이 소요되며 이때의 실내온도는 1100~1350℃에 달한다.

18 연소의 3요소 중 산소공급원에 해당되지 않는 것은?

유사문제
21년 문03

교재
53

① 공기
② 오존
③ 환원제
④ 지연성 가스

19 피난층에 대한 뜻이 옳은 것은?

유사문제
24년 문06

교재
34

① 곧바로 지상으로 갈 수 있는 출입구가 있는 층
② 건축물 중 지상 1층
③ 직접 지상으로 통하는 계단과 연결된 지상 2층 이상의 층
④ 옥상의 지하층으로서 옥상으로 직접 피난할 수 있는 층

20 자위소방대 및 초기대응체계 교육·훈련 실시결과기록부에 기재하는 사항이 아닌 것은?

교재
176

① 소방안전관리자의 성명
② 소방안전관리대상물의 등급
③ 소방안전관리자의 주소
④ 소방안전관리대상물의 소재지

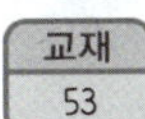

21 소방기본법 용어 정의 중 관계인이 아닌 것은?

① 소방대상물의 소유자
② 소방대상물의 관리자
③ 소방대상물의 점유자
④ 소방대상물의 관련자

22 소방기본법의 소방대상물이 아닌 것은?

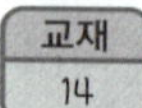

① 건축물
② 차량
③ 산림
④ 운항 중인 선박

23 다음 중 특급 소방안전관리대상물에 속하지 않는 것은?

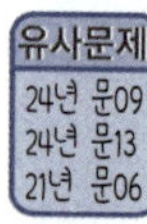

① 아파트를 제외한 연면적이 10만m² 이상인 특정소방대상물
② 지상으로부터 높이가 200m 이상인 아파트
③ 아파트를 제외한 지상으로부터 높이가 120m 이상인 특정소방대상물
④ 가연성 가스를 1000톤 이상 저장·취급하는 시설

24 소방안전관리자 자격증을 다른 사람에게 빌려주거나 빌리거나 이를 알선한 자의 벌칙은?

① 5년 이하의 징역 또는 5000만원 이하의 벌금
② 3년 이하의 징역 또는 3000만원 이하의 벌금
③ 1년 이하의 징역 또는 1000만원 이하의 벌금
④ 300만원 이하의 벌금

25 화재안전조사의 조사대상에 대한 사전 공개기간으로 옳은 것은?

① 1일 이하
② 1일 이상
③ 7일 이하
④ 7일 이상

제 ② 과목

정답 및 해설은 여기로!
정답 및 해설 p. 2-53

★★★
26 세대수가 650세대인 어느 특정소방대상물의 아파트가 있다. 소방안전관리보조자의 최소 선임기준은 몇 명인가?

유사문제
21년 문01

교재
19-22

① 1명
② 2명
③ 3명
④ 4명

★★★
27 다음 중 4층 이상의 노유자시설에 설치할 수 있는 피난기구가 아닌 것은?

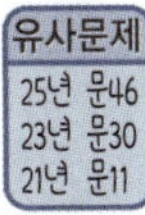
유사문제
25년 문46
23년 문30
21년 문11

교재
148

① 피난사다리
② 피난교
③ 다수인 피난장비
④ 승강식 피난기

★★★
28 다음 중 자동화재탐지설비에 관한 설명 중 옳은 것은?

유사문제
23년 문34
21년 문32

교재
134
-140

① 예비전원시험시 램프방식인 경우 정상일 때 녹색이다.
② 도통시험시 도통시험스위치를 누른 후 바로 단선확인등이 점등되면 회로가 단선된 것이다.
③ 동작시험복구순서 중 가장 먼저 할 일은 동작스위치를 누르는 것이다.
④ 동작시험시 동작시험스위치 버튼을 누른 후 회로시험스위치를 돌리며 테스트한다.

★★
29 전기화재 예방요령으로 틀린 것은?

유사문제
25년 문02
24년 문04

교재
88-89

① 비닐장판 밑으로 전선이 보이지 않게 정리하여 넣어둔다.
② 하나의 콘센트에 여러 가지 전기기구를 꽂아서 사용하지 않는다.
③ 사용하지 않는 기구는 전원을 끄고 플러그를 뽑아 둔다.
④ 과전류 차단장치를 설치한다.

기출문제 2022

★★★

30 실내 전체에 화염이 충만하며, 연소가 최고조에 달하는 시기는?

유사문제
22년 문17
22년 문31
21년 문25

교재
60-61

① 최성기
② 최성장기
③ 최고점
④ 성장기

★★★

31 내화구조의 최성기 단계 실내온도는?

유사문제
22년 문17
21년 문25

교재
60

① 700~950℃
② 800~1050℃
③ 1050~1350℃
④ 1100~1350℃

★★

32 연소하고 있는 가연물로부터 열을 뺏어 착화온도를 낮추는 방법은?

유사문제
25년 문21
24년 문15

교재
63-64

① 냉각소화
② 질식소화
③ 제거소화
④ 억제소화

★

33 소방계획의 절차에 대한 설명 중 틀린 것은?

유사문제
24년 문30

교재
165
-166

① 사전기획 : 소방계획 수립을 위한 임시조직을 구성하거나 위원회 등을 개최하여 의견수렴
② 위험환경분석 : 위험요인 식별하고 이에 대한 분석 및 평가 실시 후 대책 수립
③ 설계 및 개발 : 환경을 바탕으로 소방계획 수립의 목표와 전략을 수립하고 세부 실행계획 수립
④ 시행 및 유지·관리 : 구체적인 소방계획을 수립하고 소방서장의 최종 승인을 받은 후 소방계획을 이행하고 지속적인 개선 실시

★★★
34 다음 중 자동심장충격기(AED) 사용순서로 옳은 것은?

① 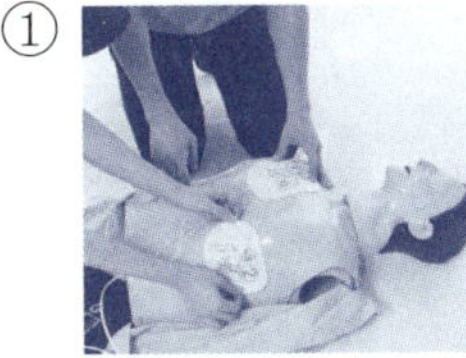 → 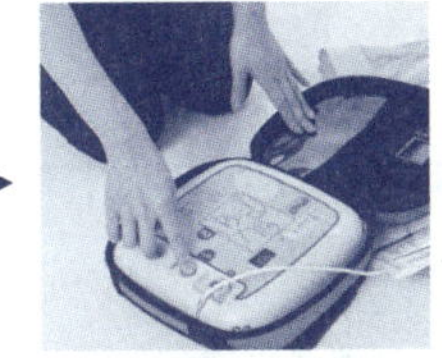 → 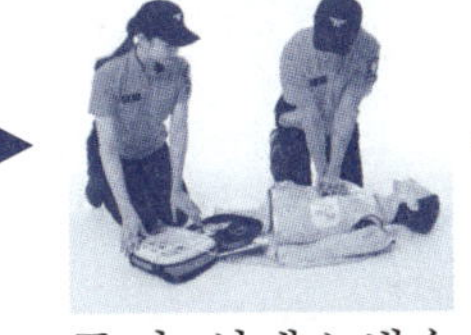 → 

2개의 패드 부착 　→　 전원켜기 　→　 즉시 심폐소생술 다시 시행 　→　 심장리듬 분석 및 심장충격 실시

② 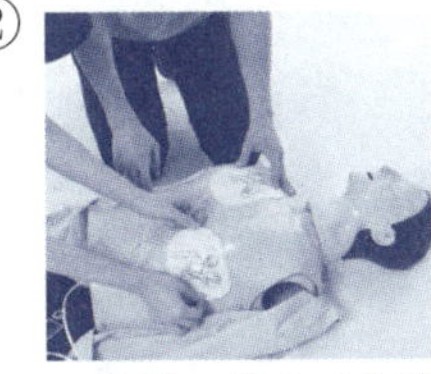 → 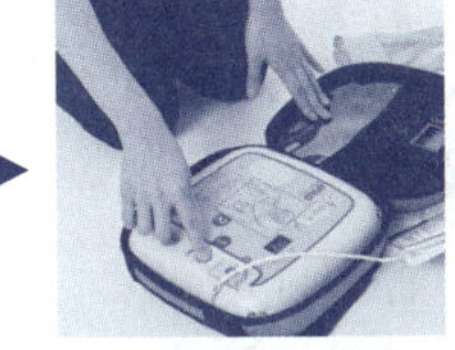 →  → 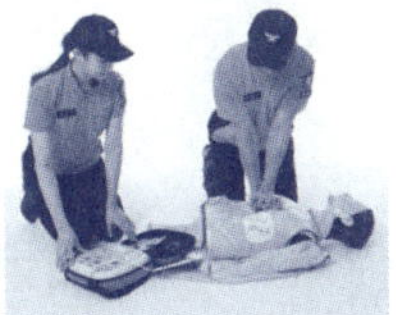

2개의 패드 부착 　→　 전원켜기 　→　 심장리듬 분석 및 심장충격 실시 　→　 즉시 심폐소생술 다시 시행

③ 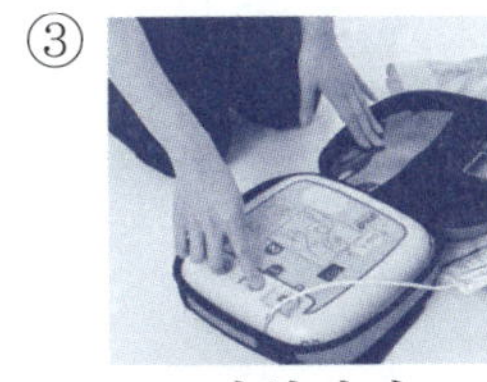 → 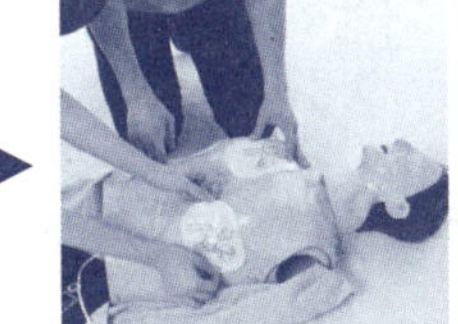 → 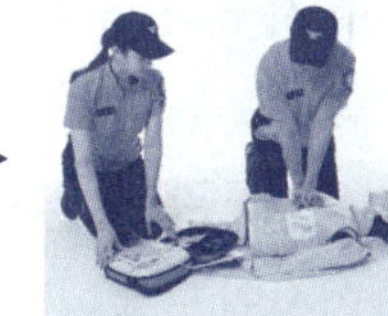 → 

전원켜기 　→　 2개의 패드 부착 　→　 즉시 심폐소생술 다시 시행 　→　 심장리듬 분석 및 심장충격 실시

④ 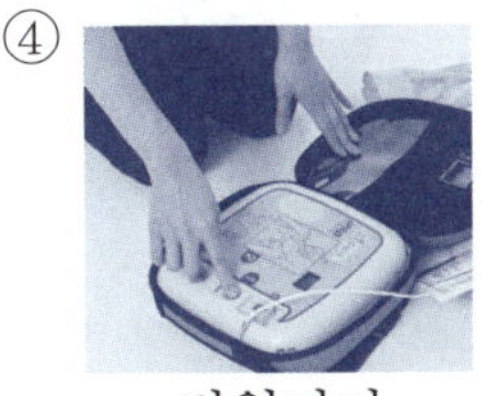 → 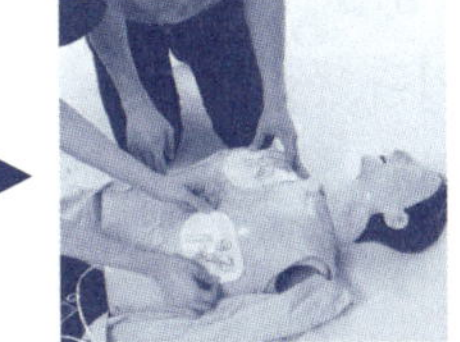 →  → 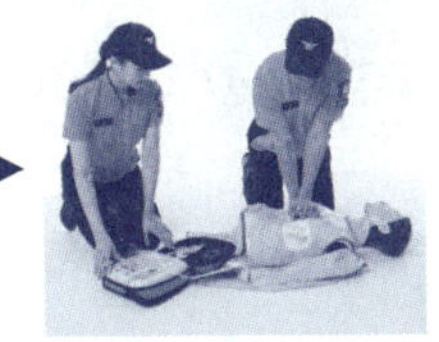

전원켜기 　→　 2개의 패드 부착 　→　 심장리듬 분석 및 심장충격 실시 　→　 즉시 심폐소생술 다시 시행

35

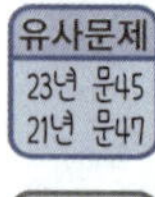

다음은 감지기 시험장비를 활용한 경보설비 점검 그림이다. 그림의 내용 중 옳지 않은 것은?

① 감지기 작동상태 확인이 가능하다.
② 감지기 작동 확인은 수신기에서 불가능하다.
③ 수신기에서 해당 경계구역 확인이 가능하다.
④ 감지기 작동시 지구경종 확인이 가능하다.

36

ABC급 대형소화기에 관한 설명 중 틀린 것은?

① 주성분은 제1인산암모늄이다.
② 능력단위가 B급 화재 30단위 이상, C급 화재는 적응성이 있는 것을 말한다.
③ 능력단위가 A급 화재 10단위 이상인 것을 말한다.
④ 소화효과는 질식, 부촉매(억제)이다.

★★★ 37

옥내소화전의 동력제어반과 감시제어반을 나타낸 것이다. 다음 그림에 대한 설명으로 옳지 않은 것은? (단, 현재 동력제어반은 정지표시등만 점등상태)

유사문제
23년 문46
23년 문49
22년 문41

실무교재
81

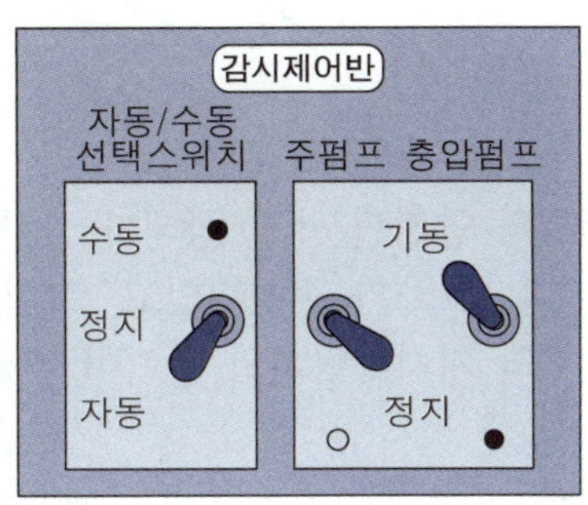

① 옥내소화전 사용시 주펌프는 기동한다.
② 옥내소화전 사용시 충압펌프는 기동하지 않는다.
③ 현재 충압펌프는 기동 중이다.
④ 현재 주펌프는 정지상태이다.

★★★ 38

자동화재탐지설비의 회로도통시험 적부판정방법으로 틀린 것은?

유사문제
23년 문23

교재
137

① 전압계가 있는 경우 정상은 24V를 가리킨다.
② 전압계가 있는 경우 단선은 0V를 가리킨다.
③ 도통시험확인등이 있는 경우 정상은 정상확인등이 녹색으로 점등된다.
④ 도통시험확인등이 있는 경우 단선은 단선확인등이 적색으로 점등된다.

★ 39

다음 중 출혈시 증상이 아닌 것은?

교재
276

① 호흡과 맥박이 느리고 약하고 불규칙하다.
② 체온이 떨어지고 호흡곤란도 나타난다.
③ 탈수현상이 나타나며 갈증이 심해진다.
④ 구토가 발생한다.

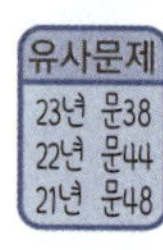 

40

다음 그림과 같이 분말소화기를 점검하였다. 점검 결과로 옳은 것은?

유사문제
23년 문38
22년 문44
21년 문48

교재
112

▮그림 A▮   ▮그림 B▮   ▮그림 C▮

① 그림 A, B는 외관상 문제가 없다.
② 그림 A의 안전핀 체결 상태가 불량이다.
③ 그림 A는 호스가 손상되었고, 그림 B는 호스가 탈락되었다.
④ 그림 C의 지시압력계의 압력이 부족하다.

41

옥내소화전 감시제어반의 스위치 상태가 아래와 같을 때, 보기의 동력제어반(㉠~㉣)에서 점등되는 표시등을 있는대로 고른 것은? (단, 설비는 정상상태이며 제시된 조건을 제외하고 나머지 조건은 무시한다.)

유사문제
23년 문46
23년 문49
22년 문37

실무교재
82

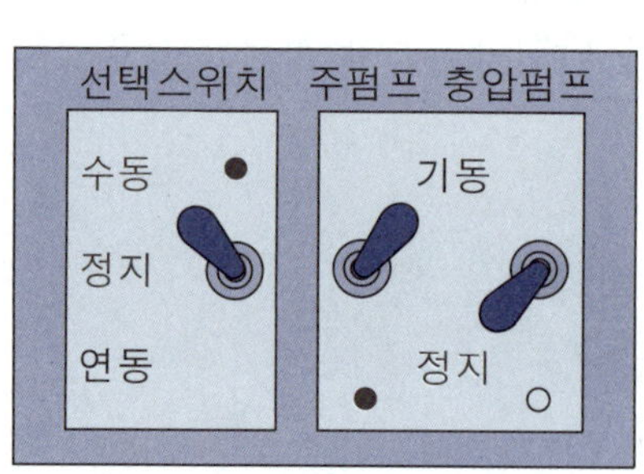

▮감시제어반 스위치▮

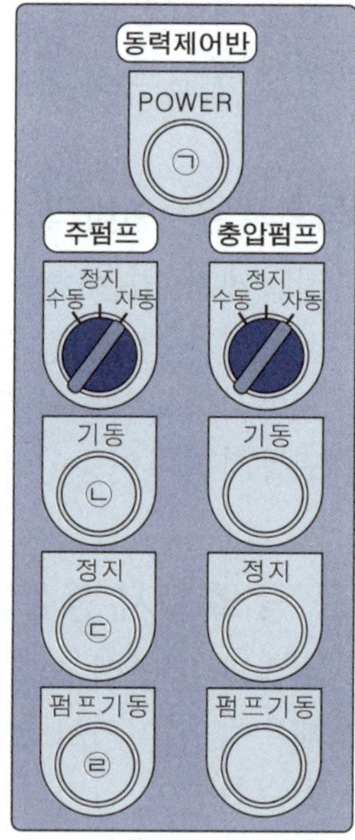

▮동력제어반 스위치▮

① ㉠, ㉡, ㉢   ② ㉠, ㉡, ㉣
③ ㉠, ㉣   ④ ㉡, ㉣

★★★
42

실무교재
78-79

R형 수신기 화면이다. 다음 중 보기의 운영기록 내용으로 옳지 않은 것은?

```
ABCD빌딩                                    22/09/13   10:48:21

수신기 : 1   중계기 : 001                          1층 지구경종
                        화 재 발 생
                                               시험기 1F 자탐 감지기

  ○       ○       ○       ○       ○       ○      주음향 ■■■■■■■  고장음향 ■■■■■■
화재대표  가스대표  감시대표  이상대표  발신기   전화     기기음향 ■■■■■   전화음향 ━━━━━

  ○       ○       ○       ○       ○       ○       ○       ○       ○
  ○       ○       ○       ○       ○       ○       ○       ○       ○
예비전원  자동복구  축적화재  수신기   주음향   기타음향  지구벨   사이렌   비상방송
 시험     설정     설정     복구     정지     정지     정지     정지     정지
```

보 기	일 시	수신기	회선정보	회선설명	동작구분	메세지
①	20/09/13 10:48:21	1	001	1중 지구경종	중력	중계기 출력
②	20/09/13 10:48:21	1	–	–	수신기	주음향 출력
③	20/09/13 10:48:21	1	001	시험기 1F 자탐 감지기	화재	화재발생
④	20/09/13 10:48:21	1	–	–	시스템 고장	예비전원 고장발생

★★
43

유사문제
23년 문50
22년 문34
22년 문46

교재
284
-285

다음 중 자동심장충격기(AED) 사용방법으로 옳지 않은 것은?

① 자동심장충격기를 심폐소생술에 방해가 되지 않는 위치에 놓은 뒤 전원버튼을 누른다.

② 환자의 상체를 노출시킨 다음 패드 포장을 열고 2개의 패드를 환자의 가슴 피부에 붙인다.

③ 패드 1은 왼쪽 빗장뼈(쇄골) 바로 아래에, 패드 2는 오른쪽 가슴 아래와 겨드랑이 중간에 붙인다.

④ 심장충격이 필요한 환자인 경우에만 제세동버튼이 깜박이기 시작하며, 깜박일 때 심장충격버튼을 눌러 심장충격을 시행한다.

기출문제 2022

44 ★★★ 2020년 작동점검시 소화기 점검결과의 조치내용으로 옳은 것은?

유사문제
23년 문15
23년 문33
21년 문31

교재
105,
112

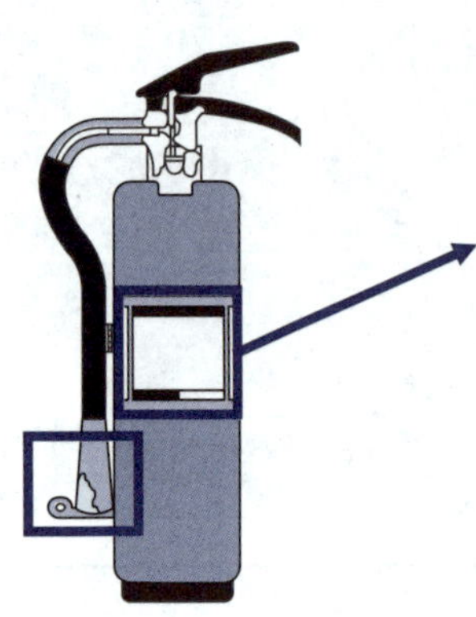

주의사항
1. 매월 1회 이상 지시압력계의 바늘이 정상위치에 있는가를 확인
2. 소화기 설치시에는 태양의 직사 고온다습의 장소를 피한다.
3. 사용시에는 바람을 등지고 방사하고 사용 후에는 내부약제를 완전방출하여야 한다.
4. 사람을 향하여 방사하지 마십시오.
※ 소화약제 물질 안전자료 관련정보(MSDS정보) 　① 위험물질 정보(0.1% 초과시 목록) : 없음 　② 내용물의 5%를 초과하는 화학물질목록 : 제1인산암모늄, 석분 　③ 위험한 약제에 관한 정보 : 폐자극성 분진

제조연월	2017.11

① 소화기 외관점검시 불량내용에 대하여 조치를 한 경우, 점검결과에 기록하지 않는다.
② 노즐이 경미하게 파손되었지만 정상적인 소화활동을 위하여 노즐을 즉시 교체하였다.
③ 내용연수가 초과되어 소화기를 교체하였다.
④ 레버가 파손되어 소화기를 즉시 교체하였다.

45 ★★ 그림은 옥내소화전 감시제어반 중 펌프제어를 위한 스위치의 예시를 나타낸 것이다. 평상시 및 펌프 점검시 스위치 위치에 대한 설명으로 옳은 것만 보기에서 있는 대로 고른 것은? (단, 설비는 정상상태이며 제시된 조건을 제외하고 나머지 조건은 무시한다.)

유사문제
23년 문46
22년 문37
22년 문41

실무교재
82

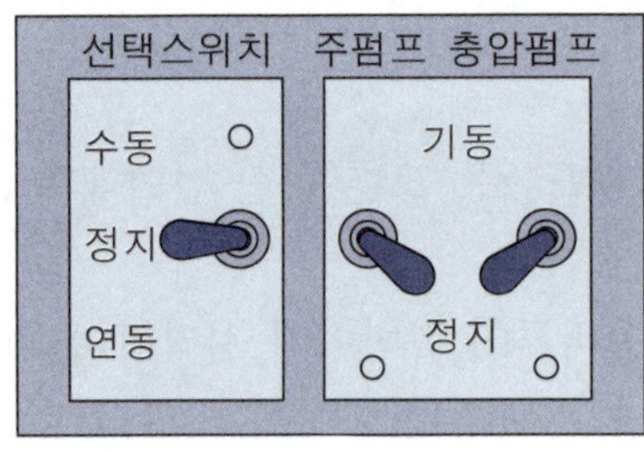

㉠ 평상시 펌프 선택스위치는 '정지' 위치에 있어야 한다.
㉡ 평상시 주펌프스위치는 '기동' 위치에 있어야 한다.
㉢ 펌프 수동기동시 펌프 선택스위치는 '수동' 위치에 있어야 한다.

① ㉠
② ㉢
③ ㉠, ㉡
④ ㉠, ㉡, ㉢

46 다음은 자동심장충격기 사용에 관한 내용이다. 옳은 것은?

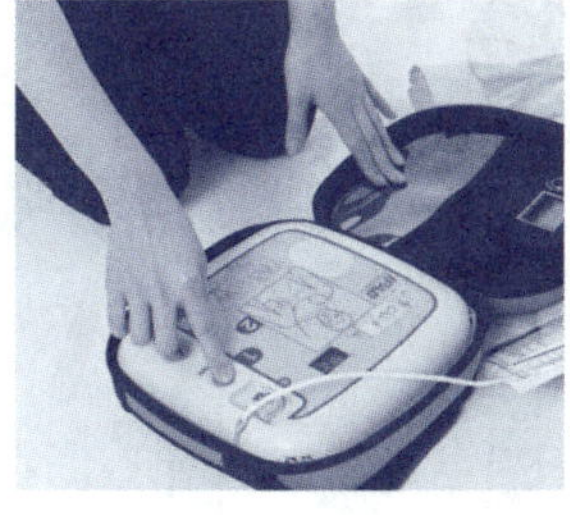

❙ AED 사용 ❙

㉠ 자동심장충격기의 전원을 켤 때 감전의 위험이 있으므로 환자와 접촉해서는 안 된다.
㉡ 두 개의 패드 중 1개가 이물질로부터 오염시 패드 1개만 부착하여도 된다.
㉢ 심장리듬 분석시 환자에게서 즉시 떨어져 올바른 분석을 할 수 있도록 한다.
㉣ 제세동 버튼을 누를 때 환자와 접촉한 사람이 없음을 확인 후 제세동 버튼을 누른다.

① ㉠, ㉡
② ㉡, ㉢
③ ㉢, ㉣
④ ㉠, ㉣

47 그림은 화재발생시 수신기 상태이다. 이에 대한 설명으로 옳지 않은 것은?

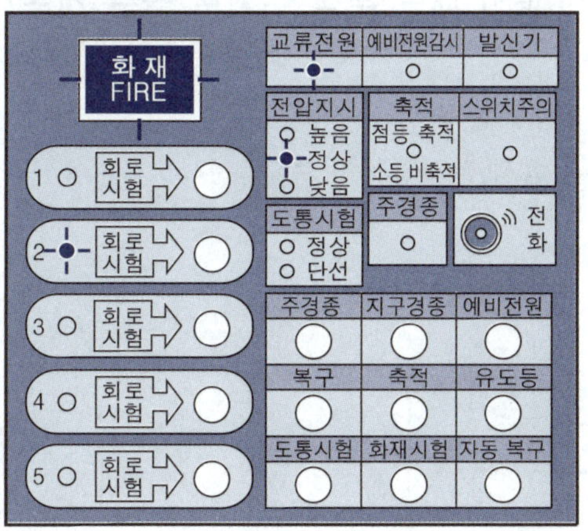

① 2층에서 화재가 발생하였다.
② 경종이 울리고 있다.
③ 화재 신호기기는 발신기이다.
④ 화재 신호기기는 감지기이다.

48 방수압력시험 장비를 사용하여 방수압력시험시 장비의 측정 모습으로 옳은 것은?

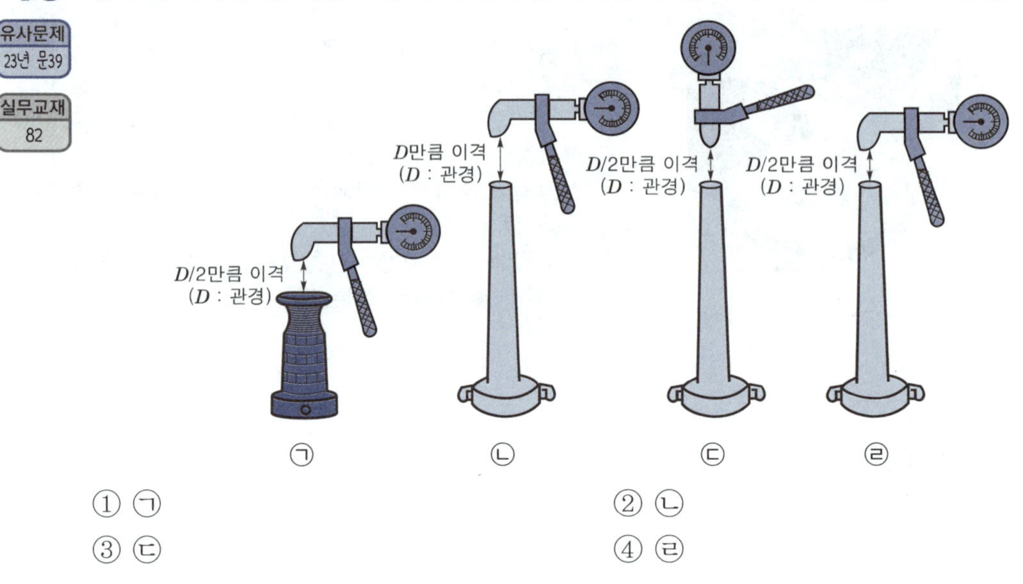

① ㉠
③ ㉢
② ㉡
④ ㉣

49 자동심장충격기(AED) 패드 부착 위치로 옳은 것은?

〈두 개의 패드 부착 위치〉
- 패드1 : 오른쪽 빗장뼈 아래
- 패드2 : 왼쪽 젖꼭지 아래의 중간겨드랑선

① 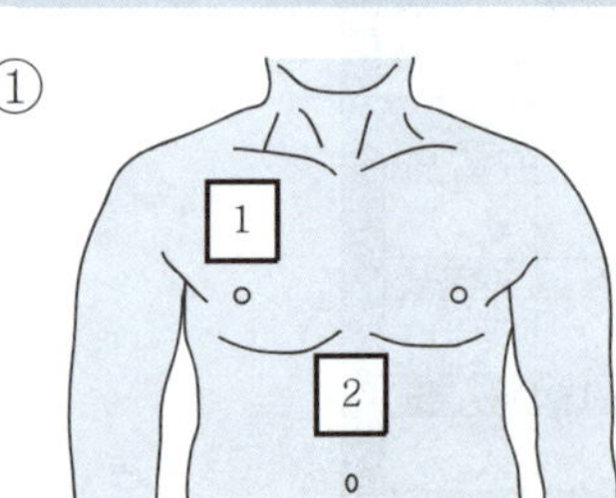

② 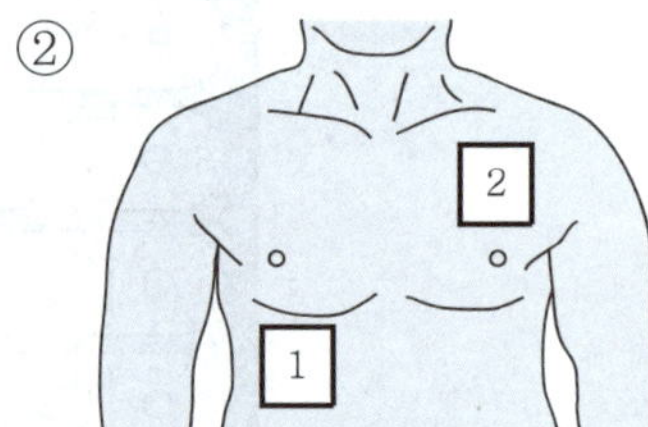

③ 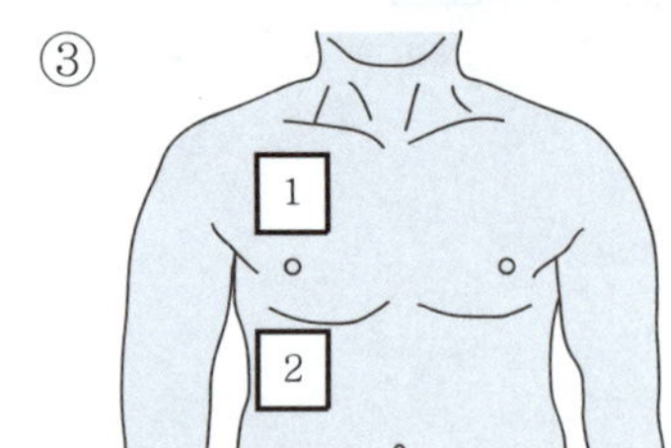

④ 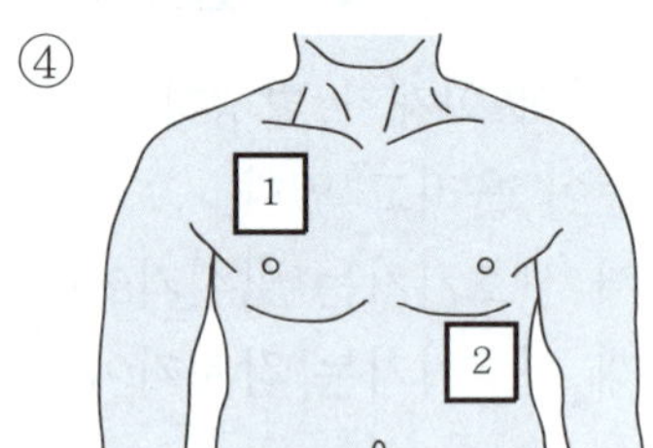

50 
교재 298

박소방씨는 어느 건물에 옥내소화전설비의 펌프제어반 정상위치에 대한 작동점검을 한 후 작동점검표에 점검결과를 다음과 같이 작성하였다. 제어반에서 '음향경보장치 정상작동 여부'는 어떤 것으로 확인 가능한가?

(양호○, 불량×, 해당 없음/)

구 분	점검번호	점검항목	점검결과
가압송수장치	2-C-002	옥내소화전 방수압력 적정 여부	○
제어반	2-H-011	펌프 작동 여부 확인 표시등 및 음향경보장치 정상작동 여부	○
	2-H-012	펌프별 자동·수동 전환스위치 정상작동 여부	○

① 경종
② 사이렌
③ 부저
④ 경종 및 사이렌

가장 잘 견디는 사람이 무엇이든지 잘 할 수 있는 사람이다.

- 밀턴 -

정답 및 해설은 여기로!
정답 및 해설 p. 2-61

제 ❶ 과목

정답 및 해설은 여기로!
정답 및 해설 p. 2-61

★★★
01 세대수가 1100세대인 어느 특정소방대상물의 아파트가 있다. 소방안전관리보조자의 최소 선임기준은 몇 명인가?

유사문제
22년 문26

교재
19-22

① 소방안전관리보조자 : 1명
② 소방안전관리보조자 : 2명
③ 소방안전관리보조자 : 3명
④ 소방안전관리보조자 : 4명

★★
02 소화약제의 소화효과가 틀린 것은?

교재
64

① 물소화약제 : 냉각효과, 질식효과
② 포소화약제 : 질식효과, 냉각효과
③ 분말소화약제 : 냉각효과, 질식효과
④ 할론소화약제 : 냉각효과, 질식효과, 부촉매효과

★★★
03 다음 중 연소 3요소 중 산소공급원이 아닌 것은?

유사문제
22년 문18

교재
53

① 산화제
② 제1류 위험물
③ 환원제
④ 제5류 자기반응성 물질

04 다음과 같은 설비는 어떤 설비와 관련이 있는가?

> 제연설비, 연결송수관설비, 연결살수설비, 비상콘센트설비,
> 무선통신보조설비, 연소방지설비

① 화재가 발생할 경우 피난하기 위하여 사용하는 기구 또는 설비
② 화재의 발생 또는 화재의 발생이 예상되는 상황에 대하여 경보를 발하여 주는 설비
③ 화재를 진압하거나 인명구조활동을 위하여 사용하는 설비
④ 화재를 진압하는 데 필요한 물을 공급하거나 저장하는 설비

05 포대 등을 사용하여 자루형태로 만든 것으로서 화재시 사용자가 그 내부에 들어가서 내려옴으로써 대피할 수 있는 것은 무엇인가?

① 구조대
② 완강기
③ 피난용 트랩
④ 공기안전매트

06 다음 중 1급 소방안전관리대상물은?

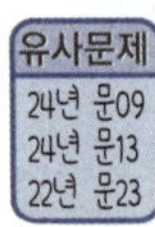

① 연면적 20000m^2 이상의 아파트
② 가연성 가스를 500톤 이상 저장·취급하는 시설
③ 15층 이상의 업무시설
④ 20층 이상(지하층 제외) 아파트

07 한국소방안전원의 설립목적이 아닌 것은?

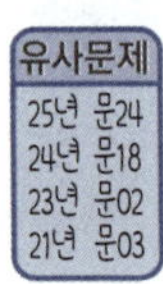

① 소방기술과 안전관리기술의 향상 및 홍보
② 교육·훈련 등 행정기관이 위탁하는 업무의 수행
③ 소방관계종사자의 기술 향상
④ 소방안전에 관한 국제협력

08 다음 중 제조 또는 가공공정에서 방염처리를 한 물품으로 옳은 것은?

교재 37

① 창문에 설치하는 커튼류(블라인드 제외)
② 암막 및 무대막
③ 종이류(두께 2mm 이상)
④ 합판 및 목재

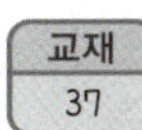

09 화재발생시 가장 먼저 신고해야 할 내용으로 옳지 않은 것은?

교재 178

① 화재발생장소
② 화재진행상황
③ 신고자성명
④ 화재피해현황

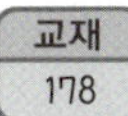

10 다음 가스누설경보기 설치위치에 대한 설명 중 옳지 않은 것은?

유사문제
24년 문17
23년 문11
22년 문03
22년 문15
21년 문22

교재 90-92

① LPG는 증기비중이 1보다 큰 가스이며 탐지기의 상단은 바닥면의 상방 30cm 이내 설치
② LNG는 증기비중이 1보다 작은 가스이며 가스연소기 또는 관통부로부터 수평거리 4m 이내 설치
③ LPG는 증기비중이 1보다 큰 가스이며 가스연소기 또는 관통부로부터 수평거리 4m 이내 설치
④ LNG는 증기비중이 1보다 작은 가스이며 탐지기의 하단은 천장면의 하방 30cm 이내 설치

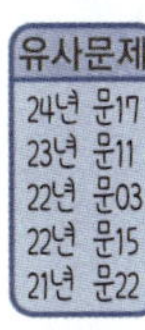

11 다음 중 틀린 것을 모두 고른 것은?

유사문제
23년 문30
22년 문27

교재 148

㉠ 노유자시설의 1층과 2층에는 피난기구가 필요 없다.
㉡ 3층 의료시설에는 간이완강기가 설치되어 있다.
㉢ 다중이용업소는 피난교가 설치되어 있다.
㉣ 노유자시설에는 피난사다리가 설치되어 있다.
㉤ 4층 이상의 공동주택에는 피난용 트랩이 설치되어 있다.

① ㉠, ㉡
② ㉠, ㉡, ㉢
③ ㉠, ㉡, ㉢, ㉣
④ ㉠, ㉡, ㉢, ㉣, ㉤

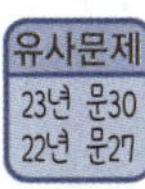
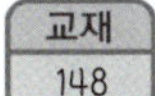

★★
12 다음 중 완강기의 사용방법으로 옳지 않은 것은?

① 완강기 후크를 고리에 걸고 지지대와 연결 후 나사를 조인다.
② 창 안으로 릴을 놓는다.
③ 벨트를 머리에서부터 뒤집어쓰고 뒤틀림이 없도록 겨드랑이 밑에 건다.
④ 고정링을 조절해 벨트를 가슴에 확실히 조인다.

★★
13 한국소방안전원의 주요 업무내용이 아닌 것은?

유사문제
25년 문24
24년 문18
23년 문02

교재
13

① 화재예방과 안전관리의식 고취를 위한 대국민 홍보
② 회원에 대한 기술지원 등
③ 소방안전에 관한 국제협력
④ 소방업무에 관하여 민간업체가 위탁하는 업무

★
14 다음 중 물질이 격렬한 산화반응을 함으로써 열과 빛을 발생하는 현상을 무엇이라 하는가?

유사문제
25년 문20

교재
53

① 발화　　　　　　　　　② 인화
③ 연소　　　　　　　　　④ 화염

★★★
15 다음 그림에서 보여주는 것은 무엇인가?

유사문제
23년 문37

교재
123,
134
-135

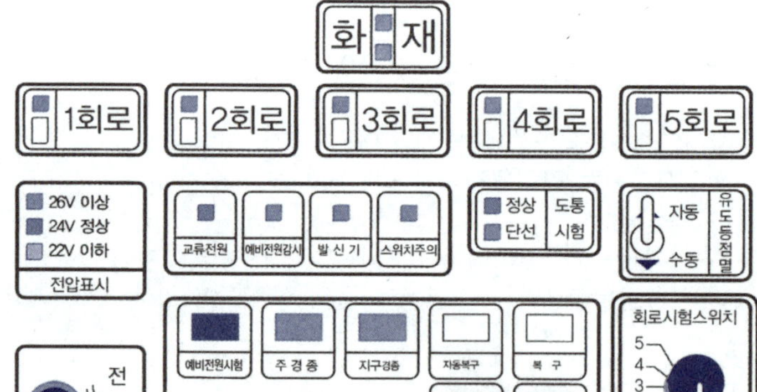

① P형 발신기　　　　　　② P형 수신기
③ R형 발신기　　　　　　④ R형 수신기

16 소방시설 설치 및 관리에 관한 법률에 해당하지 않는 것은?

① 방염
② 자체점검
③ 화재예방강화지구
④ 피난시설, 방화구획 및 방화시설

17 다음 중 방염처리된 물품의 사용을 권장할 수 없는 경우는?

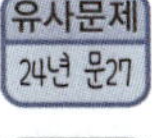

① 의료시설에 설치된 침구류
② 장례시설에 설치된 소파
③ 노유자시설에 설치된 의자
④ 숙박시설에 설치된 커튼

18 유도등의 점검내용으로 틀린 것은?

① 3선식은 유도등 절환스위치를 수동으로 전환하고 유도등의 점등을 확인한다. 또한 수신기에서 수동으로 점등스위치를 ON하고 건물 내의 점등이 안 되는 유도등을 확인한다.
② 3선식은 유도등 절환스위치를 자동으로 전환하고 감지기, 발신기 작동 후 유도등 점등을 확인한다.
③ 2선식은 감지기 · 발신기 · 중계기 · 스프링클러설비 등을 현장에서 작동과 동시에 유도등이 점등되는지를 확인한다.
④ 예비전원은 상시 배터리가 충전되어 있어야 한다.

19 다음 중 빈칸에 들어갈 알맞은 것은?

소방시설의 기능과 성능에 지장을 줄 수 있는 폐쇄, (㉠) 등의 행위를 한 자는 5년 이하의 징역 또는 (㉡)천만원 이하의 벌금에 처한다.

① ㉠ 방해, ㉡ 3
② ㉠ 중지, ㉡ 5
③ ㉠ 차단, ㉡ 5
④ ㉠ 잠금, ㉡ 3

20 소방교육을 실시하지 아니한 자의 과태료는 얼마인가?

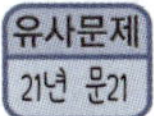

① 50만원
② 100만원
③ 200만원
④ 300만원

21 피난시설, 방화구획 또는 방화시설의 폐쇄·훼손·변경 등의 행위를 한 자의 벌칙은?

유사문제
21년 문20

교재
45

① 300만원 이하의 과태료
② 200만원 이하의 과태료
③ 50만원 이하의 과태료
④ 100만원 이하의 과태료

22 다음 중 프로판의 폭발범위는?

유사문제
23년 문11
22년 문15

교재
90

① 1.5~9.5%
② 1.1~9.5%
③ 2.1~9.0%
④ 2.1~9.5%

23 다음 중 방염성능기준 이상의 실내장식물을 설치하여야 할 장소로 틀린 것은?

유사문제
23년 문08

교재
36

① 15층 이상의 시설
② 종교시설
③ 합숙소
④ 수영장

24 화재안전조사 결과에 따른 조치명령 위반자의 벌칙사항은?

교재
31

① 1년 이하의 징역 또는 1000만원 이하의 벌금
② 3년 이하의 징역 또는 3000만원 이하의 벌금
③ 5년 이하의 징역 또는 5000만원 이하의 벌금
④ 1년 이하의 징역 또는 3000만원 이하의 벌금

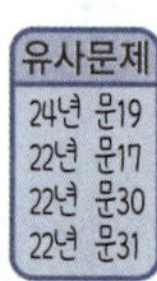

25 실내 전체가 화염에 휩싸이는 상태를 무엇이라 하는가?

유사문제
24년 문19
22년 문17
22년 문30
22년 문31

교재
60-61

① 최성기
② 최성장기
③ 최고점
④ 성장기

제 **2** 과목

정답 및 해설은 여기로!
정답 및 해설 p. 2-67

26 응급처치의 기본사항으로 기도확보(기도유지)가 필요하다. 다음의 보기 중 환자의 입(구강)내에 이물질이 있을 경우에 응급처치 방법으로 틀린 것은?

유사문제
25년 문50
23년 문50

교재
273

① 이물질이 빠져나올 수 있도록 기침을 유도한다.
② 만약 기침을 할 수 없는 경우 복부 밀어내기를 실시한다.
③ 눈에 보이는 이물질은 손을 넣어 제거한다.
④ 이물질이 제거된 후 머리를 뒤로 젖히고, 턱을 뒤로 들어 올려 기도가 개방되도록 한다.

27 위험물안전관리법에서 정하는 용어의 정의 및 종류에 대한 설명 중 틀린 것은?

유사문제
22년 문16

교재
85

① 질산의 지정수량은 300kg이다.
② 위험물이란 인화성 또는 발화성 등의 성질을 가지는 것으로서 대통령령이 정하는 물품을 말한다.
③ 지정수량이란 제조소 등의 설치허가 등에 있어 최고기준의 수량이다.
④ 등유의 지정수량은 1000L이다.

28 자동화재탐지설비의 수신기에 대한 설명으로 옳은 것은?

유사문제
21년 문15

교재
123
-124

① 종류로는 P형 수신기, R형 수신기, T형 수신기가 있다.
② 수신기의 조작스위치는 높이가 0.5m 이상일 것
③ 수신기의 조작스위치는 높이가 1.8m 이하일 것
④ 수위실 등 상시 사람이 근무하고 있는 장소에 설치할 것

29 자동화재탐지설비의 발신기에서 스위치의 높이로 옳은 것은?

교재
125

① 0.8~1.5m
② 1.5~1.6m
③ 0.5~1.0m
④ 0.3~0.5m

30

어떤 특정소방대상물에 소방안전관리자를 선임 중 2020년 7월 1일 소방안전관리자를 해임하였다. 해임한 날부터 며칠 이내에 선임하여야 하고 소방안전관리자를 선임한 날부터 며칠 이내에 관할소방서장에게 신고하여야 하는지 옳은 것은?

교재 25-26

① 선임일 : 2020년 7월 14일, 선임신고일 : 2020년 7월 25일
② 선임일 : 2020년 7월 20일, 선임신고일 : 2020년 8월 10일
③ 선임일 : 2020년 8월 1일, 선임신고일 : 2020년 8월 15일
④ 선임일 : 2020년 8월 1일, 선임신고일 : 2020년 8월 30일

31

분말소화기 내용연수로 옳은 것은?

유사문제
23년 문15
23년 문33
22년 문44

교재 105

① 3년
② 5년
③ 7년
④ 10년

32

예비전원 시험스위치 누름시 측정되는 정상 전압계의 범위로 옳은 것은?

유사문제
25년 문28
23년 문34
22년 문28

교재 139

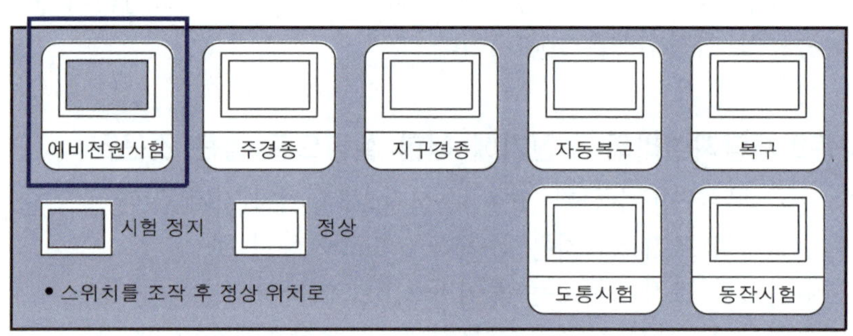

① 5~10V
② 0~5V
③ 12~24V
④ 19~29V

33

K급 화재의 적응물질로 맞는 것은?

유사문제
23년 문07
22년 문08

교재 58-59, 103

① 목재
② 유류
③ 금속류
④ 동·식물성 유지

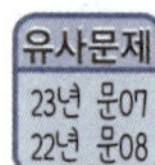

34

유사문제
23년 문46
23년 문49
22년 문37

실무교재
81

최상층의 옥내소화전설비 방수압력을 시험하고 있다. 그림 중 옥내소화전설비의 동력제어반 상태, 점검결과, 불량내용 순으로 옳은 것은? (단, 동력제어반 정상위치 여부만 판단한다.)

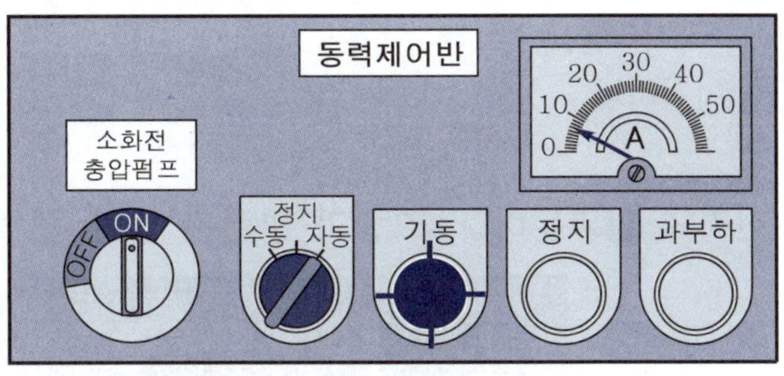

① 펌프 수동 기동, ×, 펌프 자동 기동불가
② 펌프 수동 기동, ○, 이상 없음
③ 펌프 자동 기동, ○, 이상 없음
④ 펌프 자동 기동, ×, 알 수 없음

35

유사문제
23년 문48
23년 문50
22년 문34

교재
286

그림은 일반인 구조자에 대한 기본소생술 흐름도이다. 빈칸 ㉠의 절차에 대한 내용으로 옳지 않은 것은?

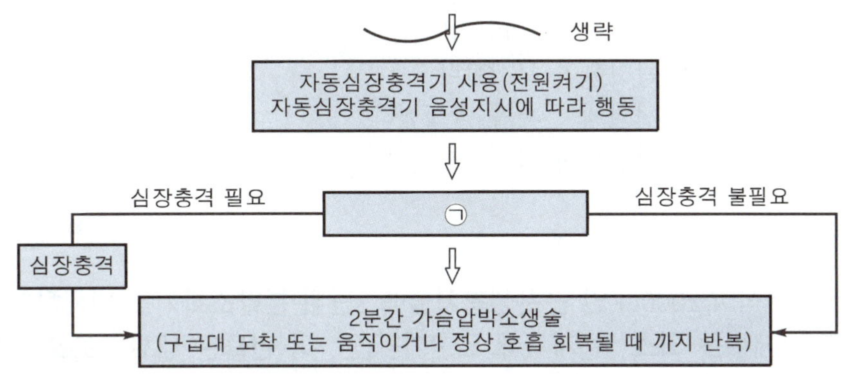

① ㉠에 필요한 장비는 자동심장충격기이다.
② ㉠의 장비는 2분마다 환자의 심전도를 자동으로 분석한다.
③ ㉠의 장비는 심장리듬 분석 후 심장충격이 필요한 경우에만 심장충격 버튼이 깜박인다.
④ ㉠은 반드시 여러 사람이 함께 사용하여야 한다.

36 다음 중 소방안전관리자 현황표에 기입하지 않아도 되는 사항은?

교재 207

① 소방안전관리자 현황표의 대상명
② 소방안전관리자의 선임일자
③ 소방안전관리대상물의 등급
④ 관계인의 인적사항

37 다음은 수신기의 일부분이다. 그림과 관련된 설명 중 옳은 것은?

유사문제
24년 문26
24년 문37
24년 문50
22년 문47

교재
134
-140

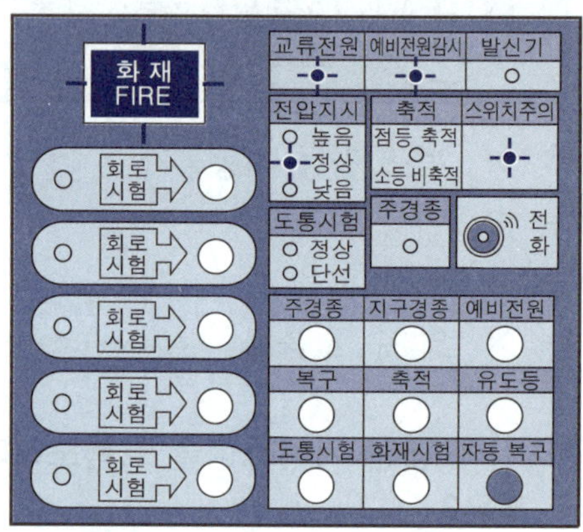

① 수신기 스위치 상태는 정상이다.
② 예비전원을 확인하여 교체한다.
③ 수신기 교류전원에 문제가 발생했다.
④ 예비전원이 정상상태임을 표시한다.

38 바닥면적이 2000m²인 근린생활시설에 3단위 분말소화기를 비치하고자 한다. 소화기의 개수는 최소 몇 개가 필요한가? (단, 이 건물은 내화구조로서 벽 및 반자의 실내에 면하는 부분이 불연재료이다.)

유사문제
23년 문16
22년 문05

교재
108

① 3개
② 4개
③ 5개
④ 6개

39

아래의 옥내소화전함을 보고 동력제어반의 모습으로 옳은 것을 보기(㉠~㉠)에서 있는대로 고른 것은?

유사문제
23년 문46
23년 문49
22년 문37

실무교재
81

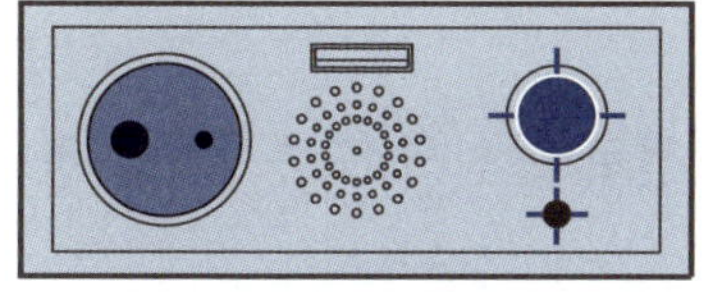

▮옥내소화전함▮

동력 제어반	주펌프		
	기동표시등	정지표시등	펌프기동표시등
㉠	점등	소등	점등
㉡	소등	소등	점등
㉢	점등	점등	점등
㉣	점등	소등	소등

동력 제어반	충압펌프		
	기동표시등	정지표시등	펌프기동표시등
㉤	소등	점등	점등
㉥	소등	소등	소등
㉦	점등	소등	점등
㉧	소등	점등	소등

① ㉠, ㉧
② ㉢, ㉥
③ ㉢, ㉦
④ ㉠, ㉥

40

자동심장충격기(AED) 패드 부착 위치로 옳은 것은?

유사문제
23년 문50
22년 문34
22년 문43

교재
284
-285

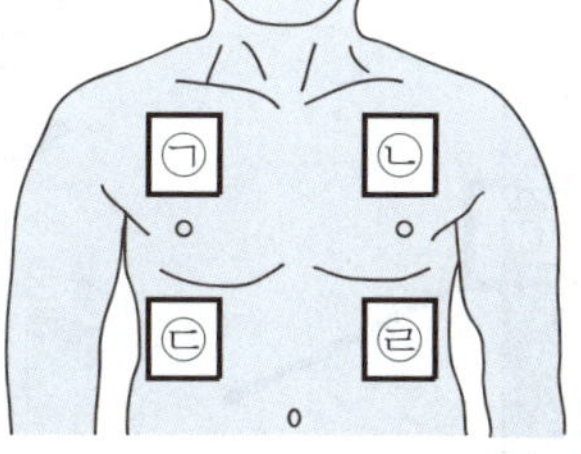

① ㉠, ㉢
② ㉠, ㉣
③ ㉡, ㉢
④ ㉡, ㉣

41

다음 중 소방교육 및 훈련의 원칙에 해당되지 않는 것은?

유사문제
25년 문29
23년 문29

교재
261
-262

① 목적의 원칙
② 교육자 중심의 원칙
③ 현실의 원칙
④ 관련성의 원칙

★★
42 화재감지기가 (a), (b)와 같은 방식의 배선으로 설치되어 있다. (a), (b)에 대한 설명으로 옳지 않은 것은?

유사문제
23년 문27

교재
128
-137

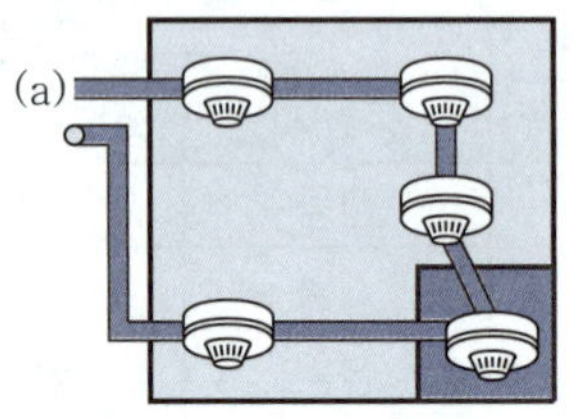
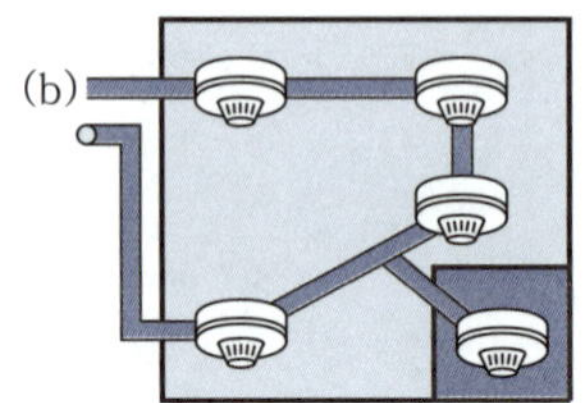

① (a)방식으로 설치된 선로를 도통시험할 경우 정상인지 단선인지 알 수 있다.
② (a)방식의 배선방식 목적은 독립된 실에 설치하는 감지기 사이의 단선 여부를 확인하기 위함이다.
③ (b)방식의 배선방식은 독립된 실내 감지기 선로 단선시 도통시험을 통하여 감지기 단선 여부를 확인할 수 없다.
④ (b)방식의 배선방식을 송배선방식이라 한다.

★
43 다음 중 소화기를 점검하고 있다. 옳지 않은 것은?

유사문제
23년 문15
23년 문47
22년 문09

교재
104
-105

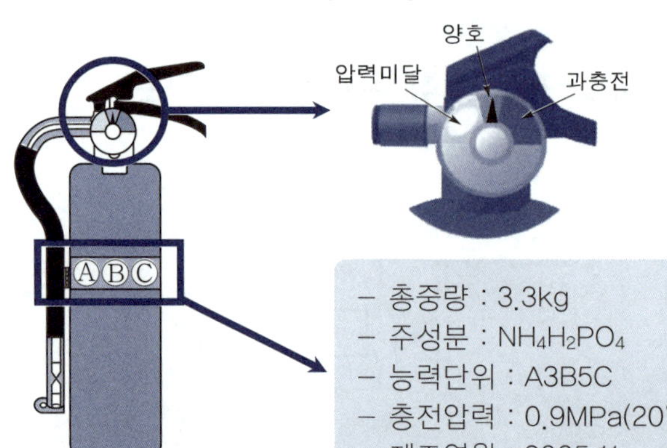

① 축압식 분말소화기를 점검하고 있다.
② 금속화재에 적응성이 있다.
③ 0.7~0.98MPa 압력을 유지하고 있다.
④ 내용연수 초과로 소화기를 교체해야 한다.

44

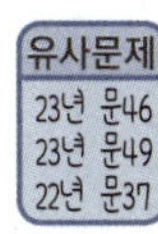

유사문제
23년 문46
23년 문49
22년 문37

실무교재
82

옥내소화전설비의 동력제어반과 감시제어반을 나타낸 것이다. 옳지 않은 것은?

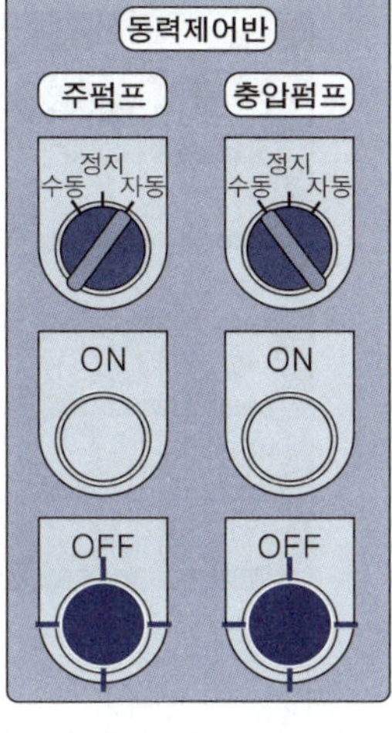

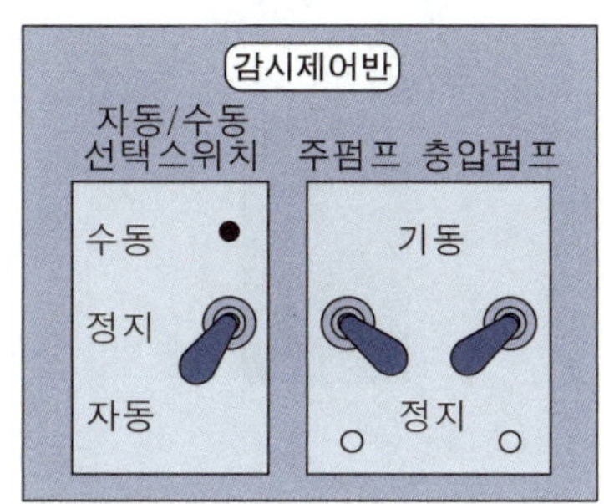

① 감시제어반은 정상상태로 유지·관리되고 있다.
② 동력제어반에서 주펌프 ON버튼을 누르면 주펌프는 기동하지 않는다.
③ 감시제어반에서 주펌프 스위치를 기동위치로 올리면 주펌프는 기동한다.
④ 동력제어반에서 충압펌프를 자동위치로 돌리면 모든 제어반은 정상상태가 된다.

45

유사문제
23년 문35
23년 문40
23년 문50

교재
282

성인심폐소생술 중 가슴압박 시행에 해당하는 내용으로 옳은 것은?

① 구조자는 깍지를 낀 두 손의 손바닥 앞꿈치를 가슴뼈(흉골)의 아래쪽 절반 부위에 댄다.
② 양팔을 쭉 편 상태로 체중을 실어서 환자의 몸과 수평이 되도록 가슴을 압박한다.
③ 가슴압박은 분당 100~120회의 속도와 5cm 깊이로 강하고 빠르게 시행한다.
④ 가슴압박시 갈비뼈가 압박되어 부러질 정도로 강하게 실시한다.

46

유사문제
25년 문26
24년 문32

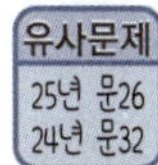

교재
163
-164

소방계획의 주요 내용이 아닌 것은?

① 화재예방을 위한 자체점검계획 및 대응대책
② 소방훈련 및 교육에 관한 계획
③ 화재안전조사에 관한 사항
④ 위험물의 저장·취급에 관한 사항

47 (a)와 (b)에 대한 설명으로 옳지 않은 것은?

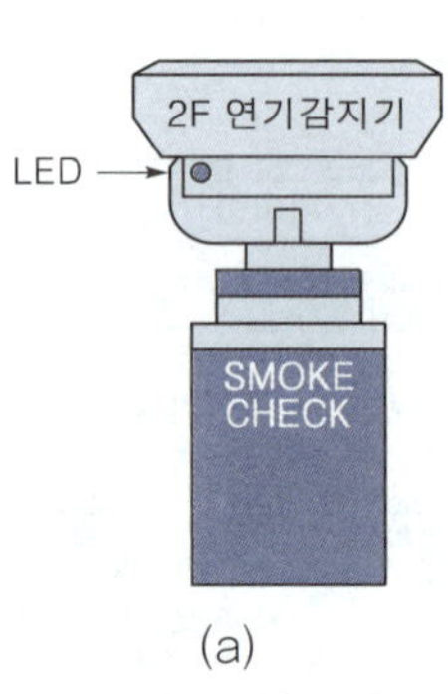

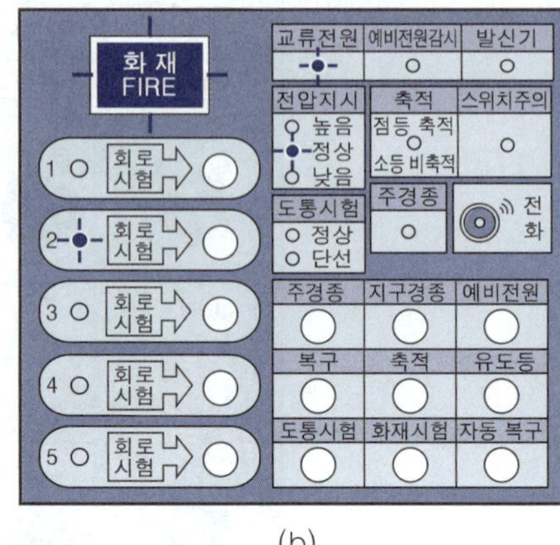

① (a)의 감지기는 할로겐열시험기로 작동시킬 수 없다.
② (a)의 감지기는 2층에 설치되어 있다.
③ 2층에 화재가 발생했기 때문에 (b)의 발신기 응답표시등에도 램프가 점등되어야 한다.
④ (a)의 상태에서 (b)의 상태는 정상이다.

48 축압식 분말소화기의 점검결과 중 불량내용과 관련이 없는 것은?

① 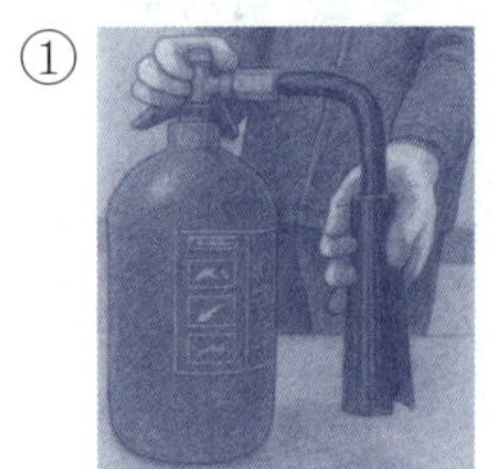

② 

③ 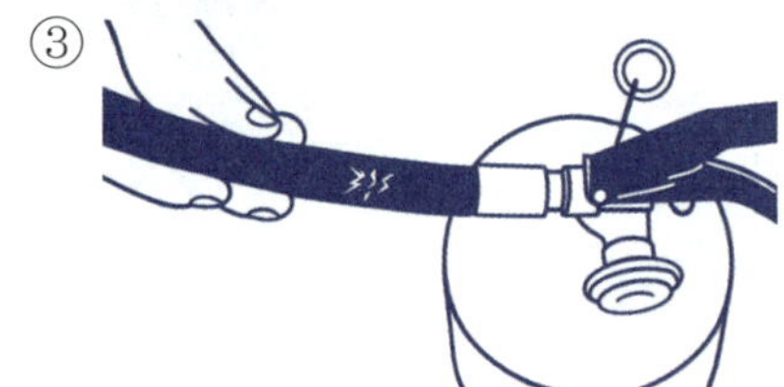

④ 

★★★
49

그림은 옥내소화전설비의 방수압력 측정방법과 실제 측정모습이다. (   )안에 들어갈 내용으로 옳은 것은?

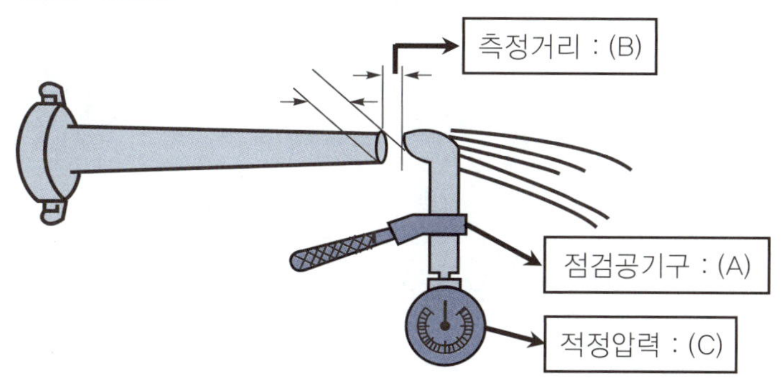

① (A) 레벨메타, (B) 노즐구경의 $\frac{1}{3}$, (C) 0.25~0.7MPa

② (A) 방수압력측정계, (B) 노즐구경의 $\frac{1}{2}$, (C) 0.17~0.7MPa

③ (A) 레벨메타, (B) 노즐구경의 $\frac{1}{2}$, (C) 0.17~0.7MPa

④ (A) 방수압력측정계, (B) 노즐구경의 $\frac{1}{3}$, (C) 0.1~1.2MPa

★
50

다음 중 자동심장충격기(AED)의 사용방법(순서로) 옳은 것은?

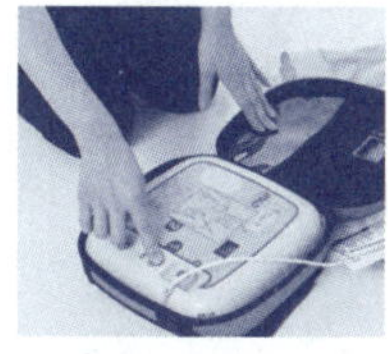
㉠ 전원켜기

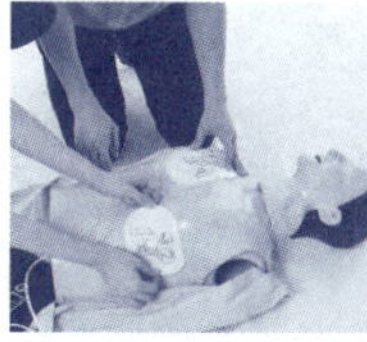
㉡ 2개의 패드 부착

㉢ 심장리듬 분석 및 심장충격 실시

㉣ 심폐소생술 시행

① ㉠ - ㉡ - ㉢ - ㉣
② ㉠ - ㉡ - ㉣ - ㉢
③ ㉡ - ㉠ - ㉣ - ㉢
④ ㉡ - ㉠ - ㉢ - ㉣

성공한 사람이 아니라 가치있는 사람이 되려고 힘써라.

- 아인슈타인 -

소방안전관리자 3급
기출문제 총집합+5개년 기출문제 / 무료강의

2020. 6. 15. 초 판 1쇄 발행
2021. 1. 5. 초 판 2쇄 발행
2021. 7. 15. 1차 개정증보 1판 1쇄 발행
2022. 8. 12. 2차 개정증보 2판 1쇄 발행
2023. 3. 22. 3차 개정증보 3판 1쇄 발행
2024. 1. 3. 4차 개정증보 4판 1쇄 발행
2024. 6. 5. 5차 개정증보 5판 1쇄 발행
2025. 2. 19. 5차 개정증보 5판 2쇄 발행
2026. 2. 25. 6차 개정증보 6판 1쇄 발행

지은이 | 공하성
펴낸이 | 이종춘
펴낸곳 | BM (주)도서출판 성안당

주소 | 04032 서울시 마포구 양화로 127 첨단빌딩 3층(출판기획 R&D 센터)
     | 10881 경기도 파주시 문발로 112 파주 출판 문화도시(제작 및 물류)

전화 | 02) 3142-0036
     | 031) 950-6300
팩스 | 031) 955-0510
등록 | 1973. 2. 1. 제406-2005-000046호
출판사 홈페이지 | www.cyber.co.kr
ISBN | 978-89-315-1389-9 (13530)
정가 | 30,000원

이 책을 만든 사람들
기획 | 최옥현
진행 | 박경희
교정·교열 | 최주연
전산편집 | 이지연
표지 디자인 | 박현정
홍보 | 김계향, 임진성, 김주승, 최정민
국제부 | 이선민, 조혜란
마케팅 | 구본철, 차정욱, 오영일, 나진호, 강호묵
마케팅 지원 | 장상범
제작 | 김유석

소방안전관리자 3급

기출문제 총집합 + 5개년 기출문제

당신도 이번에 반드시 합격합니다!
찐합격
공하성 교수의 노하우와 함께
소방안전관리자 3급 시험 단번에 합격!

당신도 이번에 반드시 합격합니다!
찐합격
무료강의
최단시간에 합격할 수 있는 책 1위!
영혼을 갈아 넣은 100% 상세한 해설!
소름 돋는 중요도 표시 및 용어설명!
소방안전관리자 3급
2025~2021년
기출문제 정답 및 해설
BM (주)도서출판 성안당

본문 및 단원별 기출문제

중요한 이론을 Key Point에 한 번 더 정리!

단원 기출문제 관련 유사 기출문제를 구성하여 실전 시험에 완벽하게 대비!

단원별로 관련 기출문제를 삽입하여 완벽하게 이론을 이해!

한국소방안전원 교재페이지를 넣어 교재와 함께 공부하기 쉽도록 구성!

한 번에 빠르게 암기되는 공하성 기억법 구성!

문제의 중요도를 별표(★)로 표시하여 중요한 문제를 한눈에 볼 수 있도록 구성!

기출문제

2025년 기출문제

정답 및 해설은 여기로!
정답 및 해설 p. 2-3

제 1 과목

정답 및 해설은 여기로!
정답 및 해설 p. 2-3

기출문제 2025

기출문제의 응용력을 기르기 위해 기출문제 관련 유사문제 표시!

01 다음 중 관련 금지행위가 다른 것은?

① 피난시설, 방화구획 및 방화시설을 폐쇄(잠금 제외)하거나 훼손하는 등의 행위
② 피난시설, 방화구획 및 방화시설의 주위에 물건을 쌓아두거나 장애물을 설치하는 행위
③ 피난시설, 방화구획 및 방화시설의 용도에 장애를 주거나 소방활동에 지장을 주는 행위
④ 그 밖에 피난시설, 방화구획 및 방화시설을 변경하는 행위

02 전기화재 예방요령으로 틀린 것을 모두 고른 것은?

㉠ 사용하지 않는 기구는 전원을 끄고 플러그를 꽂아둔다.

소방안전관리자 3급

2025~2021년 기출문제 정답 및 해설

■ 도서 A/S 안내

성안당에서 발행하는 모든 도서는 저자와 출판사, 그리고 독자가 함께 만들어 나갑니다.

좋은 책을 펴내기 위해 많은 노력을 기울이고 있습니다. 혹시라도 내용상의 오류나 오탈자 등이 발견되면 **"좋은 책은 나라의 보배"**로서 우리 모두가 함께 만들어 간다는 마음으로 연락주시기 바랍니다. 수정 보완하여 더 나은 책이 되도록 최선을 다하겠습니다.

성안당은 늘 독자 여러분들의 소중한 의견을 기다리고 있습니다. 좋은 의견을 보내주시는 분께는 성안당 쇼핑몰의 포인트(3,000포인트)를 적립해 드립니다.

잘못 만들어진 책이나 부록 등이 파손된 경우에는 교환해 드립니다.

저자 문의 : pf.kakao.com/_Cuxjxkb/chat
cafe.naver.com/119manager (공하성)

본서 기획자 e-mail : coh@cyber.co.kr (최옥현)

홈페이지 : http://www.cyber.co.kr   전화 : 031) 950-6300

2025년 기출문제

문제는 여기로! → 문제 p. 1-1

01	02	03	04	05	06	07	08	09	10
①	④	④	④	②	③	①	①	③	②
11	12	13	14	15	16	17	18	19	20
③	④	②	②	③	③	③	③	③	③
21	22	23	24	25	26	27	28	29	30
②	①	③	④	①	①	④	④	④	①
31	32	33	34	35	36	37	38	39	40
④	①	③	①	③	③	③	①	②	①
41	42	43	44	45	46	47	48	49	50
②	①	②	①	④	①	①	③	④	②

제 1 과목

문제는 여기로! → 문제 p. 1-1

01 ①

해설

> ① 제외 → 포함

피난시설, 방화구획 및 방화시설에 대한 금지 행위

(1) 피난시설, 방화구획 및 방화시설을 **폐쇄**(잠금 포함)하거나 **훼손**하는 등의 행위

(2) 피난시설, 방화구획 및 방화시설의 주위에 **물건을 쌓아두거나 장애물**을 설치하는 행위

(3) 피난시설, 방화구획 및 방화시설의 용도에 장애를 주거나 **소방활동**에 지장을 주는 행위

(4) 그 밖에 피난시설, 방화구획 및 방화시설을 변경하는 행위

02 ④

해설

> ㉠ 꽂아둔다. → 뽑아둔다.
> ㉢ 묶거나 꼬아둔다. → 묶거나 꼬이지 않도록 한다.
> ㉣ 비닐장판 밑으로 전선이 보이지 않게 정리하여 넣어둔다. → 비닐장판이나 양탄자 밑으로는 전선이 지나지 않도록 한다.

전기화재 예방요령

(1) 사용하지 않는 기구는 전원을 끄고 플러그를 뽑아둔다. 보기 ㉠

(2) **과전류 차단장치**를 설치한다. 보기 ㉡

(3) 퓨즈를 사용하고 끊어질 경우 그 원인을 조치한다.

(4) 비닐장판이나 양탄자 밑으로는 전선이 지나지 않도록 한다. 보기 ㉣

(5) 누전차단기를 설치하고 **월 1~2회** 작동 여부를 확인한다.

(6) 전선이 쇠붙이나 움직이는 물체와 접촉되지 않도록 한다.

(7) 전선은 묶거나 꼬이지 않도록 한다. 보기 ㉢

03 ④

해설 **위험물류별 특성**

유 별	성 질	설 명
제1류	산화성 고체 기억법 1산고(일산고)	① 강산화제로서 다량의 산소 함유 ② 가열, 충격, 마찰 등에 의해 분해, 산소 방출
제2류	가연성 고체 기억법 2가고(이가 고장)	① 저온착화하기 쉬운 가연성 물질 ② 연소시 유독가스 발생

제**3**류	자연**발**화성 물질 및 금수성 물질 기억법 3발(세발낙지)	① 물과 반응하거나 자연발화에 의해 발열 또는 가연성 가스 발생 ② 용기 파손 또는 누출에 주의
제4류	인화성 액체	① **인화**가 용이 ② 대부분 **물보다 가볍고**, 증기는 **공기보다 무거움** ③ **주수소화가 불가능**한 것이 대부분임 ④ 대부분 물에 녹지 않음 ⑤ 증기는 공기와 혼합되어 연소·폭발
제5류	자기반응성 물질 보기 ④	① 가연성으로 **산소**를 **함유**하여 **자기연소** ② **가열**, **충격**, **마찰** 등에 의해 착화, 폭발 ③ **연소속도**가 **매우 빨라서** 소화 곤란 ④ 자기반응성 물질 ⑤ 나이트로글리세린 (NG), 셀룰로이드, 트리나이트로톨루엔 (TNT) 기억법 5산(오산지역)
제6류	**산**화성 **액**체 기억법 산액	① 조연성 액체 ② 산화제

04 ④

해설

④ 해당 없음

화기취급작업의 일반적인 절차

화재예방을 위하여 화기취급작업을 사전에 허가하고 관련 법령에 근거하여 화재감시자가 입회하여 감독하는 등 안전관리 업무를 수행하여야 하며, 사전허가, 안전조치 및 화기취급 작업 감독의 처리절차와 화기취급작업 신청서 작성, 화기취급

작업 허가서 교부 및 안전수칙 등의 사전허가 절차 등을 준수하여야 한다.

처리절차		업무내용
사전허가	① 작업허가	• 작업요청 • 승인 검토 및 허가서 발급
안전조치	① 화재예방 조치 ② 안전교육	• 가연물 이동 및 보호 조치 보기 ② • 소방시설 작동 확인 보기 ① • 용접·용단 장비·보호구 점검 • 화재안전교육 보기 ③
작업·감독	① 화재감시자 입회 및 감독 ② 최종 작업 확인	• 화재감시자 입회 • 화기취급감독 • 현장 상주 및 화재감시 • 작업 종료 확인

05 ②

해설 **화재의 종류**

종 류	적응물질	소화약제
일반화재 (A급)	• 보통가연물(폴리에틸렌 등) • 종이 • 목재, 면화류, 석탄 • **재를 남김**	① 물 ② 수용액
유류화재 (B급)	• 유류 • 알코올 • **재를 남기지 않음**	① 포(폼)
전기화재 (C급)	• 변압기 • 배전반	① 이산화탄소 ② 분말소화약제 ③ 주수소화 금지
금속화재 (D급)	• 가연성 금속류 (나트륨 등)	① 금속화재용 분말소화약제 ② 마른 모래(건조사) 보기 ②

06 ③

 **열전달**

종 류	설 명
전도 (conduction)	• 하나의 물체가 다른 물체와 **직접 접촉**하여 전달되는 것
대류 (convection)	• **유체**의 흐름에 의하여 열이 전달되는 것
복사 (radiation)	• 화재시 열의 이동에 **가장 크게 작용**하는 열이동방식 • **화염**의 **접촉 없이** 연소가 확산되는 현상 • 화재현장에서 **인접건물**을 **연소**시키는 주된 원인 • 물질에 따라서 비교적 약한 복사열도 장시간 방사로 발화될 수 있다. 예를 들어, 햇빛이 유리나 거울에 반사되어 가연성 물질에 장시간 노출시 열이 축적되어 발화될 수 있다. 보기 ③

07 ①

 **피**난층
곧바로 지상으로 갈 수 있는 출입구가 있는 층 보기 ①

> **기억법** 피곧(피곤)

08 ①

 ① 50cm 이하 → 50cm 이상

(1) **무창층**
　지상층 중 개구부면적의 합계가 그 층의 바닥면적의 $\frac{1}{30}$ 이하가 되는 층
(2) **개구부 요건**
　① 크기는 지름 **50cm** 이상의 원이 통과할 수 있을 것 보기 ①
　② 해당층의 바닥면으로부터 개구부 밑부분까지의 높이가 **1.2m** 이내일 것 보기 ②
　③ **도로** 또는 **차량**이 진입할 수 있는 **빈터**를 향할 것 보기 ③

④ 화재시 건축물로부터 쉽게 **피난**할 수 있도록 개구부에 **창살**이나 그 밖의 장애물이 설치되지 않을 것
⑤ 내부 또는 외부에서 **쉽게 부수거나 열** 수 있을 것 보기 ④

09 ③

 ③ 300만원 이하의 과태료

300만원 이하의 벌금
(1) **화재안전조사**를 정당한 사유 없이 **거부·방해·기피**한 자 보기 ①
(2) 화재예방조치 조치명령을 정당한 사유 없이 따르지 아니하거나 방해한 자
(3) **소방안전관리자, 총괄소방안전관리자, 소방안전관리보조자**를 **선임**하지 아니한 자 보기 ②
(4) **소방시설·피난시설·방화시설** 및 **방화구획** 등이 법령에 위반된 것을 발견하였음에도 필요한 조치를 할 것을 요구하지 아니한 소방안전관리자
(5) **소방안전관리자**에게 **불이익**한 처우를 한 관계인 보기 ④
(6) 자체점검 결과 **소화펌프 고장** 등 중대위반사항이 발견된 경우 필요한 조치를 하지 않은 관계인 또는 관계인에게 중대위반사항을 알리지 아니한 관리업자 등

10 ②

 선임일자가 2023년 3월 15일이고 강습수료일로부터 1년 이내에 취업한 경우에 해당되어 강습수료일(2022년 4월 5일)부터 2년마다 실무교육을 받아야 하므로 ②가 정답이다. ①번도 답이 될 수 있지만 문제에서 최대이수기한이라고 했으므로 ②번 정답.

▎소방안전관리자의 실무교육

실시기관	실무교육주기
한국소방안전원	선임된 날부터 6개월 이내, 그 이후 2년마다 1회

선임된 날부터 6개월 이내, 그 이후 2년마다(최초 실무교육을 받은 날을 기준일로 하여 매 2년이 되는 해의 기준일과 같은 날 전까지) 1회 실무교육을 받아야 한다.

(1) 소방안전관리 강습 또는 실무교육을 받은 후 1년 이내에 소방안전관리자로 선임된 경우 해당 강습교육을 수료하거나 실무교육을 이수한 날에 당해 실무교육을 이수한 것으로 본다.

┃실무교육주기┃

강습수료일로부터 1년 이내 취업한 경우	강습수료일로부터 1년 넘어서 취업한 경우
강습수료일로부터 2년마다 1회 보기 ②	선임된 날부터 6개월 이내, 그 이후 2년마다 1회

(2) 소방안전관리보조자의 경우, 소방안전관리자 강습교육 또는 실무교육이나 소방안전관리보조자 실무교육을 받은 후 1년 이내에 선임된 경우 해당 강습교육을 수료하거나 실무교육을 이수한 날에 실무교육을 이수한 것으로 본다.

비교 **실무교육**

소방안전 관련업무 경력보조자	소방안전관리자 및 소방안전관리보조자
선임된 날로부터 **3개월 이내**, 그 이후 **2년마다 1회** 실무교육을 받아야 한다.	선임된 날로부터 **6개월 이내**, 그 이후 **2년마다 1회** 실무교육을 받아야 한다.

11 ③

 **해설**

연면적 4500m^{2}로서 15000m^2 이상이 안 되므로 2급 소방안전관리대상물에 해당하며, 소방안전관리보조자 선임대상 아님

(1) **2급 소방안전관리대상물**
 ① 지하구
 ② 가스제조설비를 갖추고 도시가스사업 허가를 받아야 하는 시설 또는 가연성 가스를 **100톤 이상 1000톤** 미만 저장·취급하는 시설

③ **스프링클러설비** 또는 **물분무등소화설비**(호스릴방식 제외) 설치대상물
④ **옥내소화전설비** 설치대상물
⑤ 공동주택(옥내소화전설비 또는 스프링클러설비가 설치된 공동주택에 한함)
⑥ 목조건축물(국보·보물)

(2) **최소 선임기준**

소방안전관리자	소방안전관리보조자
● 특정소방대상물마다 1명	● **300세대 이상 아파트 : 1명**(단, **300세대 초과마다 1명 이상 추가**) ● **연면적 15000m^2 이상 : 1명**(단, **15000m^2 초과마다 1명 이상 추가**) 보기 ③ ● **공동주택**(기숙사), **의료시설, 노유자시설, 수련시설 및 숙박시설**(바닥면적 합계 1500m^2 미만이고, 관계인이 24시간 상시 근무하고 있는 숙박시설 제외) : **1명**

12 ④

 **해설** **선임신고**

14일 이내에 **소방본부장·소방서장**에게 신고
(1) 소방안전관리자
(2) 위험물안전관리자

비교 **30일 이내**
(1) 소방안전관리자의 **재선임**(다시 선임)
(2) 위험물안전관리자의 **재선임**(다시 선임)

13 ②

 **해설**

② 가능 → 불가능

화재의 종류

종류	적응물질	소화약제
일반화재 (A급)	● 보통가연물(폴리에틸렌 등) ● 종이 ● 목재, 면화류, 석탄 ● **재를 남김**	① 물 ② 수용액

유류화재 (B급)	• 유류 • 알코올 • **재를 남기지 않음**	① 포(폼)
전기화재 (C급)	• 변압기 • 배전반	① 이산화탄소 ② 분말소화약제 ③ 주수소화 금지
금속화재 (D급) 보기 ①	• 가연성 금속류 (나트륨 등) 보기 ③	① 금속화재용 분 말소화약제 ② 마른 모래(건조 사) 보기 ④
주방화재 (K급)	• 식용유 • 동·식물성 유지	① 강화액

14 ②

② 주수소화와 이산화탄소소화약제는 냉각에 의한 소화작용을 한다.

중요 ▶ 소화방법의 예

제거소화 보기 ③	• 가스밸브의 **폐쇄**(차단) • 가연물 직접 **제거** 및 **파괴** • **촛불**을 입으로 불어 가연성 증기를 순간적으로 날려 보내는 방법 • 산불화재시 진행방향의 나무 **제거**	연소의 3요소를 이용한 소화방법
질식소화 보기 ①	• 불연성 기체로 연소물을 덮는 방법 • 불연성 포로 연소물을 덮는 방법 • 불연성 고체로 연소물을 덮는 방법	
냉각소화 보기 ②	• 주수에 의한 냉각작용 • 이산화탄소소화약제에 의한 냉각작용	
억제소화 (부촉매 소화) 보기 ④	• 화학적 작용에 의한 소화방법 • 할론, 할로겐화합물 소화약제에 의한 억제(부촉매)작용 • 분말소화약제에 의한 억제(부촉매)작용	연소의 4요소를 이용한 소화방법

15 ③

③ 주요 화재원인이 아님

전기화재의 주요 화재원인

(1) 전선의 **합선**(단락)에 의한 발화 보기 ④
　　　단선 ×
(2) **누전**에 의한 발화 보기 ①
(3) **과전류**(과부하)에 의한 발화 보기 ②
(4) 기타 **규격 미달**의 전선 또는 전기기계기구 등의 과열, 배선 및 전기기계기구 등의 절연불량 또는 정전기로부터의 불꽃

16 ③

③ 소방안전관리자의 업무

관계인 및 소방안전관리자의 업무

특정소방대상물 (관계인)	소방안전관리대상물 (소방안전관리자)
① 피난시설·방화구획 및 방화시설의 관리 보기 ④	① 피난시설·방화구획 및 방화시설의 관리
② 소방시설, 그 밖의 소방관련시설의 관리 보기 ②	② 소방시설, 그 밖의 소방관련시설의 관리
③ **화기취급**의 감독 보기 ①	③ **화기취급**의 감독
④ 소방안전관리에 필요한 업무	④ 소방안전관리에 필요한 업무
⑤ 화재발생시 **초기대응**	⑤ **소방계획서**의 작성 및 시행(대통령령으로 정하는 사항 포함)
	⑥ **자위소방대** 및 **초기대응체계**의 구성·운영·교육 보기 ③
	⑦ 소방훈련 및 교육
	⑧ 소방안전관리에 관한 업무 수행에 관한 기록·유지
	⑨ 화재발생시 **초기대응**

17 ③

③ 장시간 → 단시간

점화원

종 류	설 명
전기불꽃 보기 ③	**단시간**에 집중적으로 에너지가 방사되므로 에너지밀도가 높은 점화원이다.
충격 및 마찰	두 개 이상의 물체가 서로 **충격·마찰**을 일으키면서 작은 불꽃을 일으키는데, 이러한 마찰불꽃에 의하여 가연성 가스에 착화가 일어날 수 있다.
단열압축 	기체를 높은 압력으로 **압축**하면 온도가 상승하는데, 이때 상승한 열에 의한 가연물을 착화시킨다.
불 꽃	항상 화염을 가지고 있는 열 또는 화기로서 위험한 화학물질 및 가연물이 존재하고 있는 장소에서 **불꽃**의 사용은 대단히 위험하다.
고온표면	작업장의 화기, 가열로, 건조장치, 굴뚝, 전기·기계 설비 등으로서 항상 화재의 위험성이 내재되어 있다.
정전기 불꽃 	물체가 접촉하거나 결합한 후 떨어질 때 양(+)전하와 음(−)전하로 **전하의 분리**가 일어나 발생한 **과잉전하**가 물체(물질)에 **축적**되는 현상이다.
자연발화 	물질이 **외부**로부터 에너지를 **공급받지 않아도** 자체적으로 온도가 상승하여 발화하는 현상이다.
복사열	물질에 따라서 비교적 약한 복사열도 장시간 방사로 발화될 수 있다.

18 ③

해설

> ① 1급 소방안전관리자
> ② 1급 소방안전관리자
> ④ 2급 소방안전관리자

3급 소방안전관리대상물의 소방안전관리자 선임조건

자 격	경 력	비 고
• 소방공무원	1년	
• 소방청장이 실시하는 3급 소방안전관리대상물의 소방안전관리에 관한 시험에 합격한 사람		3급 소방안전관리자 자격증을 받은 사람
• 「기업활동 규제완화에 관한 특별조치법」에 따라 소방안전관리자로 선임된 사람(소방안전관리자로 선임된 기간으로 한정)	경력 필요 없음	
• 특급 소방안전관리대상물, 1급 소방안전관리대상물 또는 2급 소방안전관리대상물의 소방안전관리자 자격이 인정되는 사람		

19 ③

해설 **공기 중 산소**

체적비	중량비
21%	23%

20 ③

해설 **연소 : 열+빛=산화**

가연물이 공기 중에 있는 산소 또는 산화제와 반응하여 **열**과 **빛**을 발생하면서 **산화**하는 현상

21 ②

해설 **소화방법**

제거소화	질식소화	냉각소화	억제소화
가연물 제거	산소공급원 차단 (산소농도 **15%** 이하)	**열**을 **뺏**음 (**착화온도** 낮춤)	연쇄반응 약화

▮ 질식소화 ▮

22 ①

방염기준
(1) 방염성능기준 이상의 실내장식물 등을 설치해야 하는 특정소방대상물
① 체력단련장, 공연장 및 종교집회장
② 문화 및 집회시설(옥내에 있는 시설)
③ 종교시설 보기 ㉠
④ 운동시설(수영장은 제외)
⑤ 의원, 치과의원, 한의원, 조산원, 산후조리원
⑥ 의료시설(요양병원 등)
⑦ 합숙소
⑧ 노유자시설
⑨ 숙박이 가능한 수련시설
⑩ 숙박시설
⑪ 방송국 및 촬영소
⑫ 다중이용업소(단란주점영업, 유흥주점영업, 노래연습장업의 영업장 등)
⑬ 층수가 **11층 이상**인 것(아파트 제외)
(2) 방염대상물품 : **제조** 또는 **가공공정**에서 방염처리를 한 물품
① 창문에 설치하는 **커튼류**(블라인드 포함)
② 카펫
③ 두께 **2mm 미만**인 **벽지류**(종이벽지 제외)
④ **전시용 합판·섬유판**
⑤ **무대용 합판·섬유판**
⑥ **암막·무대막**(영화상영관·가상체험 체육시설업의 **스크린** 포함) 보기 ㉡
⑦ 섬유류 또는 합성수지류 등을 원료로 하여 제작된 **소파·의자**(단란주점·유흥주점·노래연습장에 한함)

(3) 방염처리된 물품의 사용을 권장할 수 있는 경우 : **다**중이용업소·**의**료시설·**노**유자시설·**숙**박시설·**장**례시설에 사용하는 **침구류, 소파, 의자** 보기 ㉢

기억법 다의노숙장 침소의

23 ③

가연물질이 될 수 없는 조건

구 분	설 명
불활성 기체	• 산소와 결합하지 못하는 기체(헬륨, 네온, 아르곤)
산소와 화학반응을 일으킬 수 없는 물질	• 물 • 이산화탄소
산소와 화합하여 흡열반응하는 물질	• 질소 • 질소산화물
자체가 연소하지 아니하는 물질	• 돌 • 흙

24 ④

④ 해당 없음

한국소방안전원의 업무
(1) 소방기술과 안전관리에 관한 **교육** 및 **조사·연구** 보기 ①
(2) 소방기술과 안전관리에 관한 각종 **간행물 발간** 보기 ②
(3) 화재예방과 안전관리의식 고취를 위한 **대국민 홍보**
(4) 소방업무에 관하여 **행정기관**이 **위탁**하는 업무 보기 ③
(5) 소방안전에 관한 국제협력
(6) **회원**에 대한 **기술지원** 등 정관으로 정하는 사항

25 ①

① 해당 없음

화재안전조사 결과에 따른 조치명령

(1) 명령권자 : **소방관서장**

(2) 명령사항

① **개수**명령 보기 ②

② **이전**명령 보기 ③

③ **제거**명령 보기 ④

④ **사용**의 **금지** 또는 제한명령, 사용폐쇄

⑤ **공사**의 **정지** 또는 중지명령

제 **②** 과목

문제는 여기로! ➔ 문제 p. 1-7

26 ①

해설

① 포괄적 → 종합적

소방계획의 주요 원리

(1) **종**합적 안전관리

(2) **통**합적 안전관리

(3) **지**속적 발전모델

기억법 계종 통지(개종하도록 통지)

종합적 안전관리	통합적 안전관리		지속적 발전모델
• 모든 형태의 위험을 포괄 보기 ① • 재난의 전주 기적(예방 ·대비 → 대 응 → 복구) 단계의 위험 성 평가 보기 ③	내부	협력 및 파트 너십 구축, 전 원 참여 보기 ④	• PDCA Cycle (계획 : Plan, 이행/운영 : Do, 모니터링 Check, 개선 : Act) 보기 ②
	외부	거버넌스(정부 -대상처-전 문기관) 및 안전 관리 네트워크 구축	

27 ④

해설

④ 보기를 볼 때 심폐소생술(CPR) 실시 후
자동심장충격기(AED)를 사용하는 경우
이므로 보기 ④ 정답

심폐소생술(CPR) 순서	자동심장충격기(AED) 사용 순서
① 반응 확인 순서 ① ② 119 신고 순서 ② ③ 호흡 확인 ④ 가슴압박 30회 시 행 순서 ③ ⑤ 인공호흡 2회 시행 ⑥ 가슴압박과 인공호 흡의 반복 ⑦ 회복 자세	① 전원 켜기 ② 두 개의 패드 부착 ③ 심장리듬 분석 순서 ④ ④ 심장충격 실시 ⑤ 심폐소생술 실시

28 ④

해설

┃예비전원시험 적부 판정┃

전압계인 경우 정상	램프방식인 경우 정상
19~29V 보기 ④	녹색

비교 **회로도통시험 적부 판정**

구 분	전압계가 있는 경우	도통시험확인등이 있는 경우
정상	4~8V	정상확인등 점등(녹색)
단선	0V	단선확인등 점등(적색)

29 ④

해설

④ 이론의 원칙 → 실습의 원칙

소방교육 및 훈련의 원칙

원 칙	설 명
현실의 원칙	• 학습자의 능력을 고려하지 않은 훈 련은 비현실적이고 불완전하다.
학습자 중심의 원칙 보기 ③	• **한** 번에 한 가지씩 습득 가능한 분량 을 교육 및 훈련시킨다. • **쉬운 것**에서 **어려운 것**으로 교육 을 실시하되 기능적 이해에 비중 을 둔다. • 학습자에게 감동이 있는 교육이 되 어야 한다.

기억법 학한

동기부여 의 원칙	• **교육**의 **중요성**을 **전달**해야 한다. • 학습을 위해 적절한 스케줄을 적절히 배정해야 한다. • 교육은 시기적절하게 이루어져야 한다. • 핵심사항에 교육의 포커스를 맞추어야 한다. • 학습에 대한 보상을 제공해야 한다. • 교육에 재미를 부여해야 한다. • 교육에 있어 다양성을 활용해야 한다. • 사회적 상호작용을 제공해야 한다. • 전문성을 공유해야 한다. • 초기성공에 대해 격려해야 한다.
목적의 원칙 보기 ①	• 어떠한 기술을 어느 정도까지 익혀야 하는가를 명확하게 제시한다. • 습득하여야 할 기술이 활동 전체에서 어느 위치에 있는가를 인식하도록 한다.
실습의 원칙 보기 ④	• **실습**을 통해 지식을 습득한다. • 목적을 생각하고, 적절한 방법으로 정확하게 하도록 한다.
경험의 원칙	• 경험했던 사례를 들어 현실감 있게 하도록 한다.
관련성의 원칙 보기 ②	• 모든 교육 및 훈련 내용은 **실무적**인 **접목**과 **현장성**이 있어야 한다.

기억법 현학동 목실경관교

30 ①

 해설

① 많은 사람들이 보조하면 피난에 정체현상이 발생하므로 한 명이 보조한다.
→ 많은 사람들이 보조할수록 상대적으로 쉬운 대피가 가능하다.

일반휠체어 사용자	전동휠체어 사용자
뒤쪽으로 기울여 손잡이를 잡고 뒷바퀴보다 한 계단 아래에서 무게중심을 잡고 이동한다. 2인이 보조시 다른 1인은 장애인을 마주보며 손잡이를 잡고 동일한 방법으로 이동	전동휠체어에 탑승한 상태에서 계단 이동시는 일반휠체어와 동일한 요령으로 보조할 수도 있으나 무거워 많은 인원과 공간이 필요하므로 전원을 끈 후 업거나 안아서 피난을 보조하는 것이 가장 효과적

31 ④

 해설

① 그림 A : 2층 지구표시등이 점등되어 있고, 도통시험 정상램프가 점등되어 있으므로 옳다. (○)

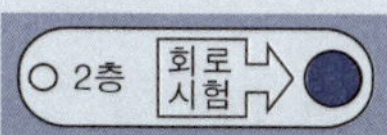

② 그림 A : 도통시험스위치가 눌러져 있으므로 스위치주의표시등이 점등되는 것은 정상이므로 옳다. (○)

③ 그림 B : 3층 **회로시험**버튼이 눌려 있고, 도통시험 단선램프가 점등되어 있으므로 옳다. (○)

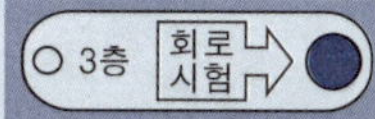

④ 그림 C : 2~5층 **회로시험**버튼이 눌려 있고, 도통시험 단선램프가 점등되어 있으므로 1층은 단서유무를 알 수 없고, 2~5층은 도통시험결과 단선이다. 그러므로 틀린 답 (✕)

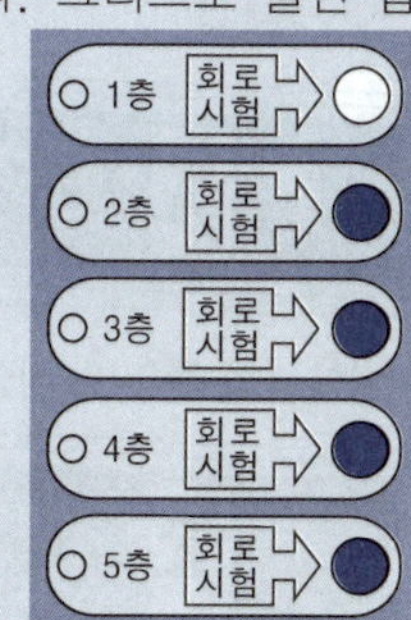

32 ①

 해설

① 예비전원(배터리)점검 : 외부에 있는 점검스위치(배터리상태 점검스위치)를 당겨보는 방법 또는 점검버튼을 눌러서 점등상태 확인

④ 상용전원점검 : 교류전원(전원등)램프의 점등 여부로 확인

(1) **예비전원**(배터리)**점검** : 외부에 있는 **점검스위치**(배터리상태 점검스위치)를 **당겨보는 방법** 또는 **점검버튼**을 눌러서 점등상태 확인 보기 ①

▌예비전원 점검스위치 ▌

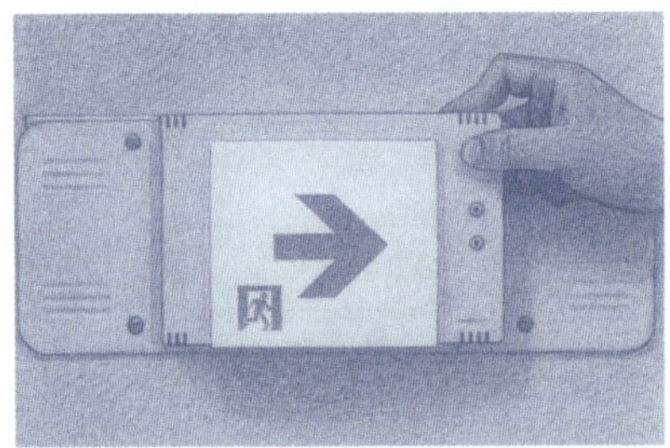

▌예비전원 점검버튼 ▌

(2) **2선식** 유도등점검 : 유도등이 **평상시 점등**되어 있는지 확인

▌평상시 점등이면 정상 ▌

▌평상시 소등이면 비정상 ▌

(3) **3선식** 유도등점검
　① 수동전환 : 수신기에서 수동으로 점등스위치를 ON하고 건물 내의 점등이 안되는 유도등을 확인

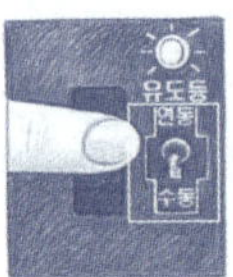

▌유도등 절환스위치 수동전환 ▌ ▌유도등 점등 확인 ▌

　② 연동(자동)전환 : 감지기·발신기·중계기·스프링클러설비 등을 현장에서 작동(동작)과 동시에 유도등이 점등되는지를 확인

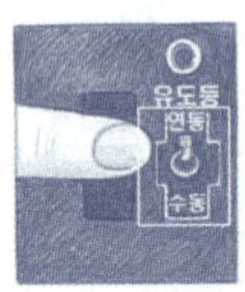

▌유도등 절환스위치연동(자동)전환 ▌

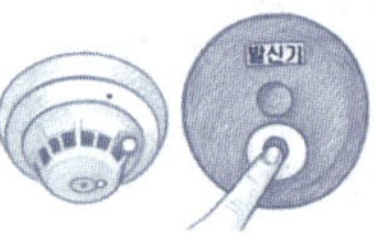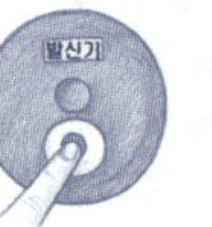

▌감지기, 발신기 동작 ▌　▌유도등 점등 확인 ▌

33 ③

해설

　③ 제거 → 질식

이산화탄소소화기

주성분	적응화재	소화효과
이산화탄소 (순도 99.5% 이상) (＝액화탄산가스) 보기 ①	BC급 보기 ②	① 질식효과 보기 ③ ② 냉각효과 보기 ③

● 밸브 본체에는 일정한 압력에서 작동하는 안전밸브가 장치되어 있다. 보기 ④

34 ①

해설

　① 응급처치는 사전예방 불가능

응급처치의 중요성

(1) 긴급한 환자의 생명 유지 보기 ②
(2) 환자의 고통 경감 보기 ③
(3) 위급한 부상부위의 응급처치로 치료기간 단축
(4) 현장처치의 원활화로 의료비 절감 보기 ④

35 ③

③ 현황 확인

작동점검 전 준비 및 현황확인 사항

점검 전 준비사항	현황확인
① 협의나 협조 받을 건물 **관계인** 등 연락처를 사전확보 보기 ④	① **건축물대장**을 이용하여 건물개요 확인 보기 ③
② 점검의 목적과 필요성에 대하여 건물 관계인에게 사전 안내 보기 ②	② 도면 등을 이용하여 설비의 개요 및 설치위치 등을 파악
③ 음향장치 및 각 실별 방문점검을 미리 공지 보기 ①	③ 점검사항을 토대로 점검순서를 계획하고 점검장비 및 공구를 준비
	④ 기존의 점검자료 및 조치결과가 있다면 점검 전 참고
	⑤ 점검과 관련된 각종 법규 및 기준을 준비하고 숙지

36 ③

(1) 경계구역의 설정 기준

① 1경계구역이 2개 이상의 **건축물**에 미치지 않을 것

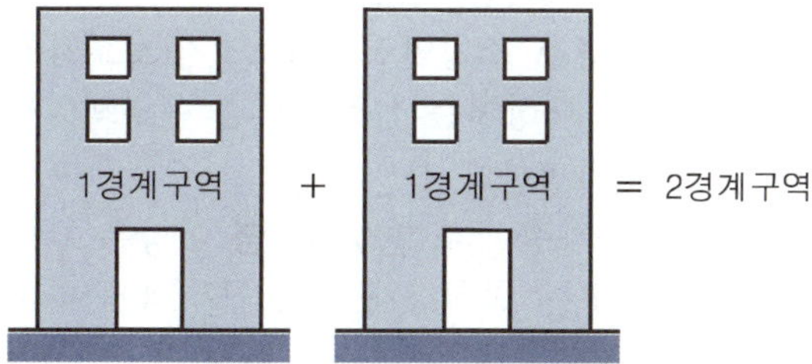

▌하나의 경계구역으로 설정불가 ▌

② 1경계구역이 2개 이상의 **층**에 미치지 않을 것(단, **500m²** 이하는 2개층을 1경계구역으로 할 수 있다.)

③ 1경계구역의 면적은 **600m²** 이하로 하고, 1변의 길이는 **50m** 이하로 할

것(단, 내부 전체가 보이면 한변의 길이가 50m의 범위 내에서 **1000m²** 이하로 할 수 있다.) 그림 (a)

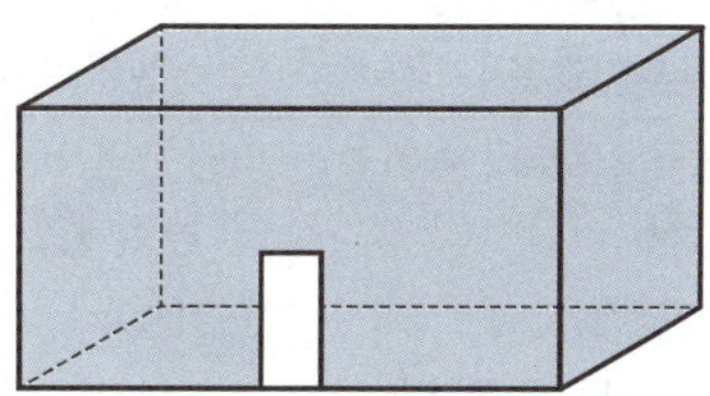

▌내부 전체가 보이면 1경계구역 면적 1000m² 이하, 1변의 길이 50m 이하 ▌

(2) 건축물 (a)의 경계구역수

$40m \times 25m = 1000m^2$

건축물 (a)는 내부 전체가 보이는 구조로 한 변의 길이가 50m의 범위 내에서 1000m² 이하이므로 1경계구역

(3) 건축물 (b)의 경계구역수

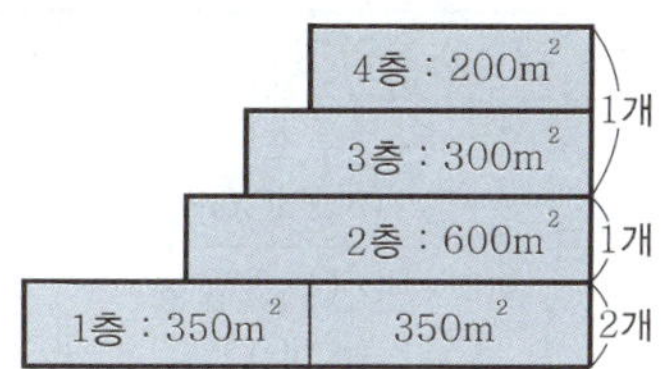

① 1경계구역의 면적은 **600m²** 이하로 하여야 하므로 바닥면적을 **600m²**로 나누어주면 된다.

　ㄱ) 1층 : $\dfrac{700m^2}{600m^2} = 1.1 ≒ 2개$(소수점 올림)

　ㄴ) 2층 : $\dfrac{600m^2}{600m^2} = 1개$

② 500m² 이하는 2개층을 1경계구역으로 할 수 있으므로 2개층의 합이 500m² 이하일 때는 **500m²**로 나누어주면 된다.

　3~4층 : $\dfrac{(300+200)m^2}{500m^2} = 1개$

∴ 2개＋1개＋1개＝4개

∴ (a)＋(b)＝1개＋4개＝5개

37 ③

 **유도등의 설치높이**

복도통로유도등, 계단 통로유도등 보기 ③	피난구유도등, 거실통로유도등
바닥으로부터 높이 **1m** 이하	피난구의 바닥으로부 터 높이 **1.5m 이상**
기억법 1복(일복 터졌다.)	**기억법** 피유15상

38 ①

① 적응화재가 ABC급이므로 제1인산암모늄($NH_4H_2PO_4$) 정답

분말소화기

▌소화약제 및 적응화재▐

적응화재	소화약제의 주성분	소화효과
BC급	탄산수소나트륨 ($NaHCO_3$)	• 질식효과 • 부촉매(억 제)효과
	탄산수소칼륨 ($KHCO_3$)	
ABC급	제1인산암모늄 ($NH_4H_2PO_4$)	
BC급	탄산수소칼륨($KHCO_3$) +요소(($NH_2)_2CO$)	

39 ②

 **소화기구**

소화능력 단위기준 및 보행거리

소화기 분류		능력단위	보행거리
소형소화기		**1단위** 이상 보기 ㉠	20m 이내 보기 ㉡
대형소화기	A급	**10단위** 이상 보기 ㉢	30m 이내
	B급	**20단위** 이상 보기 ㉣	

기억법 보3대, 대2B(데이빗!)

40 ①

 **송배선식**

도통시험(선로의 정상연결 유무 확인)을 원활히 하기 위한 배선방식

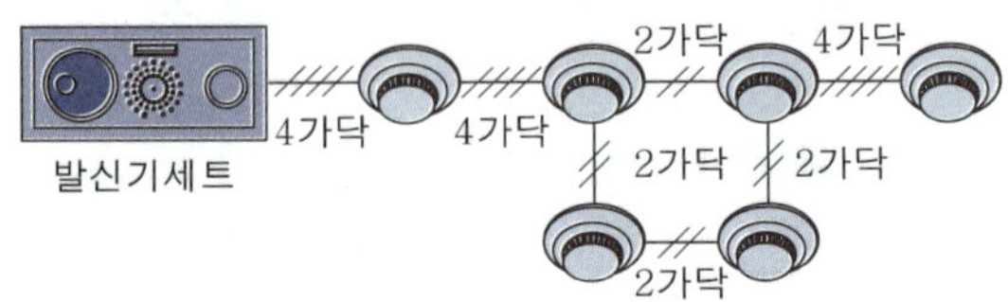

▌송배선식▐

41 ②

② 없다. → 있다.

자위소방대 초기대응체계의 인원편성

(1) 소방안전관리보조자, 경비(보안)근무자 또는 대상물관리인 등 **상시근무자**를 **중심**으로 구성한다. 보기 ④

▌자위소방대 인력편성▐

자위소방 대장	자위소방 부대장
① 소방안전관리대상 물의 소유주 ② 법인의 대표 ③ 관리기관의 책임자	소방안전관리자

(2) 소방안전관리대상물의 근무자의 **근무위치**, **근무인원** 등을 고려하여 편성한다. 이 경우 소방안전관리보조자(보조자가 없는 대상처는 선임대원)를 운영책임자로 지정한다. 보기 ③

(3) 초기대응체계 편성시 **1명** 이상은 수신반(또는 종합방재실)에 근무해야 하며 화재상황에 대한 모니터링 또는 지휘통제가 가능해야 한다.

(4) **휴일** 및 **야간**에 **무인경비시스템**을 통해 감시하는 경우에는 무인경비회사와 비상연락체계를 구축할 수 있다. 보기 ①

☑ 중요 — 자위소방대 개별 임무 부여

각 팀별로 기능에 기초하여 자위소방대원별 개별 임무를 부여한다. 이 경우 대원별 임무를 복수로 하거나 중복하여 지정할 수 있다. 보기 ②

42 ①

해설 (1) **종합점검(최초점검 제외)**
① 건축물을 사용승인 후 그 다음 해부터 실시
② 연 1회 이상 실시

- 사용승인 후 그 다음 해부터 실시하므로 2024년도에 실시하고 연 1회 이상 실시해야 하므로 2024년 8월 9일 이내에 실시해야 한다. 그러므로 종합점검은 2024년 8월 4일이 정답
- 최초점검일은 신경쓸 필요 없다.

(2) **작동점검**
종합점검(최초점검 제외)을 받은 달부터 6개월이 되는 달에 실시

- 종합점검일이 2024년 8월 4일이므로 작동점검은 6개월 되는 달이 2025년 2월이다. 그러므로 작동점검은 2025년 2월 3일 정답

43 ②

해설 ② 위쪽 가운데 위치해 있으므로 정상

지시압력계
① 노란색(황색) : 압력부족
② 녹색 : 정상압력
③ 적색 : 정상압력 초과

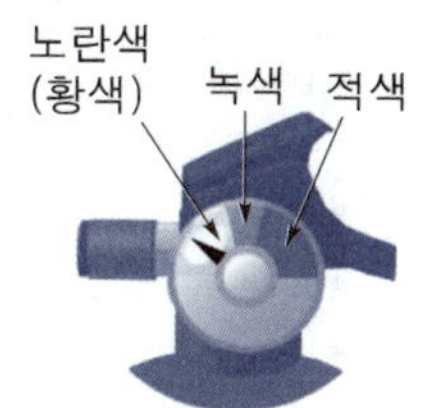

❙ 소화기 지시압력계 ❙

❙ 지시압력계의 색표시에 따른 상태 ❙

노란색(황색)	녹 색	적 색
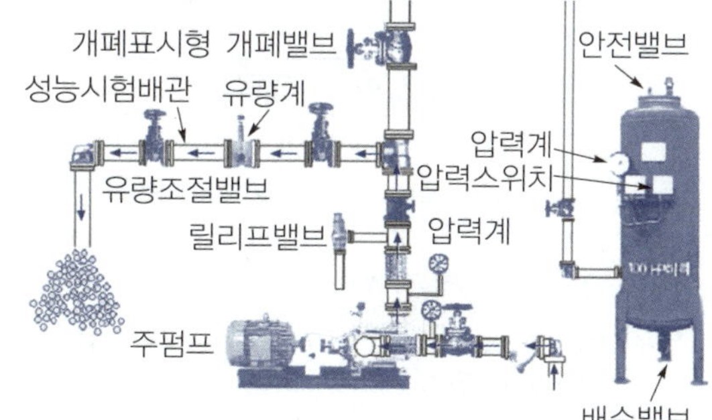		
❙ 압력이 부족한 상태 ❙	❙ 정상압력 상태 ❙	❙ 정상압력보다 높은 상태 ❙

- 용기 내 압력을 확인할 수 있도록 지시압력계가 부착되어 사용 가능한 범위가 0.7~0.98MPa로 녹색으로 되어 있음

44 ①

해설 ① ㉠ 안전밸브 ㉡ 압력계 ㉢ 압력스위치
㉣ 배수밸브

펌프성능시험

❙ 기동용 수압개폐장치(압력챔버) ❙

(1) 제어반에서 주·충압펌프 정지

감시제어반	동력제어반
선택스위치 **정지**위치	선택스위치 **수동**위치

(2) 펌프토출측 밸브(개폐표시형 개폐밸브) 폐쇄
(3) 설치된 펌프의 현황을 파악하여 펌프성능시험을 위한 표 작성
(4) 유량계에 **100%, 150%** 유량 표시

45 ④

 해설

> ① 초과하여 → 초과되지 않아, 교체하여야
>   한다. → 교체할 필요 없다.
>   제조년월 : 2020.11.이고 내용연수가 10
>   년이므로 2030.10.까지가 유효기간이므
>   로 내용연수가 초과되지 않았다.

내용연수

소화기의 내용연수를 **10년**으로 하고 내용연수가 지난 제품은 교체 또는 성능확인을 받을 것

내용연수 경과 후 10년 미만	내용연수 경과 후 10년 이상
3년	1년

> ② 가압식 소화기는 폭발우려가 있으므로
>   폐기하여야 하며, 압력계가 정상범위에
>   있으므로 축압식 소화기는 정상이다.
> ③ 소화기 압력미달로 교체해야 한다.

축압식 소화기 : 압력계 ○

- 용기 중에 소화약제와 함께 소화약제의 방출원이 되는 **질소** 등의 압축가스를 봉입한 방식
- 용기 내 압력을 확인할 수 있도록 지시압력계가 부착되어 사용 가능한 범위가 **녹색**(0.7∼0.98MPa)으로 되어 있음

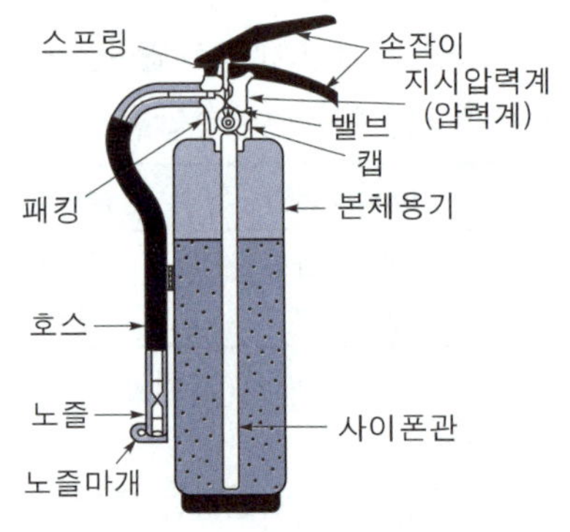

▌축압식 소화기▐

지시압력계

① 노란색(황색) : **압력부족**
② 녹색 : **정상압력**
③ 적색 : **정상압력 초과**

▌소화기 지시압력계▐

▌지시압력계의 색표시에 따른 상태▐

노란색(황색) 보기 ③	녹 색	적 색
▌압력이 부족한 상태▐	▌정상압력 상태▐	▌정상압력보다 높은 상태▐

소화기의 설치기준

(1) 설치높이 : 바닥에서 **1.5m** 이하
(2) 설치면적 : 구획된 실 바닥면적 **$33m^2$** 이상에 1개 설치

46 ①

 해설 **피난기구의 적응성**

설치 장소별 구분 \ 층별	3층	4층 이상 10층 이하
노유자 시설	● 미끄럼대 ● 구조대 ● 피난교 ● 다수인 피난장비 ● 승강식 피난기	● 구조대[1] ● 피난교 ● 다수인 피난장비 ● 승강식 피난기
의료시설 · 입원실이 있는 의원 · 접골원 · 조산원	● 미끄럼대 ● 구조대 ● 피난교 ● 피난용 트랩 ● 다수인 피난장비 ● 승강식 피난기	● 구조대 ● 피난교 ● 피난용 트랩 ● 다수인 피난장비 ● 승강식 피난기

영업장의 위치가 4층 이하인 다중이용업소	• 미끄럼대 • 피난사다리 • 구조대 • 완강기 • 다수인 피난장비 • 승강식 피난기	• 미끄럼대 • 피난사다리 • 구조대 • 완강기 • 다수인 피난장비 • 승강식 피난기
그 밖의 것	• 미끄럼대 • 피난사다리 • 구조대 • 완강기 • 피난교 • 피난용 트랩 • 간이완강기[2] • 공기안전매트 • 다수인 피난장비 • 승강식 피난기	• 피난사다리 • 구조대 • 완강기 • 피난교 • 간이완강기[2] • 공기안전매트 • 다수인 피난장비 • 승강식 피난기

㊟ 1) **구조대**의 적응성은 장애인관련시설로서 주된 사용자 중 스스로 피난이 불가한 자가 있는 경우 추가로 설치하는 경우에 한한다.

2) 간이완강기의 적응성은 **숙박시설**의 **3층 이상**에 있는 객실에 추가로 설치하는 경우에 한한다.

47 ①

[해설] 특정소방대상물별 소화기구의 능력단위 기준

특정소방대상물	소화기구의 능력단위	건축물의 주요구조부가 **내화구조**이고, 벽 및 반자의 실내에 면하는 부분이 **불연재료·준불연재료** 또는 **난연재료**로 된 특정소방대상물의 능력단위
• **위**락시설 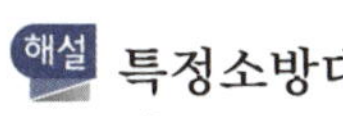	바닥면적 **30m²**마다 1단위 이상	바닥면적 **60m²**마다 1단위 이상
• **공연**장 • **집**회장 • **관람**장 및 **문**화재 • **의료시설** 및 **장**례식장	바닥면적 **50m²**마다 1단위 이상	바닥면적 **100m²**마다 1단위 이상
• **근**린생활시설 • **판**매시설 • 운수시설 • **숙**박시설 • **노**유자시설 • **전**시장 • 공동**주**택(아파트 등) • **업**무시설(사무실 등) • **방**송통신시설 • 공장·**창**고시설 • **항**공기 및 자동**차**관련시설 및 **관광**휴게시설	바닥면적 **100m²**마다 1단위 이상	바닥면적 **200m²**마다 1단위 이상
• 그 밖의 것	바닥면적 **200m²**마다 1단위 이상	바닥면적 **400m²**마다 1단위 이상

[기억법] 5공연장 문의 집관람(손오공 연장 문의 집관람)

[기억법] 근판숙노전 주업 방차창 1항 관광 (근판숙노전 주업 방차창 일본항 관광)

근린생활시설로서 내화구조이고 불연재료인 경우이므로 바닥면적 200m²마다 1단위 이상

$$\frac{3000\text{m}^2}{200\text{m}^2} = 15단위$$

• 15단위를 15개라고 쓰면 틀린다. 특히 주의!

2단위 분말소화기를 설치하므로

소화기개수 $= \dfrac{15단위}{2단위} = 7.5 ≒ 8개$ (소수점 올림)

48 ③

 **화상의 분류**

종 별	설 명
표피화상 (**1**도 화상)	• 표피 바깥층의 화상 • 약간의 부종과 **홍반**이 나타남 **기억법** 표1홍
부분층화상 (**2**도 화상)	• 피부의 두 번째 층까지 화상으로 손상 • 심한 통증과 발적, 수포 발생 • **물집**이 터져 **진물**이 나고 감염위험 • 표피가 얼룩얼룩하게 되고 진피의 모세혈관이 손상 **기억법** 부2진물
전층화상 (**3**도 화상)	• 피부 **전층** 손상 • 피하지방과 근육층까지 손상 • 화상부위가 **건조**하며 통증이 없음 보기 ③ **기억법** 전3건

49 ④

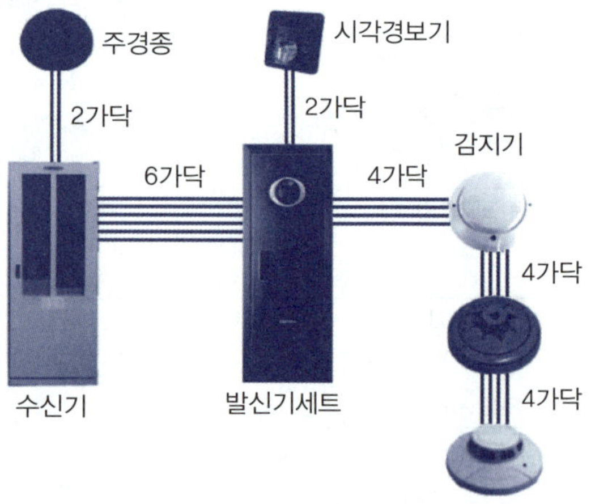 **자동화재탐지설비의 구성도**

50 ②

 ② 손을 넣어 제거한다. → 함부로 제거하려 해서는 안 된다.

응급처치요령(기도확보)

(1) 환자의 입 내에 이물질이 있을 경우 기침을 유도한다. 보기 ①

(2) 환자의 입 내에 눈에 보이는 이물질이라 하여 함부로 제거하려 해서는 안 된다. 보기 ②

(3) 이물질이 제거된 후 머리를 뒤로 젖히고, 턱을 위로 들어 올려 기도가 개방되도록 한다. 보기 ③

(4) 환자가 기침을 할 수 없는 경우 하임리히법을 실시한다. 보기 ④

2024년 기출문제

문제는 여기로! → 문제 p.1-17

01	02	03	04	05	06	07	08	09	10
①	①	①	④	③	②	①	③	①	②
11	12	13	14	15	16	17	18	19	20
①	③	④	④	③	④	②	④	④	①
21	22	23	24	25	26	27	28	29	30
④	③	②	②	③	④	①	④	④	③
31	32	33	34	35	36	37	38	39	40
④	④	②	④	①	②	④	②	③	④
41	42	43	44	45	46	47	48	49	50
①	④	②	④	③	④	③	②	③	③

제 ① 과목

문제는 여기로! → 문제 p.1-17

01 ①

해설

> ① 이하 → 이상

무창층
(1) 크기는 지름 **50cm** 이상의 원이 통과할 수 있을 것 보기 ①
(2) 해당층의 바닥면으로부터 개구부 밑부분까지의 높이가 **1.2m** 이내일 것 보기 ②

> 화재발생시 사람이 통과할 수 있는 어깨너비, 키 등의 최소기준을 생각해 봐요.

(3) **도로** 또는 **차량**이 진입할 수 있는 **빈터**를 향할 것 보기 ④
(4) 화재시 건축물로부터 쉽게 **피난**할 수 있도록 개구부에 **창살**이나 그 밖의 장애물이 설치되지 않을 것

(5) 내부 또는 외부에서 **쉽게 부수거나 열** 수 있을 것 보기 ③

02 ①

해설

> ②·③·④ 차동식 스포트형 감지기에 대한 설명

(1) 감지기의 구조

정온식 스포트형 감지기	차동식 스포트형 감지기
① **바이메탈, 감열판, 접점** 등으로 구성 보기 ①	① **감열실, 다이어프램, 리크구멍, 접점** 등으로 구성 보기 ④
기억법 바정(봐줘)	② **거실, 사무실** 설치 보기 ③
② 보일러실, 주방 설치 ③ 주위온도가 **일정온도** 이상이 되었을 때 작동	③ 주위온도가 **일정상승률** 이상이 되는 경우에 작동 보기 ② **기억법** 차감

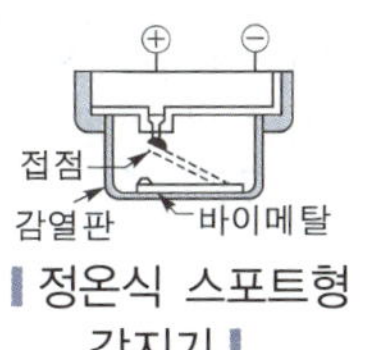

▌ 정온식 스포트형 감지기 ▌

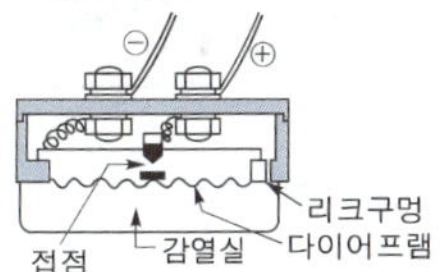

▌ 차동식 스포트형 감지기 ▌

(2) 감지기의 특징

감지기 종별	설 명
차동식 스포트형 감지기	주위 온도가 **일정 상승률** 이상이 되는 경우에 작동하는 것
정온식 스포트형 감지기	주위 온도가 **일정 온도** 이상이 되었을 때 작동하는 것
이온화식 스포트형 감지기	주위의 공기가 **일정 농도**의 **연기**를 포함하게 되는 경우에 작동하는 것
광전식 스포트형 감지기	연기에 포함된 미립자가 **광원**에서 방사되는 광속에 의해 산란반사를 일으키는 것

03 ①

해설 

> ② 바로 → 각 경계구역 동작버튼을 차
>   례로 누르고
> ③ 자동복구스위치를 누르는 것이다. →
>   회로시험스위치를 돌리는 것이다.
> ④ 회로시험스위치를 → 자동복구스위
>   치를 누르고 회로시험스위치를

P형 수신기의 동작시험

구 분	순 서
동작시험 순서	① 동작시험스위치 누름 ② 자동복구스위치 누름 ③ 회로시험스위치 돌림
동작시험복구 순서	① 회로시험스위치 돌림 ② 동작시험스위치 누름 ③ 자동복구스위치 누름
회로도통시험 순서	① 도통시험스위치 누름 ② 각 경계구역 동작버튼을 차례로 누름(회로시험스위치를 각 경계구역별로 차례로 회전)
예비전원시험 순서	① 예비전원시험스위치 누름 ② 예비전원 결과 확인

04 ④

해설 

> ④ 해당 없음

전기화재의 주요 화재원인
(1) 전선의 **합선(단락)**에 의한 발화 [보기 ①]
    단선 ×
(2) **누전**에 의한 발화 [보기 ②]
(3) **과전류(과부하)**에 의한 발화 [보기 ③]
(4) **정전기불꽃**

05 ③

해설 

100만원 이하의 과태료
실무교육을 받지 **아니한 소방안전관리자**
및 **소방안전관리보조자** [보기 ③]

06 ②

해설 

피난층

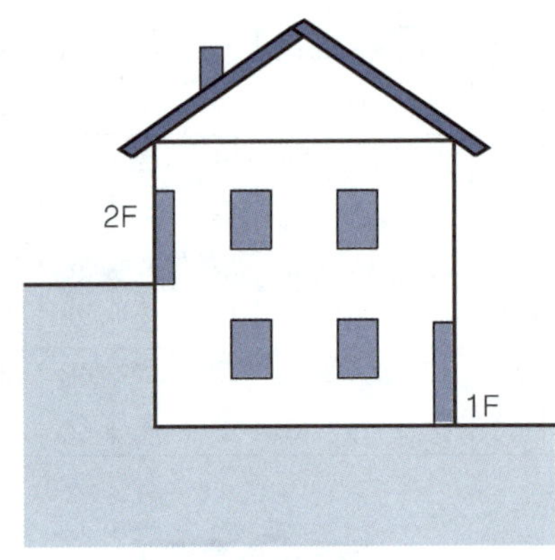

곧바로 지상으로 갈 수 있는 출입구가 있
는 층 [보기 ②]

기억법 피곧(피곤)

07 ①

해설 감지기의 구조

정온식 스포트형 감지기	차동식 스포트형 감지기
① **바이메탈, 감열판, 접점** 등으로 구성	① **감열실, 다이어프램, 리크구멍, 접점** 등으로 구성 [보기 ①]
기억법 바정(봐줘)	
② **보일러실, 주방** 설치	② **거실, 사무실** 설치
③ 주위온도가 **일정온도** 이상이 되었을 때 작동	③ 주위온도가 **일정상승률** 이상이 되는 경우에 작동
	기억법 차감

08 ③

해설

소방시설	정 의
경보설비 보기 ①	화재발생 사실을 통보하는 기계 · 기구 또는 설비
피난구조설비 보기 ②	화재가 발생할 경우 피난하기 위하여 사용하는 기구 또는 설비
소화용수설비 보기 ③	화재를 진압하는 데 필요한 물을 공급하거나 저장하는 설비
소화활동설비 보기 ④	화재를 진압하거나 인명구조 활동을 위하여 사용하는 설비

09 ①

해설

① 지하층 포함 → 지하층 제외

● 17층으로서 11층 이상(아파트 제외)이므로 1급 소방안전관리대상물

소방안전관리자 및 소방안전관리보조자를 선임하는 특정소방대상물

소방안전관리 대상물	특정 소방대상물
특급 소방안전관리 대상물 (동식물원, 철강 등 불연성 물품 저장 · 취급창고, 지하구, 위험물 제조소 등 제외)	●**50층** 이상(지하층 제외) 또는 지상 **200m** 이상 **아파트** ●**30층** 이상(지하층 포함) 또는 지상 **120m** 이상(아파트 제외) ●연면적 **100000m²** 이상 (아파트 제외)
1급 소방안전관리 대상물 (동식물원, 철강 등 불연성 물품 저장 · 취급창고, 지하구, 위험물 제조소 등 제외)	●**30층** 이상(지하층 제외) 또는 지상 **120m** 이상 **아파트** ●연면적 **15000m²** 이상인 것(아파트 및 연립주택 제외) ●**11층** 이상(아파트 제외) ●가연성 가스를 **1000톤** 이상 저장 · 취급하는 시설

2급 소방안전관리 대상물	●지하구 ●가스제조설비를 갖추고 도시가스사업 허가를 받아야 하는 시설 또는 가연성 가스를 **100톤 이상 1000톤** 미만 저장 · 취급하는 시설 ●**옥내소화전설비, 스프링클러설비** 설치대상물 ●**물분무등소화설비**(호스릴방식 제외) 설치대상물 ●공동주택 ●목조건축물(국보 · 보물)
3급 소방안전관리 대상물	●**자동화재탐지설비** 설치대상물 ●**간이스프링클러설비**(주택전용 제외) 설치대상물

10 ②

해설

① 1.5m 이하 → 1.5m 이상
③ 1.5m → 1m
④ 1m 이상 → 1m 이하

유도등의 설치높이

구 분	설치높이
복도통로 유도등	바닥으로부터 높이 **1m** 이하 보기 ③ **기억법** 1복(일복 터졌다.)
피난구 유도등	바닥으로부터 높이 **1.5m** 이상 보기 ① **기억법** 피유15상
계단통로 유도등	바닥으로부터 높이 **1m** 이하 보기 ④
거실통로 유도등	바닥으로부터 높이 1.5m 이상 보기 ②

11 ①

 **소방안전관리자의 실무교육**

실시기관	실무교육주기
한국소방안전원	선임된 날부터 6개월 이내, 그 이후 2년마다 1회

2022년 2월 10일에 선임되었으므로, 선임한 날(다음 날)부터 6개월 이내인 2022년 8월 9일이 된다.

> •'선임한 날부터'라는 말은 '선임한 다음 날부터'를 의미한다.

비교 실무교육

소방안전 관련업무 경력보조자	소방안전관리자 및 소방안전관리보조자
선임된 날로부터 3개월 이내, 그 이후 2년마다 1회 실무교육을 받아야 한다.	선임된 날로부터 6개월 이내, 그 이후 2년마다 1회 실무교육을 받아야 한다.

12 ③

 **분말소화기의 소화약제 및 적응화재**

적응화재	소화약제의 주성분	소화효과
BC급	탄산수소나트륨 ($NaHCO_3$)	• 질식효과 • 부촉매(억제)효과
	탄산수소칼륨 ($KHCO_3$)	
ABC급 보기 ③	제1인산암모늄 ($NH_4H_2PO_4$)	
BC급	탄산수소칼륨($KHCO_3$)+요소($(NH_2)_2CO$)	

13 ④

> ④ 2급 소방안전관리자 선임조건

1급 소방안전관리대상물

(1) 소방안전관리자 및 소방안전관리보조자를 선임하는 특정소방대상물

소방안전관리대상물	특정소방대상물
1급 소방안전관리대상물 (동식물원, 철강 등 불연성 물품 저장·취급창고, 지하구, 위험물제조소 등 제외)	• 30층 이상(지하층 제외) 또는 지상 120m 이상 아파트 • 연면적 15000m² 이상인 것(아파트 및 연립주택 제외) • 11층 이상(아파트 제외) • 가연성 가스를 1000톤 이상 저장·취급하는 시설

(2) 1급 소방안전관리대상물의 소방안전관리자 선임조건

자격	경력	비고
• 소방설비기사·소방설비산업기사	경력 필요 없음	1급 소방안전관리자 자격증을 받은 사람
• 소방공무원	7년	
• 소방청장이 실시하는 1급 소방안전관리대상물의 소방안전관리에 관한 시험에 합격한 사람	경력 필요 없음	
• 특급 소방안전관리대상물의 소방안전관리자 자격이 인정되는 사람		

14 ①

> ① 아파트 제외

방염성능기준 이상의 실내장식물 등을 설치해야 하는 특정소방대상물

① 체력단련장, 공연장 및 종교집회장
보기 ②
② 문화 및 집회시설
③ 종교시설
④ 운동시설(수영장은 제외)
⑤ 의원, 치과의원, 한의원, 조산원, 산후조리원

⑥ 의료시설(요양병원 등)
⑦ 합숙소
⑧ 노유자시설 보기 ④
⑨ 숙박이 가능한 수련시설
⑩ 숙박시설 보기 ③
⑪ 방송국 및 촬영소
⑫ 다중이용업소(단란주점영업, 유흥주점영업, 노래연습장업의 영업장 등)
⑬ 층수가 **11층 이상**인 것(아파트 제외) 보기 ①

15 ①

해설 **소화방법**

제거소화	• 연소반응에 관계된 가연물이나 그 주위의 가연물을 제거함으로써 연소반응을 중지시켜 소화하는 방법 • 가스밸브의 **폐쇄** • 가연물 직접 **제거** 및 **파괴** • **촛불**을 입으로 불어 가연성 증기를 순간적으로 날려 보내는 방법 • 산불화재시 진행방향의 나무 **제거**
질식소화	• 산소(공급원)를 차단하여 소화하는 방법 • 불연성 기체로 연소물을 덮는 방법 • 불연성 포로 연소물을 덮는 방법 • 불연성 고체로 연소물을 덮는 방법
냉각소화	• 연소하고 있는 가연물로부터 열을 빼앗아 연소물을 착화온도 이하로 내리는 것 보기 ① • **주수**에 의한 냉각작용 • **이산화탄소**소화약제에 의한 냉각작용
억제소화 (부촉매 소화)	• 연쇄반응을 약화시켜 연소가 계속되는 것을 불가능하게 하여 소화하는 것 • 화학적 작용에 의한 소화방법

16 ③

해설

화재안전조사를 실시할 수 있는 경우

(1) 자체점검이 불성실하거나 불완전하다고 인정되는 경우
(2) 화재예방강화지구 등 법령에서 화재안전조사를 하도록 규정되어 있는 경우
(3) 화재예방안전진단이 불성실하거나 불완전하다고 인정되는 경우
(4) 국가적 행사 등 주요 행사가 개최되는 장소 및 그 주변의 관계 지역에 대하여 소방안전관리실태를 조사할 필요가 있는 경우
(5) 화재가 자주 발생하였거나 발생할 우려가 뚜렷한 곳에 대한 조사가 필요한 경우
(6) 재난예측정보, 기상예보 등을 분석한 결과 소방대상물에 화재 발생 위험이 크다고 판단되는 경우
(7) 화재, 그 밖의 긴급한 상황이 발생할 경우 인명 또는 재산 피해의 우려가 현저하다고 판단되는 경우

17 ④

해설 LPG vs LNG

종류 / 구분	액화석유가스 (LPG)	액화천연가스 (LNG)
증기 비중	• 1보다 큰 가스	• 1보다 작은 가스
비중	• 1.5~2(누출시 낮은 곳 체류)	• 0.6(누출시 천장 쪽 체류)
탐지기의 위치	• 탐지기의 **상단**은 **바닥면**의 상방 **30cm** 이내에 설치	• 탐지기의 **하단**은 **천장면**의 하방 **30cm** 이내에 설치 보기 ④

탐지기의 위치	• 가스연소기 또는 관통부로부터 수평거리 **4m** 이내에 설치	• 가스연소기로부터 수평거리 **8m** 이내에 설치

18 ②

> ② 해당 없음

한국소방안전원의 업무
(1) 소방기술과 안전관리에 관한 **교육** 및 **조사·연구** 보기 ①
(2) 소방기술과 안전관리에 관한 각종 **간행물 발간** 보기 ④
(3) 화재예방과 안전관리의식 고취를 위한 **대국민 홍보**
(4) 소방업무에 관하여 **행정기관**이 **위탁**하는 업무
(5) 소방안전에 관한 **국제협력** 보기 ③
(6) **회원**에 대한 **기술지원** 등 정관으로 정하는 사항

19 ④

> ④ 성장기

성장기 vs 최성기

성장기	최성기
• 실내 **전체**가 **화염**에 휩싸이는 **플래시오버** 상태 보기 ④	• 내화구조 : **20~30분**이 되면 최성기에 이르며, 실내온도는 **800~1050℃**에 달함 보기 ①
기억법 성전화플(화플! 외플!)	• 목조건물 : 최성기까지 약 **10분**이 소요되며 실내온도는 1100~1350℃에 달함 보기 ②
	• 실내 전체에 **화염**이 충만해짐 보기 ③

20 ①

방염처리물품의 성능검사

구 분	선처리물품	현장처리물품
실시기관	한국소방산업기술원	시·도지사 (관할소방서장)

21 ④

> ④ 높은 것 → 낮은 것

제4류 위험물의 일반적인 특성
(1) 인화가 용이하다. 보기 ①
(2) 대부분 물보다 가볍다. 보기 ②
(3) 대부분의 증기는 **공기보다 무겁다.** 보기 ②
(4) 주수소화가 불가능한 것이 대부분이다. 보기 ③
(5) 착화온도가 낮은 것은 위험하다. 보기 ④
　　높은 것 ×

22 ③

> ③ 위험물취급 → 화기취급

소방안전관리자의 업무(소방안전관리대상물)
(1) 피난시설·방화구획 및 방화시설의 관리 보기 ②
(2) 소방시설, 그 밖의 소방관련시설의 관리 보기 ④
(3) **화기취급**의 감독
(4) 소방안전관리에 필요한 업무
(5) **소방계획서**의 작성 및 시행(대통령령으로 정하는 사항 포함) 보기 ①
(6) **자위소방대** 및 **초기대응체계**의 구성·운영·교육
(7) 소방훈련 및 교육
(8) 소방안전관리에 관한 업무수행에 관한 기록·유지
(9) 화재발생시 초기대응

23 ②

해설 경계구역수

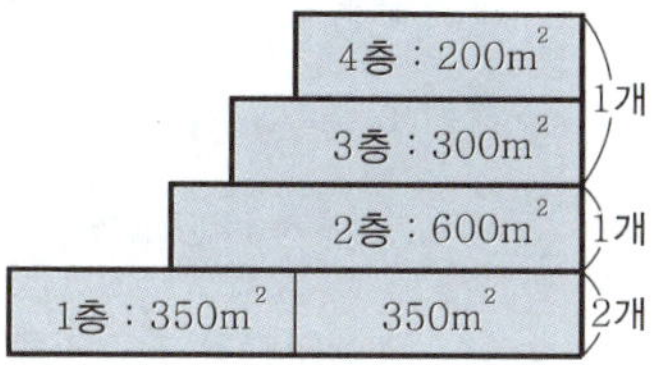

(1) 1경계구역의 면적은 **600m²** 이하로 하여야 하므로 바닥면적을 **600m²**로 나누어주면 된다.

① 1층 : $\dfrac{700\text{m}^2}{600\text{m}^2} = 1.1 ≒ 2$개(소수점 올림)

② 2층 : $\dfrac{600\text{m}^2}{600\text{m}^2} = 1$개

(2) 500m² 이하는 2개층을 1경계구역으로 할 수 있으므로 2개층의 합이 500m² 이하일 때는 **500m2**로 나누어주면 된다.

3~4층 : $\dfrac{(300+200)\text{m}^2}{500\text{m}^2} = 1$개

∴ 2개＋1개＋1개＝4개

24 ②

> ① 누전경보기 – 경보설비
> ③ 시각경보기 – 경보설비
> ④ 제연설비, 연소방지설비 – 소화활동설비

피난구조설비

(1) 피난기구 보기 ②
① **피**난사다리
② **구**조대
③ **완**강기
④ 간이완강기
⑤ 미끄럼대
⑥ 다수인 피난장비
⑦ 승강식 피난기

기억법 **피구완**

---

(2) 인명구조기구
① **방열**복
② **방**화복(안전모, 보호장갑, 안전화 포함)
③ **공**기호흡기
④ **인**공소생기

기억법 **방열공인**

(3) 유도등・유도표지
(4) 비상조명등・휴대용 비상조명등 보기 ②
(5) 피난유도선

25 ③

해설

>  ③ 전기화재–전류가 흐르고 있는 전기기기–C급

화재의 분류

종 류	적응물질	소화약제
일반화재 (A급)	● 보통가연물(폴리에틸렌 등) ● 종이 ● 목재, 면화류, 석탄 ● **재를 남김**	① 물 ② 수용액
유류화재 (B급)	● 유류 ● 알코올 ● **재를 남기지 않음**	① 포(폼)
전기화재 (C급)	● 변압기 ● 배전반	① 이산화탄소 ② 분말소화약제 ③ 주수소화 금지
금속화재 (D급) 보기 ④	● 가연성 금속류(나트륨 등)	① 금속화재용 분말소화약제 ② 마른 모래(건조사)
주방화재 (K급)	● 식용유 ● 동・식물성 유지	① 강화액

제 ② 과목

문제는 여기로! → 문제 p. 1-22

26 ③

 해설

① 안정 → 불안정
전압지시가 **낮음**으로 표시되어 있으므로 전력이 **불안정**

② 예비전원스위치는 예비전원 이상 유무를 확인하는 버튼으로 전원을 공급하지는 않는다.

③ 예비전원감시램프가 점등되어 있으므로 예비전원배터리가 문제있다는 뜻임

④ 예비전원감시 : **점등**되어 있으므로 예비전원이 불량이자 소방설비가 작동되지 않을 가능성이 높다.

27 ①

 해설

① 예비전원(배터리)점검 : 당기거나 눌러서 점검

(1) **예비전원**(배터리)**점검** : 외부에 있는 **점검스위치**(배터리상태 점검스위치)를 **당겨보는 방법** 또는 **점검버튼**을 눌러서 점등상태 확인 보기 ①

┃ 예비전원 점검스위치 ┃

┃ 예비전원 점검버튼 ┃

(2) **2선식** 유도등점검 : 유도등이 **평상시 점등**되어 있는지 확인

┃ 평상시 점등이면 정상 ┃

┃ 평상시 소등이면 비정상 ┃

(3) **3선식** 유도등점검

① 수동전환 : 수신기에서 수동으로 점등스위치를 ON하고 건물 내의 점등이 안되는 유도등을 확인

┃ 유도등 절환스위치 수동전환 ┃ ┃ 유도등 점등 확인 ┃

② 연동(자동)전환 : 감지기・발신기・중계기・스프링클러설비 등을 현장에서 작동(동작)과 동시에 유도등이 점등되는지를 확인

┃ 유도등 절환스위치연동(자동)전환 ┃

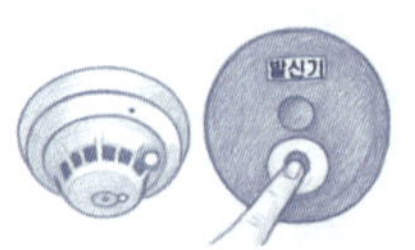  

┃ 감지기, 발신기 동작 ┃ ┃ 유도등 점등 확인 ┃

28 ④

④ 병원 내의 처치 → 현장처치

응급처치의 중요성

(1) 긴급한 환자의 생명 유지 보기 ①
(2) 환자의 고통을 경감 보기 ②
(3) 위급한 부상부위의 응급처치로 치료
기간을 단축 보기 ③
(4) 현장처치 원활화로 의료비 절감 보기 ④

29 ④

① 그림 A : 2층 지구표시등이 점등되어 있
고, 도통시험 정상램프가 점등되어 있으
므로 옳다. (○)

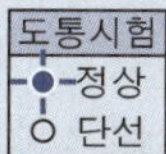

② 그림 A : 도통시험스위치가 눌러져 있
으므로 스위치주의표시등이 점등되
는 것은 정상이므로 옳다. (○)

③ 그림 B : 3층 지구표시등이 점등되어
있고, 도통시험 단선램프가 점등되어
있으므로 옳다. (○)

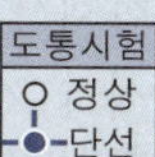

④ 그림 C : 2~5층 지구표시등이 점등되어
있고, 도통시험 단선램프가 점등되어 있
으므로 1층은 단서유무를 알 수 없고,
2~5층은 도통시험결과 단선이다. 그러
므로 틀린 답 (×)

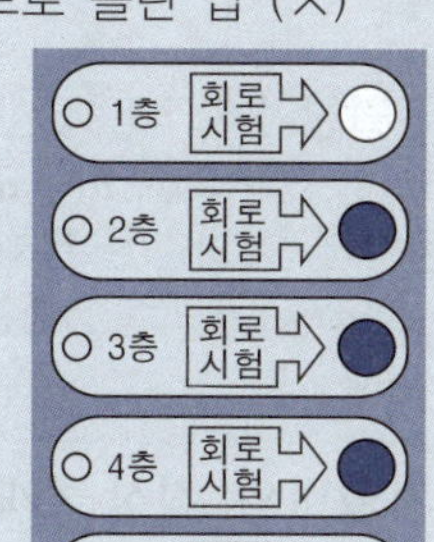

30 ③

© 3단계(설계/개발)

소방계획의 수립절차 요약

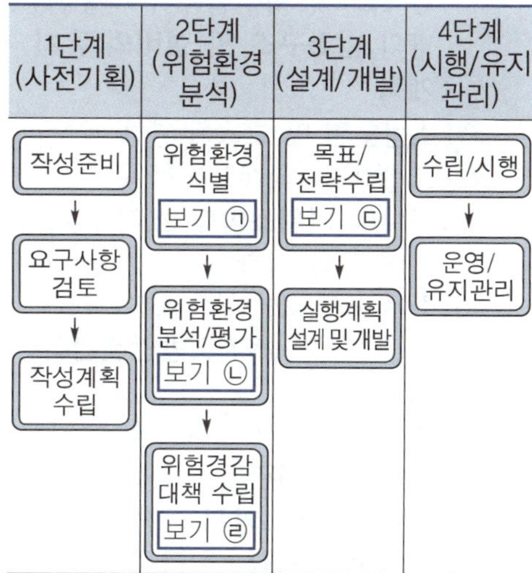

31 ④

④ 예비전원감시램프가 점등되어 있으므
로 예비전원 불량 여부를 확인해야
한다.

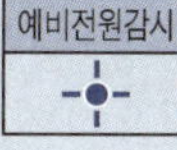

32 ④

소방계획에 포함되어야 할 사항

(1) 소방안전관리대상물의 **위치·구조·연
면적·용도·수용인원** 등 **일반현황**
보기 ①
(2) 소방안전관리대상물에 설치한 **소방시
설·방화시설, 전기시설·가스시설·
위험물시설**의 현황
(3) 화재예방을 위한 **자체점검계획** 및 **대
응대책** 보기 ②
(4) **소방시설·피난시설·방화시설**의 점
검·정비계획

(5) 피난층 및 피난시설의 위치와 피난경로의 설정, 화재안전취약자의 피난계획 등을 포함한 **피난계획**

(6) 방화구획·제연구획·건축물의 내부마감재료 및 방염물품의 사용현황과 그 밖의 **방화구조** 및 **설비의 유지·관리계획**

(7) **소방훈련** 및 **교육**에 관한 계획 보기 ③

(8) 소방안전관리대상물의 근무자 및 거주자의 **자위소방대 조직**과 대원의 임무에 관한 사항

(9) 화기취급작업에 대한 사전안전조치 및 감독 등 공사 중의 **소방안전관리**에 관한 **사항**

⑩ 관리의 권원이 분리된 특정소방대상물의 **소방안전관리**에 관한 사항

⑪ **소화** 및 **연소방지**에 관한 사항

⑫ **위험물**의 **저장·취급**에 관한 사항

⑬ 소방안전관리에 대한 업무수행에 관한 기록 및 유지에 관한 사항

⑭ 화재발생시 화재경보, 초기소화 및 피난유도 등 초기대응에 관한 사항

⑮ **소방본부장** 또는 **소방서장**이 소방안전관리대상물의 위치·구조·설비 또는 관리상황 등을 고려하여 소방안전관리에 필요하여 요청하는 사항

33 ②

 옥내소화전 방수압력 측정

(1) 측정장치 : 방수압력측정계(피토게이지)

(2)

방수량	방수압력
130L/min	0.17∼0.7MPa 이하

(3) 방수압력 측정방법 : 방수구에 호스를 결속한 상태로 노즐의 선단에 방수압력측정계(피토게이지)를 근접$\left(\dfrac{D}{2}\right)$시켜서 측정하고 방수압력측정계의 압력계상의 눈금을 확인한다.

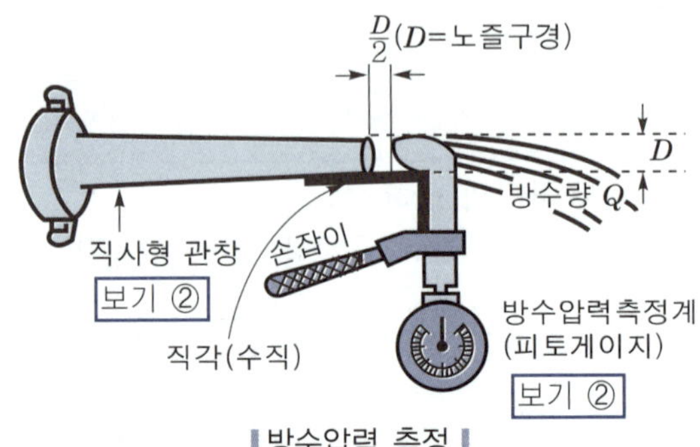

▮방수압력 측정▮

34 ④

④ 2명 → 1명

초기대응체계의 인원편성

(1) 소방안전관리보조자, 경비(보안)근무자 또는 대상물관리인 등 **상시근무자**를 **중심**으로 구성한다.

(2) 소방안전관리대상물의 근무자의 **근무위치, 근무인원** 등을 고려하여 편성한다. 이 경우 소방안전관리보조자(보조자가 없는 대상처는 선임대원)를 운영책임자로 지정한다. 보기 ② ③

(3) 초기대응체계 편성시 **1명** 이상은 수신반(또는 종합방재실)에 근무해야 하며 화재상황에 대한 모니터링 또는 지휘통제가 가능해야 한다. 보기 ④

(4) **휴일** 및 **야간**에 **무인경비시스템**을 통해 감시하는 경우에는 무인경비회사와 비상연락체계를 구축할 수 있다. 보기 ①

35 ①

2F(2층)에서 발신기 오작동이 발생하였으므로 2층이 발화층이 되고 **지구표시등은 2층**에만 점등된다. 경보층은 발화층 (2층), 직상 4개층(3∼6층)이므로 경종은 2∼6층이 울린다.

자동화재탐지설비의 직상 4개층 우선경보방식 적용대상물
11층(공동주택 16층) 이상의 특정소방대상물의 경보

┃ 자동화재탐지설비 직상 4개층 우선경보방식 ┃

발화층	경보층	
	11층(공동주택 16층) 미만	11층(공동주택 16층) 이상
2층 이상 발화	전층 일제경보	• 발화층 • 직상 4개층
1층 발화		• 발화층 • 직상 4개층 • 지하층
지하층 발화		• 발화층 • 직상층 • 기타의 지하층

36 ②

도통시험 정상램프가 점등되어 있으므로 회로단선 여부는 ○이고, 불량내용은 이상 없음

37 ④

㉠ 도통시험램프가 점등되어 있지 않으므로 도통시험을 실시하는 것이 아님

㉡ 발신기램프가 점등되어 있으므로 화재통보기기는 발신기이다.

㉢ 점멸되지 않는 것은 → 점멸되는 것은

㉣ 전압지시 정상램프가 점등되어 있으므로 수신기의 전원상태는 이상이 없다.

38 ②

① 방사형 → 직사형
③ 0.15MPa 이하 → 0.17~0.7MPa 이하
④ 상관없다. → 직각으로 해야 한다.

옥내소화전 방수압력 측정

(1) 측정장치 : 방수압력측정계(피토게이지)

(2)

방수량	방수압력
130L/min	0.17~0.7MPa 이하 〔보기 ③〕

(3) 방수압력 측정방법 : 방수구에 호스를 결속한 상태로 노즐의 선단에 방수압력측정계(피토게이지)를 근접 $\left(\dfrac{D}{2}\right)$ 시켜서 측정하고 방수압력측정계의 압력계상의 눈금을 확인한다. 〔보기 ②〕

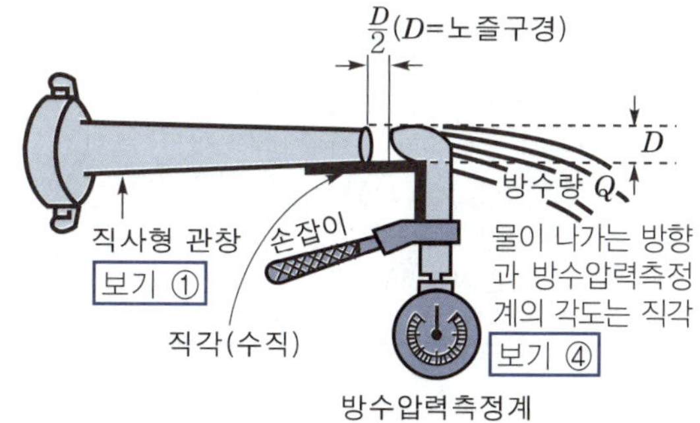

┃ 방수압력 측정 ┃

39 ③

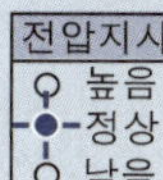

┃ 주펌프 수동기동방법 ┃

감시제어반	동력제어반
① 선택스위치 : **수동** 〔보기 ㉠〕	① 주펌프 선택스위치 : **수동** 〔보기 ㉢〕
② 주펌프 : **기동** 〔보기 ㉡〕	② 주펌프기동버튼(기동스위치) : **누름** 〔보기 ㉣〕

▌충압펌프 수동기동방법▐

감시제어반	동력제어반
① 선택스위치 : **수동** ② 충압펌프 : **기동**	① 충압펌프 선택스위치 : **수동** 보기 ㉣ ② 충압펌프기동버튼(기동스위치) : **누름** 보기 ㉣

40 ④

④ 보기를 볼 때 심폐소생술(CPR) 실시 후 자동심장충격기(AED)를 사용하는 경우이므로 보기 ④ 정답

심폐소생술(CPR) 순서	자동심장충격기(AED) 사용 순서
① 반응 확인 순서 ① ② 119 신고 순서 ② ③ 호흡 확인 ④ 가슴압박 30회 시행 순서 ③ ⑤ 인공호흡 2회 시행 ⑥ 가슴압박과 인공호흡의 반복 ⑦ 회복 자세	① 전원 켜기 ② 두 개의 패드 부착 ③ 심장리듬 분석 순서 ④ ④ 심장충격 실시 ⑤ 심폐소생술 실시

41 ①

동력제어반에 주펌프의 **기동표시등**과 **펌프기동표시등**이 **점등**되어 있으므로 **감시제어반**에서 펌프를 **수동**조작하고 있는 것으로 판단된다. 그러므로 **선택스위치 : 수동, 주펌프 : 기동, 충압펌프 : 정지**

감시제어반	동력제어반
① 선택스위치 : **수동** ② 주펌프 : **기동** ③ 충압펌프 : **정지**	① POWER 램프 : **점등** ② 주펌프 선택스위치 : 어느 위치든 관계 없음 ③ 주펌프 기동램프 : **점등** ④ 주펌프 정지램프 : **소등** ⑤ 주펌프 펌프기동램프 : **점등**

42 ④

 심폐소생술(CPR) 순서

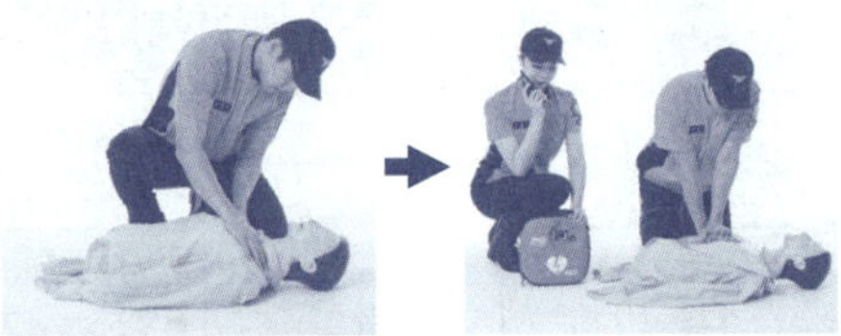

(1) 반응의 확인   (2) 119 신고

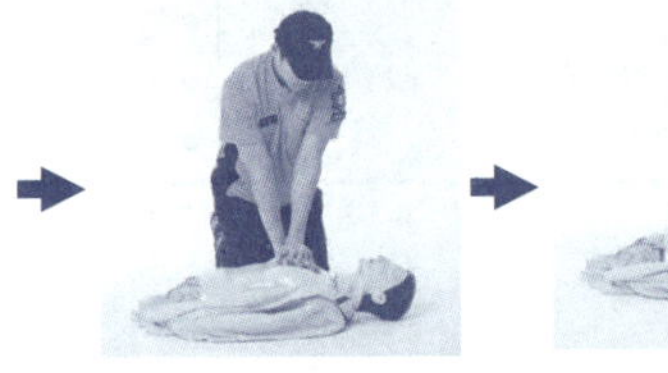

(3) 가슴압박
30회 시행   (4) 인공호흡
2회 시행

 **중요** 올바른 심폐소생술 시행방법 보기 ④

반응의 확인 → 119 신고 → 호흡확인 → 가슴압박 30회 시행 → 인공호흡 2회 시행 → 가슴압박과 인공호흡의 반복 → 회복자세

43 ②

② 선택스위치 : **수동**, 주펌프 : **기동**이므로 주펌프를 **수동**으로 기동 중임

감시제어반

평상시 상태	수동기동 상태	점검시 상태
① 선택스위치 : **연동** ② 주펌프 : **정지** ③ 충압펌프 : **정지**	① 선택스위치 : **수동** ② 주펌프 : **기동** ③ 충압펌프 : **기동**	① 선택스위치 : **정지** ② 주펌프 : **정지** ③ 충압펌프 : **정지**

44 ②

② 계단감지기 점검시에는 계단램프가 점등되어야 하므로 ②번 정답

① 아무것도 점등되지 않음

② 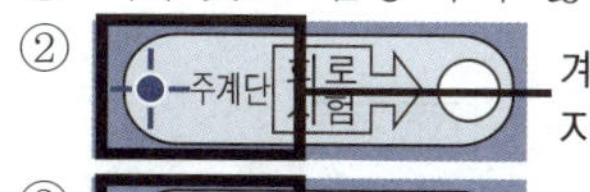 계단램프 점등(계단감지기 점검시 점등)

③ 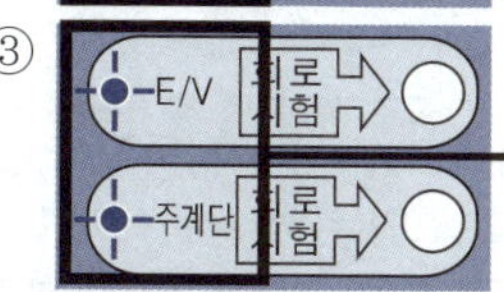 E/V(엘리베이터) 램프, 계단램프 2개 점등(E/V 및 계단감지기 점검시 점등)

④ 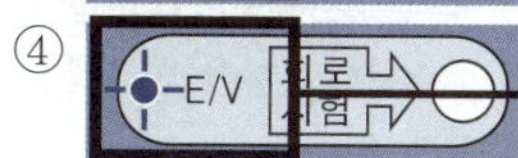 E/V(엘리베이터) 램프 점등(E/V 점검시 점등)

45 ③

 **해설**

㉠ 턱을 목 아래쪽으로→ 턱을 들어올려
㉢ 공기가 배출되도록 해야 한다. → 숨을 불어넣은 후에는 입을 떼고 코도 놓아 주어서 공기가 배출되도록 한다.

46 ③

 **해설**

① **주펌프 기동확인**램프가 **점등**되어 있지만, **주펌프 P/S(압력스위치)**는 **소등**되어 있으므로 주펌프 압력스위치는 미작동 상태이다. 그러므로 옳다.

② 감시제어반 선택스위치 : **수동**, 주펌프 : **기동**으로 되어있으므로 주펌프는 기동하고 있다. 이 상태에서 주펌프 : **정지**로 내리면 주펌프는 정지하므로 옳다.
③ 자동으로 → 수동으로
감시제어반 선택스위치 : **수동**, 주펌프 : **기동**, 충압펌프 : **기동**으로 되어있으므로 현재 주펌프, 충압펌프 모두 **수동**으로 작동하고 있다.

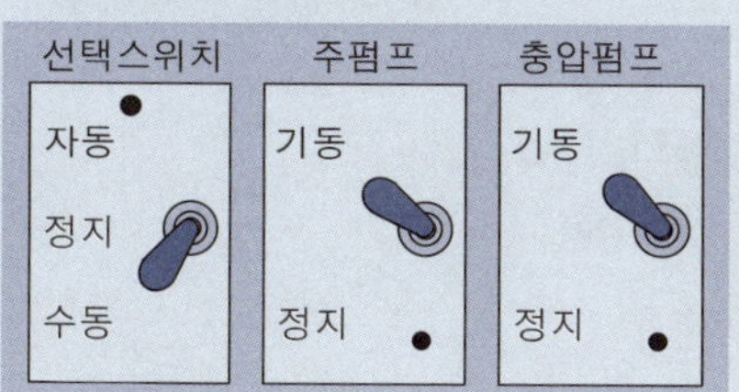

47 ④

④ 기동확인등은 펌프가 기동될 때 점등되므로 감시제어반 선택스위치 : **수동**, 충압펌프 : **기동**으로 되어있으므로 충압펌프 기동확인램프가 점등되어야 한다. 소등되어있다면 불량이 맞다.

해설 5층 선로 단선 확인순서

(1) 도통시험스위치 버튼 누름

(2) 5층 회로시험 버튼 누름

용어 회로도통시험

수신기에서 감지기 사이 회로의 단선 유무와 기기 등의 접속상황을 확인하기 위한 시험

✓ 중요 ▶ P형 수신기의 동작시험

구 분	순 서
동작시험순서	① 동작시험스위치 누름 ② 자동복구스위치 누름 ③ 회로시험스위치 돌림
동작시험복구 순서	① 회로시험스위치 돌림 ② 동작시험스위치 누름 ③ 자동복구스위치 누름
회로도통시험 순서	① 도통시험스위치를 누름 ② 각 경계구역 동작버튼을 차례로 누름(회로시험스위치를 각 경계구역별로 차례로 회전)
예비전원시험 순서	① 예비전원시험스위치 누름 ② 예비전원 결과 확인

48 ②

 해설

> ㉠ 수동 → 연동
> ㉡ 기동 → 정지

평상시 상태	수동기동 상태	점검시 상태
① 선택스위치 : **연동**	① 선택스위치 : **수동**	① 선택스위치 : **정지**
② 주펌프 : **정지**	② 주펌프 : **기동**	② 주펌프 : **정지**
③ 충압펌프 : **정지**	③ 충압펌프 : **기동**	③ 충압펌프 : **정지**

49 ③

 해설

주펌프 수동기동방법 보기 ③	충압펌프 수동기동방법
① 선택스위치 : **수동**	① 선택스위치 : **수동**
② 주펌프 : **기동**	② 주펌프 : **정지**
③ 충압펌프 : **정지**	③ 충압펌프 : **기동**
④ 음향장치 : **부저**	④ 음향장치 : **부저**

50 ③

 해설

> 스위치주의

① 스위치 주의표시등이 점등되어 있으므로 눌러져 있는 주경종, 지구경종 정지스위치 등을 **정상위치**로 **복구**시켜야 한다. 119에 신고할 필요는 없으므로 틀린 답 (✕)

② 스위치 주의표시등이 점등되어 있으므로 눌러져 있는 주경종, 지구경종 정지스위치 등을 정상위치로 복구시켜야 한다. 화재가 발생한 경우는 아니므로 화재위치를 확인할 필요는 없다. 그러므로 틀린 답 (✕)

④ 스위치 주의표시등은 주경종, 지구경종 정지스위치 등이 눌러져 있을 때 점등되는 것으로 예비전원 상태와는 무관하다. 그러므로 틀린 답 (✕)

2023년 기출문제

문제는 여기로! ↳ 문제 p. 1-37

01	02	03	04	05	06	07	08	09	10
③	②	④	②	④	①	②	④	④	③
11	12	13	14	15	16	17	18	19	20
②	①	④	①	③	④	①	③	②	④
21	22	23	24	25	26	27	28	29	30
④	②	②	④	①	②	④	③	②	④
31	32	33	34	35	36	37	38	39	40
④	①	④	②	④	④	④	③	②	④
41	42	43	44	45	46	47	48	49	50
②	③	①	②	①	③	①	①	④	②

제 **1** 과목

문제는 여기로! ↳ 문제 p. 1-37

01 ③

 **관계인**

(1) **소**유자 보기 ①
(2) **관**리자 보기 ②
(3) **점**유자 보기 ④

기억법 **소관점**

02 ②

 ② 한국소방산업기술원의 업무

한국소방안전원

한국소방안전원의 설립목적	한국소방안전원의 업무
① 소방기술과 안전관리기술의 향상 및 홍보 ② 교육·훈련 등 행정기관이 위탁하는 업무의 수행 보기 ③ ③ **소방관계종사자**의 기술 향상	① 소방기술과 안전관리에 관한 **교육** 및 **조사·연구** 보기 ① ② 소방기술과 안전관리에 관한 각종 **간행물 발간** ③ 화재예방과 안전관리 의식 고취를 위한 **대국민 홍보** ④ 소방업무에 관하여 **행정기관이 위탁**하는 업무 ⑤ 소방안전에 관한 **국제협력** 보기 ④ ⑥ **회원**에 대한 **기술지원** 등 정관으로 정하는 사항

03 ④

 ④ 30cm 이하 → 50cm 이상

무창층

지상층 중 다음에 해당하는 개구부면적의 합계가 그 층의 바닥면적의 $\frac{1}{30}$ 이하가 되는 층

개구부 : '창문'을 말해요.

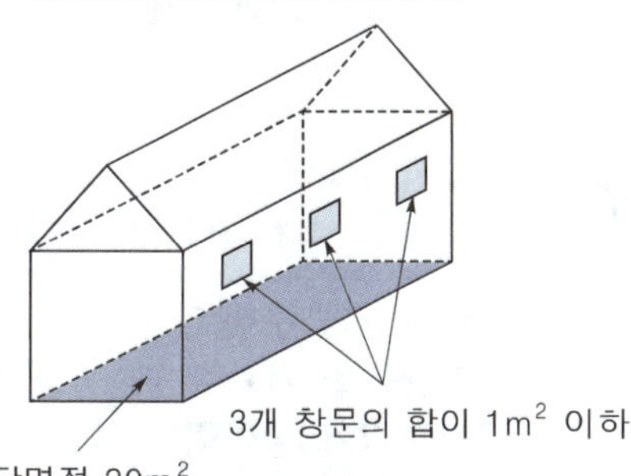

┃무창층┃

(1) 크기는 지름 **50cm 이상**의 원이 통과
(이하 ✕)
할 수 있을 것 보기 ④

비교	
개구부	소화수조·저수조
지름 **50cm** 이상	지름 **60cm** 이상

(2) 해당층의 바닥면으로부터 개구부 밑부분까지의 높이가 **1.2m** 이내일 것 보기 ②
(1.5m ✕)

화재발생시 사람이 통과할 수 있는 어깨너비, 키 등의 최소기준을 생각해 봐요.

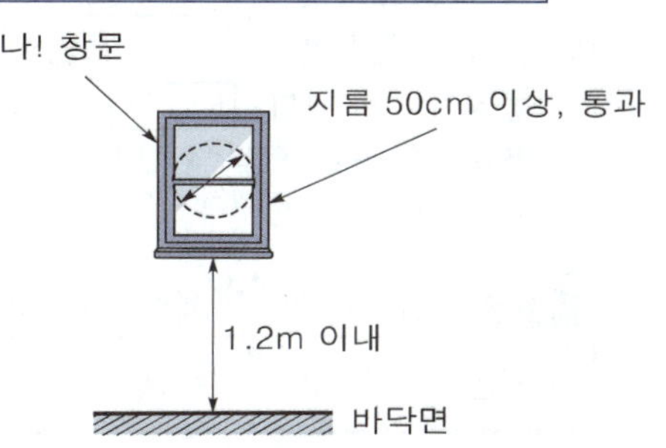

(3) **도로** 또는 **차량**이 진입할 수 있는 **빈터**를 향할 것 보기 ③

(4) 화재시 건축물로부터 쉽게 **피난**할 수 있도록 개구부에 **창살**이나 그 밖의 장애물이 설치되지 않을 것

(5) 내부 또는 외부에서 **쉽게 부수거나 열** 수 있을 것 보기 ①

04 ②

 **자체점검 후 결과조치**
자체점검 결과 보관 : **2년**

05 ④

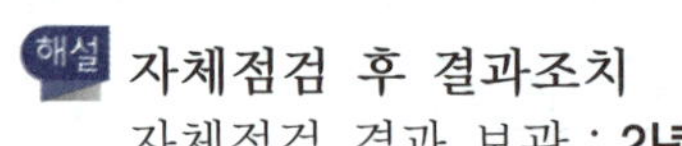

①·②·③ 작다 → 크다

가연성 물질의 구비조건

(1) 화학반응을 일으킬 때 필요한 **활성화에너지값**이 **작아야** 한다.

(2) 일반적으로 산화되기 쉬운 물질로서 산소와 결합할 때 **발열량**이 **커야** 한다. 보기 ③

(3) 열의 축적이 용이하도록 **열전도**의 값(열전도율)이 **작아야** 한다. 보기 ④

▌열전도 ▌

(4) 지연성 가스인 **산소·염소**와의 **친화력**이 **강해야** 한다. 보기 ①

(5) 산소와 접촉할 수 있는 **표면적**이 **큰** 물질이어야 한다. 보기 ②

(6) **연쇄반응**을 일으킬 수 있는 물질이어야 한다.

용어 **활성화에너지(최소 점화에너지)**
가연물이 처음 연소하는 데 필요한 열

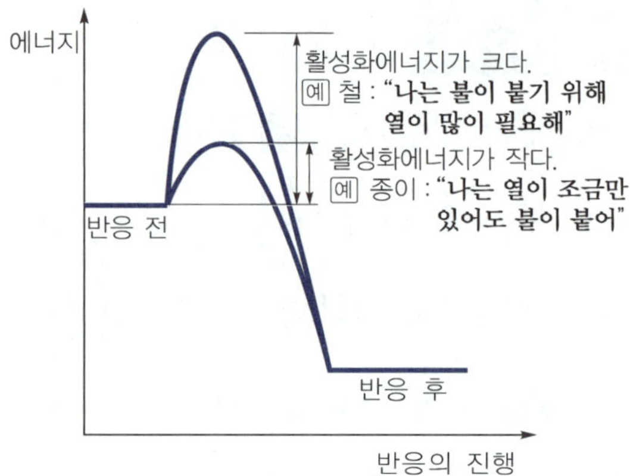

▌활성화에너지 ▌

06 ①

 **화재안전조사 항목**

(1) 화재의 **예방조치** 등에 관한 사항 보기 ③

(2) **소방안전관리 업무** 수행에 관한 사항 보기 ②

(3) 피난계획의 수립 및 시행에 관한 사항

(4) 소화·통보·피난 등의 훈련 및 소방안전관리에 필요한 교육에 관한 사항

(5) **소방자동차 전용구역** 등에 관한 사항

(6) 소방시설공사업법에 따른 시공, 감리 및 **감리원** 배치 등에 관한 사항

(7) **소방시설**의 **설치** 및 **관리** 등에 관한 사항

(8) 건설현장 **임시소방시설**의 설치 및 관리에 관한 사항

(9) **피난시설**, 방화구획 및 방화시설의 관리에 관한 사항

(10) **방염**에 관한 사항

(11) 소방시설 등의 **자체점검**에 관한 사항 보기 ④

(12) 「다중이용업소의 안전관리에 관한 특별법」, 「위험물안전관리법」 및 「초고층 및 지하연계 복합건축물 재난관리에 관한 특별법」의 안전관리에 관한 사항

(13) 그 밖에 화재 발생 위험 등 **소방관서장**이 화재안전조사의 목적을 달성하기 위하여 필요하다고 인정하는 사항

07 ②

 **화재의 종류**

종 류	적응물질	소화약제
일반 화재 (A급)	• 보통가연물(폴리에틸렌 등) • 종이 • 목재, 면화류, 석탄 • **재를 남김**	① 물 ② 수용액
유류 화재 (B급)	• 유류 • 알코올 • **재를 남기지 않음** 보기 ②	① 포(폼)
전기 화재 (C급)	• 변압기 • 배전반	① 이산화탄소 ② 분말소화약제 ③ 주수소화 금지
금속 화재 (D급)	• 가연성 금속류 (나트륨 등)	① 금속화재용 분말소화약제 ② 마른 모래(건조사)
주방 화재 (K급)	• 식용유 • 동·식물성 유지	① 강화액

08 ④

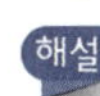

④ 아파트 → 아파트 제외

방염성능기준 이상의 실내장식물 등을 설치해야 하는 특정소방대상물
(1) 체력단련장, 공연장 및 종교집회장
(2) 문화 및 집회시설(옥내에 있는 시설) 보기 ②
(3) 종교시설
(4) 운동시설(**수영장**은 **제외**)
(5) 의원, 치과의원, 한의원, 조산원, 산후조리원
(6) 의료시설(요양병원 등) 보기 ③
(7) **합숙소**
(8) 노유자시설
(9) 숙박이 가능한 수련시설
(10) 숙박시설
(11) 방송국 및 촬영소 보기 ①
(12) 다중이용업소(단란주점영업, 유흥주점영업, 노래연습장의 영업장 등)
(13) 층수가 **11층** 이상인 것(**아파트**는 **제외** : 2026. 12. 1. 삭제) 보기 ④

09 ④

④ 1년 이하의 징역 또는 1천만원 이하 벌금

300만원 이하 벌금
(1) **화재안전조사**를 정당한 사유 없이 거부·방해 또는 기피한 자 보기 ①
(2) **화재예방조치 조치명령**을 정당한 사유 없이 따르지 아니하거나 방해한 자 보기 ②
(3) **소방안전관리자, 총괄소방안전관리자, 소방안전관리보조자**를 **선임**하지 아니한 자
(4) 소방시설·피난시설·방화시설 및 방화구획 등이 법령에 위반된 것을 발견하였음에도 **필요한 조치**를 할 것을 요구하지 아니한 **소방안전관리자**
(5) 소방안전관리자에게 **불이익**한 **처우**를 한 **관계인** 보기 ③

비교 1년 이하의 징역 또는 1000만원 이하의 벌금
(1) 소방시설의 **자체점검** 미실시자
(2) 소방안전관지라 자격증 대여
(3) **화재예방안전진단**을 받지 아니한 자

10 ③

 **위험물**
인화성 또는 **발화성** 등의 성질을 가지는 것으로서 **대통령령**이 정하는 물품

11 ②

② CH_4 → C_3H_8 또는 C_4H_{10}

LPG vs LNG

종류 구분	액화석유가스 (LPG)	액화천연가스 (LNG)
주성분	• 프로판(C_3H_8) 보기 ② • 부탄(C_4H_{10}) 보기 ② 기억법 P프부	• 메탄(CH_4) 기억법 N메
비중	• 1.5~2(누출시 낮은 곳 체류) 보기 ④	• 0.6(누출시 천장 쪽 체류)
폭발범위 (연소범위)	• 프로판 : 2.1~9.5% 보기 ③ • 부탄 : 1.8~8.4%	• 5~15%
용도	• 가정용 • 공업용 보기 ① • 자동차연료용	• 도시가스
증기비중	• 1보다 큰 가스	• 1보다 작은 가스
탐지기의 위치	• 탐지기의 **상단**은 **바닥면**의 **상방 30cm** 이내에 설치 ∥LPG 탐지기 위치∥ • 가스연소기 또는 관통부로부터 수평거리 **4m** 이내에 설치	• 탐지기의 **하단**은 **천장면**의 **하방 30cm** 이내에 설치 ∥LNG 탐지기 위치∥ • 가스연소기로부터 수평거리 **8m** 이내에 설치
공기와 무게 비교	• 공기보다 무겁다.	• 공기보다 가볍다.

12 ①

해설 단독주택 및 공동주택(아파트 및 기숙사 제외)에 설치하는 소방시설
(1) 소화기
(2) 단독경보형 감지기

13 ④

해설

> ④ 방화문을 닫아놓은 상태로 관리하는 행위는 올바른 행위이다.

피난시설, 방화구획 및 방화시설 관련 금지행위
(1) 피난시설, 방화구획 및 방화시설을 폐쇄(잠금을 포함)하거나 훼손하는 등의 행위
(2) 피난시설, 방화구획 및 방화시설의 주위에 물건을 쌓아두거나 장애물을 설치하는 행위
(3) 피난시설, 방화구획 및 방화시설의 용도에 장애를 주거나 소방활동에 지장을 주는 행위
(4) 그 밖에 피난시설, 방화구획 및 방화시설을 변경하는 행위
(5) 방화문에 시건장치를 하여 폐쇄하는 행위 보기 ①
(6) 방화문에 고임장치(도어스톱) 등을 설치하는 행위 보기 ②
(7) 비상구에 물건을 쌓아두는 행위 보기 ③
(8) 방화문을 유리문으로 교체하는 행위

14 ①

해설 **현장처리물품**

방염 현장처리물품의 성능검사 실시기관	방염 선처리물품의 성능검사 실시기관
시·도지사(관할소방서장) 보기 ①	한국소방산업기술원

15 ③

 해설

> ③ 전체 능력단위를 → 전체 능력단위의 $\frac{1}{2}$ 을

소화기구

(1) 소화능력 단위기준 및 보행거리 [보기 ①]

소화기 분류		능력단위	보행거리
소형소화기		**1단위** 이상	20m 이내
대형 소화기	A급	**10단위** 이상	30m 이내
	B급	**20단위** 이상	

> 기억법 보3대, 대2B(데이빗!)

(2) 분말소화기

소화약제 및 적응화재

적응화재	소화약제의 주성분	소화효과
BC급	탄산수소나트륨 $(NaHCO_3)$	• 질식 효과
	탄산수소칼륨 $(KHCO_3)$	• 부촉매 (억제) 효과
ABC급 [보기 ②]	제1인산암모늄 $(NH_4H_2PO_4)$	
BC급	탄산수소칼륨$(KHCO_3)$ + 요소$(NH_2)_2CO$	

(3) 내용연수 [보기 ④]

소화기의 내용연수를 **10년**으로 하고 내용연수가 지난 제품은 교체 또는 성능확인을 받을 것

내용연수 경과 후 10년 미만	내용연수 경과 후 10년 이상
3년	1년

(4) 능력단위가 **2단위** 이상이 되도록 소화기를 설치하여야 할 특정소방대상물 또는 그 부분에 있어서는 **간이소화용구**의 능력단위가 전체능력단위의 $\frac{1}{2}$ 초과금지(**노유자시설** 제외) [보기 ③]

16 ④

해설 **특정소방대상물별 소화기구의 능력단위기준**

특정소방대상물	소화기구의 능력단위	건축물의 주요 구조부가 **내화구조**이고, 벽 및 반자의 실내에 면하는 부분이 **불연재료·준불연재료** 또는 난**연재료**로 된 특정소방대상물의 능력단위
• **위**락시설 기억법 위3(위상)	바닥면적 **30m²**마다 1단위 이상	바닥면적 **60m²**마다 1단위 이상
• **공**연장 • **집**회장 • **관**람장 • **문**화재 • **장**례식장 및 의료시설 기억법 **5공연장 문의 집관람(손오공 연장 문의 집관람)**	바닥면적 **50m²**마다 1단위 이상	바닥면적 **100m²**마다 1단위 이상
• **근**린생활시설 • **판**매시설 • 운**수**시설 • **숙**박시설 • **노**유자시설 • **전**시장 • 공동**주**택(아파트 등) • **업**무시설(사무실 등) • **방**송통신시설 • 공**장** • **창**고시설 • **항**공기 및 자동**차**관련시설, **관광**휴게시설 기억법 **근판숙노전 주업 방차창 1항 관광 (근판숙노전 주업 방차창 일본항 관광)**	바닥면적 **100m²**마다 1단위 이상	바닥면적 **200m²**마다 1단위 이상

• 그 밖의 것	바닥면적 **200m²마다** 1단위 이상	바닥면적 **400m²마다** 1단위 이상

의료시설로서 **내화구조**이고 **불연재료**이므로 바닥면적 **100m²마다** 1단위 이상이므로 $\dfrac{600m^2}{100m^2} = 6$단위

17 ①

 **해설**

> ② 350L/min → 130L/min
> ③ 0.8m~1.5m → 1.5m
> ④ 25mm → 40mm

(1) **옥내소화전설비 vs 옥외소화전설비**

구 분	방수량	방수압	최소방출시간	소화전 최대개수
옥내소화전설비	• 130L/min 이상 보기 ②	• 0.17~0.7MPa 이하 보기 ①	• **20분** : 29층 이하 • **40분** : 30~49층 이하 • **60분** : 50층 이상	• 저층건축물 : 최대 **2개** • 고층건축물 : 최대 **5개** 보기 ①
옥외소화전설비	• 350L/min 이상	• 0.25~0.7MPa 이하	• **20분**	

(2) **옥내소화전설비 호스구경**

구 분	호 스
호스릴	25mm 이상
일 반	40mm 이상 보기 ④

> **기억법** 내호25, 내4(내사 종결)

> **비교** 설치높이 1.5m 이하 교재 148, 161
> (1) 소화기
> (2) 옥내소화전 방수구 보기 ③

18 ②

 **해설** 옥내소화전설비 수원의 저수량

> $Q = 2.6N$(30층 미만, N : 최대 2개)
> $Q = 5.2N$(30~49층 이하, N : 최대 5개)
> $Q = 7.8N$(50층 이상, N : 최대 5개)

여기서, Q : 수원의 저수량(m³)

N : 가장 많은 층의 소화전개수

수원의 **저수량** Q는

$$Q = 2.6N = 2.6 \times 2 = 5.2m^3$$

19 ④

 **해설**

> ④ 2급 소방안전관리자 선임조건

(1) **1급 소방안전관리대상물의 소방안전관리자 선임조건**

자 격	경 력	비 고
• 소방설비기사 보기 ① • 소방설비산업기사 보기 ②	경력 필요 없음	1급 소방안전관리자 자격증을 받은 사람
• 소방공무원 보기 ③	7년	
• 소방청장이 실시하는 1급 소방안전관리대상물의 소방안전관리에 관한 시험에 합격한 사람 • 특급 소방안전관리대상물의 소방안전관리자 자격이 인정되는 사람	경력 필요 없음	

(2) **2급 소방안전관리대상물의 소방안전관리자 선임조건**

자 격	경 력	비 고
• 위험물기능장 보기 ④ • 위험물산업기사 • 위험물기능사	경력 필요 없음	2급 소방안전관리자 자격증을 받은 사람
• 소방공무원	3년	

	경력 필요 없음	2급 소 방 안 전 관 리 자 자 격 증 을 받은 사람
●「기업활동 규제완화에 관한 특별조치법」에 따라 소방안전관리자로 선임된 사람(소방안전관리자로 선임된 기간으로 한정)		
●소방청장이 실시하는 2급 소방안전관리대상물의 소방안전관리에 관한 시험에 합격한 사람		
●특급 또는 1급 소방안전관리대상물의 소방안전관리자 자격이 인정되는 사람		

20 ④

해설 **유도등의 설치높이**

복도통로유도등, 계단통로유도등	피난구유도등, 거실통로유도등
바닥으로부터 높이 **1m** 이하	피난구의 바닥으로부터 높이 **1.5m** 이상 보기 ④

기억법 **1복(일복 터졌다.)**

기억법 **피유15상**

21 ④

해설 **인명구조기구**

(1) **방열**복 보기 ①
(2) **방화**복(안전모, 보호장갑, 안전화 포함) 보기 ③
(3) **공기**호흡기
(4) **인**공소생기 보기 ②

기억법 **방화열공인**

22 ②

해설 **완강기 구성 요소**

(1) 속도**조**절기 보기 ①

(2) **로**프 보기 ④
(3) **벨**트 보기 ③
(4) **연**결금속구

기억법 **조로벨연**

23 ②

해설 **회로도통시험 적부판정**

구 분	전압계가 있는 경우	도통시험확인등이 있는 경우
정 상	4~8V 보기 ②	정상확인등 점등(**녹색**)
단 선	0V	단선확인등 점등(**적색**)

24 ④

해설

(1) 1층 : 1경계구역의 면적은 **600m^2** 이하로 하여야 하므로 바닥면적을 **600m^2**로 나누어주면 된다.

$$1층 : \frac{700m^2}{600m^2} = 1.1 ≒ 2개(소수점 올림)$$

(2) 2층 : 바닥면적이 $600m^2$ 이하이지만 한 변의 길이가 **50m**를 **초과**하므로 **2개**로 나뉜다.
면적길이가 모두 주어진 경우 면적, 길이 2가지를 모두 고려해서 **큰 값**을 적용한다.

$$2층 : \frac{50m + 10m + 10m}{50m} = 1.4 ≒ 2$$

개(소수점 올림)

(3) 3~4층 : $500m^2$ 이하는 2개층을 1경계구역으로 할 수 있으므로 2개층의 합이 $500m^2$ 이하일 때는 **500m^2**로 나누어주면 된다.

$$3~4층 : \frac{(300 + 200)m^2}{500m^2} = 1개$$

∴ 2개＋2개＋1개＝5개

25 ③

해설 감지기의 구조

정온식 스포트형 감지기	차동식 스포트형 감지기
① **바이메탈, 감열판, 접점** 등으로 구분 **기억법** 바정(봐줘) ② **보일러실, 주방** 설치 [보기 ③] ③ 주위 온도가 일정 온도 이상이 되었을 때 작동	① **감열실, 다이어프램, 리크구멍, 접점** 등으로 구성 ② **거실, 사무실** 설치 ③ 주위 온도가 일정 상승률 이상이 되는 경우에 작동

제 ② 과목

문제는 여기로! ↱ **문제 p.1-42**

26 ①

해설 **자동화재탐지설비의 부착높이 및 감지기 1개의 바닥면적**

(단위 : m^2)

부착높이 및 소방대상물의 구분		감지기의 종류				
		차동식·보상식 스포트형		정온식 스포트형		
		1종	2종	특종	1종	2종
4m 미만	내화구조	90	70	70	60	20
	기타구조	50	40	40	30	15
4m 이상 8m 미만	내화구조	45	35	35	30	—
	기타구조	30	25	25	15	—

기억법

차	보		정		
9	7		7	6	2
5	4		4	3	①
④	③		③	3	×
3	②		②	①	×

※ 동그라미(○) 친 부분은 뒤에 5가 붙음

27 ①

해설 **송배선식**

도통시험(선로의 정상연결 여부 확인)을 원활히 하기 위한 배선방식

28 ④

해설

④ 차동식 → 정온식

비화재보의 원인과 대책

주요 원인	대 책
주방에 '**비적응성 감지기**'가 설치된 경우 [보기 ④]	적응성 감지기 (정온식 감지기 등)로 교체
'**천장형 온풍기**'에 밀접하게 설치된 경우 [보기 ①]	기류흐름 방향 외 이격설치
담배연기로 인한 연기감지기 작동 [보기 ②]	흡연구역에 환풍기 등 설치
청소불량(먼지·분진)에 의한 감지기 오작동 [보기 ③]	내부 먼지 제거 후 복구스위치 누름 또는 감지기 교체

29 ③

해설 **소방교육 및 훈련의 원칙**

원 칙	설 명
현실의 원칙	• 학습자의 능력을 고려하지 않은 훈련은 비현실적이고 불완전하다.
학습자 중심의 원칙	• **한** 번에 **한 가지씩** 습득 가능한 분량을 교육 및 훈련시킨다. • **쉬운 것**에서 **어려운 것**으로 교육을 실시하되 기능적 이해에 비중을 둔다. • 학습자에게 감동이 있는 교육이 되어야 한다.

기억법 학한

동**기**부여의 원칙	• **교육**의 **중요성**을 **전달**해야 한다. • 학습을 위해 적절한 스케줄을 적절히 배정해야 한다. • 교육은 시기적절하게 이루어져야 한다. • 핵심사항에 교육의 포커스를 맞추어야 한다. • 학습에 대한 보상을 제공해야 한다. • 교육에 재미를 부여해야 한다. • 교육에 있어 다양성을 활용해야 한다. • 사회적 상호작용을 제공해야 한다. • 전문성을 공유해야 한다. • 초기성공에 대해 격려해야 한다.
목적의 원칙	• 어떠한 기술을 어느 정도까지 익혀야 하는가를 명확하게 제시한다. • 습득하여야 할 기술이 활동 전체에서 어느 위치에 있는가를 인식하도록 한다.
실습의 원칙 보기 ③	• **실습**을 통해 지식을 습득한다. • 목적을 생각하고, 적절한 방법으로 정확하게 하도록 한다.
경험의 원칙	• 경험했던 사례를 들어 현실감 있게 하도록 한다.
관련성의 원칙	• 모든 교육 및 훈련 내용은 **실무적인 접목**과 **현장성**이 있어야 한다.

기억법 현학동 목실경관교

30 ④

해설 **피난기구의 적응성**

층별 설치장소별 구분	3층	4층 이상 10층 이하
노유자 시설	• 미끄럼대 보기 ① • 구조대 보기 ② • 피난교 보기 ③ • 다수인 피난장비 • 승강식 피난기	• 구조대[1] • 피난교 • 다수인 피난장비 • 승강식 피난기
의료시설 •입원실이 있는 의원 •접골원 •조산원	• 미끄럼대 • 구조대 • 피난교 • 피난용 트랩 • 다수인 피난장비 • 승강식 피난기	• 구조대 • 피난교 • 피난용 트랩 • 다수인 피난장비 • 승강식 피난기
영업장의 위치가 4층 이하인 다중이용업소	• 미끄럼대 • 피난사다리 • 구조대 • 완강기 • 다수인 피난장비 • 승강식 피난기	• 미끄럼대 • 피난사다리 • 구조대 • 완강기 • 다수인 피난장비 • 승강식 피난기
그 밖의 것	• 미끄럼대 • 피난사다리 • 구조대 • 완강기 • 피난교 • 피난용 트랩 • 간이완강기[2] • 공기안전매트 • 다수인 피난장비 • 승강식 피난기	• 피난사다리 • 구조대 • 완강기 • 피난교 • 간이완강기[2] • 공기안전매트 • 다수인 피난장비 • 승강식 피난기

주 1) **구조대**의 적응성은 장애인관련시설로서 주된 사용자 중 스스로 피난이 불가한 자가 있는 경우 추가로 설치하는 경우에 한한다.
2) 간이완강기의 적응성은 **숙박시설**의 **3층 이상**에 있는 객실에 추가로 설치하는 경우에 한한다.

31 ④

해설 **객석유도등 산정식**
객석유도등 설치개수

$$= \frac{\text{객석통로의 직선부분의 길이(m)}}{4} - 1(\text{소수점 올림})$$

$$\therefore \frac{70}{4} - 1 = 16.5 ≒ 17개(\text{소수점 올림})$$

32 ①

해설 **응급처치의 중요성**
(1) 긴급한 환자의 **생명 유지** 보기 ④

(2) 환자의 **고통**을 **경감** 보기 ②
(3) 위급한 부상부위의 응급처치로 **치료 기간 단축** 보기 ③
(4) 현장처치의 원활화로 의료비 절감

33 ④

┃ 지시압력계의 색표시에 따른 상태 ┃

㉠ 지시압력계가 녹색범위를 가리키고 있으므로 적정여부는 (○)이다.

노란색(황색)	녹 색	적 색
압력이 부족한 상태 ┃	┃ 정상압력 상태 ┃	┃ 정상압력보다 높은 상태 ┃

- 용기 내 압력을 확인할 수 있도록 지시압력계가 부착되어 사용가능한 범위가 녹색(0.7~0.98MPa)으로 되어있음

㉡ 제조연월 : 2008.6이고 내용연수가 10년이므로 유효기간은 2018.6까지이다. 내용연수가 초과되었으므로 (×)이다.
㉢ 불량내용은 내용연수 초과이다.

- 소화기의 내용연수를 10년으로 하고 내용연수가 지난 제품은 교체 또는 성능확인을 받을 것

┃ 내용연수 ┃

내용연수 경과 후 10년 미만	내용연수 경과 후 10년 이상
3년	1년

34 ②

① 정상 → 불량
③ 교류전원 → 예비전원
   예비전원이 0V를 가리키고 있으므로 예비전원을 점검하여야 한다.
④ 높다 → 낮다

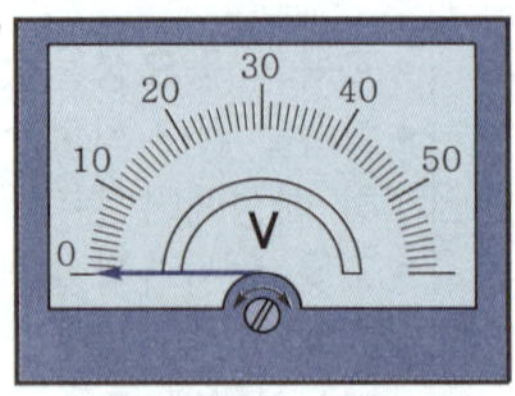

┃ 0V를 가리킴 ┃

┃ 예비전원시험 ┃   교재 139

전압계인 경우 정상	램프방식인 경우 정상
19~29V	녹색

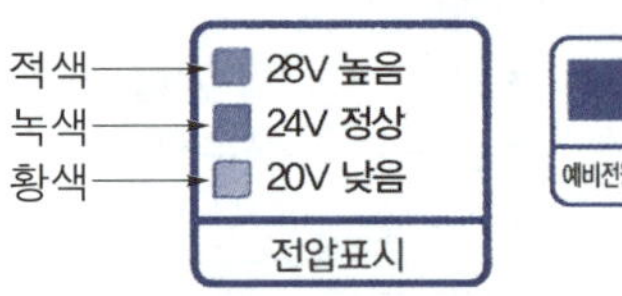

┃ 예비전원시험 ┃

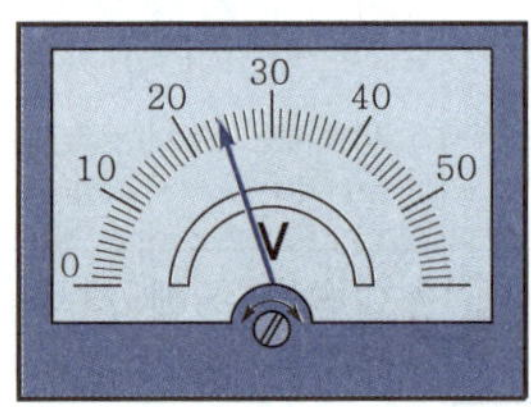

┃ 24V를 가리킴 ┃

35 ④

성인의 가슴압박

(1) 환자의 **어깨**를 두드린다.
(2) 쓰러진 환자의 얼굴과 가슴을 <u>10초 이내</u>로 (10초 이상 ×) 관찰하여 호흡이 있는지를 확인한다.
(3) 구조자의 체중을 이용하여 압박한다.
(4) 인공호흡에 자신이 없으면 가슴압박만 시행한다.

구 분	설 명
속 도	분당 100~120회
깊 이	약 5cm(소아 4~5cm)

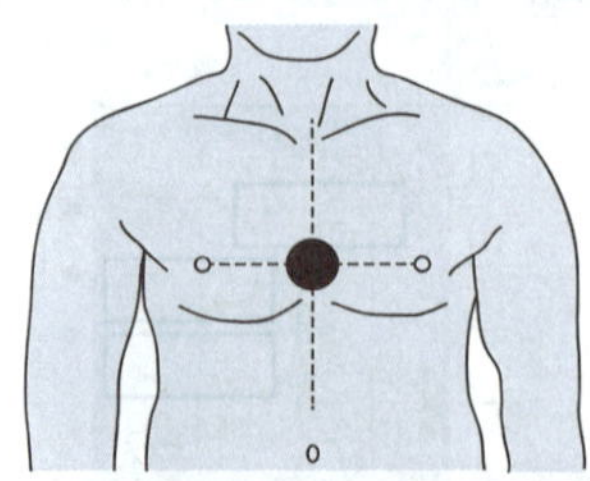

┃ 가슴압박 위치 ┃ 보기 ④

36 ④

 **작동점검표**

자동화재탐지설비 (양호〇, 불량✕, 해당 없음/)

구분	점검 번호	점검 항목	점검 결과
수신기	15 −B −002	● <u>조작스위치가 정상위치에</u> 스위치주의등 확인 <u>있는지</u> 여부	○
	15 −B −006	● 수신기 음향기구의 음량 · 음색 구별 가능 여부	○
감지기	15 −D −009	● 감지기 변형 · 손상 확인 및 작동시험 적합 여부	○
전원	15 −H −002	● <u>예비전원 성능 적정 및 상용</u> 예비전원 및 예비전원감시등 확인 전원 차단시 예비전원 자동 전환 여부	✕
배선	15 −ㅣ −003	● 수신기 <u>도통시험회로 정상</u> 회로 단선여부 <u>여부</u>	○

37 ③

③ ㉠ 주경종 정지스위치, ㉡ 지구경종 정지스위치를 누르면 경종(음향장치)이 울리지 않는다.

38 ③

㉠ 호스가 파손되었고 소화기가 부식되었으므로 외관의 이상이 있기 때문에 ✕
㉡ 지시압력계가 녹색범위를 가리키고 있으므로 적정 여부는 ○
㉢ 불량내용은 외관부식과 호스파손이다.
※ 양호 〇, 불량 ✕로 표시하면 됨

39 ②

 **옥내소화전 방수압력 측정**

(1) 측정장치 : 방수압력측정계(피토게이지)

(2)

방수량	방수압력
130L/min	0.17~0.7MPa 이하

(3) 방수압력 측정방법 : 방수구에 호스를 결속한 상태로 노즐의 선단에 방수압력 측정계(피토게이지)를 근접 $\left(\dfrac{D}{2}\right)$ 시켜서 측정하고 방수압력측정계의 압력계상의 눈금을 확인한다.

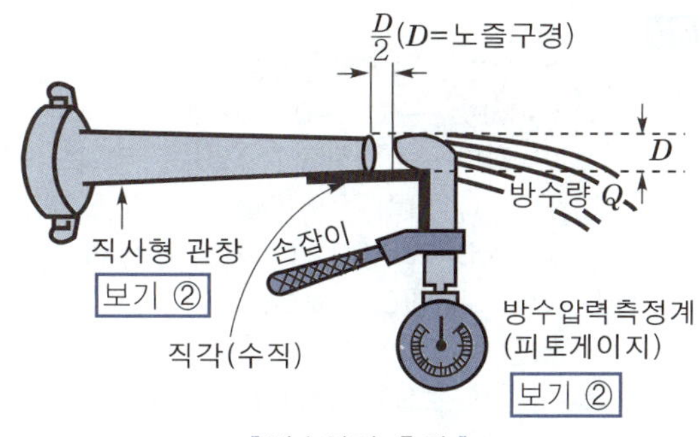

❚ 방수압력 측정 ❚

40 ④

 **성인의 가슴압박**

(1) 환자의 **어깨**를 두드린다.
(2) 쓰러진 환자의 얼굴과 가슴을 <u>10초 이내</u>로 관찰하여 호흡이 있는지를 확인한다.
　　　　　　10초 이상 ✕
(3) 구조자의 체중을 이용하여 압박
(4) 인공호흡에 자신이 없으면 가슴압박만 시행

구분	설 명 보기 ④
속 도	분당 100~120회
깊 이	약 5cm(소아 4~5cm)

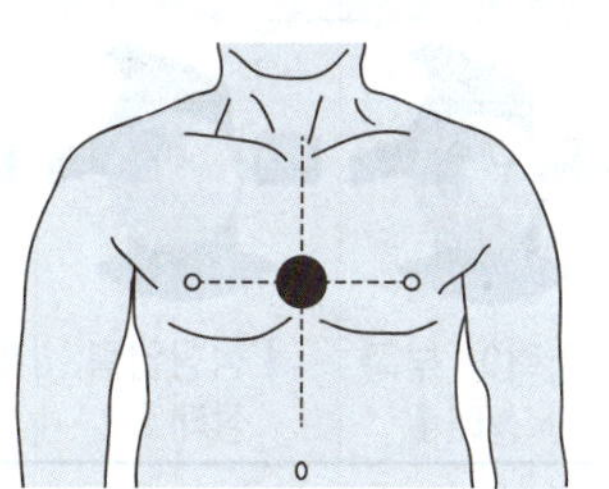

❚ 가슴압박 위치 ❚

41 ②

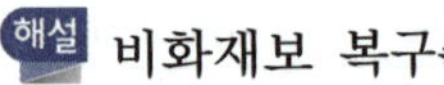 **비화재보 복구순서**
㉠ 수신기 확인 – ㉣ 실제 화재 여부 확인 – ㉢ 음향장치 정지 – ㉤ 발신기 복구 – ㉡ 수신반 복구 – ㉥ 음향장치 복구 – 스위치주의등 확인

42 ③

① 부족한 상태 → 정상상태
② 0.7MPa → 0.7~0.98MPa, 교체하여야 한다. → 교체하지 않아도 된다.
③ 용기 내 압력을 확인할 수 있도록 지시압력계가 부착되어 사용 가능한 범위가 녹색(0.7~0.98MPa)으로 되어 있음
④ 어려울 것으로 보인다. → 용이한 상태이다.

지시압력계
(1) 노란색(황색) : 압력부족
(2) 녹색 : 정상압력
(3) 적색 : 정상압력 초과

▌ 소화기 지시압력계 ▌

▌ 지시압력계의 색표시에 따른 상태 ▌

노란색(황색)	녹 색	적 색
▌압력이 부족한 상태▌	▌정상압력 상태▌	▌정상압력보다 높은 상태▌

43 ①

 **점등램프**

주펌프만 수동으로 기동 보기 ①	충압펌프만 수동으로 기동	주펌프·충압 펌프 수동으로 기동
① 선택스위치 : 수동	① 선택스위치 : 수동	① 선택스위치 : 수동
② 주펌프 : 기동	② 주펌프 : 정지	② 주펌프 : 기동
③ 충압펌프 : 정지	③ 충압펌프 : 기동	③ 충압펌프 : 기동

44 ②

② 위쪽 → 아래쪽

일반인 심폐소생술 시행방법
(1) 환자의 **어깨**를 두드린다.
(2) 쓰러진 환자의 얼굴과 가슴을 10초 이내로 관찰하여 호흡이 있는지를 확인한다.
　　　10초 이상 ×
(3) 환자를 바닥이 단단하고 **평평한 곳**에 등을 대고 눕힌다. 보기 ①
(4) 가슴압박시 가슴뼈(흉골) **아래쪽**의 절반 부위에 깍지를 낀 두 손의 손바닥 뒤꿈치를 댄다. 보기 ②
(5) 구조자는 양팔을 쭉 편 상태로 체중을 실어서 환자의 몸과 **수직**이 되도록 가슴을 압박한다. 보기 ③
(6) 구조자의 체중을 이용하여 압박한다.
(7) 인공호흡에 자신이 없으면 가슴압박만 시행한다.

구 분	설 명 보기 ④
속 도	분당 **100~120회**
깊 이	약 5cm(소아 4~5cm)

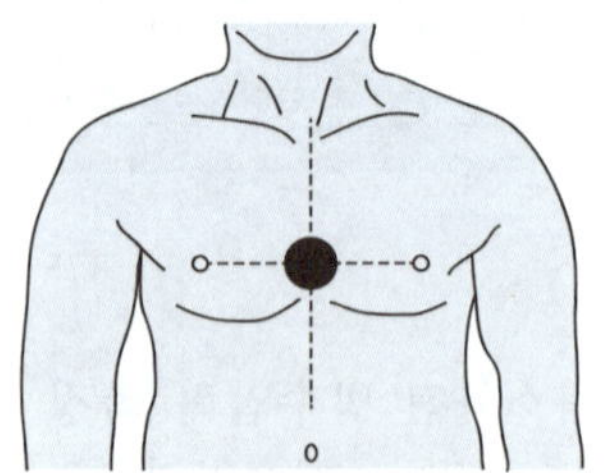

▌ 가슴압박 위치 ▌

45 ①

왼쪽그림은 2층 감지기 작동시험을 하는 그림이다.
2층 감지기가 작동되면 ㉠ 화재표시등, ㉡ 2층 지구표시등이 점등된다.

46 ③

③ 충압펌프가 작동되었으므로 동력제어반 기동램프 점등 보기 ㉠, 감시제어반에서 충압펌프 압력스위치 램프 점등 보기 ㉣

충압펌프 작동	주펌프 작동
① 동력제어반 기동램프 : 점등	① 동력제어반 기동램프 : 점등
② 감시제어반 충압펌프 압력스위치램프 : 점등	② 감시제어반 주펌프 압력스위치램프 : 점등

47 ①

① 적응화재가 ABC급이므로 제1인산암모늄($NH_4H_2PO_4$) 정답

분말소화기

┃ 소화약제 및 적응화재 ┃

적응화재	소화약제의 주성분	소화효과
BC급	탄산수소나트륨 ($NaHCO_3$)	• 질식효과 • 부촉매(억제)효과
	탄산수소칼륨 ($KHCO_3$)	
ABC급	제1인산암모늄 ($NH_4H_2PO_4$)	
BC급	탄산수소칼륨($KHCO_3$)＋요소($(NH_2)_2CO$)	

48 ①

일반인 구조자에 대한 기본소생술 흐름도

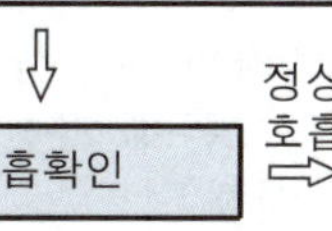

49 ④

┃ 감시제어반 ┃

평상시 상태	수동기동시 상태	점검시 상태
① 선택스위치 : 연동	① 선택스위치 : 수동	① 선택스위치 : 정지
② 주펌프 : 정지	② 주펌프 : 기동	② 주펌프 : 정지
③ 충압펌프 : 정지	③ 충압펌프 : 기동	③ 충압펌프 : 정지

┃ 동력제어반 ┃

평상시 상태	수동기동시 상태	점검시 상태
① POWER : 점등	① POWER : 점등	① POWER : 점등
② 선택스위치 : 자동	② 선택스위치 : 수동	② 선택스위치 : 정지
③ 기동램프 : 소등	③ 기동램프 : 점등	③ 기동램프 : 소등
④ 정지램프 : 점등	④ 정지램프 : 소등	④ 정지램프 : 점등
⑤ 펌프기동램프 : 소등	⑤ 펌프기동램프 : 점등	⑤ 펌프기동램프 : 소등

50 ②

 (1) **성인의 가슴압박**

① 환자의 **어깨**를 두드린다.

② 쓰러진 환자의 얼굴과 가슴을 <u>10초 이내</u>
   (10초 이상 ×)
   로 관찰하여 호흡이 있는지를 확인한다.

③ 구조자의 체중을 이용하여 압박

④ 인공호흡에 자신이 없으면 가슴압박
   만 시행

구 분	설 명
속 도	분당 100~120회 보기 ㉠
깊 이	약 5cm(소아 4~5cm) 보기 ㉡

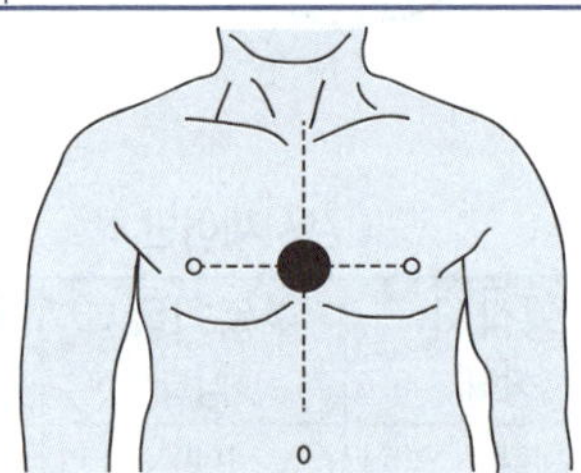

❘ 가슴압박 위치 ❘

(2) **자동심장충격기(AED) 사용방법**

① 자동심장충격기를 심폐소생술에 방해
   가 되지 않는 위치에 놓은 뒤 전원버튼
   을 누른다.

② 환자의 상체를 노출시킨 다음 패드 포장을
   열고 2개의 패드를 환자의 가슴에 붙인다.

③ 패드는 **왼쪽 젖꼭지 아래의 중간겨드
   랑선**에 설치하고 **오른쪽 빗장뼈**(쇄골)
   바로 **아래**에 붙인다. 보기 ㉢, ㉣

❘ 패드의 부착위치 ❘

패드 1	패드 2
오른쪽 빗장뼈(쇄골) 바로 아래	왼쪽 젖꼭지 아래의 중간겨드랑선

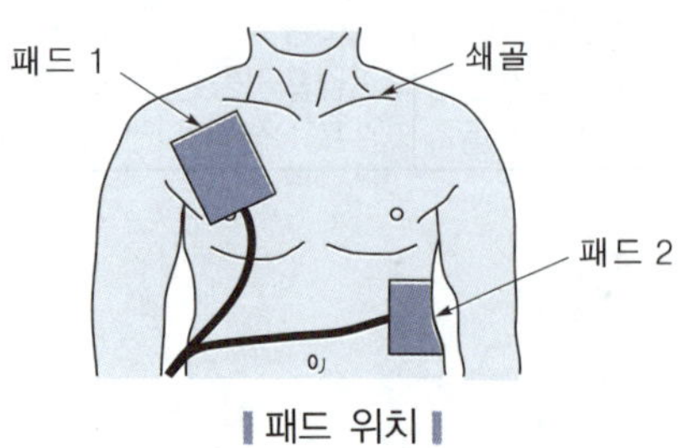

❘ 패드 위치 ❘

④ 심장충격이 필요한 환자인 경우에만 제
   세동버튼이 깜박이기 시작하며, 깜박
   일 때 심장충격버튼을 눌러 심장충격을
   시행한다.

⑤ 심장충격버튼을 누르기 <u>전에는</u> 반드시
   (누른 후에는 ×)
   주변사람 및 구조자가 환자에게서 떨
   어져 있는지 다시 한 번 확인한 후에
   실시하도록 한다.

⑥ 심장충격이 필요 없거나 심장충격을
   실시한 이후에는 즉시 **심폐소생술**을
   다시 시작한다.

⑦ **2분**마다 심장리듬을 분석한 후 반복
   시행한다.

2022년 기출문제

문제는 여기로! → 문제 p. 1-55

01	02	03	04	05	06	07	08	09	10
②	②	③	①	③	④	④	④	②	③
11	12	13	14	15	16	17	18	19	20
②	②	①	③	③	④	③	①	①	③
21	22	23	24	25	26	27	28	29	30
④	④	④	③	④	②	①	①	①	①
31	32	33	34	35	36	37	38	39	40
②	①	④	④	④	③	①	①	③	
41	42	43	44	45	46	47	48	49	50
②	④	③	②	②	③	③	④	④	③

제 ① 과목

문제는 여기로! → 문제 p. 1-55

01 ②

무창층

지상층 중 다음에 해당하는 개구부면적의 합계가 그 층의 바닥면적의 $\frac{1}{30}$ 이하가 되는 층을 말한다. 보기 ㉠

(1) 크기는 지름 **50cm** 이상의 원이 통과할 수 있을 것 보기 ㉡

(2) 해당층의 바닥면으로부터 개구부 밑부분까지의 높이가 **1.2m** 이내일 것 보기 ㉢

(3) **도로** 또는 **차량**이 진입할 수 있는 **빈 터**를 향할 것

(4) 화재시 건축물로부터 쉽게 **피난**할 수 있도록 개구부에 **창살**이나 그 밖의 장애물이 설치되지 않을 것

(5) 내부 또는 외부에서 **쉽게 부수거나 열** 수 있을 것

02 ②

② B급 화재 → K급 화재

화재의 종류

종 류	적응물질	소화약제
일반화재 (A급)	• 보통가연물(폴리에틸렌 등) • 종이 • 목재, 면화류, 석탄 보기 ① • **재를 남김**	① 물 ② 수용액
유류화재 (B급)	• 유류 • 알코올 • **재를 남기지 않음**	① 포(폼)
전기화재 (C급)	• 변압기 • 배전반 • 전류가 흐르고 있는 전기기기 보기 ③	① 이산화탄소 ② 분말소화약제 ③ 주수소화 금지
금속화재 (D급)	• 가연성 금속류(나트륨 등) 보기 ④	① 금속화재용 분말소화약제 ② 마른 모래(건조사)
주방화재 (K급)	• 식용유 보기 ② • 동·식물성 유지	① 강화액

03 ③

③ 4m → 8m

LPG vs LNG

구 분	LPG	LNG
주성분	• 프로판 • 부탄	• 메탄
용 도	• 가정용 • 공업용 • 자동차연료용	• 도시가스
증기비중	• 1보다 큰 가스 보기 ①②	• 1보다 작은 가스 보기 ③④
비 중	• 1.5～2	• 0.6
탐지기의 설치위치	• 탐지기의 **상단**은 **바닥면**의 상방 30 cm 이내에 설치 보기 ②	• 탐지기의 **하단**은 **천장면**의 하방 30 cm 이내에 설치 보기 ④

탐지기의 설치위치	• 가스연소기 또는 관통부로부터 수평거리 **4m** 이내의 위치에 설치 보기 ①	• 가스연소기로부터 수평거리 **8m** 이내의 위치에 설치 보기 ③

04 ①

 **과태료 부과기준**

피난시설, 방화구획 또는 방화시설의 폐쇄·훼손·변경 등의 행위를 한 자

위반횟수	과태료
1차 위반	100만원
2차 위반	200만원
3차 이상 위반	300만원

05 ③

 **특정소방대상물별 소화기구의 능력단위 기준**

특정소방대상물	소화기구의 능력단위	건축물의 주요구조부가 **내화구조**이고, 벽 및 반자의 실내에 면하는 부분이 **불연재료·준불연재료** 또는 **난연재료**로 된 특정소방대상물의 능력단위
• **위**락시설 기억법 위3(위상)	바닥면적 **30m²**마다 1단위 이상	바닥면적 **60m²**마다 1단위 이상
• **공**연장 • **집**회장 • **관람**장 • **문**화재 • **의**료시설 및 **장**례식장 기억법 5공연장 문의 집관람(손오공 연장 문의 집관람)	바닥면적 **50m²**마다 1단위 이상	바닥면적 **100m²**마다 1단위 이상
• **근**린생활시설 • **판**매시설 • **운**수시설 • **숙**박시설 • **노**유자시설 • **전**시장 • 공동**주**택(아파트 등) • **업**무시설(사무실 등) • **방**송통신시설 • 공**장** • **창**고시설 • **항**공기 및 자동**차**관련시설, **관광**휴게시설 기억법 근판숙노전 주업 방차창 1항 관광 (근판숙노전 주업 방차창 일본항 관광)	바닥면적 **100m²**마다 1단위 이상	바닥면적 **200m²**마다 1단위 이상
• 그 밖의 것	바닥면적 **200m²**마다 1단위 이상	바닥면적 **400m²**마다 1단위 이상

판매시설로서 **주요구조부**에 대한 조건이 없으므로 바닥면적 100m²마다 1단위 이상

$$판매시설 = \frac{바닥면적}{100m²} =$$

$$\frac{250m²}{100m²} = 2.5단위$$

2단위 소화기를 설치하므로

$$\frac{2.5단위}{2단위} = 1.25 ≒ 2개 \text{ (소수점 올림)}$$

소화기개수 = 2개 × 3개층 = 6개

06 ④

 ④ 약제흡입구 → 약제방출구

자동소화장치의 구성요소

(1) 소화약제저장용기 보기 ①

(2) 탐지부 보기 ②

(3) 감지부(감지센서)

(4) 방출구(약제방출구) 보기 ④
　　약제흡입구 ×
(5) 제어반 보기 ③
(6) 수신부
(7) 가스누설차단밸브

❙주거용 주방자동소화장치 ❙

07 ④

① 제연설비 : 소화활동설비
② 자동화재속보설비 : 경보설비
③ 비상방송설비, 비상벨설비 : 경보설비

피난구조설비
(1) 피난기구
　① **피**난사다리
　② **구**조대
　③ **완**강기
　④ 간이완강기
　⑤ 미끄럼대
　⑥ 다수인 피난장비
　⑦ 승강식 피난기

기억법　**피구완**

(2) 인명구조기구
　① **방열**복
　② **방화**복(안전모, 보호장갑, 안전화 포함)

③ **공**기호흡기
④ **인**공소생기

기억법　**방화열공인**

(3) 유도등·유도표지 보기 ④
(4) 비상조명등·휴대용 비상조명등 보기 ④
(5) 피난유도선

08 ④

소화기 적응성

구 분	화 재
A급	일반화재 보기 ①
B급	유류화재 보기 ②
C급	전기화재 보기 ③
D급	금속화재
K급	주방화재 보기 ④

09 ②

① BC급 → ABC급
③ 현재도 생산이 계속되고 있다. → 현재는 생산이 중단되었다.
④ 0.6~0.88MPa → 0.7~0.98MPa

분말소화기
(1) 소화약제 및 적용화재

적응화재	소화약제의 주성분	소화효과
BC급	탄산수소나트륨 ($NaHCO_3$)	• 질식효과 보기 ②
	탄산수소칼륨 ($KHCO_3$)	• 부촉매(억제)효과
ABC급 보기 ①	제1인산암모늄 ($NH_4H_2PO_4$)	보기 ②
BC급	탄산수소칼륨($KHCO_3$) +요소($(NH_2)_2CO$)	

(2) 구조

축압식 소화기
• 용기 중에 소화약제와 함께 소화약제의 방출원이 되는 질소 등의 압축가스를 봉입한 방식
• 용기 내 압력을 확인할 수 있도록 지시압력계가 부착되어 사용 가능한 범위가 **녹색**(0.7~ 0.98MPa)으로 되어 있음 보기 ④

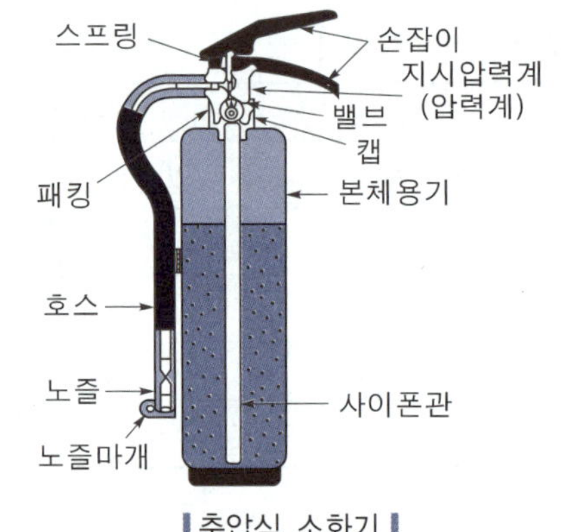

▌ 축압식 소화기 ▌

10 ③

③ 제거 → 질식

이산화탄소소화기

주성분	적응화재	소화효과
이산화탄소 (순도 99.5% 이상) (=액화탄산가스) 보기 ①	BC급 보기 ②	① 질식효과 보기 ③ ② 냉각효과 보기 ③

• 밸브 본체에는 일정한 압력에서 작동하는 안전밸브가 장치되어 있다. 보기 ④

11 ②

① 간이완강기에 대한 설명
③ 미끄럼대에 대한 설명
④ 다수인 피난장비에 대한 설명

피난기구의 종류

구 분	설 명
피난사다리	건축물화재시 안전한 장소로 피난하기 위해서 건축물의 개구부에 설치하는 기구 ▌ 피난사다리 ▌
완강기	• 사용자의 몸무게에 의하여 자동적으로 내려올 수 있는 기구 중 사용자가 교대하여 **연속적**으로 **사용할 수 있는 것** 문제 12 • 구성 : **속도조절기, 속도조절기의 연결부, 로프, 벨트, 연결금속구**
간이완강기	사용자의 몸무게에 의하여 자동적으로 내려올 수 있는 기구 중 사용자가 **연속적**으로 **사용할 수 없는 것** 보기 ①
구조대	화재시 건물의 창, 발코니 등에서 지상까지 **포대**를 사용하여 그 포대 속을 활강하는 피난기구 보기 ② **구포**(부산에 있는 **구포**)
피난교	건축물의 옥상층 또는 그 이하의 층에서 화재발생시 옆 건축물로 피난하기 위해 설치하는 피난기구

미끄럼대	화재발생시 신속하게 지상 또는 피난층으로 이동할 수 있는 피난기구로서 장애인 복지시설, 노약자 수용시설 및 병원 등에 적합하다. 보기 ③	
다수인 피난장비	화재시 **2인 이상**의 피난자가 동시에 해당층에서 지상 또는 피난층으로 하강하는 피난기구를 말한다. 보기 ④	

12 ②

해설 **문제 11 참조**

13 ①

해설 **방염처리물품의 성능검사**

구 분	선처리물품	현장처리물품
실시기관	한국소방산업기술원	시·도지사 (관할소방서장)

14 ③

해설 **골든타임**

CPR(심폐소생술)	화재시
4~6분 이내	**5**분 보기 ③

기억법 C4(가수 씨스타), 5골화(오골계만 그리는 화가)

15 ④

해설 ④ 1.8~8.4% → 5~15%

LPG vs LNG

구 분	LPG	LNG
주성분	● 프로판 보기 ② ● 부탄 보기 ②	● 메탄
폭발범위 (연소범위)	● 프로판 : 2.1~9.5% ● 부탄 : 1.8~8.4%	● 5~15% 보기 ④

용 도	● 가정용 ● 공업용 ● 자동차연료용	● 도시가스 보기 ③
증기비중	● 1보다 큰 가스	● 1보다 작은 가스
비 중	● 1.5~2 보기 ①	● 0.6
탐지기의 위치	● 탐지기의 **상단**은 **바닥면**의 **상방 30cm** 이내에 설치 ● 가스연소기 또는 관통부로부터 **수평거리 4m** 이내에 설치	● 탐지기의 **하단**은 **천장면**의 **하방 30cm** 이내에 설치 ● 가스연소기로부터 **수평거리 8m** 이내에 설치
공기와 무게 비교	● 공기보다 무겁다.	● 공기보다 가볍다.

16 ②

해설 ② 최고기준 → 최저기준

지정수량
위험물의 종류별로 위험성을 고려하여 **대통령령**이 설치허가 등에 있어서 **최저기준**이 되는 수량을 말한다. 보기 ②

17 ②

해설 **성장기 vs 최성기**

성장기	최성기
● 실내 **전**체가 **화**염에 휩싸이는 **플**래시오버 상태 보기 ② 기억법 **성전화플**(화플! 외플!)	● 내화구조 : **20~30분**이 되면 최성기에 이르며, 실내온도는 **800~1050℃**에 달함 보기 ③ ● 목조건물 : 최성기까지 약 **10분**이 소요되며 실내온도는 1100~1350℃에 달함 보기 ④ ● 실내 전체에 **화염**이 충만해짐 보기 ①

18 ③

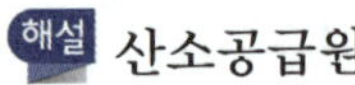 **산소공급원**
(1) **공**기, 오존 등 보기 ①②
(2) **산**화제
(3) **자**기반응성 물질 : 지연성 가스 등 보기 ④

> 기억법 공산자

19 ①

 **피**난층
곧바로 지상으로 갈 수 있는 출입구가 있는 층 보기 ①

> 기억법 피곧(피곤)

20 ③

 ③ 해당 없음

자위소방대 및 초기대응체계 교육·훈련 실시결과기록부 기재사항
(1) 작성일자
(2) 작성자
(3) 소방안전관리대상물(대상명, **등급**, 소**재지**, 전화번호, 근무인원) 보기 ②④
(4) 소방안전관리자(**성명**, 선임일자, 보유자격, 자격구분, 연락처) 보기 ①
(5) 자위소방대(총원, 대장성명 등)
(6) 초기대응체계(조직구성, 총원 등)
(7) 교육·훈련결과

21 ④

 **관계인**
(1) 소방대상물의 **소유자**
(2) 소방대상물의 **관리자**
(3) 소방대상물의 **점유자**

> 기억법 소관점, 소관리(쏘가리 민물고기)

22 ④

 **소방대상물**
(1) 건축물 보기 ①

(2) 차량 보기 ②
(3) 선박(항구에 **매어둔 선박**) 보기 ④
(4) 선박건조구조물
(5) 산림 보기 ③
(6) 인공구조물 또는 물건

23 ④

 ④ 1급 소방안전관리대상물

소방안전관리자 및 소방안전관리보조자를 선임하는 특정소방대상물(특급·1급)

소방안전 관리대상물	특정소방 대상물
특급 소방안전 관리대상물 (동식물원, 철강 등 불연성 물품 저장·취급창고, 지하구, 위험물 제조소 등 제외)	• **50층** 이상(지하층 제외) 또는 지상 **200m** 이상 **아파트** 보기 ② • **30층** 이상(지하층 포함) 또는 지상 **120m** 이상(아파트 제외) 보기 ③ • 연면적 **100000m²** 이상(아파트 제외) 보기 ①
1급 소방안전 관리대상물 (동식물원, 철강 등 불연성 물품 저장·취급창고, 지하구, 위험물 제조소 등 제외)	• **30층** 이상(지하층 제외) 또는 지상 **120m** 이상 **아파트** • 연면적 **15000m²** 이상인 것(아파트 및 연립주택 제외) • **11층** 이상(아파트 제외) • 가연성 가스를 **1000톤** 이상 저장·취급하는 시설 보기 ④

24 ③

 **1년 이하의 징역 또는 1000만원 이하의 벌금**
(1) 소방시설의 **자체점검** 미실시자
(2) 소방안전관리자 자격증 대여
(3) **화재예방안전진단**을 받지 아니한 자

25 ④

 **화재안전조사**
(1) 실시자 : 소방관서장
(2) 사전 공개기간 : 7일 이상

제 **②** 과목

문제는 여기로! ↱ 문제 p. 1-61

26 ②

해설 **최소 선임기준**

소방안전관리자	소방안전관리보조자
• 특정소방대상물마다 1명	• **300세대 이상 아파트 : 1명**(단, **300세대 초과**마다 **1명 이상 추가**) • 연면적 **15000m² 이상 : 1명**(단, **15000m² 초과**마다 **1명 이상 추가**) • **공동주택**(기숙사), **의료시설, 노유자시설, 수련시설 및 숙박시설**(바닥면적 합계 1500m² 미만이고, 관계인이 24시간 상시 근무하고 있는 숙박시설 제외) : **1명**

$$\frac{650}{300} = 2.16(소수점 \ 버림) ≒ 2명$$

비교

소화기구의 능력단위	소방안전관리보조자
교재 108	교재 22
소수점 올림	소수점 버림

27 ①

해설 **피난기구의 적응성**

층별 설치장소별 구분	1층	2층
노유자 시설	• 미끄럼대 • 구조대 • 피난교 • 다수인 피난장비 • 승강식 피난기	• 미끄럼대 • 구조대 • 피난교 • 다수인 피난장비 • 승강식 피난기

의료시설 •입원실이 있는 의원 •접골원 •조산원	–	–
영업장의 위치가 4층 이하인 다중이용업소	–	• 미끄럼대 • 피난사다리 • 구조대 • 완강기 • 다수인 피난장비 • 승강식 피난기
그 밖의 것	–	–

층별 설치장소별 구분	3층	4층 이상 10층 이하
노유자 시설	• 미끄럼대 • 구조대 • 피난교 • 다수인 피난장비 • 승강식 피난기	• 구조대[1] • 피난교 • 다수인 피난장비 • 승강식 피난기
의료시설 •입원실이 있는 의원 •접골원 •조산원	• 미끄럼대 • 구조대 • 피난교 • 피난용 트랩 • 다수인 피난장비 • 승강식 피난기	• 구조대 • 피난교 • 피난용 트랩 • 다수인 피난장비 • 승강식 피난기
영업장의 위치가 4층 이하인 다중이용업소	• 미끄럼대 • 피난사다리 • 구조대 • 완강기 • 다수인 피난장비 • 승강식 피난기	• 미끄럼대 • 피난사다리 • 구조대 • 완강기 • 다수인 피난장비 • 승강식 피난기
그 밖의 것	• 미끄럼대 • 피난사다리 • 구조대 • 완강기 • 피난교 • 피난용 트랩 • 간이완강기[2] • 공기안전매트 • 다수인 피난장비 • 승강식 피난기	• 피난사다리 • 구조대 • 완강기 • 피난교 • 간이완강기[2] • 공기안전매트 • 다수인 피난장비 • 승강식 피난기

2022 정답 및 해설

㈜ 1) **구조대**의 적응성은 장애인관련시설로서 주된 사용자 중 스스로 피난이 불가한 자가 있는 경우 추가로 설치하는 경우에 한한다.
2) 간이완강기의 적응성은 **숙박시설**의 **3층 이상**에 있는 객실에, 추가로 설치하는 경우에 한한다.

28 ①

② 바로 → 각 경계구역 동작버튼을 차례로 누르고
③ 동작스위치를 누르는 것이다. → 회로시험스위치를 돌리는 것이다.
④ 회로시험스위치를 → 자동복구스위치를 누르고 회로시험스위치를

P형 수신기의 동작시험

구 분	순 서
동작시험 순서 ·보기 ④	① 동작시험스위치 누름 ② 자동복구스위치 누름 ③ 회로시험스위치 돌림
동작시험복구 순서	① 회로시험스위치 돌림 ·보기 ③ ② 동작시험스위치 누름 ③ 자동복구스위치 누름
회로도통시험 순서 ·보기 ②	① 도통시험스위치 누름 ② 각 경계구역 동작버튼을 차례로 누름(회로시험스위치를 각 경계구역별로 차례로 회전)
예비전원시험 순서	① 예비전원시험스위치 누름 ② 예비전원 결과 확인

전압계인 경우 정상	램프방식인 경우 정상
19~29V	녹색 ·보기 ①

29 ①

① 비닐장판 밑으로 전선이 보이지 않게 정리하여 넣어둔다. → 비닐장판이나 양탄자 밑으로는 전선이 지나지 않도록 한다.

전기화재 예방요령

(1) 하나의 콘센트에 여러 가지 전기기구를 꽂아서 사용하지 않는다. ·보기 ②
(2) 사용하지 않는 기구는 전원을 끄고 플러그를 뽑아 둔다. ·보기 ③
(3) **과전류 차단장치**를 설치한다. ·보기 ④
(4) 퓨즈를 사용하고 끊어질 경우 그 원인을 조치한다.
(5) 비닐장판이나 양탄자 밑으로는 전선이 지나지 않도록 한다. ·보기 ①
(6) 누전차단기를 설치하고 **월 1~2회** 작동 여부를 확인한다.
(7) 전선이 쇠붙이나 움직이는 물체와 접촉되지 않도록 한다.
(8) 전선은 묶거나 꼬이지 않도록 한다.

30 ①

 **성장기 vs 최성기**

성장기	최성기
• 실내 전체가 화염에 휩싸이는 플래시오버 상태 **기억법** 성전화플(화플! 와플!)	• 내화구조 : **20~30분**이 되면 최성기에 이르며, 실내온도는 800~1050℃에 달함 ·문제 31 • 목조건물 : 최성기까지 약 **10분**이 소요되며 실내온도는 1100~1350℃에 달함 • 실내 전체에 화염이 충만해짐 ·보기 ①

31 ②

해설 **문제 30 참조**

32 ①

해설 **소화방법**

제거소화	• 연소반응에 관계된 가연물이나 그 주위의 가연물을 제거함으로써 연소반응을 중지시켜 소화하는 방법 • 가스밸브의 **폐쇄** • 가연물 직접 **제거** 및 **파괴** • **촛불**을 입으로 불어 가연성 증기를 순간적으로 날려 보내는 방법 • 산불화재시 진행방향의 나무 **제거**
질식소화	• 산소(공급원)를 차단하여 소화하는 방법 • 불연성 기체로 연소물을 덮는 방법 • 불연성 포로 연소물을 덮는 방법 • 불연성 고체로 연소물을 덮는 방법
냉각소화	• 연소하고 있는 가연물로부터 열을 빼앗아 연소물을 착화온도 이하로 내리는 것 보기 ① • **주수**에 의한 냉각작용 • **이산화탄소**소화약제에 의한 냉각작용
억제소화 (부촉매 소화)	• 연쇄반응을 약화시켜 연소가 계속되는 것을 불가능하게 하여 소화하는 것 • 화학적 작용에 의한 소화방법

33 ④

해설

④ 소방서장의 → 이해관계자의 검토를 거쳐

소방계획의 수립절차

수립절차	내 용
사전기획 보기 ①	소방계획 수립을 위한 **임시조직**을 구성하거나 위원회 등을 개최하여 법적 요구사항은 물론 **이해관계자**의 의견을 수렴하고 세부 작성계획 수립
위험환경 분석 보기 ②	대상물 내 물리적 및 인적 위험요인 등에 대한 **위험요인**을 식별하고, 이에 대한 분석 및 평가를 정성적·정량적으로 실시한 후 이에 대한 대책 수립
설계 및 개발 보기 ③	대상물의 **환경** 등을 바탕으로 소방계획 수립의 목표와 전략을 수립하고 세부 실행계획 수립
시행 및 유지·관리 보기 ④	**구체적인** 소방계획을 수립하고 **이해관계자**의 **검토**를 거쳐 최종 승인을 받은 후 소방계획을 이행하고 지속적인 개선 실시

34 ④

해설 **자동심장충격기(AED) 사용방법**

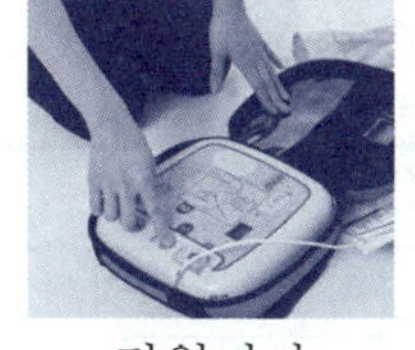
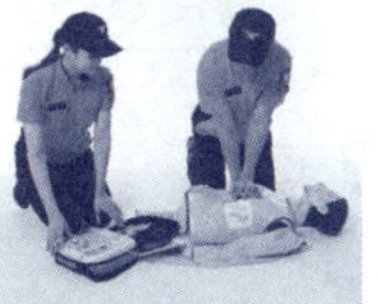
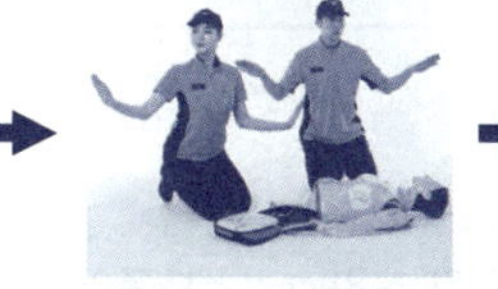

전원켜기   2개의 패드 부착

심장리듬 분석 및   즉시 심폐소생술
심장충격 실시   다시 시행

35 ②

해설

② 불가능하다. → 가능하다.
감지기 시험장비를 사용하여 감지기 작동시험을 하는 그림으로 감지기 작동 확인은 수신기에서 반드시 가능해야 한다.

36 ②

 **해설**

> ② 30단위 → 20단위

소화기

(1) 소화능력 단위기준 및 보행거리

소화기 분류		능력단위	보행거리
소형소화기		**1단위** 이상	20m 이내
대형소화기 보기 ②, ③	A급	**10단위** 이상	30m 이내
	B급	**20단위** 이상	
	C급	적응성이 있는 것	－

기억법 보3대, 대2B(데이빗!)

(2) 분말소화기

주성분	적응 화재	소화효과 보기 ④
탄산수소나트륨($NaHCO_3$)	BC급	• 질식 효과 • 부촉매 (억제) 효과
탄산수소칼륨($KHCO_3$)		
제1인산암모늄($NH_4H_2PO_4$) 보기 ①	ABC급	
탄산수소칼륨($KHCO_3$) +요소(($NH_2)_2CO$)	BC급	

(3) 이산화탄소소화기

주성분	적응화재
이산화탄소 (순도 99.5% 이상)	BC급

37 ③

 **해설**

> ① 감시제어반 **선택스위치**가 **자동**에 있으므로 옥내소화전 사용시(옥내소화전 앵글밸브를 열면) **주펌프**는 당연히 **기동**한다.
>
> ② 동력제어반 충압펌프 **선택스위치**가 **수동**으로 되어 있으므로 옥내소화전 사용시(옥내소화전 앵글밸브를 열면) 충압펌프는 기동하지 않는다. 동력제어반 충압펌프 선택스위치가 **자동**으로 되어 있을 때만 옥내소화전 사용시 **충압펌프**가 **기동**한다.

┃동력제어반 · 충압펌프 선택스위치┃

수동	자동
옥내소화전 사용시 충압펌프 미기동	옥내소화전 사용시 충압펌프 기동

③ 기동 중 → 정지상태

단서에 따라 동력제어반 주펌프 · 충압펌프의 정지표시등만 점등되어 있으므로 현재 **충압펌프**는 **정지**상태이다.

④ 단서에 따라 동력제어반 주펌프 · 충압펌프의 정지표시등만 점등되어 있으므로 현재 **주펌프**는 **정지**상태이다.

38 ①

 **해설**

> ① 24V → 4~8V

회로도통시험 적부판정

구 분	전압계가 있는 경우	도통시험확인등이 있는 경우
정 상	4~8V 보기 ①	정상확인등 점등(녹색) 보기 ③
단 선	0V 보기 ②	단선확인등 점등(적색) 보기 ④

용어 **회로도통시험**

> 수신기에서 감지기 사이 회로의 **단선유무**와 기기 등의 접속상황을 확인하기 위한 시험

39 ①

> ① 느리고 → 빠르고

출혈의 증상

(1) 호흡과 맥박이 빠르고 **약하고 불규칙**하다.
   보기 ①
(2) 반사작용이 둔해진다.
(3) 체온이 떨어지고 **호흡곤란**도 나타난다.
   보기 ②
(4) 혈압이 점차 저하되며, 피부가 **창백**해진다.
(5) **구토**가 발생한다. 보기 ④
(6) **탈수현상**이 나타나며 갈증을 호소한다.
   보기 ③

40 ③

> ① 없다. → 있다.
>   그림 A는 호스파손, 그림 B는 호스탈락이므로 외관상 문제가 있다.
> ② 불량이다. → 양호하다.
>   안전핀은 손잡이에 잘 끼워져 있는 것으로 보이므로 안전핀 체결상태는 양호하다.
> ④ 부족하다. → 높다.

(1) 소화기 호스·혼·노즐

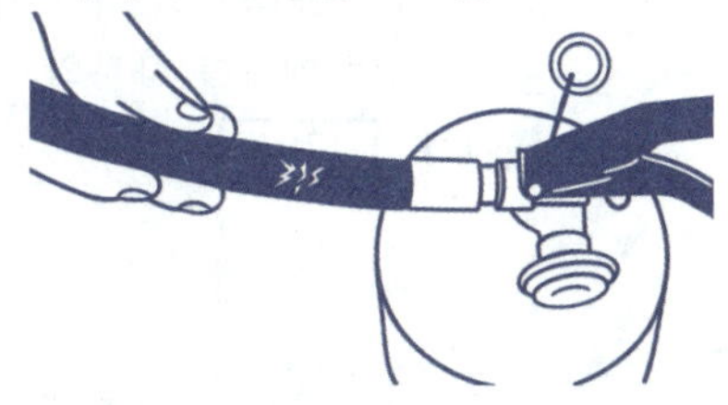

❙ 호스 파손 ❙

❙ 호스 탈락 ❙

❙ 노즐 파손 ❙

❙ 혼 파손 ❙

(2) 지시압력계

① 노란색(황색) : 압력부족
② 녹색 : 정상압력
③ 적색 : 정상압력 초과

❙ 소화기 지시압력계 ❙

❙ 지시압력계의 색표시에 따른 상태 ❙

노란색(황색)	녹 색	적 색
❙ 압력이 부족한 상태 ❙	❙ 정상압력 상태 ❙	❙ 정상압력보다 높은 상태 ❙

● 용기 내 압력을 확인할 수 있도록 지시압력계가 부착되어 사용 가능한 범위가 녹색(0.7~0.98MPa)으로 되어 있음

41 ②

 **점등램프**

선택스위치 : 수동, 주펌프 : 기동	선택스위치 : 수동, 충압펌프 : 기동
① POWER램프 ② 주펌프기동램프 ③ 주펌프 펌프기동 램프	① POWER램프 주 펌프기동 ② 충압펌프기동램프 ③ 충압펌프 펌프기 동램프

42 ④

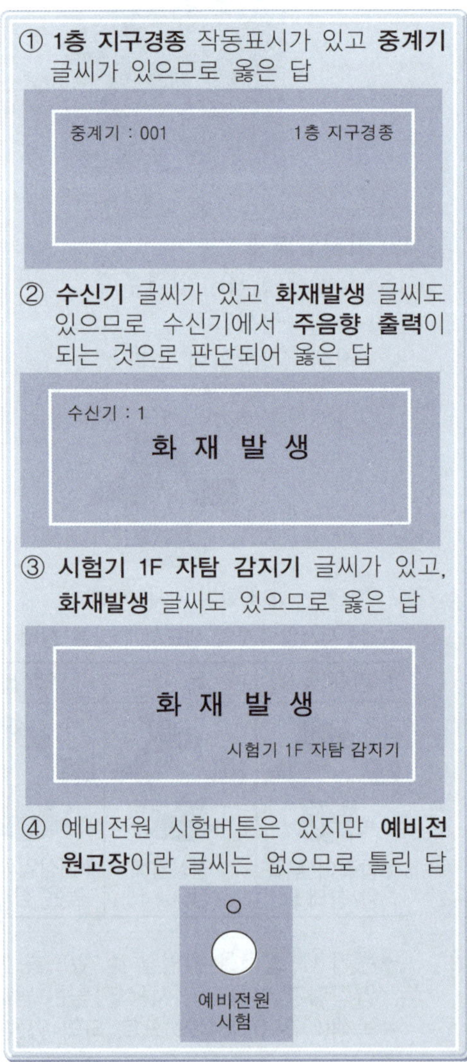

43 ③

③ 왼쪽 → 오른쪽, 오른쪽 → 왼쪽

자동심장충격기(AED) 사용방법

(1) 자동심장충격기를 심폐소생술에 방해가 되지 않는 위치에 놓은 뒤 **전원버튼**을 누른다. 보기 ①

(2) 패드는 **왼쪽 젖꼭지 아래의 중간 겨드랑선**에 설치하고 **오른쪽 빗장뼈**(쇄골) 바로 **아래**에 붙인다. 보기 ③

▎패드의 부착위치▎

패드 1	패드 2
오른쪽 빗장뼈(쇄골) 바로 아래	왼쪽 젖꼭지 아래의 중간겨드랑선

(3) 심장충격이 필요한 환자인 경우에만 **제세동버튼**이 **깜박**이기 시작하며, 깜박일 때 심장충격버튼을 눌러 심장충격을 시행한다. 보기 ④

(4) 심장충격이 필요 없거나 심장충격을 실시한 이후에는 즉시 **심폐소생술**을 다시 시작한다.

(5) **2분**마다 심장리듬을 분석한 후 반복 시행한다.

(6) 환자의 상체를 노출시킨 다음 패드 포장을 열고 2개의 패드를 환자의 가슴 피부에 붙인다. 보기 ②

44 ②

① 기록하지 않는다. → 기록해야 한다.
② 노즐이 파손되었으므로 즉시 교체한 것은 옳다.

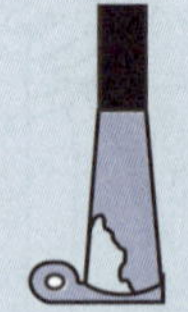

③ 초과되어 → 초과되지 않아서, 교체하
였다. → 교체하지 않아도 된다.
제조연월이 2020.11이고 내용연수는
10년이므로 2030.11까지가 유효기간
으로 내용연수가 초과되지 않았다.

제조연월	2020.11

④ 파손되어 소화기를 즉시 교체하였다.
→ 파손되지 않았다.

☑ 중요 내용연수   교재 104

소화기의 내용연수를 **10년**으로 하고 내용
연수가 지난 제품은 교체 또는 성능확인을
받을 것

내용연수 경과 후 10년 미만	내용연수 경과 후 10년 이상
3년	1년

45 ②

 해설

㉠ '정지' 위치 → '연동' 위치
㉡ '기동' 위치 → '정지' 위치

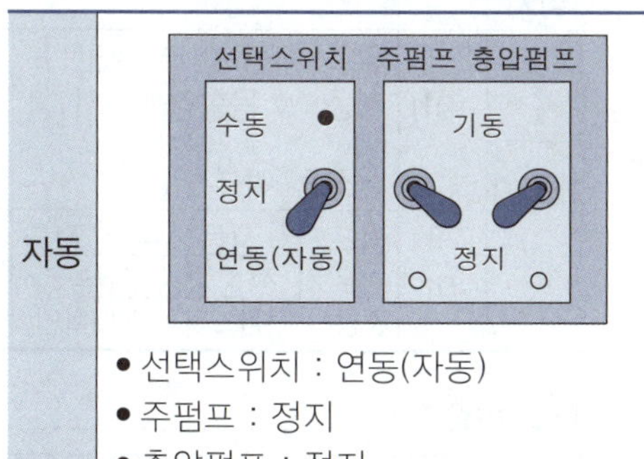

- 선택스위치 : 연동(자동)
- 주펌프 : 정지
- 충압펌프 : 정지

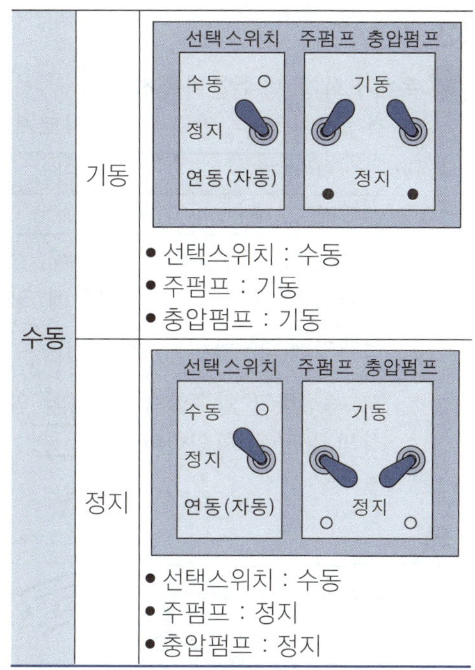

- 선택스위치 : 수동
- 주펌프 : 기동
- 충압펌프 : 기동

- 선택스위치 : 수동
- 주펌프 : 정지
- 충압펌프 : 정지

46 ③

 해설

㉠ 전원을 켤 때 → 심장충격 시행시
㉡ 패드 1개만 부착하여도 된다. → 이
물질로 오염 시 제거하여 패드 2개
를 반드시 부착하여야 한다.

47 ③

 해설

③ 발신기램프가 점등되어 있지 않으므로
화재신호기기는 발신기가 아니다. 그러
므로 화재신호기기는 감지기로 추정할
수 있다.

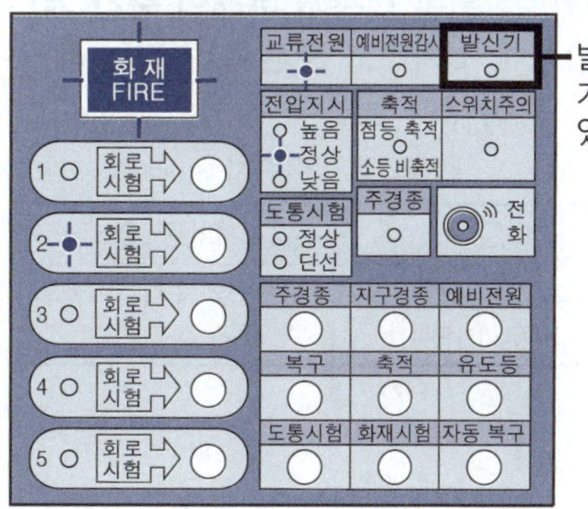

48 ④

해설 **옥내소화전 방수압력측정**

(1) 측정장치 : 방수압력측정계(피토게이지)

(2)

방수량	방수압력
130L/min	0.17~0.7MPa 이하

(3) 방수압력 측정방법 : 방수구에 호스를 결속한 상태로 노즐의 선단에 방수압력측정계(피토게이지)를 근접 $\left(\dfrac{D}{2}\right)$ 시켜서 측정하고 방수압력측정계의 압력계상의 눈금을 확인한다. 보기 ㄹ

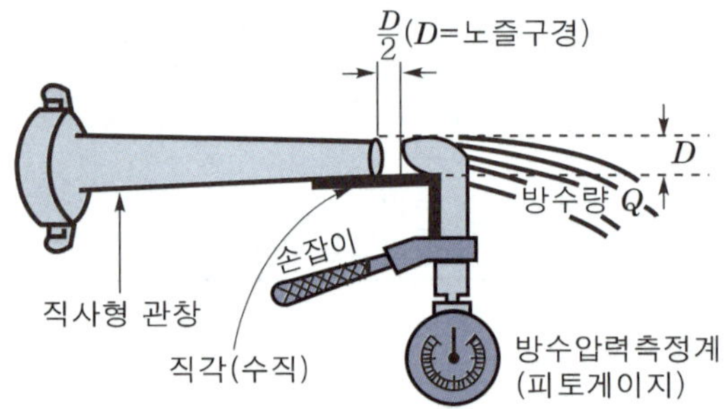

❚ 방수압력 측정 ❚

49 ④

해설 **자동심장충격기(AED) 사용방법**

(1) 자동심장충격기를 심폐소생술에 방해가 되지 않는 위치에 놓은 뒤 전원버튼을 누른다.

(2) 환자의 상체를 노출시킨 다음 패드 포장을 열고 2개의 패드를 환자의 가슴에 붙인다.

(3) 패드는 **왼쪽 젖꼭지 아래의 중간 겨드랑선**에 설치하고 **오른쪽 빗장뼈**(쇄골) 바로 **아래**에 붙인다.

❚ 패드의 부착위치 ❚

패드 1	패드 2
오른쪽 빗장뼈(쇄골) 바로 아래	왼쪽 젖꼭지 아래의 중간겨드랑선

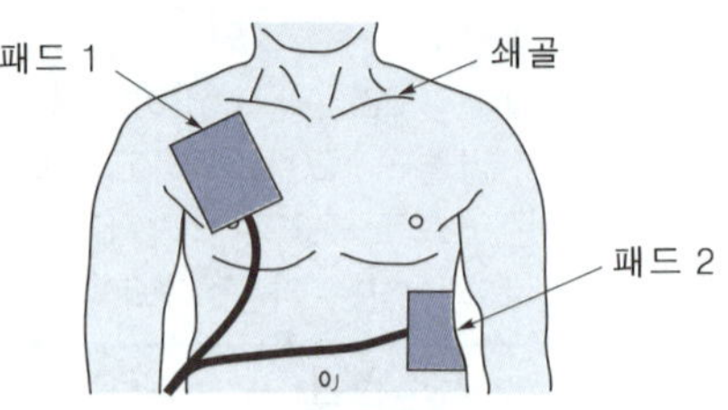

❚ 패드 위치 ❚

(4) 심장충격이 필요한 환자인 경우에만 제세동버튼이 깜박이기 시작하며, 깜박일 때 심장충격버튼을 눌러 심장충격을 시행한다.

(5) 심장충격버튼을 <u>누르기 전</u>에는 반드시 _{누른 후에는 ×} 주변사람 및 구조자가 환자에게서 떨어져 있는지 다시 한 번 확인한 후에 실시하도록 한다.

(6) 심장충격이 필요 없거나 심장충격을 실시한 이후에는 즉시 **심폐소생술**을 다시 시작한다.

(7) **2분**마다 심장리듬을 분석한 후 반복 시행한다.

50 ③

해설 **옥내소화전설비**

(양호〇, 불량×, 해당 없음/)

구 분	점검 번호	점검항목	점검 결과
가압 송수 장치	2-C -002	옥내소화전 <u>방수압력</u> 적정여부	〇
제어반	2-H -011	펌프 작동 여부 확인 표시등 및 <u>음향경보장치</u> 정_{부저} 상작동 여부	〇
	2-H -012	펌프 별 <u>자동·수동 전환</u> <u>스위치 정상작동 여부</u> _{평상시 전환스위치 상태확인}	〇

중요

부 저	경 종	사이렌
제어반	자동화재 탐지설비	이산화탄소 소화설비

<table>
<tr><td>2021년</td><td colspan="9">**기출문제**</td></tr>
</table>

문제는 여기로! ➜ 문제 p. 1-73

01	02	03	04	05	06	07	08	09	10
③	③	③	③	①	③	④	②	③	②
11	12	13	14	15	16	17	18	19	20
④	②	④	③	②	③	④	③	③	④
21	22	23	24	25	26	27	28	29	30
①	④	④	②	④	②	④	①	①	
31	32	33	34	35	36	37	38	39	40
④	②	④	③	④	②	②	①	②	
41	42	43	44	45	46	47	48	49	50
②	④	②	③	③	③	③	①	②	①

제 **1** 과목

문제는 여기로! ➜ 문제 p. 1-73

01 ③

해설 **최소 선임기준**

소방안전관리자	소방안전관리보조자
• 특정소방대상물마다 1명	• **300세대 이상 아파트** : **1명**(단, **300세대 초과**마다 **1명 이상 추가**) • **연면적 15000m² 이상** : **1명**(단, **15000m² 초과**마다 **1명 이상 추가**) • **공동주택**(기숙사), **의료시설, 노유자시설, 수련시설** 및 **숙박시설**(바닥면적 합계 **1500m² 미만**이고, 관계인이 24시간 상시 근무하고 있는 숙박시설 제외) : **1명**

$$\frac{1100}{300} = 3.66(소수점\ 버림) ≒ 3명$$

02 ③

해설 **소화약제의 종류별 소화효과**

소화약제의 종류	소화효과
물소화약제 보기 ①	• 냉각효과 • 질식효과
포소화약제·이산화탄소소화약제 보기 ②	• 질식효과 • 냉각효과
분말소화약제 보기 ③	• 질식효과 • 부촉매효과
할론소화약제 보기 ④	• **부**촉매효과 • **질**식효과 • **냉**각효과

기억법 할부냉질

03 ③

해설 **산소공급원**

(1) **공**기

(2) **산**화제(제1·6류 위험물) 보기 ①②

(3) **자**기반응성 물질(제5류) 보기 ④

기억법 공산자

04 ③

해설

① 피난구조설비
② 경보설비
④ 소화용수설비

소화활동설비

화재를 진압하거나 인명구조활동을 위하여 사용하는 설비 보기 ③

(1) **연**결송수관설비

(2) **연**결살수설비

(3) **연**소방지설비

(4) **무**선통신보조설비

(5) **제**연설비

(6) **비**상콘센트설비

기억법 3연무제비콘

05 ①

 **피난기구의 종류**

구 분	설 명
피난사다리	건축물화재시 안전한 장소로 피난하기 위해서 건축물의 개구부에 설치하는 기구
완강기	사용자의 몸무게에 의하여 자동적으로 내려올 수 있는 기구 중 사용자가 교대하여 **연속적**으로 **사용할 수 있는 것**
간이완강기	사용자의 몸무게에 의하여 자동적으로 내려올 수 있는 기구 중 사용자가 **연속적**으로 **사용할 수 없는 것**
구조대	화재시 건물의 창, 발코니 등에서 지상까지 포대를 사용하여 그 포대 속을 활강하는 피난기구 보기 ①
피난교	건축물의 옥상층 또는 그 이하의 층에서 화재발생시 옆 건축물로 피난하기 위해 설치하는 피난기구
기타 피난기구	피난용 트랩, 공기안전매트 등

기억법

구포(부산에 있는 **구포**)

06 ③

 **소방안전관리자 및 소방안전관리보조자를 선임하는 특정소방대상물**

소방안전관리 대상물	특정 소방대상물
특급 소방안전 관리대상물 (동식물원, 철강 등 불연성 물품 저장·취급창고, 지하구, 위험물 제조소 등 제외)	• **50층** 이상(지하층 제외) 또는 지상 **200m** 이상 **아파트** • **30층** 이상(지하층 포함) 또는 지상 **120m** 이상(아파트 제외) • 연면적 **10만m²** 이상(아파트 제외)
1급 소방안전 관리대상물 (동식물원, 철강 등 불연성 물품 저장·취급창고, 지하구, 위험물 제조소 등 제외)	• **30층** 이상(지하층 제외) 또는 지상 **120m** 이상 **아파트** • 연면적 **15000m²** 이상인 것 (아파트 및 연립주택 제외) • **11층** 이상(아파트 제외) • 가연성 가스를 **1000톤** 이상 저장·취급하는 시설
2급 소방안전 관리대상물	• 지하구 • 가스제조설비를 갖추고 도시가스사업 허가를 받아야 하는 시설 또는 가연성 가스를 **100톤** 이상 **1000톤** 미만 저장·취급하는 시설 • 옥내소화전설비·**스프링클러설비** 설치대상물 • **물분무등소화설비**(호스릴방식만을 설치한 경우 제외) 설치대상물 • 공동주택 • 목조건축물(국보·보물)
3급 소방안전 관리대상물	• **자동화재탐지설비** 설치대상물 • **간이스프링클러설비** 설치대상물

07 ④

 **④ 한국소방안전원의 업무**

한국소방안전원의 설립목적
(1) 소방기술과 안전관리기술의 향상 및 홍보 보기 ①
(2) 교육·훈련 등 행정기관이 위탁하는 업무의 수행 보기 ②
(3) 소방관계종사자의 기술 향상 보기 ③

08 ②

 **방염대상물품**
(1) **제조** 또는 **가공공정**에서 방염처리를 한 물품

① 창문에 설치하는 **커튼류**(블라인드 포함)

② 카펫

③ **벽지류**(두께 **2mm 미만**인 **종이벽지 제외**)

④ **전시용 합판·목재·섬유판**

⑤ **무대용 합판·목재·섬유판**

⑥ **암막·무대막**(영화상영관·가상체험 체육시설업의 **스크린** 포함)

⑦ 섬유류 또는 합성수지류 등을 원료로 하여 제작된 **소파·의자**(단란주점·유흥주점·노래연습장에 한함)

(2) 건축물 내부의 **천장·벽**에 **부착·설치**하는 것

① 종이류(두께 **2mm 이상**), **합성수지류** 또는 **섬유류**를 주원료로 한 물품

② **합판**이나 **목재**

③ 공간을 구획하기 위하여 설치하는 **간이칸막이**

④ 흡음·방음을 위하여 설치하는 **흡음재**(흡음용 커튼 포함) 또는 **방음재**(방음용 커튼 포함)

▌방염커튼▐

09 ③

해설 화재신고

화재를 인지·접수한 경우 침착하게 불이 난 사실과 현재 위치(건물주소, 명칭), 화재 진행상황 및 피해현황 등을 소방기관(119)에 신고한다. 이 경우 소방기관에서 알았다고 할 때까지 전화를 끊지 않는다.

10 ②

해설

② 가스연소기 또는 관통부로부터 수평거리 4m 이내 → 가스연소기로부터 수평거리 8m 이내

LPG vs LNG

구 분	LPG	LNG
주성분	● 프로판 ● 부탄	● 메탄
용 도	● 가정용 ● 공업용 ● 자동차연료용	● 도시가스
증기비중	● 1보다 큰 가스	● 1보다 작은 가스
비 중	● 1.5~2	● 0.6
탐지기의 위치	● 탐지기의 **상단**은 **바닥면의 상방 30cm** 이내에 설치 ● 가스연소기 또는 관통부로부터 **수평거리 4m** 이내에 설치	● 탐지기의 **하단**은 **천장면의 하방 30cm** 이내에 설치 ● 가스연소기로부터 **수평거리 8m** 이내에 설치

11 ④

해설 피난기구의 적응성

설치 장소별 구분 ＼ 층별	1층	2층
노유자 시설	● 미끄럼대 ● 구조대 ● 피난교 ● 다수인 피난장비 ● 승강식 피난기	● 미끄럼대 ● 구조대 ● 피난교 ● 다수인 피난장비 ● 승강식 피난기
의료시설 ·입원실이 있는 의원 ·접골원 ·조산원	–	–

설치 장소별 구분	3층	4층 이상 10층 이하
영업장의 위치가 4층 이하인 다중이용업소	–	• 미끄럼대 • 피난사다리 • 구조대 • 완강기 • 다수인 피난장비 • 승강식 피난기
그 밖의 것	–	–
노유자 시설	• 미끄럼대 • 구조대 • 피난교 • 다수인 피난장비 • 승강식 피난기	• 구조대1) • 피난교 • 다수인 피난장비 • 승강식 피난기
의료시설·입원실이 있는 의원·접골원·조산원	• 미끄럼대 • 구조대 • 피난교 • 피난용 트랩 • 다수인 피난장비 • 승강식 피난기	• 구조대 • 피난교 • 피난용 트랩 • 다수인 피난장비 • 승강식 피난기
영업장의 위치가 4층 이하인 다중이용업소	• 미끄럼대 • 피난사다리 • 구조대 • 완강기 • 다수인 피난장비 • 승강식 피난기	• 미끄럼대 • 피난사다리 • 구조대 • 완강기 • 다수인 피난장비 • 승강식 피난기
그 밖의 것	• 미끄럼대 • 피난사다리 • 구조대 • 완강기 • 피난교 • 피난용 트랩 • 간이완강기2) • 공기안전매트 • 다수인 피난장비 • 승강식 피난기	• 피난사다리 • 구조대 • 완강기 • 피난교 • 간이완강기2) • 공기안전매트 • 다수인 피난장비 • 승강식 피난기

㈜ 1) **구조대**의 적응성은 장애인관련시설로서 주된 사용자 중 스스로 피난이 불가한 자가 있는 경우 추가로 설치하는 경우에 한한다.
2) 간이완강기의 적응성은 **숙박시설**의 **3층 이상**에 있는 객실에, 추가로 설치하는 경우에 한한다.

12 ②

해설

② 창 안으로 → 창밖으로

완강기 사용방법
(1) 완강기 후크를 고리에 걸고 지지대와 연결 후 나사를 조인다.  보기 ①
(2) 창밖으로 릴을 놓는다. 보기 ②
(3) 벨트를 머리에서부터 뒤집어쓰고 뒤틀림이 없도록 겨드랑이 밑에 건다. 보기 ③
(4) 고정링을 조절해 벨트를 가슴에 확실히 조인다. 보기 ④
(5) 지지대를 창밖으로 향하게 한다.
(6) 두 손으로 조절기 바로 밑의 로프 2개를 잡고 발부터 창밖으로 내민다.
(7) 몸이 벽에 부딪치지 않도록 벽을 가볍게 손으로 밀면서 내려온다.

13 ④

해설

④ 민간업체가 → 행정기관이

한국소방안전원의 업무
(1) 소방기술과 안전관리에 관한 **교육** 및 **조사·연구**
(2) 소방기술과 안전관리에 관한 각종 **간행물 발간**
(3) 화재예방과 안전관리의식 고취를 위한 **대국민 홍보**  보기 ①
(4) 소방업무에 관하여 **행정기관**이 **위탁**하는 업무 보기 ④
(5) 소방안전에 관한 국제협력 보기 ③
(6) **회원**에 대한 **기술지원** 등 정관으로 정하는 사항 보기 ②

14 ③

 **연소** : 열＋빛＝산화

가연물이 공기 중에 있는 산소 또는 산화제와 반응하여 **열**과 **빛**을 발생하면서 **산화**하는 현상

15 ②

 지구표시등이 설치되어 있으므로 P형 수신기이다.

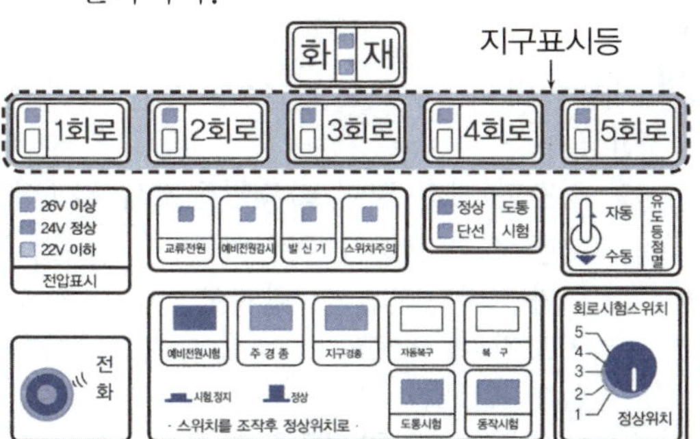

❙ 수신기 ❙

P형 수신기	R형 수신기
각 회로별 경계구역을 표시하는 지구표시등 설치	고유의 신호를 수신하는 것으로써 숫자 등의 기록장치에 의해 표시

16 ③

③ 소방기본법

소방관계법령

소방시설 설치 및 관리에 관한 법률	화재의 예방 및 안전관리에 관한 법률
● 피난시설, 방화구획 및 방화시설 보기 ④ ● 방염 보기 ① ● 자체점검 보기 ②	● 화재안전조사 ● 화재예방강화지구 보기 ③

17 ④

 **방염처리된 물품의 사용을 권장할 수 있는 경우**

다중이용업소・의료시설・노유자시설・숙박시설・장례시설에 사용하는 **침구류, 소파, 의자**

비교 **방염대상물품**(제조 또는 **가공공정**에서 방염처리를 한 물품) 교재 37

1. 창문에 설치하는 **커튼류**(블라인드 포함)
2. 카펫
3. **벽지류**(두께 2mm 미만인 종이벽지 제외)
4. **전시용 합판・목재・섬유판**
5. **무대용 합판・목재・섬유판**
6. **암막・무대막**(영화상영관・가상체험 체육시설업의 **스크린** 포함)
7. 섬유류 또는 합성수지류 등을 원료로 하여 제작된 **소파・의자**(단란주점・유흥주점・노래연습장에 한함)

18 ③

③ 2선식 → 3선식

3선식 유도등 점검

(1) 유도등 절환스위치를 **수동**으로 전환하고 유도등의 점등을 확인한다. 또한 수신기에서 수동으로 점등스위치를 ON하고 건물 내의 점등이 안 되는 유도등을 확인한다. 보기 ①
(2) 유도등 절환스위치를 **자동**으로 전환하고 **감지기, 발신기** 작동 후 유도등 점등을 확인한다. 보기 ②
(3) **감지기・발신기・중계기・스프링클러설비** 등을 현장에서 작동과 동시에 유도등이 점등되는지를 확인한다. 보기 ③
(4) 예비전원은 상시 배터리가 충전되어 있어야 한다. 보기 ④

19 ③

 소방시설의 기능과 성능에 지장을 줄 수 있는 **폐쇄, 차단** 등의 행위를 한 자는 5년 이하의 징역 또는 5000만원 이하의 벌금에 처한다.

20 ④

[해설] **300만원 이하의 과태료**

(1) 정당한 사유없이 화기취급 등을 한 자
(2) 특정소방대상물 소방안전관리를 위반하여 소방안전관리자를 겸한 자
(3) 소방안전관리업무를 하지 아니한 특정소방대상물의 관계인 또는 소방안전관리대상물의 소방안전관리자
(4) 피난유도 안내정보를 제공하지 아니한 자
(5) 소방훈련 및 교육을 하지 아니한 자

21 ①

[해설] **300만원 이하의 과태료**

(1) **소방시설**을 **화재안전기준**에 따라 설치·관리하지 아니한 자
(2) 피난시설, 방화구획 또는 방화시설의 **폐쇄·훼손·변경** 등의 행위를 한 자 보기 ①

22 ④

[해설] **LPG(액화석유가스)의 폭발범위**

부 탄	프로판
1.8~8.4%	2.1~9.5% 보기 ④

23 ④

[해설]

> ④ 수영장 제외

방염성능기준 이상의 실내장식물 등을 설치해야 하는 특정소방대상물

(1) 층수가 **11층 이상**인 것(아파트 제외 : 2026. 12. 1. 삭제) 보기 ①
(2) 체력단련장, 공연장 및 종교집회장
(3) 문화 및 집회시설(옥내에 있는 시설)
(4) 종교시설 보기 ②
(5) 운동시설(**수영장**은 **제외**) 보기 ④
(6) 의료시설(요양병원 등)

(7) 의원, 치과의원, 한의원, 조산원, 산후조리원
(8) 합숙소 보기 ③
(9) 노유자시설
(10) 숙박이 가능한 수련시설
(11) 숙박시설
(12) 방송국 및 촬영소
(13) 다중이용업소(단란주점영업, 유흥주점영업, 노래연습장업의 영업장 등)

24 ②

[해설] **3년 이하의 징역 또는 3000만원 이하의 벌금**

(1) 정당한 사유 없이 **화재안전조사** 결과에 따른 조치명령을 위반한 자 보기 ②
(2) 화재예방안전진단 결과에 따른 보수·보강 등의 조치명령을 정당한 사유 없이 위반한 자
(3) **소방시설**이 **화재안전기준**에 따라 설치·관리되지 않아 관계인에게 필요한 조치명령을 정당한 사유 없이 위반한 자
(4) **피난시설**, **방화구획** 및 **방화시설**의 유지·관리를 위하여 필요한 조치명령을 정당한 사유 없이 위반한 자
(5) 소방시설 자체점검결과에 따라 이행계획을 완료하지 아니한 경우 필요한 조치의 이행명령시에 정당한 사유 없이 위반한 자

25 ④

[해설] **성장기 vs 최성기**

성장기	최성기
• 실내 **전체**가 **화염**에 휩싸이는 **플**래시오버 상태 보기 ④	• 내화구조 : 실내온도 **800~1050℃**에 달함
	• 목조건물 : 실내온도 1100~1350℃에 달함

[기억법] **성전화플(화플! 외플!)**

제 ② 과목

문제는 여기로! ➜ 문제 p.1-79

26 ③

해설

> ③ 손을 넣어 제거 → 함부로 제거하려
> 해서는 안된다.

응급처치요령(기도확보)
(1) 환자의 입 내에 **이물질**이 있을 경우
 기침을 **유도**한다. 
(2) 환자의 입 내에 눈에 보이는 이물질이
 라 하여 함부로 제거하려 해서는 안
 된다. 
(3) 이물질이 제거된 후 머리를 뒤로 젖히
 고, 턱을 위로 들어 올려 기도가 개방
 되도록 한다. 
(4) 환자가 기침을 할 수 없는 경우 **복부
 밀어내기**를 실시한다. 
(5) 환자가 구토를 하는 경우, 머리를 옆
 으로 돌려 구토물의 흡입으로 인한 질
 식을 예방한다.

27 ③

해설 **지정수량**
위험물의 종류별로 위험성을 고려하여 **대
통령령**이 설치허가 등에 있어서 **최저기준**
이 되는 수량을 말한다.

28 ④

해설 **자동화재탐지설비의 수신기**
(1) 종류로는 **P형** 수신기, **R형** 수신기가
 있다. 보기 ①
(2) 조작스위치는 바닥으로부터 **0.8~1.5m**
 이하의 높이에 설치할 것 보기 ②③
(3) 수위실 등 상시 사람이 근무하고 있는
 장소에 설치할 것 보기 ④

29 ①

해설 **발신기 스위치**
0.8~1.5m의 높이에 설치한다. 보기 ①

30 ①

해설 **소방안전관리자의 선임신고**

선 임	선임신고	신고대상
30일 이내	**14일** 이내	관할소방서장

해임한 날이 2020년 7월 1일이고 해임한
날부터 **30일** 이내에 소방안전관리자를 선
임하여야 하므로 선임일은 7월 14일, 7월
20일은 맞고, 8월 1일은 31일이 되므로
틀리다(7월달은 31일까지 있기 때문이
다). 하지만 **선임신고일**은 선임한 날부터
14일 이내이므로 2020년 7월 25일만 해
당이 되고, 나머지 ②, ④는 선임한 날부
터 14일이 넘고 ③은 14일이 넘지는 않지
만 선임일이 30일이 넘으므로 답은 ①번
이 된다.

31 ④

해설 **분말소화기 내용연수**
(1) 10년
(2) 내용연수가 지난 제품은 교체 또는 성
 능확인

내용연수 경과 후 10년 미만	내용연수 경과 후 10년 이상
3년	1년

32 ④

해설

‖ 예비전원시험 적부 판정 ‖

전압계인 경우 정상	램프방식인 경우 정상
19~29V 보기 ④	녹색

비교 **회로도통시험 적부 판정** 교재 137-138

구 분	전압계가 있는 경우	도통시험확인등이 있는 경우
정상	4~8V	정상확인등 점등(녹색)
단선	0V	단선확인등 점등(적색)

33 ④

 **화재의 종류**

종 류	적응물질	소화약제
일반화재 (A급)	• 보통가연물(폴리에틸렌 등) • 종이 • 목재, 면화류, 석탄 • **재를 남김**	① 물 ② 수용액
유류화재 (B급)	• 유류 • 알코올 • **재를 남기지 않음**	① 포(폼)
전기화재 (C급)	• 변압기 • 배전반	① 이산화탄소 ② 분말소화약제 ③ 주수소화 금지
금속화재 (D급)	• 가연성 금속류 (나트륨 등)	① 금속화재용 분말소화약제 ② 마른 모래(건조사)
주방화재 (K급)	• 식용유 • 동·식물성 유지 보기 ④	① 강화액

34 ③

동력제어반 선택스위치가 자동이고, 기동램프가 점등되어 있으므로 동력제어반 상태는 자동기동, 점검결과 불량내용이 이상 없으므로 ○, 불량내용 이상 없음.

35 ④

④ 여러 사람이 함께 사용 → 한 사람이 사용

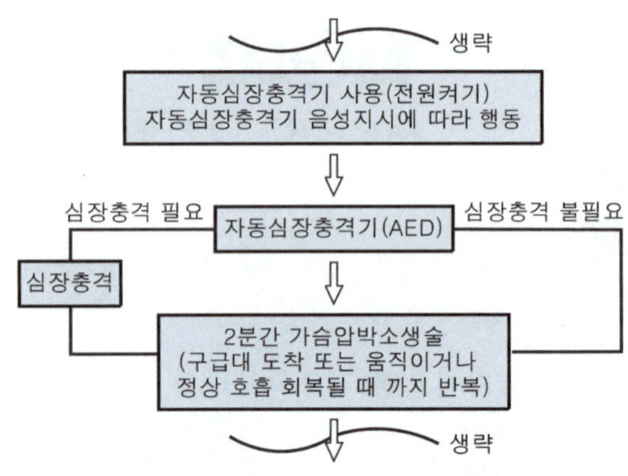

▎일반인 구조자의 기본소생술 흐름도 ▎

자동심장충격기(AED) 사용방법

(1) 자동심장충격기를 심폐소생술에 방해가 되지 않는 위치에 놓은 뒤 전원버튼을 누른다.

(2) 환자의 상체를 노출시킨 다음 패드 포장을 열고 2개의 패드를 환자의 가슴에 붙인다.

(3) 패드는 **왼쪽 젖꼭지 아래의 중간 겨드랑선**에 설치하고 **오른쪽 빗장뼈**(쇄골) 바로 **아래**에 붙인다.

▎패드의 부착위치 ▎

패드 1	패드 2
오른쪽 빗장뼈(쇄골) 바로 아래	왼쪽 젖꼭지 아래의 중간겨드랑선

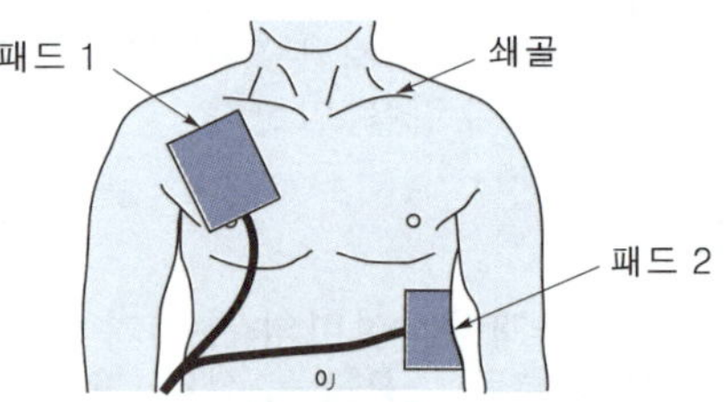

▎패드 위치 ▎

(4) 심장충격이 필요한 환자인 경우에만 제세동(심장충격)버튼이 깜박이기 시작하며, 깜박일 때 심장충격버튼을 눌러 심장충격을 시행한다. 보기 ③

(5) 심장충격버튼을 <u>누르기 전</u>에는 반드시
누른 후에는 ✕
주변사람 및 구조자가 환자에게서 떨어져 있는지 다시 한 번 확인한 후에 실시하도록 한다.

(6) 심장충격이 필요 없거나 심장충격을 실시한 이후에는 즉시 **심폐소생술**을 다시 시작한다.

(7) **2분**마다 심장리듬을 분석한 후 반복 시행한다. 보기 ②

(8) 반드시 한 사람이 사용해야 한다. 보기 ④

36 ④

④ 해당 없음

소방안전관리자 현황표 기입사항

(1) 소방안전관리자 현황표의 **대상명** 보기 ①

(2) 소방안전관리자의 **이름**

(3) 소방안전관리자의 **연락처**

(4) 소방안전관리자의 **선임일자** 보기 ②

(5) 소방안전관리대상물의 **등급** 보기 ③

37 ②

① 정상 → 비정상

스위치주의등이 점멸하고 있으므로 수신기 스위치 상태는 비정상이다.

[스위치주의]

② 예비전원 감시램프가 점등되어 있으므로 예비전원을 확인하여 교체한다.

[예비전원감시]

③ 교류전원램프가 점등되어 있고 전압지시 정상램프가 점등되어 있으므로 수신기 교류전원에 문제가 없다.

[교류전원] [전압지시 높음/정상/낮음]

④ 예비전원 감시램프가 점등되어 있으므로 예비전원이 정상상태가 아니다.

[예비전원감시]

38 ②

 **특정소방대상물별 소화기구의 능력단위기준**

특정소방대상물	소화기구의 능력단위	건축물의 주요 구조부가 **내화구조**이고, 벽 및 반자의 실내에 면하는 부분이 **불연재료·준불연재료** 또는 **난연재료**로 된 특정소방대상물의 능력단위
• **위**락시설 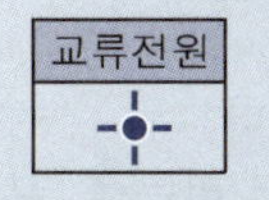 위3(위상)	바닥면적 **30m²**마다 1단위 이상	바닥면적 **60m²**마다 1단위 이상
• **공**연장 • **집**회장 • **관람**장 • **문**화재 • **장**례식장 및 의료시설 기억법 **5공연장 문의 집관람**(손오공 연장 문의 집관람)	바닥면적 **50m²**마다 1단위 이상	바닥면적 **100m²**마다 1단위 이상
• **근**린생활시설 • **판**매시설 • 운수시설 • **숙**박시설 • **노**유자시설 • **전**시장 • 공동**주**택(아파트 등) • **업**무시설(사무실 등) • **방**송통신시설 • 공**장** • **창**고시설 • **항**공기 및 자동차관련시설, **관광**휴게시설 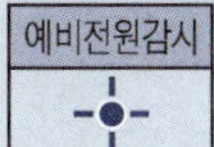 **근판숙노전 주업 방차창 1항 관광**(근판숙노전 주업 방차창 일본항 관광)	바닥면적 **100m²**마다 1단위 이상	바닥면적 **200m²**마다 1단위 이상

• 그 밖의 것	바닥면적 200m^{2}마다 1단위 이상	바닥면적 400m^{2}마다 1단위 이상

근린생활시설로서 **내화구조**이며, **불연재료**이므로 바닥면적 **200m^2**마다 1단위 이상이다.

$$\frac{2000\text{m}^2}{200\text{m}^2} = 10단위$$

$$\frac{10단위}{3단위} = 3.3 ≒ 4개(소수점 \ 올림)$$

비교	
소화기구의 능력단위  교재 108	소방안전관리보조자 교재 22
소수점 발생시 소수점을 올린다(**소수점 올림**).	소수점 발생시 소수점을 버린다(**소수점 내림**).

39 ①

해설

주펌프 기동상태 보기 ㉠	충압펌프 정지상태 보기 ㉡
① 기동표시등 : 점등	① 기동표시등 : 소등
② 정지표시등 : 소등	② 정지표시등 : 점등
③ 펌프기동표시등 : 점등	③ 펌프기동표시등 : 소등

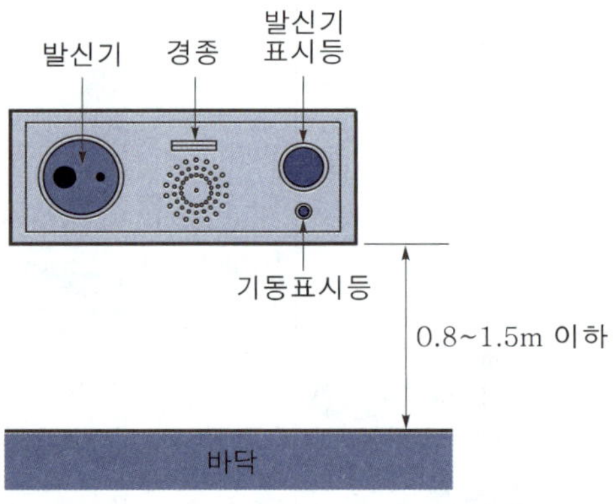

❙ 옥내소화전함 발신기세트 ❙

40 ②

해설 **자동심장충격기(AED) 사용방법**

(1) 자동심장충격기를 심폐소생술에 방해가 되지 않는 위치에 놓은 뒤 전원버튼을 누른다.

(2) 환자의 상체를 노출시킨 다음 패드 포장을 열고 2개의 패드를 환자의 가슴에 붙인다.

(3) 패드는 **왼쪽 젖꼭지 아래의 중간 겨드랑선**에 설치하고 **오른쪽 빗장뼈**(쇄골) 바로 **아래**에 붙인다.

❙ 패드의 부착위치 ❙

패드 1	패드 2
오른쪽 빗장뼈(쇄골) 바로 아래	왼쪽 젖꼭지 아래의 중간겨드랑선

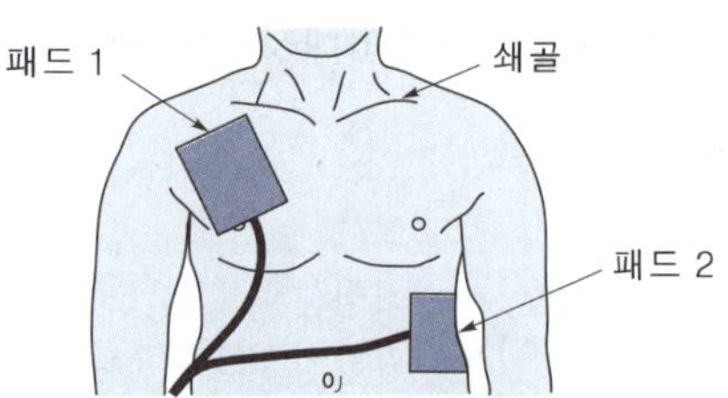

❙ 패드 위치 ❙

(4) 심장충격이 필요한 환자인 경우에만 제세동 버튼이 깜박이기 시작하며, 깜박일 때 심장충격버튼을 눌러 심장충격을 시행한다.

(5) 심장충격버튼을 누르기 전에는 반드시
누른 후에는 ✕
주변사람 및 구조자가 환자에게서 떨어져 있는지 다시 한 번 확인한 후에 실시하도록 한다.

(6) 심장충격이 필요 없거나 심장충격을 실시한 이후에는 즉시 **심폐소생술**을 다시 시작한다.

(7) **2분**마다 심장리듬을 분석한 후 반복 시행한다.

41 ②

해설

② 교육자 중심 → 학습자 중심

소방교육 및 훈련의 원칙

원 칙	설 명
현실의 원칙 보기 ③	• 학습자의 능력을 고려하지 않은 훈련은 비현실적이고 불완전하다.
학습자 중심의 원칙 보기 ②	• **한** 번에 **한 가지씩** 습득 가능한 분량을 교육 및 훈련시킨다. • **쉬운 것**에서 **어려운 것**으로 교육을 실시하되 기능적 이해에 비중을 둔다. • 학습자에게 감동이 있는 교육이 되어야 한다. **기억법** 학한
동기부여 의 원칙	• **교육**의 **중요성**을 **전달**해야 한다. • 학습을 위해 적절한 스케줄을 적절히 배정해야 한다. • 교육은 시기적절하게 이루어져야 한다. • 핵심사항에 교육의 포커스를 맞추어야 한다. • 학습에 대한 보상을 제공해야 한다. • 교육에 재미를 부여해야 한다. • 교육에 있어 다양성을 활용해야 한다. • 사회적 상호작용을 제공해야 한다. • 전문성을 공유해야 한다. • 초기성공에 대해 격려해야 한다.
목적의 원칙 보기 ①	• 어떠한 기술을 어느 정도까지 익혀야 하는가를 명확하게 제시한다. • 습득하여야 할 기술이 활동 전체에서 어느 위치에 있는가를 인식하도록 한다.
실습의 원칙	• **실습**을 통해 지식을 습득한다. • 목적을 생각하고, 적절한 방법으로 정확하게 하도록 한다.
경험의 원칙	• 경험했던 사례를 들어 현실감 있게 하도록 한다.
관련성의 원칙 보기 ④	• 모든 교육 및 훈련 내용은 **실무적**인 **접목**과 **현장성**이 있어야 한다.

기억법 현학동 목실경관교

---

42 ④

해설

• (a)방식 : 송배선식(○), (b)방식 : 송배선식(✕)
① 송배선식이므로 도통시험으로 정상인지 단선인지 알 수 있다. (○)
② 송배선식이므로 감지기 사이의 단선 여부를 확인할 수 있다. (○)
③ 송배선식이 아니므로 감지기 단선 여부를 확인할 수 없다. (○)
④ 이라 한다. → 이 아니다.

용어 **송배선식** 교재 128

도통시험(선로의 정상연결 유무확인)을 원활히하기 위한 배선방식

43 ②

해설

① 주성분 : $NH_4H_2PO_4$(제1인산암모늄)이므로 축압식 분말소화기이다.

‖ 소화약제 및 적응화재 ‖

적응 화재	소화약제의 주성분	소화효과
BC급	탄산수소나트륨 ($NaHCO_3$)	• 질식효과 • 부촉매(억제)효과
BC급	탄산수소칼륨 ($KHCO_3$)	
ABC급	제1인산암모늄 ($NH_4H_2PO_4$)	
BC급	탄산수소칼륨($KHCO_3$)＋ 요소(($NH_2)_2CO$)	

② 있다. → 없다.
능력단위 : A 3 B 5 C 이므로 금속화
　　　　　일반화재 ｜　　｜
　　　　　　　유류화재 전기화재
재는 적응성이 없다.

✔ **참고** **소화능력단위**

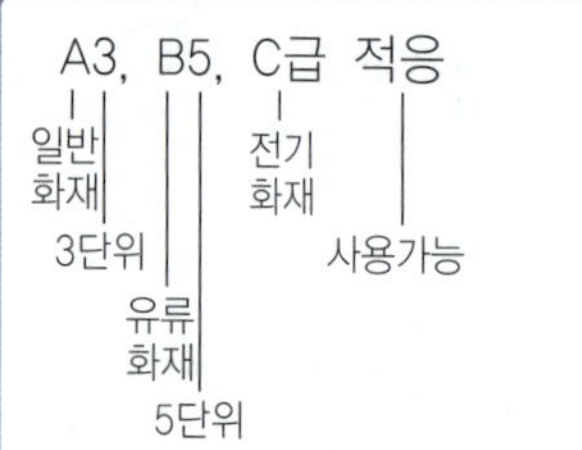

③ 충전압력 : 0.9MPa이므로 0.7~0.98MPa 압력을 유지하고 있다.
- 용기 내 압력을 확인할 수 있도록 지시압력계가 부착되어 사용가능한 범위가 녹색 (0.7~0.98MPa)으로 되어 있음

지시압력계

① 노란색(황색) : 압력부족
② 녹색 : 정상압력
③ 적색 : 정상압력 초과

❚ 소화기 지시압력계 ❚
❚ 지시압력계의 색표시에 따른 상태 ❚

노란색(황색)	녹 색	적 색
❚ 압력이 부족한 상태 ❚	❚ 정상압력 상태 ❚	❚ 정상압력보다 높은 상태 ❚

④ 제조연월 : 2005.11이고 내용연수는 10년이므로 2015년 11월까지가 유효기간이다. 내용연수 초과로 소화기를 교체하여야 한다.

분말소화기 vs 이산화탄소소화기

분말소화기	이산화탄소소화기
10년	내용연수 없음

44 ③

해설

① 감시제어반 선택스위치 : 자동, 주펌프 : 정지, 충압펌프 : 정지상태이므로 감시제어반은 정상상태이므로 옳다.
② 주펌프 선택스위치가 자동이므로 ON 버튼을 눌러도 주펌프는 기동하지 않으므로 옳다.
③ 기동한다. → 기동하지 않는다.
감시제어반에서 주펌프 스위치만 기동으로 올리면 주펌프는 기동하지 않는다. 감시제어반 선택스위치를 수동으로 올리고 주펌프 스위치를 기동으로 올려야 주펌프는 기동한다.
④ 동력제어반에서 충압펌프 스위치를 자동위치로 돌리면 모든 제어반은 정상상태가 되므로 옳다.

❚ 정상상태 ❚

동력제어반	감시제어반
주펌프 선택스위치 : 자동 • 주펌프 ON 램프 : 소등 • 주펌프 OFF 램프 : 점등 충압펌프 선택스위치 : 자동 • 충압펌프 ON 램프 : 소등 • 충압펌프 OFF 램프 : 점등	선택스위치 : 자동 주펌프 : 정지 충압펌프 : 정지

45 ③

해설

① 앞꿈치 → 뒤꿈치
② 수평 → 수직
④ 갈비뼈가 압박되어 부러질 정도로 강하게 실시하면 안된다.

❚ 심폐소생술의 진행 ❚

구 분	설 명
속 도	분당 100~120회
깊 이	약 5cm(소아 4~5cm)

46 ③

③ 해당 없음

소방안전관리대상물의 소방계획의 주요 내용

(1) 소방안전관리대상물의 위치·구조·연면적·용도 및 수용인원 등 일반 현황
(2) 소방안전관리대상물에 설치한 소방시설·방화시설·전기시설·가스시설 및 위험물시설의 현황
(3) 화재예방을 위한 **자체점검계획** 및 **대응대책** 보기 ①
(4) **소방시설**·피난시설 및 방화시설의 **점검·정비계획**
(5) 피난층 및 피난시설의 위치와 피난경로의 설정, 화재안전취약자의 피난계획 등을 포함한 피난계획
(6) **방화구획**, 제연구획, 건축물의 내부 마감재료 및 방염물품의 사용현황과 그 밖의 방화구조 및 설비의 유지·관리 계획
(7) **소방훈련** 및 **교육**에 관한 계획 보기 ②
(8) 소방안전관리대상물의 근무자 및 거주자의 **자위소방대** 조직과 대원의 임무 (화재안전취약자의 피난보조임무를 포함)에 관한 사항
(9) **화기취급작업**에 대한 사전 안전조치 및 감독 등 공사 중 소방안전관리에 관한 사항
(10) 관리의 권원이 분리된 소방안전관리에 관한 사항
(11) **소화**와 **연소 방지**에 관한 사항
(12) **위험물**의 저장·취급에 관한 사항 보기 ④
(13) 소방안전관리에 대한 업무수행에 관한 기록 및 유지에 관한 사항
(14) 화재발생시 화재경보 **초기소화** 및 **피난유도** 등 초기대응에 관한 사항
(15) 그 밖에 소방안전관리를 위하여 **소방본부장** 또는 **소방서장**이 소방안전관리대상물의 위치·구조·설비 또는 관리상황 등을 고려하여 소방안전관리에 필요하여 요청하는 사항

47 ③

① 연기감지기 시험기이므로 열감지기시험기로 작동시킬 수 없다. (○)
② (a)에서 2F(2층)이라고 했으므로 옳다. (○)
③ 점등되어야 한다. → 점등되지 않아야 한다.
(a)가 연기감지기 시험기이므로 감지기가 작동되기 때문에 발신기램프는 점등되지 않아야 한다.
④ (a)에서 2F(2층) 연기감지기 시험이므로 (b)에서 2층 램프가 점등되었으므로 정상이다. (○)

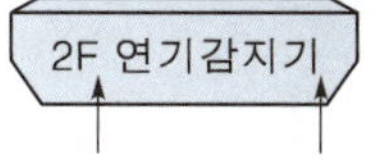

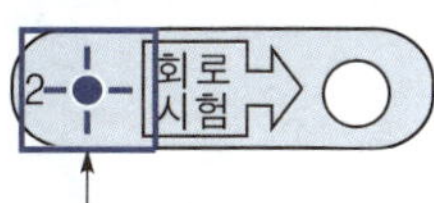

2층   연기감지기 시험기   2층 지구표시등

48 ①

① 이산화탄소소화설비·할론소화설비 소화기이므로 축압식 소화기와는 관련이 없다.
② 축압식 분말소화기 호스 탈락
③ 축압식 분말소화기 호스 파손
④ 축압식 분말소화기 압력이 높은 상태

(1) 호스·혼·노즐

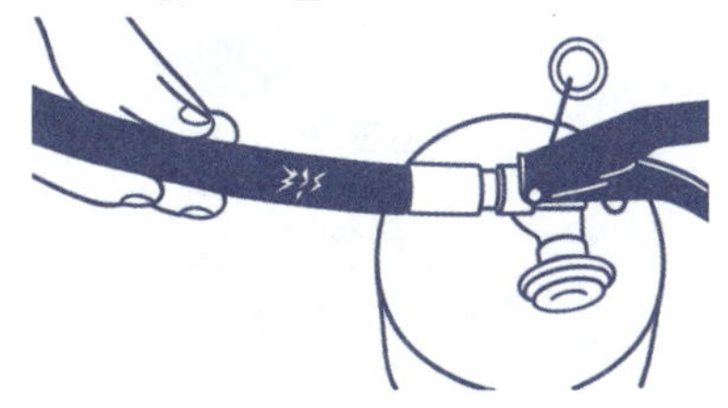

❚호스 파손❚

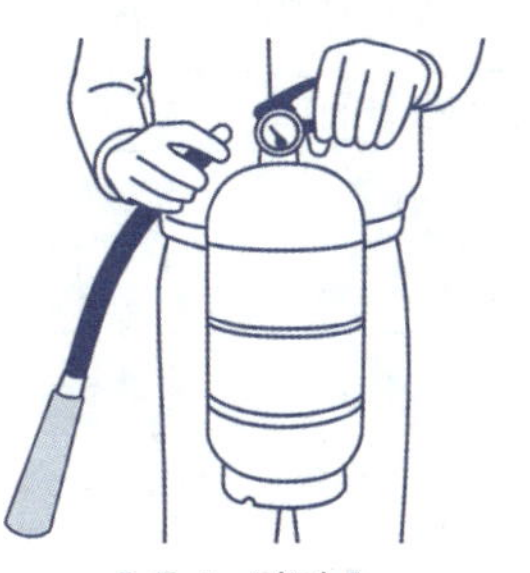

❚호스 탈락❚

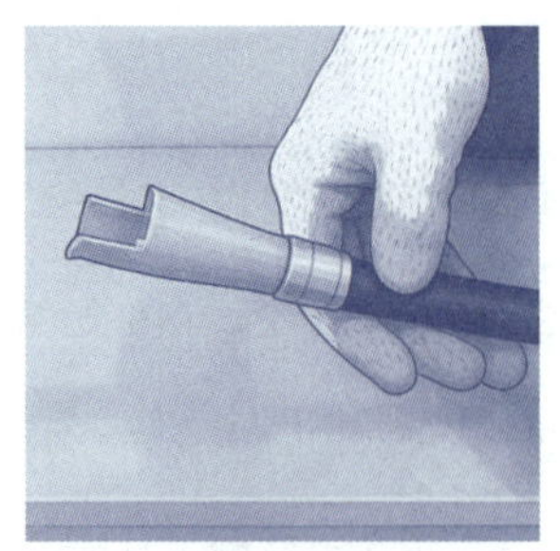

‖ 노즐 파손 ‖

‖ 혼 파손 ‖

(2) 지시압력계

① 노란색(황색) : 압력부족

② 녹색 : 정상압력

③ 적색 : 정상압력 초과

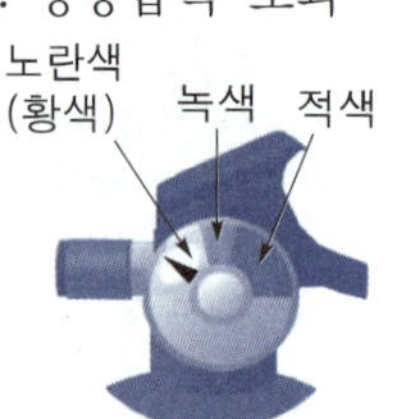

‖ 소화기 지시압력계 ‖

- 용기 내 압력을 확인할 수 있도록 지시 압력계가 부착되어 사용 가능한 범위 가 녹색(0.7~0.98MPa)으로 되어 있음

‖ 지시압력계의 색표시에 따른 상태 ‖

노란색(황색)	녹 색	적 색
압력이 부족한 상태	정상압력 상태	정상압력보다 높은 상태

49 ②

[해설] 옥내소화전 방수압력 측정

(1) 측정장치 : 방수압력측정계(피토게이지)

(2)

방수량	방수압력
130L/min	0.17~0.7MPa 이하 [보기 ②]

(3) 방수압력 측정방법 : 방수구에 호스를 결속한 상태로 노즐의 선단에 방수압력 측정계(피토게이지)를 근접 $\left(\dfrac{D}{2}\right)$ 시켜서 측정하고 방수압력측정계의 압력계상 의 눈금을 확인한다.

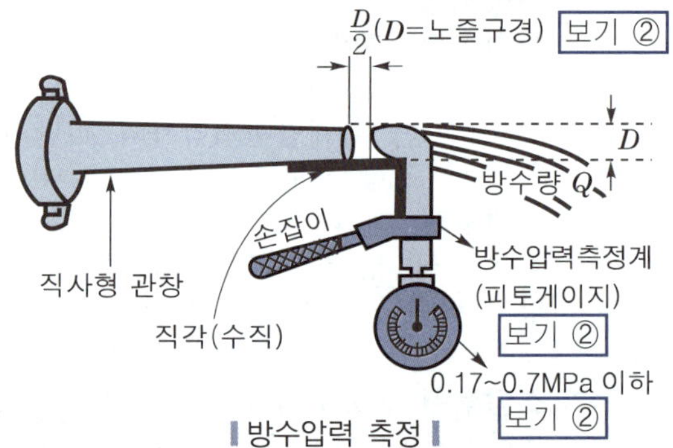

‖ 방수압력 측정 ‖

50 ①

[해설]

㉠ 전원켜기　　㉡ 2개의 패드 부착

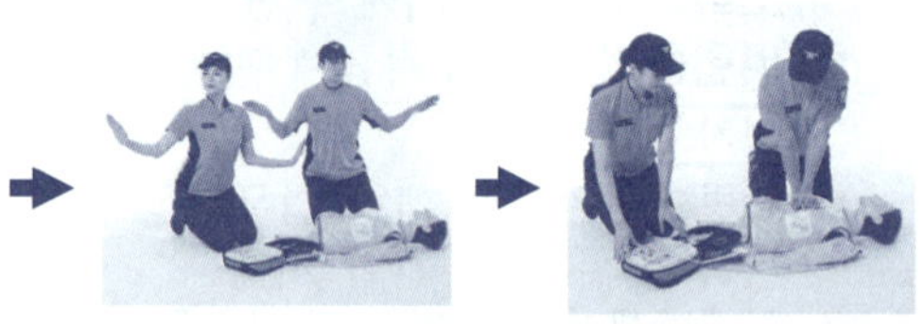

㉢ 심장리듬 분석 및 심장충격 실시　　㉣ 즉시 심폐소생술 다시 시행

MEMO

MEMO

MEMO

반드시 합격하는 공하성 교수의
소방안전관리자
완전정복!

시험에서
출제빈도가 높은
이론과 기출문제 구성

쉽게 이해하고
핵심내용을 파악할 수 있는
최적합 구성

시험에서 자주
출제되는 기출문제
완벽 해설 강의

1급
- ☑ 소방안전관리자 1급
  [기출문제 총집합]+[5개년 기출문제]
- ☑ 소방안전관리자 1급
  [합격노트]+[8개년 기출문제]

정가 35,800원   정가 29,900원

2급
- ☑ 소방안전관리자 2급
  [기출문제 총집합]+[5개년 기출문제]
- ☑ 소방안전관리자 2급
  [합격노트]+[8개년 기출문제]

정가 30,000원   정가 23,000원

3급
- ☑ 소방안전관리자 3급
  [기출문제 총집합]+[5개년 기출문제]
- ☑ 소방안전관리자 3급
  [합격노트]+[8개년 기출문제]

정가 30,000원   정가 23,000원

대한민국의 안전! 이제 당신이 지켜줄 차례입니다.

당신도 이번에 반드시 합격합니다!
찐합격
소방안전관리자 3급
2025~2021년
기출문제 정답 및 해설

God loves you
and has a wonderful plan for you.

BM Book Media Group
성안당은 선진화된 출판 및 영상교육 시스템을 구축하고
항상 연구하는 자세로 독자 앞에 다가갑니다.

최단시간에
합격할 수 있는
책 1위!

소름 돋는
중요도 표시 및
용어설명!

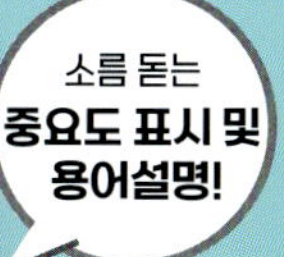

영혼을 갈아 넣은
100%
상세한 해설!

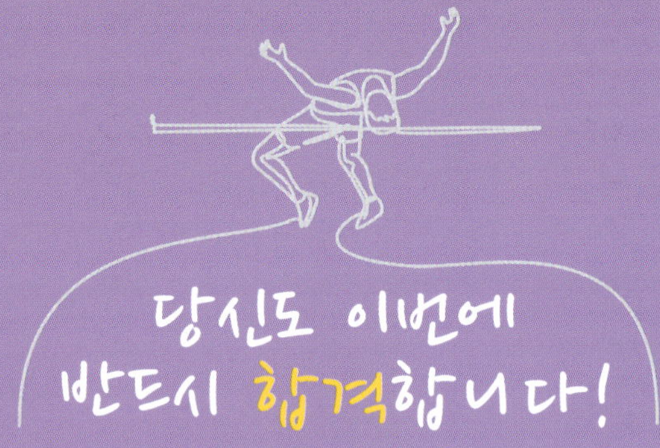
당신도 이번에
반드시 합격합니다!